Reports on National Economic and Social Development of Zhejiang 2014

2014

浙江省国民经济和社会发展报告

谢力群 主编

中国计划出版社

图书在版编目（C I P）数据

2014浙江省国民经济和社会发展报告 / 谢力群主编.
— 北京 : 中国计划出版社，2015.11
ISBN 978-7-5182-0283-6

Ⅰ. ①2… Ⅱ. ①谢… Ⅲ. ①国民经济发展—研究报告—浙江省—2014②社会发展—研究报告—浙江省—2014 Ⅳ. ①F127.55

中国版本图书馆CIP数据核字(2015)第255574号

2014浙江省国民经济和社会发展报告
谢力群 主编

中国计划出版社出版
网址：www.jhpress.com
地址：北京市西城区木樨地北里甲11号国宏大厦C座4层
邮政编码：100038 电话：（010）63906433（发行部）
新华书店北京发行所发行
杭州余杭大华印刷厂印刷

787mm×1092mm 1/16 29.25印张 400千字
2015年11月第1版 2015年11月第1次印刷

ISBN 978-7-5182-0283-6
定价：72.00元

《2014浙江省国民经济和社会发展报告》
编 辑 委 员 会

要准确把握经济发展进入新常态的要求

谢力群

在中央经济工作会议上，习近平总书记系统阐述了经济进入新常态的趋势和特点。这些重要论述和判断是我们做好发改工作的基础。发改系统必须认真学习、深刻理解，努力在主动适应新常态上走在前列。

一是观念上要适应。认识新常态、适应新常态、引领新常态，是当前和今后一个时期经济发展的大逻辑。我们要把思想和行动统一到中央的认识和判断上来，统一到省委省政府决策部署上来。观念上适应，关键是要尊重经济规律、自然规律、社会规律，加快转变传统增长模式下的惯性思维，更要摒弃新常态下可以少作为、不作为和把工作中的不足都往新常态装的想法。只有这样，才能抓住加快转型的良好机遇。

二是认识上要到位。新常态就是速度换新挡、结构新优化、动力新转换。与全国相比，浙江进入新常态更早，“十二五”前四年增速均低于10%，我们必须正视这种现实。在新常态下，增速是否科学，关键是看底线。我们不仅要考虑确保完成“十二五”规划目标明年经济增长要达到7.3%的要求，也要看在这个总量目标下民生、就业、物价、环境、城乡居民增收等指标的实现程度，这是衡量增速平稳换挡的重要标尺。在新常态下，结构是否合理，关键是看提质增效升级。也就是看三产增长是否快于二产，装备、高新、战略性新兴产业增长是否快于面上工业，企业效益、劳动生产率增长是否快于产值增长，单位能耗是否大幅下降，城乡居民收入比是否逐步缩小等。新常态下，动力是否强劲，关键是看改革创新力度。也就是看民间的市场活力和创新能力是否充分释放；新的商业模式、新的企业组织方式、新的消费热点是否不断形成；实体经济投资特别是高新技术产业、现代服务业的“大好高”项目投资是否强劲等等。从总体趋势上看，我省正在向“增长中高速、质量中高端”的发展轨道迈进，这是我们把握新常态的基础。

三是方法上要对路。新常态呈现新情况新特点，如果我们沿用传统的观念来看待问题，沿用传统的方法来分析问题，沿用传统的手段来解决问题，许多现象就解释不清，许多工作就推动不了。我们必须破除传统的思维定势、行为惯性、路径依赖，创新工作方法，探索研究新常态下的经济现象，探寻经济变量间的新规律，研究既要保证经济中高速增长，又要实现结构中高端水平；既要加快推进关键领域和重要环节的改革，又要注重改革的系统性、整体性、协同性和合规性；既要注重转变经济发展方式，又要加快转换经济发展动力；既要保持投资较快增长，又要加快投资结构调整等等。这些都是需要我们在新常态下认真研究和把握的。

四是工作上要得力。适应新常态，既要做好打持久战的准备，更要从当下入手，把新常态的新要求落实到发展改革各项工作中去。关键是要提高敏锐性，并继续按照转职能、善谋划、重执行、强服务的要求，提高全系统分析问题解决问题的能力和综合协调当好参谋的能力。

——摘自谢力群主任在2014年度全省发展和改革工作会议上的重要讲话

目录

第一部分　综合篇

第二部分　战略篇

第三部分　专题篇

第四部分　地区篇

第五部分　研究篇

CONTENTS

Chapter One General Part

Chapter Two Strategy Part

Chapter Three Special Subjects Part

Chapter Four District Part

Chapter Five Research Part

第1部分

Report on National Economic and
Social Development of Zhejiang for 2014

综合篇 >>>

General Part

关于浙江省2014年国民经济和社会发展计划执行情况及2015年国民经济和社会发展计划草案的报告

浙江省发展和改革委员会

一、2014年浙江省国民经济和社会发展计划执行情况

面对复杂严峻的国内外发展环境，全省上下在省委省政府的领导下，认真贯彻党的十八大和十八届三中、四中全会精神，主动适应经济发展新常态，深入实施“八八战略”，全力打好五水共治、四换三名、三改一拆、有效投资等转型升级“组合拳”，全省经济社会发展稳中有进、转中向好，省十二届人大二次会议确定的各项指标全面完成。

——全省地区生产总值40153亿元，增长7.6%，处于8%左右的年度预期目标合理区间。

——一般公共预算收入4121亿元，增长8.5%，高出8%左右的年度预期目标约0.5个百分点。

——研究与试验发展经费支出相当于生产总值比例2.34%，完成年度预期目标。

——固定资产投资23555亿元，增长16.6%，高出12%以上的年度预期目标约4.6个百分点。

——社会消费品零售总额16905亿元，增长11.7%，高出11%的年度预期目标0.7个百分点。

——外贸出口总额2734亿美元，增长9.9%，高出7.5%左右的年度预期目标约2.4个百分点。

——居民消费价格指数同比上涨2.1%，控制在3.5%左右的年度预期目标以内。

——城镇居民人均可支配收入40393元，农村居民人均可支配收入19373元，分别增长8.9%和10.7%，完成年度预期目标。

——人口自然增长率约为5‰，控制在4.9‰左右的年度预期目标合理区间以内。

——城镇登记失业率2.96%，控制在4%以内的年度预期目标；城镇新增就业107.4万人，高出年度预期目标27.4万人。

—单位生产总值能耗下降6%左右，超额完成年度预期目标；化学需氧量、二氧化硫、氨氮、氮氧化物排放量降幅完成或超额完成年度预期目标。

为完成2014年国民经济和社会发展目标任务，主要抓了以下几方面工作：

（一）努力促进经济稳中向好

多措并举抓工业、促投资、稳出口、扩消费，全省地区生产总值一季度、上半年、前三季度和全年分别增长7%、7.2%、7.4%和7.6%，增速逐季回升。着力扩大有效投资，民间投资增长20.1%，浙商回归项目到位资金2236亿元，增长27.6%，实际利用外资158亿美元，增长11.6%，央企合作到位资金750亿元。出口增速位列沿海主要省市第一位。积极培育信息、旅游、健康等消费新热点，创新消费方式，网络销售5642亿元，增长47.6%。财政金融运行总体平稳，税收收入占一般公共预算收入比重达到93.5%，年末金融机构本外币存贷款余额分别为79242亿元和71361亿元，同比分别增长7.5%和9.2%。

（二）不断深化重点领域改革

“四张清单一张网”取得重大进展，制定实施省市县政府权力清单、省市县政府责任清单、企业投资负面清单、省级部门专项资金管理清单，省级部门行政权力减少到4236项、主要职责543项，省级财政转移支付专项整合为54个，浙江政务服务网上线运行。审批制度改革取得实质性突破，省级实际执行的行政许可减少到322项，委托市县执行82项，削减了60%以上。各项改革试点全面深入推进，义乌市场采购贸易方式正式落地，下放舟山群岛新区116项省级行政审批和管理权限，全面实施温州市民间融资管理条例，加快建设嘉善县域科学发展示范点，海宁资源要素市场化配置改革试点已在萧山等24个县（市、区）推广。

（三）加快转型升级步伐

积极推进“四换三名”，推进“腾笼换鸟”的试点示范，全年淘汰落后产能企业3500多家，关停取缔“低小散”问题突出企业（作坊）1.88万家；以“机器换人”为主的技改投资5420亿元，增长16.2%；建立“空间换地”的激励和约束机制，启动城镇低效用地再开发8.6万亩，盘活存量建设用地10.5万亩，消化批而未供土地24.6万亩；电子商务交易额突破2万亿元；确定了第一批38家省级“三名”培育试点企业。深入实施创新驱动战略，成功举办首届世界互联网大会，加快建设重大创新平台，新增省级重点企业研究院58家，全省装备制造业、战略性新兴产业和高新技术产业增加值分别增长8.9%、8.6%、8.5%。加快优化产业平台，出台省级产业集聚区提升发展方案，省级产业集聚区完成固定资产投资2900亿元，同比增长31%。33家开发区共整合各类园区122个。积极构建现代产业体系，积极培育信息等7大产业，推进100个省级服务业集聚示范区建设和130家省服务业重点企业培育。加快粮食生产功能区和现代农业园区建设，累计建成6441个、572万亩粮食功能区和642个、360万亩现代农业园区。

（四）扎实推进重大项目建设

“411”重大项目加快推进，全省“411”重大项目完成投资7210亿元，完成年度计划的112.7%，全年76个“411”单体重大项目竣工投产，148个项目开工建设，135个项目纳入省重大产业项目库。省重点项目建设取得明显成效，省重点建设项目完成投资3262亿元，完成年度计划的125.5%。杭州地铁2号线东南段等269个影响力大、标杆性强的省重点建设项目已建成投用。重大项目前期工作取得明显进展，宁东至浙江特高压直流工程等项目获得核准并已开工，积极谋划绿色石化基地、航空装备制造业等一批重大产业项目。

（五）统筹城乡区域协调发展

大力推进海洋经济“两区”建设，省海洋开发投资集团正式设立，海洋经济项目完成投资2300亿元。深入实施新型城市化战略，城市化率达到64.9%，研究制定杭州、宁波、温州和金华—义乌四个都市区规划，公布了16个小城市培育试点扩围名单，编制实施43个小城市培育试点三年行动计划，积极推进“三权到人（户）、权跟人（户）走”等农村产权制度改革。农民异地搬迁扎实推进，全年完成搬迁6万人。

（六）持续改善生态环境

“五水共治”全面推进，“十百千万治水大行动”等重点项目取得重要进展，“十枢”工程开工建设6个，水库除险加固实际完成133座，海塘河堤加固实际完成668公里，消灭垃圾河6496公里，累计完成黑臭河治理验收4660公里，新建污水管网3130公里。大气污染防治力度加大，县以上城市建成区基本完成大气重污染企业关停搬迁，淘汰黄标车及老旧车38万辆，在国内率先实施煤电超低排放改造，全省PM2.5平均质量浓度下降13%。“三改一拆”强力推进，改造旧住宅区、城中村、旧厂区1.84亿平方米，拆除违法建筑1.66亿平方米。美丽乡村建设深入推进，全面启动并加快推进农村生活污水治理，开展6120个村治理，新增受益农户150万户，培育美丽乡村创建先进县11个。节能减排成效明显。

(七) 全面加强民生工作

推动更高质量就业，新增城镇就业107.4万人。提高社会保障水平，企业退休人员基本养老金标准月人均提高240元，城乡居保基础养老金全省最低标准提高至每月100元，全省失业保险金月平均标准达到1097元。制定出台促进城乡居民持续普遍增收的政策意见。新开工城镇保障性安居工程住房20.6万套，竣工13.3万套。促进社会事业加快发展，启动实施学前教育第二轮三年行动计划，实施省重点高校建设计划，全面启动省市公立医院综合改革，率先出台分级诊疗制度推进方案，着力实施文化发展“六区”计划。深化“平安浙江”建设，加强安全生产管理，安全生产事故起数、死亡人数分别下降6.2%和9%。

在肯定成绩的同时，也要清醒地看到，浙江省经济发展仍存在着不少结构性矛盾和问题，实体经济发展动力不够、企业信心不足、区域行业企业分化加剧等问题比较突出，金融和房地产潜在风险不容忽视。

二、2015年浙江省经济社会发展主要目标和工作措施

(一) 保持经济平稳运行

全省生产总值增长7.5%左右。

为实现上述目标，一是积极主动对接国家战略。制定出台浙江省参与“一带一路”建设、贯彻长江经济带战略的实施方案，深入研究谋划一批事关浙江省长远发展、对接国家三大战略和“十三五”规划的重大项目、重大工程、重大政策。争取舟山江海联运服务中心、民营绿色石化基地、杭州国家自主创新示范区、中国（杭州）跨境电子商务综合试验区、增设民营银行、义乌国际邮件互换局和国际邮件交换站等推进工作取得实质性的突破。二是多管齐下扩大有效投资。要以固定资产投资增长12%以上为目标，把优化投资结构、创新投融资机制、推进浙商回归放在更加重要的位置。举办第三届世界浙商大会。全年省“411”重大项目计划完成投资7200亿元左右，省重点建设项目计划完成投资2860亿元，民间投资比重提高1个百分点左右，力争“浙商回归”引进到位资金3000亿元，央企项目完成投资760亿元，引进外资157亿美元。加快实施铁路建设“八八计划”，确保开工建设商合杭客专等项目。三是促进出口持续增长。要以外贸出口增长7.5%以上为目标，完善扩大出口政策，支持“一达通”等外贸综合服务平台发展。深化义乌国际贸易综合改革试点，稳步推进“义新欧”中欧班列运行常态化。四是加快培育消费新热点。要以社会消费品零售总额增长11%以上为目标，贯彻落实国家扩大信息消费、促进绿色消费、升级旅游休闲消费等政策意见，加快农村消费市场培育。加快社会信用体系建设。

(二) 优化经济结构

一、二、三产业增加值分别增长2%左右、7.5%左右和8%左右；研究与试验发展经费支出相当于生产总值比例提高到2.5%；生态文明建设取得积极进展，单位生产总值能耗、单位生产总值二氧化碳、化学需氧量、二氧化硫、氨氮、氮氧化物排放量均按国家下达的目标要求执行。

为实现上述目标，一是深入推进“五水共治”。制定实施“消灭黑臭河和劣Ⅴ类水三年行动计划”，加快建立完善河道长效保洁机制，50%以上的县（市、区）创建成为“清三河”达标县。力争完成“五水共治”投资1150亿元。二是深入推进产业转型升级。设立省级产业转型升级发展基金。加快发展信息等七大产业，突出抓好云计算等核心领域的发展，打造一批特色小镇。落实省级产业集聚区提升发展方案，力争省级产业集聚区项目完成投资3100亿元。大力促进现代服务业加快发展，积极培育一批服务业强县，提升发展100个省级服务业集聚示范区。加快高效生态农业发展，启动划定永久基本农田示范区工作，修复振兴浙江渔场。三是深入推进创新型省份建设。加快推进杭州创建国家自主创新示范区，举办第二届世界互联网大会，深化“两化深度融合”国家示范区创建工作，切实抓好“八倍增、两提高”科技服务专项行动，制定鼓励人才创业创新的政策，开展“555公众创业创新服务行动”。四是深入推进节能减排。加快推进清洁能源示范省创建，制定实施“燃煤电厂清洁排放技术改造三年行动计划”，基本淘汰黄标车，切实推进杭州、湖州、丽水等国家生态文明先行示范区改革试点，加快循环经济发展，积极应对气候变化，制定实施“农业‘两区’土壤污染防治三年行动计划”。五是深入推进海洋经济和山区经济发展。重点推进舟山港综合保税区、台州头门港区块、温州大小门区块、嘉兴港区块等一批发展基础较好、引导带动作用较强的重点区块建设，积极探索和推进港口经济圈建设，全年完成海洋经济重大项目投资2500亿元以上。深入推进山海协作，大力支持山区经济发展。

(三) 保持价格总水平稳定

居民消费价格总水平涨幅控制在3%左右。

为实现上述目标，一是完善主要由市场决定价格的机制。修订《浙江省定价目录》，最大限度地缩小政府定价范围。下放部分政府定价权，将部分由地方管理更为便捷有效的定价权下放市县。二是抓好价格和收费监管。取消行政事业性收费许可证管理制度和收费验审制度，下放部分价格行政处罚管辖权。做好新放开价格领域的市场价格行为监管工作。三是抓好价格监测调控。做好市场价格异常上涨应对、生猪价格调控、低收入群众价格补贴、价格调节基金等预案、机制的管理实施工作，保障困难群众基本生活水平。

(四) 努力提高人民生活水平

城镇新增就业80万人，城镇登记失业率控制在4%以内；城乡居民人均可支配收入均增长8%以上；社会保障制度进一步完善、保障水平稳步提高；社会事业和产业加快发展；人口自然增长率控制在5‰左右；一般公共预算收入增长7.5%左右。

为实现上述目标，一是切实提高城乡居民收入。适时提高企业退休人员基本养老金待遇标准，适时调整机关事业单位干部职工工资。研究制定综合性创业扶持政策。大力发展农村电子商务，促进农民增收。确保低收入农户收入增幅达到15%以上，基本消除4600元以下低收入农户。二是提高社会保障水平。实施好医疗保险城乡统筹、大病保险政策，城乡居民基本医疗保障财政补助标准年人均提高到400元。实施机关事业单位养老保险制度改革。推进全省工伤预防三年行动计划。规范最低生活保障制度。全年开工建设保障性住房15.2万套、竣工12万套，完成农村困难家庭危房改造1万户。三是推动基本公共服务体系完善和社会事业发展。加大财政对改善民生的支持力度，全年提升30万农村饮水安全水平，新增农村生活污水治理受益农户110万户以上，建设农村联网公路1000公里，完成河道综合治理2000公里。加快教育领域综合改革，推进“卫生强省、全民健康”六大工程，抓好健康产业“四个一批”产业载体建设，推进养老服务综合改革试点，启动实施文化产业转型升级“六大行动计划”，创新广电、新闻出版、人口计生、老龄、妇女儿童、民族宗教等工作。四是加快平安浙江和法治浙江建设。制定实施“创无违建县三年行动计划”，深化“四边三化”整治工作。切实增强对食品药品和农产品质量安全监管，新改造200家城镇农贸市场为放心市场。加快法治政府建设，全面推进政务公开，健全司法管理体制和司法权力运行机制，推进基层依法治理。

三、深入推进重大改革举措细化落实

坚持问题导向、需求导向，以增强改革的系统性、整体性和协同性为方向，加强顶层设计，把提高改革方案质量、抓好改革措施落地放在更加突出位置。

(一) 进一步提升政府治理能力

深化“四张清单一张网”改革，继续完善政府权力清单和责任清单、企业项目投资负面清单、省级政府部门专项资金管理清单制度，深化浙江政务服务网建设。进一步推动各级政府部门行政权力集中进驻、网上服务集中提供、数据资源集中共享。深化行政审批制度改革，修订浙江省政府核准的投资项目目录（2015年本），推行前置审批与项目核准并联办理，投资项目网上核准。全面推行企业投资项目全流程高效审批服务机制，出台中介服务目录，继续深化商事制度改革。稳步推进公务用车改革。

（二）进一步完善现代市场体系

推进投融资体制改革，打造一批符合市场规律的融资平台，创新投融资方式，对公共服务、基础设施类项目，特别是新建市政工程和新型城市化的试点项目，优先考虑PPP模式建设，加快建立PPP项目库；研究制定铁路投融资体制改革方案、民营企业进入石化行业方案，及混合所有制医疗机构、社会事业用地抵押贷款等政策。推进物价改革，深入推进水、电、气价格体制改革，放开药品等一批商品和服务价格。加快推进信用体系建设，建立各行业、各领域失信黑名单及联合奖惩机制，完善全省统一的公共信用信息服务平台。推进国有企业分类改革，发展混合所有制经济。

（三）进一步构筑对外开放的新机制

加快融入国家开放新战略，主动对接“一带一路”、长江经济带和上海自由贸易试验区，创建中国（杭州）跨境电子商务综合试验区，更加主动接轨上海。加快构建开放新平台，促进开发区整合优化提升，推动沿海地区新的综合保税区设立。完善港口联盟机制，加快推进宁波—舟山港口一体化。加快投资贸易便利化，推广义乌国际贸易综合改革试点经验，制定印发外商投资项目、境外投资项目备案管理办法，将项目全面核准改为普遍备案和有限核准相结合。鼓励企业“走出去”。

（四）进一步破除城乡二元体制

深入推进城乡体制改革，加快农村产权制度改革，按照“三权到人（户）、权跟人（户）走”的要求，基本完成土地承包经营权、宅基地使用权、集体资产股份确权登记颁证工作。深化规划体制改革，推进嘉兴市、开化县、德清县国家“多规合一”试点，推进国家主体功能区建设试点示范。实施新型城市化改革试点，扎实推进国家新型城镇化改革试点、中小城市综合改革试点、杭州都市经济圈转型升级综合改革试点，启动实施浙江省都市圈城际铁路近期建设规划和温州市域铁路建设规划，重点推进四大都市区8条城际铁路项目。

（五）进一步提高资源利用效率

深化资源要素配置市场化改革，全面推进海宁市和24个扩面改革县（市、区）资源要素市场化配置改革试点。深化土地管理制度改革，实施新增计划指标与存量利用挂钩制度，积极稳妥开展农村集体经营性建设用地使用权同等入市试点。深化金融改革，继续推进温州金融综合改革、丽水农村金融改革等试点，创新发展互联网金融，积极化解资金链担保链风险。加快推进用能量(权)、碳排放权交易改革。

（六）进一步推进改革先行先试

制定综合改革方案，总结海宁、平湖、德清、柯桥、开化、淳安、诸暨等试点经验，全面推广要素差别化定价制度、企业分类指导制度、生态环境财政奖惩制度和企业投资高效审批、民间资本进入社会领域等机制。谋划布局一批改革试点，积极争取台州民间投资改革创新等列入国家试点，推进新昌县科技体制创新试点、上虞区防范企业融资风险体制机制改革创新，启动实施海盐基本公共服务均等化、桐庐基层社会治理机制创新等一批省级改革试点。

四、加快推进“411”重大项目建设

要更加重视投资结构优化，更加重视投融资体制改革，更加重视民间投资主体作用，大力实施扩大有效投资“411”重大项目建设行动计划，年度推进省“411”重大项目960个左右，计划投资7200亿元左右。

（一）加大产业转型升级类投资

大力推进先进制造业、现代服务业、战略性新兴产业、以及创新投入，把信息、环保、健康、旅游、时尚、金融、高端装备等七大产业作为新的投资增长点。年度完成产业转型升级类投资2600亿元左右，其中现代工业项目1798亿元、现代服务业项目629亿元、现代农业项目69亿元、创新载体项目106亿元。

（二）加大基础设施完善类投资

加大综合交通网、能源保障网、水利设施网和高速信息网投入。年度完成基础设施完善类投资2030亿元左右，其中交通项目903亿元、能源项目577亿元、水利项目111亿元、信息项目135亿元、发展平台基础设施项目303亿元。

（三）加大统筹城乡建设类投资

突出新型城市化建设投入，重点增加城市都市圈、城市地下综合管廊、城乡供水、污水和生活垃圾处理设施等投资，推动城镇基础设施和公共服务向农村延伸覆盖。年度完成统筹城乡建设类投资1210亿元左右，其中城市功能提升项目256亿元、城市综合体项目318亿元、小城市中心镇项目353亿元、美丽乡村和新农村项目285亿元。

（四）加大公共服务提升类投资

突出城乡一体的基本公共服务供给体系建设投入，加大环境治理保护和生态建设投资。年度完成公共服务提升类投资1430亿元左右，其中社会事业项目182亿元、保障性住房项目303亿元、生态环保设施项目698亿元、养老及社会福利设施项目74亿元、防灾减灾设施项目173亿元。

（浙江省发展和改革委员会综合处供稿）

关于浙江省“十二五”规划纲要中期评估报告的说明

一、《纲要》中期评估工作过程

“十二五”规划中期评估工作是在省人大常委会的直接指导下进行的。省委、省政府十分重视这项工作，组织相关部门开展《纲要》和7个重点专项规划的中期评估工作。在前两年开展《纲要》实施情况年度监测的基础上，综合省级专项规划和市县《纲要》中期评估报告，通过多种形式、多种途径广泛征求省级有关部门、专家、公众的意见和建议，组织起草《纲要》中期评估报告，并先后三次向省人大常委会“十二五”规划中期评估审议工作领导小组汇报，听取省人大代表和特邀专家的意见。根据各方面意见进行多次修改完善，形成《纲要》中期评估报告，经省政府第17次常务会议审议同意，提交本次会议审议。

在《纲要》中期评估过程中，我们力求把握三个方面的原则：一是客观评价，肯定成绩。评估报告对“十二五”规划实施以来取得的成效进行全面、客观的评价，充分肯定贯彻“主题主线”、全面推进《纲要》实施的成绩。二是实事求是，找准问题。在评估报告中，不回避矛盾，以实事求是的态度，对《纲要》实施过程中存在的问题进一步分析原因。三是突出重点，明确措施。针对存在的问题，突出重点，对症下药，力求提出的对策措施具有可操作性和实效性。

《纲要》中期评估报告共分三个部分：第一部分是对《纲要》提出的主要指标完成进展情况进行评估分析。第二部分对《纲要》确定的11个方面重点任务推进实施情况进行评估，首先对规划要求进行要点式的提炼，然后采用进展成效、存在问题、对策建议三段式结构进行分析评估。第三部分为评估结论和意见建议。报告采用正文加专栏、图表的表现形式，共有19个专栏、11张图表。评估数据截止时间为2013年6月。

二、《纲要》主要目标任务实施进展情况

“十二五”规划《纲要》实施以来，全省上下以科学发展观为指导，深入实施“八八战略”，紧紧围绕“两富”现代化浙江建设的总目标，按照干好“一三五”、实现“四翻番”的决策部署，着力推进经济转型升级和社会全面发展，《纲要》确定的目标任务进展良好，全面小康目标实现度在95%以上，GDP质量指数位居全国各省市区前列，科学发展水平全国领先。

从主要指标看，《纲要》确定的31个指标完成情况总体良好，生产总值、高等教育毛入学率、单位生产总值能耗、新增城镇就业人数等23项指标达到目标进度要求，城镇居民人均可支配收入、服务业增加值占生产总值比重、非化石能源占一次能源消费总量比重、氮氧化物排放量、居民消费率等5项指标未达到规划目标进度要求，新增劳动力平均受教育年限、耕地保有量、单位生产总值二氧化碳排放量等3项指标由于缺少年度数据未作评估。

根据对“十二五”后期的趋势分析，预计到2015年《纲要》提出的主要指标大部分能如期完成，《纲要》确定的指标基本合理，建议不作调整。根据实现五年规划目标的难易程度，可把指标分为两类：第一类为可以达到或超过2015年目标值的指标，共22个指标。具体包括生产总值、人均生产总值、城市化率、研究与试验发展经费支出占生产总值比重、财政教育经费支出占一般预算支出比重、高等教育毛入学率、单位生产总值能耗、单位工业增加值用水量、化学需氧量排放量、氨氮排放量、二氧化硫排放量、氮氧化物排放量、林木蓄积量、新增城镇就业人数、城镇登记失业率、城乡居民收入比、城镇保障性安居工程建设、人口自然增长率、人均期望寿命、职工及城乡居民养老保险参保人数、城镇职工及城镇居民医疗保险参保人数、亿元生产总值生产安全事故死亡率。第二类是实现2015年目标值存在不确定性或有一定难度的指标，共6个指标。即城镇居民人均可支配收入、农村居民人均纯收入、进出口总额、服务业增加值占生产总值比重、非化石能源占一次能源消费总量比重、居民消费率等。考虑到这些都是事关民生改善和结构调整的重要指标，虽然实现难度较大，但必须加大工作力度，综合施策，努力完成。

从主要任务实施情况看，《纲要》确定的11个方面重点任务稳步推进。扩大内需战略有效实施，产业结构优化升级取得新进展，城乡区域发展更趋协调，海洋经济强省建设积极推进，基础设施网络进一步完善，生态文明建设全面推进，创新型省份建设加快推进，文化强省建设成效显著，社会民生进一步改善，体制改革不断深化，对外开放水平进一步提高。在推进《纲要》重点任务实施过程中，浙江省深入贯彻落实党的十八大和省委十三次党代会精神，与时俱进，开拓创新，在以下五个方面取得了尤为显著的成效。

一是国家战略举措全面实施。浙江海洋经济发展示范区和舟山群岛新区建设加快推进，2012年全省海洋生产总值比2010年增长31.3%。义乌“市场采购”新型贸易方式快速发展，义乌国际贸易综合改革试点金融专项方案正式批复。温州民间融资高效、规范、健康发展的态势初步形成，编制发布反映民间融资利率波动情况的“温州指数”。嘉善县域科学发展示范点建设方案获得国家批复实施。

二是扩大有效投资取得积极成效。全面实施扩大有效投资“411”行动计划，重大项目建设进展良好，实体经济投资、民间投资活力有效激发，“浙商回归”、央企对接等工程取得新成效，有效投资强劲增长。2011—2012年固定资产投资年均增长22.2%，比“十一五”期间年均增速快8.9个百分点，分别比广东、江苏、山东快5.9、1.4和1.1个百分点。

三是城乡环境整治推进力度空前。全面推进“三改一拆”，累计拆除违法建筑7904万平方米，“三改”7883万平方米，腾出土地9万亩。积极开展“治水”专项行动，全省八大水系、运河、主要湖库省控以上断面达到或优于Ⅲ类水质的比例比2010年提高5.8个百分点。深入实施“四边三化”和“双清”行动，农村垃圾集中收集覆盖率达93%，农村人居环境整治走在全国前列。

四是基本公共服务均等化水平明显提升。全省财政支出增量的三分之二以上用于民生，基本公共服务均等化五年行动计划顺利收官。城乡养老和医疗保障制度实现全覆盖，待遇水平稳步提高，全省企业退休人员基本养老金月人均水平超过2300元，城乡居民人均基础养老金月最低标准为80元，居全国各省区前列。社会就业、义务教育、公共卫生、公共文化、保障性住房等基本公共服务水平进一步提升。

五是行政审批制度改革加快推进。出台深化行政审批制度改革实施方案，积极推进以减少审批部门、审批事项、审批环节、审批时间为核心的新一轮行政审批制度改革。向所有县市下放406项审批事项，审批部门、审批事项进驻行政服务中心比例分别提高到93%和90%以上，创业创新环境进一步优化。

三、需要重点关注的问题

从评估情况看，前两年半《纲要》的实施为全面实现“十二五”规划目标打下坚实基础。展望“十二五”后半期，随着国内外宏观环境和浙江省发展阶段的新变化，在进一步推进《纲要》实施过程中要重点关注以下五个问题：

（一）经济平稳运行压力加大

从当前和今后一个时期看，全球经济进入相对稳定但增速缓慢的阶段，国内经济仍在下行周期运行，浙江省经济发展的外部环境错综复杂，面临的风险增多。一是企业生产经营困难加剧。受价格下降、成本上升、企业创新能力相对不足等多重因素影响，“增产不增收、增产不增效”现象突出，行业和企业分化加剧，中小企业盈利水平下降，生存和发展面临困难加大。二是金融领域潜在风险增多。当前浙江省金融运行总体稳健，但不良贷款率仍有上升的趋势，部分地区和行业企业资金链、担保链断裂风险继续累积，民间借贷风险向银行传导的压力增大。三是地方政府偿债压力增大。随着地方财政减收增支矛盾加剧，财政收支平衡难度进一步增大，政府性债务也将进入还贷高峰期，局部地方的政府偿债压力和债务风险加大。

(二) 城乡居民增收压力加大

浙江省城镇居民人均可支配收入和农村居民人均纯收入已分别连续12年和28年居全国各省区之首，保持城乡居民人均收入稳定增长，确保在全国的位次不后移是我们必须坚守的底线。从“十二五”前期情况看，2011—2012年，城镇居民人均可支配收入年均增长8.3%，未达到8.5%的规划年均目标；农村居民纯收入年均增长9.1%，虽然略高于9.0%的规划年均目标，但今年预计为8%左右，三年平均增速已低于规划年均目标。从“十二五”后期看，受经济下行压力增大、企业经营困难增多、股市震荡等因素影响，城镇居民工资性收入和财产性收入增速放缓可能性增大，城镇居民可支配收入实现年均增长8.5%的规划目标难度较大。随着农业生产进入“高成本、高风险”阶段，影响农民持续增收的不确定因素增多，生产成本大幅上涨，主要农产品价格波动加大，农民一产增收稳定性下降，农业转移人口工资性收入增长也存在较大不确定性，实现农村居民纯收入平均增长9%的规划目标压力更大。

(三) 产业转型升级压力加大

“十二五”以来，浙江省产业结构调整虽然取得积极成效，但过多依赖低端产业、低成本劳动力和资源环境消耗的模式尚未根本改变，传统竞争优势逐渐弱化，推进产业转型升级的压力不断加大。一方面，成本、资源和环境三大制约倒逼产业转型升级。劳动密集型制造业已进入高成本时代，原有低成本竞争优势逐渐弱化，污染负荷和环境承载压力加大，高消耗、高排放、高污染的传统发展模式难以为继，成本、资源和环境倒逼产业转型升级的压力不断增大。另一方面，支撑产业转型升级的创新要素又明显不足。浙江省创新平台功能仍不完善，创新主体实力不强，企业自主创新动力不足，研发设计能力较弱，市场、品牌优势尚不明显，人才等创新要素依然缺乏，也制约了产业进一步转型升级。

(四) 生态环境保护压力加大

从总体上看，近年来浙江省生态环境保护工作力度加大，但基础和成果还不稳固，环境污染问题的历史欠账较多，完成规划目标任务仍有较大压力。一是经济高速发展中累积的环境矛盾不断增多。部分地区环境容量已接近承载极限，一些长期积累的环境问题还没有根本解决，新的污染问题又不断产生，资源和能源需求刚性增长与环境承载能力不足的矛盾更为突出。二是污染治理和减排的约束不断强化。大气、平原河网、城市内河、重点海湾和土壤等污染问题仍较严重，污染形势依旧严峻，同时技术性节能减排难度增大，减排潜力和空间不断收窄，完成国家下达的节能减排任务仍面临较大压力。三是公众对环境质量的要求不断提高。人民群众的环保意识不断增强，对优良环境的期望和要求不断提高，但环保技术还比较薄弱、资金投入相对不足等问题难以在短期内解决，环境问题引起的群体性事件可能多发。

(五) 社会管理压力加大

当前和今后一个时期，浙江省正处于转型发展期，社会结构加快转型，人口结构加速变化，利益格局趋于多元化，社会建设和管理面临诸多挑战。一是社会建设滞后，民生欠账较多。学前教育、医疗保健、公共文化等需求和大社保体系建设难以跟上新形势变化，社会服务专业化、产业化、规模化程度仍然不高，公共服务供给相对不足。二是外来人口规模庞大，老龄化问题突出。浙江是全国第二大跨省人口流入省份，外来流动人口服务和管理难度持续增加，同时浙江省又是全国老龄化问题比较突出的省份，人口老龄化基数大、发展快，对全省社保和公共财政应对能力提出了严峻挑战。三是利益诉求大量增加，思想观念日益多元化。群众利益诉求涉及的领域越来越宽，形式越来越多，协调解决的难度也越来越大，同时，随着全球化、市场化和信息化的发展，人们思想观念发生着深刻变化，各种社会思潮此起彼伏，传统社会管理方式已经越来越难跟上形势的变化。

四、进一步推进《纲要》实施的对策措施

下一步，要深入贯彻落实党的十八届三中全会精神，深刻领会和正确把握全面深化改革的指导思想、总体目标和具体举措，加快经济、政治、文化、社会和生态文明体制改革，进一步推进“十二五”规划实施。在继续全面落实《纲要》提出的各项目标任务基础上，还要重点聚焦以下六个方面的对策措施：

(一) 以行政审批制度改革为突破口，全面深化改革

一是深化行政审批制度改革。加快转变政府职能，优化政府机构设置，清理部门权力，继续取消或下放一批省级审批事项，取消企业投资项目审批，推进商事登记制度改革，实施新一轮强镇扩权改革，打造“行政审批事项最少、办事效率最高、投资环境最优”的省份。二是深化资源要素市场化配置改革。建立城乡统一的建设用地市场，加快创

新民营银行、金融租赁公司等地方新型金融组织，深化能源“双控”管理、市场定价等能源要素配置改革，实行资源有偿使用制度和生态补偿制度，积极推进海宁要素市场化配置改革试点和推广。三是深化城乡统筹发展体制改革。探索建立跨行政区域的都市区建设协调机制，完善中小城市培育发展机制，统筹推进城乡空间布局、基础设施等综合配套改革，建立城乡统一户口登记制度，加快农村综合改革，赋予农民更多的财产权利，加快推进农业转移人口市民化。

（二）以提高企业创新能力为重点，深入实施创新驱动战略

一是加大政府支持力度。全面落实鼓励企业创新的各项优惠政策，持续加大财政科技投入，综合运用政府采购、风险补助等措施，强化对企业创新成果应用的扶持。二是激发企业内生动力。实施“十百千万”创新型企业培育工程，引导企业开展关键核心技术创新，鼓励企业“引进来、走出去”，通过各种方式设立、兼并和收购研发机构。三是推进创新平台建设。着力提升杭甬温绍等国家级高新区发展层次，加快推进青山湖科技城、未来科技城及有条件的高新区创建国家级高新区，整合提升省级产业集聚区、高新技术产业园区、特色产业基地及各类工业园区。四是注重创新人才集聚。大力培养和引进符合企业创新需求的高层次、高技能人才，进一步完善企业科技人员的收入分配和股权激励等政策，最大限度支持和帮助科技人员创新创业。

（三）以“四换三名”为抓手，加快推进产业转型升级

一是加快推进“腾笼换鸟”。建立完善“亩产论英雄”等评价与激励机制，大力发展高新技术产业、现代服务业等高附加值产业。完善能源消费“双控”、节能减排约束等倒逼机制，淘汰改造“两高一低”产业。二是积极开展“机器换人”。推动以装备更新为载体的技术创新、工艺创新、管理创新，减少对低成本劳动力的过多依赖。三是科学推进“空间换地”。优化区域功能布局，科学扩大空间容量，着力提高土地和空间利用效率。四是大力推进“电商换市”。加强电子商务园区和物流体系建设，促进电子商务与实体经济融合发展，鼓励企业通过电子商务扩大产品市场份额。五是着力培育知名企业、知名品牌、知名企业家。制定出台专项扶持政策，实施品牌战略，改善创业创新环境，培养一批知名企业、知名品牌和知名企业家，打响“浙江制造”品牌。

（四）以构建都市区经济为导向，优化国土空间布局

一是以都市区形态组织优化国土空间布局。加快培育杭州、宁波、温州和金华—义乌四大都市区，加大都市区对内对外开放，提高国际竞争力。二是提升都市区中心城市的集聚辐射能力。优化中心城市发展环境，完善中心城市功能，改变中心城市与周边县域“小马拉大车”的失衡格局。三是加快构建便捷的都市区交通网络。推进中心城市和城际轨道

交通建设，进一步完善都市区现代综合交通体系。四是强化都市区内产业分工合作。推进中心城市与周边区域在产业链上的垂直分工，和周边区域各具特色的横向分工，提高整个区域的产业综合竞争力。五是合理配置都市区公共服务资源。强化中心城市公共服务资源核心作用，推动大城市优质公共服务资源向周边县城和中心镇延伸。

(五) 以城乡环境综合整治为着力点，推进“美丽浙江”建设

一是大力推进治水。全面推进饮用水源、平原河网整治，适时提高重点流域水污染物排放标准，加快城镇污水处理设施建设，加强杭州湾等重点海湾水污染整治，严格地方政府水环境保护的行政问责。二是全面推进治气。加快推进城区大气重污染企业搬迁、关停工作，全面开展化工、涂装、合成革等行业有机废气治理，加强机动车尾气污染防治，强化区域联防联控机制，切实做好重污染天气监测和预警应急工作。三是统筹推进治城治乡。深入实施“三改一拆”，全面推进“四边三化”，加快推进“千村示范万村整治”工程、“双清”行动和美丽乡村建设，加大城市治堵力度。四是积极引导重点生态功能区转型发展。加快制定重点生态功能区建设实施方案，取消重点生态功能区县市的地区生产总值考核，支持重点生态功能区转型发展，争取浙西和浙西南部分山区县列入国家主体功能区建设试点。

(六) 以维护群众权益为目标，创新社会治理体制

一是创新公共服务产品供给模式。拓宽民间资本投资发展教育、医疗卫生和社会保障事业等渠道，鼓励民间资本加快进入社会公共服务领域，支持各类社会力量兴办公益事业。二是创新基层社会管理和服务体系。进一步规范社区基层组织建设，改革和完善城乡基层管理体制。坚持和发展“枫桥经验”，不断创新完善“网格化管理、组团式服务”工作。加强和创新流动人口管理和服务，适时修订完善流动人口居住登记条例。三是创新社会组织建设管理体系。积极推进民办非事业单位等社会组织直接登记改革试点，健全社会公益组织培育和管理体制，鼓励和扶持慈善组织发展。加快剥离部分政府公共服务和社会职能，通过政府购买、合同外包、特许服务、让权等方式，强化对社会组织放权和建设。

全面实现“十二五”规划《纲要》确定的目标任务，还要继续加强年度计划分解落实，推进主体功能区规划、区域规划和专项规划的编制实施，加快重大项目建设，完善评价考核机制。明年开始又将进入下一个五年规划的研究编制周期，要适时启动“十三五”规划前期研究工作，提前对经济社会发展全局性、长远性重大问题开展研究，及早谋划重大战略和举措，为编制好“十三五”规划奠定基础。

（浙江省发展和改革委员会规划处供稿）

第2部分

Report on National Economic and Social Development of Zhejiang for 2014

战略篇 >>>

Strategy Part

三门湾区域统筹发展规划

前 言

三门湾是浙江省的重要海湾，滩涂、岸线、海岛、渔业、清洁能源、旅游等海洋资源组合条件较佳，发展潜力较大。同时，三门湾区域发展水平相对滞后，开发建设布局统筹力度不足，近海生态环境有所恶化，区域协调机制尚未有效建立。作为浙江海洋经济发展示范区独具特色的新空间、新平台，加强三门湾区域统筹发展，建构科学、合理、可持续发展的生产力布局体系，对于实现区域科学保护和有序开发，具有重要的战略意义和现实意义。

本规划的重点是明确三门湾区域的目标定位、功能布局、产业优选、生态环保和体制政策等。规划范围包括环三门湾的宁海县6个乡镇、象山县8个乡镇、三门县5个乡镇及3个街道，人口约81.8万，陆域面积约2204平方公里，海域面积约3400平方公里。规划依据包括《浙江海洋经济发展示范区规划》《浙江省海洋功能区划（2011—2020）》《浙江省主体功能区规划》《浙江省国民经济和社会发展第十二个五年规划纲要》《浙江省省域城镇体系规划（2011—2020）》《浙江省近岸海域污染防治规划》《浙江省近岸海域环境功能区划》《浙江省湿地保护规划（2006—2020）》《宁波—舟山港总体规划（修编）》《台州港总体规划》等。规划期限为2013—2020年，近期到2017年，展望到2030年。规划是指导三门湾区域开发和保护的纲领性文件，是编制相关规划的重要依据。

一、发展基础和重要意义

围绕三门湾区域保护和开发，浙江省和宁波、台州两市及宁海、象山、三门三县党委政府高度重视，加强统筹发展的意愿强烈，并已取得一定的成效，为下一步区域统筹发展奠定了较好的基础。但目前三门湾发展基础仍较为薄弱，区域统筹力度有限，迫切需要加快推进统筹发展。

（一）发展基础

三门湾区域区位条件优越，资源组合优势明显，区域依托较好，在浙江海洋经济发展和开发开放大格局中占有重要地位。

区位优势突出。三门湾地处我国大陆海岸线和长江黄金水道“T”型交汇处，位于长三角南翼环杭州湾产业带和温台产业带的节点。区域紧临国际主航道，腹地广阔，是浙江对外开放的前沿地带。随着甬台温复线等战略性交通项目的开工建设，区域有望成为长三角南翼地区重要交通节点，区位优势逐渐显现。

生态特色鲜明。三门湾区域属于气候温和湿润的北亚热带区，三面环山，一面临海，整体生态环境较优，年空气优良天数340天以上。区域内拥有山体、湿地、水系等丰富的生态资源，山体林地面积462平方公里，海洋环境容量较大，海域水体交换周期约一天，自净能力较强；区域高等植物种数达1550种，是鸟类迁徙的重要中转地，拥有各类候鸟131种。同时，渔山列岛为国家级海洋生态特别保护区。

自然资源丰富。三门湾区域拥有丰富多样的滩涂、海岛、岸线、渔业、近海及海岸湿地等自然资源。可利用土地资源达636平方公里；海岛数量众多，拥有海岛122个；岸线长度达512公里，其中已知深水岸线约10公里（主要位于石浦港区、健跳港区），是进行港口建设和滨海旅游开发的理想区域；渔业资源丰富，有各类渔业养殖区15个，是浙江养殖资源最丰富的三大港湾之一；海洋旅游资源丰富，具有“滩、岩、岛”三大特色，拥有4A级

表1　三县在三门湾区域基本情况比较

名　称	包含乡镇	陆域面积	人　口	经　济
三门县	3街道：海游、海润、沙柳；4镇：浦坝港、健跳、花桥、横渡；1乡：蛇蟠。乡镇（街道）数占全县的84.6%	共845平方公里，占全县的78.8%	共38.2万，占全县的88.2%	2012年全县GDP为130.6亿元，全县经济主要分布在三门湾区域，约占全县GDP的90%
宁海县	3镇：长街、力洋、一市；3乡：胡陈、茶院、越溪。乡镇（街道）数占全县的33%	共722平方公里，占全县的39.2%	共19.1万，占全县总人口的32.5%	2012年全县GDP为352.5亿元，县域经济重心正向三门湾区域转移，目前约占全县GDP的30%
象山县	5镇：石浦、鹤浦、泗洲头、定塘、新桥；3乡：晓塘、茅洋、高塘岛。乡镇（街道）数占全县的44%	共637平方公里，占全县的46.2%	共24.5万，占全县总人口的45.2%	2012年全县GDP为338.4亿元，石浦为省级小城市试点、三门湾区域对外开放门户，区域经济约占全县GDP的40%

景区4个。同时，拥有丰富的风能、海洋能等新能源资源及较好的开发条件。周边无高山、机场等制约，低空资源较好。

发展基础较好。经过改革开放30多年发展，两市三县经济社会发展取得显著成效，为三门湾区域科学开发与保护奠定了良好的基础。宁海和象山均为全国百强县，三门县经济增速加快，区域内初步形成了船舶修造、汽车配件和海洋渔业等为主导的特色产业体系，新能源、数控装备、生物医药等新兴产业和海洋旅游、休闲渔业、商贸物流等服务业快速发展。2012年三县GDP总和为821.5亿元，其中三门湾区域GDP约为388.8亿元；三县总人口为148万，其中三门湾区域人口为81.8万。三门滨海新城、象山环石浦港新城、宁海宁东新城等城市新区建设加快，浙台（象山石浦）经贸合作区正式获批，区域开发建设平台体系逐步形成。

（二）存在问题

三门湾区域统筹发展面临问题较突出，基础设施完善、经济发展、城镇建设、生态保护、统筹协调体制机制健全等任务交织，需坚持“问题导向”，实现区域协调、可持续发展。

基础设施较为滞后。受发展阶段、行政区划等因素影响，三门湾区域基础设施建设整体滞后、共享度低。区域对外高等级公路欠缺，对内连通性不足，呈末端式交通格局；供排水设施不完善，水厂数量少、规模小，农村供水管网覆盖率低，污水管网建设滞后，大量农村生活污水、工业废水未经处理直接排入水体；防洪排涝设施不足、标准较低，较难应对台风、暴雨、风暴潮等自然灾害。同时，电力、通讯等设施建设相对不足，难以支撑区域较大规模开发建设的需要。

经济基础相对薄弱。三门湾区域属相对欠发达地区，三门县的经济总量、人均GDP分别仅为台州市的4.4%、60%；宁海县、象山县经济总量、人均GDP分别仅为宁波市的5.4%、67%和5.2%、74%。区域内农业人口比重高，城镇化和工业化程度较低，产业主要以船舶修造、模具、文教用品、汽车配件和农渔业等传统产业为主，新兴产业发展相对不足、高端产业不突出，产业链较短。与此同时，科教人才支撑不足，大项目和大企业少，发展基础较弱。

统筹机制有待健全。三门湾区域隶属宁波、台州两市三县，受行政区划、发展水平等影响，统筹协调发展机制尚未建立，在发展定位、产业布局、城镇体系和交通设施等方面缺乏统一规划，造成区域内发展定位不够清晰，产业布局不尽合理，条块分割较严重。同时，适应区域统筹发展的市、县、乡镇三级间权责关系有待理清，规划管理、项目审批、投资融资等机制有待完善。

海湾生态保护任务艰巨。三门湾生态环境恶化态势严峻，2012年三门湾海域水质全部

为劣四类，为全省重点港湾、河口海域水质污染程度严重的海域之一，主要污染物是无机氮和活性磷酸盐，港湾水环境质量总体呈下降态势。因上游来水量减少、大量围垦、港汊围堵等原因，三门湾纳潮能力明显下降，湾内淤积加快。因船舶修造、化工等临港重工业发展，及城镇建设、工业园区开发等，区域生成的污染物量加大，污染物种类增加，而同期环保设施建设与能力提升较为滞后，环保形势严峻。

（三）重要意义

*有利于区域生态环境协同保护。*浙江近海海域水质已基本处于劣四类，污染形势严峻。因不合理围垦和水库建设带来的纳潮能力不断下降，加上工业、城镇布局及其污染防治力度的不足，三门湾已成为近年来浙江生态环境恶化速度较快的海域。加快推进三门湾区域统筹发展，有利于站在全省战略高度，强化两市三县协同，优化产业、城镇等布局，转变区域经济发展方式，促进区域生态环境协同保护与修复。

*有利于区域经济社会协调发展。*在浙江海洋经济发展示范区、浙江舟山群岛新区、中国（上海）自由贸易试验区等相继上升为国家战略背景下，新一轮沿海开发开放格局加速形成。作为长三角南翼的重点开发区域，三门湾区域面临周边地区更为激烈的竞争。从更高的起点、更宽的视野谋划区域协调发展、转型发展，有助于三门湾提升发展层次和水平，实现共同跨越发展。

*有利于区域海洋经济转型升级。*国务院批复的《浙江海洋经济发展示范区规划》明确提出浙江省要强化陆海统筹，推进“三位一体”港航物流服务体系、海洋新兴产业、海岛开发开放等重点领域发展，为全国海洋经济发展探索新路。三门湾区域作为浙江海洋经济发展示范区的重要组成部分，加强区域统筹有利于探索陆海联动发展、海洋新兴产业培育、海岛开发开放等新思路、新体制，培育新的经济增长点和竞争优势。

*有利于区域新型城市化推进。*当前，浙江正处于人均GDP从1万美元向2万美元跨越的关键时期，着眼于区域新形势、新要求，着力优化沿海地区城市布局，处理好沿海产业带、新兴城镇与原有中心城市之间的布局关系，有利于加强区域布局整合，培育一批沿海新兴城市集群。三门湾是宁波大都市区和台州城市群的交汇区域，探索推进区域新型城市化，创新三门湾区域统筹发展模式，有利于实现区域新型工业化和新型城市化互促发展，加快基本现代化进程。

二、总体要求

（一）指导思想

以科学发展观为指导，全面贯彻落实党的十八大、十八届三中全会和省委十三届四次、五次全会精神，围绕省委“干好一三五、实现四翻番”、“建设美丽浙江、创造美好生活”等重大战略决策，牢牢把握浙江海洋经济发展上升为国家战略举措的重大机遇，顺应国内外经济转型与产业升级新趋势，以加快经济发展方式转变为主线，以加强海湾生态环境有效保护为导向，优化空间布局和准入门槛，着力发展生态型海洋新兴产业，着力构筑滨海特色城镇体系，着力完善基础设施网络，着力加强海洋生态环境保护，着力创新区域协同体制机制，全面推进区域统筹、协调、可持续发展。

(二) 战略定位

结合区位条件、资源环境、现状基础、发展潜力等现实与可能，三门湾区域统筹发展战略定位为“一湾四区”。

——*浙江区域统筹发展示范区*。实施三门湾区域统筹应着眼长远，优化统筹顶层设计，切实加强跨区统筹、陆海统筹、城乡统筹，在空间统筹布局、产业协调发展、海湾生态保护、重大基础设施共建等方面强化创新，探索建立有利于区域统筹发展的体制机制，秉持生态保护优先理念，实施区域集聚集约发展，成为浙江区域统筹发展的典型示范。

——*浙江海洋生态保护示范区*。三门湾生态系统复杂，港汊众多，生态服务价值重要，应着力维护区域海洋生态系统和近海湿地生态系统，加快沿海湿地公园等建设，保护优质海洋生物栖息地及候鸟迁徙、停息繁殖地，强化生物多样性保护，严格控制开发强度，加强生态修复，把开发利用活动对海湾生态环境的负面影响减少到最低，成为浙江近岸沿海生态保护示范区。

——*浙江海洋新兴产业发展先行区*。三门湾区域应以发展现代临港产业和海洋新兴产业为重点，立足资源环境特点，突出三门滨海新城、象山环石浦港新城、宁海宁东新城的区域门户功能，重点培育发展清洁能源、涉海装备制造、海洋精品渔业、滨海旅游休闲等海洋新兴产业，提高产业科技含量和环境友好度，突出产业结构优化、空间集聚、集群延伸，成为浙江海洋新兴产业培育壮大的较领先区域。

——*浙台合作交流先行区*。三门湾地区对台交流合作历史悠久、基础良好，需更好发挥对台贸易、人文渊源等独特对台交流优势，以经贸交流合作为重点，拓展文化、民俗旅游、科技、渔业交流，积极向国家有关部委申请专项政策试点，进一步办好海峡两岸交流基地和浙台（象山石浦）经贸合作区，积极创建两岸渔业合作试验区，打造浙江省对台交流、经贸合作节点地区和示范基地。

通过努力，把三门湾区域建设成为长三角地区生态友好型、滨海风情型、产城融合型的人与自然和谐发展的美丽海湾。

(三) 基本原则

三门湾区域的统筹发展，须紧紧围绕“一湾四区”战略定位，坚持生态优先，强化基础支撑，保持适度开发，加强协调推进。

生态优先。加强生态保护和污染防治，严格执行生态环保的规划和准入标准，落实建设项目“三同时”，在滩涂围垦、征占用湿地、功能区布局、产业选择、重大项目准入等方面，加强海湾整体生态环境影响论证，实施滩涂围垦、淡水资源利用、污染物排放等总量控制管理，切实将保持区域良好的生态环境作为优先条件。

基础支撑。加快高速公路、疏港公路、航道码头、水资源保障和防洪排涝等重大基础设施网络建设，完善通信、排污、供水、供热、供电、供气等市政设施建设，强化环保设施管网完善建设与高标准运营管理，健全商业、文化、教育等配套设施，促进区域性中心城市建设，增强区域统筹发展基础支撑。

协调推进。切实把三门湾区域作为一个有机整体，建立完善多方参与保护和开发建设的体制机制，加强产业、城镇、生态等各领域的协调推进，促进海陆联动、产城融合、三次产业协调发展，推进跨区域的土地、资金、人才、政策、体制机制等重大战略资源整合与创新，不断提升区域统筹协调发展的力度和水平。

适度开发。遵循可持续发展理念，处理好产业培育、城市建设和资源环境承载力间的关系，合理控制开发规模，力促经济转型升级，避免粗放式开发建设；关注代内公平与代际公平，为子孙后代预留一定发展空间。发展进程中坚持适当“留白”，推进“蓝绿交融”。

（四）发展目标

到2020年，三门湾区域生态环境明显改善，统筹发展能力显著增强，重大基础设施不断完善，海洋生态质量稳定向好，环保型海洋产业体系初步形成，浙江海洋生态保护示范区、区域统筹发展示范区、海洋新兴产业发展先行区、浙台合作交流先行区建设初具成效。

——生态环境得到有效改善。区域生态环境污染防治体系基本建成，三门湾海洋生态环境质量实现稳定向好转变。城镇生活污水集中处理率超过85%，工业废水处理达标率100%，工业废气排放达标率和固体废物处置利用率均达95%以上，典型海洋和海岛生态系统得到有效保护，森林覆盖率超过55%，城镇人均公共绿地面积不低于12平方米，旅游区环境达标率达100%。完成沿岸农业面源、近岸养殖污染综合整治，滨海湿地得到有效保护，生物多样性更加丰富，海域水质得到改善，劣四类海水占比明显下降，海洋生态环境建设成效明显。

——经济社会发展水平得到较大提升。区域经济社会保持较快发展，初步成为浙江绿色发展、转型发展的典范区域。区域GDP总量达920亿元，年均增长9%左右（按可比价计）。社会民生持续改善，城乡居民收入实现较快增长，力争城镇居民人均可支配收入和农民人均纯收入增速高于GDP增速，城乡居民收入差距逐步减少。三门滨海新城、浦坝港新城、宁东新城、浙台（象山石浦）经贸合作区、长街-下洋涂等核心功能区实现规模开发。区域总人口达88万左右，城市化水平达55%左右，经济社会发展与周边县市差距不断缩小。

——*统筹发展能力得到显著增强*。区域统筹发展硬实力与软实力取得重要突破。硬实力上，对内对外交通体系框架初步形成，沈海高速并行线G15W3（甬台温高速复线）、沿海南线拓宽改造工程、74省道北延线等一批跨区项目建成通车；港口开发取得重大进展，龙山作业区、下湾门航道、雷公山水上货运中心等项目基本建成；统筹新建一批污水处理厂，基本建成安全、稳定、可靠的电力、通讯、燃煤气、给排水等设施网络。软实力上，区域一体化发展水平全省领先，跨区域淡水、土地、岸线等资源配置明显优化，跨区文化、社会、经济等领域的交流合作不断增强，省市统筹发展的体制机制基本完善。

其中，到2017年，三门湾区域统筹发展的体制机制框架基本建立，实现产业准入标准、生态环保建设、重要资源平台开发、重大基础设施建设“四个统一”。区域海洋生态

表2 三门湾区域统筹发展主要目标表

主要指标			2012年	2017年	2020年
类别	指标名称	单位			
经济发展	地区生产总值	亿元	388.8	630	920
	固定资产投资	亿元	150	220	300
经济发展	社会消费品零售总额	亿元	65	100	150
	R&D占GDP比重	%	1.85	2.0	2.3
	一二三产业比重	%	27:41:32	23:41:36	20:40:40
社会进步	城镇化水平	%	45	50	55
	总人口	万人	81.8	85	88
	城镇居民人均可支配收入	元	15682	32000	52000
	农民人均纯收入	元	7399	16000	27000
生态环境	森林覆盖率	%	54.1	55	56
	万元生产总值能耗	吨标煤	0.93	符合规定要求	符合规定要求
	主要污染物排放量	万吨		符合规定要求	符合规定要求

建设保护体系建设较完善，海域生态环境质量恶化态势基本遏制。区域环保型海洋经济体系建设成效显著，GDP总量达630亿元左右，年均增长10%左右；城市化水平达50%左右，总人口达85万左右。

到2030年，三门湾区域统筹发展预期目标为：全面建成区域海洋生态经济体系，经济社会步入稳步、协调发展之路，区域GDP年均增速达8%左右；城市化水平达70%左右，区域总人口达95万左右，经济社会发展水平显著提高，达到宁波、台州两市平均发展水平。建设形成一二三产联动发展的蓝色产业带，生态优先、蓝绿交融的绿色生态区，功能完备、风情卓著的宜居宜业滨海城镇群；生态环境质量明显改善，海水水质指标明显提升，基本建成长三角地区的美丽海湾，成为我国海湾生态环境质量较高的绿色发展示范区域。

三、空间发展格局

（一）功能区划分

以资源环境承载力为依据，以现有布局为基础，以未来经济社会发展中重大战略需求为指引，按照“以湾定海，以海定岸，以岸定陆”的布局思路，突出三门湾区域的生态保护和适度开发，将三门湾国土空间划分为产城融合发展区、生态经济发展区和生态保护区等三类。

1．产城融合发展区

产城融合发展区是区域内土地、水等资源环境承载能力较强，环境容量较大，或已有一定的开发基础，开发条件较好，发展潜力较大，适宜集聚经济和人口，进行工业化城市化的区块。主要包括宁海县的宁东新城区块、下洋涂围垦区块、长街镇区块，象山县的石浦镇区块、石浦港沿岸区块、宁波象保合作区块、新桥镇区块，三门县的海游-沙柳-滨海新城区块、健跳镇区块、浦坝港镇沿岸区块等。

产城融合发展区要积极推进新型城市化，构建布局合理、服务共享、优势互补的城镇格局，努力改善人居环境；高水平推进产业集聚，培育壮大海洋新兴产业，发展现代服务业，成为三门湾区域的产业和人口集聚区块。

2．生态经济发展区

生态经济发展区是区域内土地、水等资源环境承载能力相对较弱，环境容量不大，只适宜进行小规模点状集聚经济和人口的区块。主要包括三门湾区域内的丘陵山地、湿地、农业空间以及部分海岛和海域。

生态经济发展区的丘陵山地要按照集中、有序、合理、适度的原则，选择部分资源环境承载能力相对较强、发展潜力相对较好的盆地、台地等区域，完善基础设施，发展适宜产业，着力提高三门湾区域绿色经济发展水平；生态经济发展区的农业空间要着力保护耕地，增强农业综合生产能力，发展现代高效农业，保障三门湾区域农产品供给；生态经济发展区的海域和海岛要以维护海洋和海岛生态环境为重任，充分发挥海岛资源优势和特色，适度发展海洋海岛生态休闲旅游。

3. 生态保护区

生态保护区是区域内各类自然文化保护区域，以及关系到区域生态安全，需要强制保护的区块。主要包括双盘–三山涂、岳井洋、浦坝港底港等滩涂湿地，以及白溪等各类水源保护区。

生态保护区是保障三门湾区域生态安全的重要屏障。坚持“从山顶到湿地及海洋”的整体性污染防治与生态修复理念，重点加强开发控制、污染防治与生态修复，最大化减少河流水库建设、农业面源与农村生活污染对三门湾生态保护区的负面影响。同时，全面、系统论证滩涂围垦、潮汐能电站与跨海大桥建设等对三门湾区域生态的负面影响，选择最优方案来实现生态保护区的有效保护。

(二) 空间结构

坚持“大区域生态保护优先、小区域集聚集约发展”的原则，根据三门湾区域功能分区，结合区域现状发展基础和开发需求，确定区域空间功能布局结构为“一带四区，三城六基地”，三城六基地的四至范围在三县规划实施方案中明确。

“一带”，即三门湾绿色山地生态带。

——三门湾绿色山地生态保护带。北起象山新桥镇，沿三门湾陆域外界山体，经宁海相关乡镇至三门县浦坝港镇。该生态带是三门湾的外围绿廊，要加大生态环境建设力度，加强生态公益林建设，进一步提高森林覆盖率；加强水土流失治理，降低自然灾害损失；合理开发自然景观资源，优先发展生态旅游和高效生态农业。

“四区”，即4个生态重点保护区。分别为双盘–三山滩涂湿地保护区、岳井洋港汊保护区、三门白溪水资源保护区和浦坝港底港生态保护区。

——双盘—三山滩涂湿地保护区重点保护生态湿地资源、鸟类栖息地、珍稀海洋生物物种等，进一步加强围垦方式、规模与时序论证，保持港汊浅海生态系统完整性。

——岳井洋港汊保护区重点保护港汊河汊、滩涂湿地、滨海野生生物资源和湖光山色自然景观资源，严控围垦等活动对区域生态环境的破坏。

——三门白溪水资源保护区重点推进公益林保护和围栏封育，治理土壤侵蚀，维护与修复森林等生态系统，严格保护具有水源涵养功能的自然植被，限制或禁止过度无序采矿、毁林开垦、侵占湿地等开发活动。

——浦坝港底港生态保护区重点保护底港生态湿地资源、珍稀海洋生物物种和港汊生态环境，严禁围垦、工业等活动发生。

“三城”，即3个新型城市化人口集聚区。分别为三门中心城区、宁海宁东新城–长街和象山环石浦港新城。

——三门中心城区。按照打造精品、彰显特色、体现个性等要求，依托老城区、行政新区、滨海新城及铁路场站，整合海游、沙柳区块，支持发展涉海高端装备制造、光机电一体化、核技术应用等新兴产业，增强中心城区集聚能力、辐射能力和带动能力，提高综合功能，成为三门县集聚人口和升级产业的重要载体、核心平台，人口集聚约18万。

——宁海宁东新城—长街。依托新城、长街城镇和长街海洋经济创新区块的开发基础，整合力洋、茶院区块，集聚通用航空、生物医药产业、新能源、装备制造和数控产业，形成融居住生活、研发培训、高新技术产业于一体的现代化、生态型宜居宜业新城，人口集聚约16万。

——环石浦港新城。结合石浦省级小城市试点、浙台（象山石浦）经贸合作区、宁波象保合作区建设，发挥港口岸线资源优势和对台经贸合作区、综合保税区的政策优势，坚持生产、生活、生态融合发展，整合石浦周边乡镇和岛屿，实施城、港、岛联动开发，建设集生活居住、休闲度假、经贸合作、产业对接、文化交流为一体的国际化生态型港湾新城，人口集聚约20万。

“六基地”，即6个海洋产业集聚发展区块。按照基地化、专业化要求，注重与周边城市和城市新区规划建设的协调联动，注重三县主导产业的适当差异化分工，即宁海三门湾区域以生物医药产业和通用航空产业为主导，象山三门湾区域以海洋装备制造业、水产品精深加工及流通、对台贸易产业、海洋海岛旅游为主导，三门以节能环保、机械机电、新能源产业为主导，建设一批产业重点集聚区块，成为区域经济转型升级的主载体。

——象山环石浦港滨海旅游休闲基地。依托石浦古城、檀头山岛、渔山列岛、花岙岛、半边山、东门岛、牛栏基岛等旅游休闲资源，支持发展滨海观光、度假休闲、文化旅游、海鲜美食等旅游产品，打造三门湾区域滨海旅游门户，成为长三角重要滨海旅游基地。推动与宁波（象山）影视文化产业区块联动发展。

——宁波象保合作区海洋新兴产业基地。重点发展保税物流、保税加工、保税贸易，以及高端海洋装备、海洋生物医药与制品、海洋食品、海洋信息、海洋公共服务等现代海洋产业，成为宁波综合保税区的重要功能区。

——宁海胡陈港现代服务业示范基地。充分发挥湖光山色、风光旖旎的特有自然景观优势，建设集旅游度假、健康服务、养生养老、户外运动、低空运动等特色专业服务于一体的综合性现代服务业板块。

——宁海下洋涂新兴产业基地。依托丰富的滩涂围垦资源，发展通用航空产业、先进临港产业、新兴海洋产业和现代物流业等，加强与象山石浦港区合作，成为港区联动的重点支撑。

——三门东南沿海新兴产业基地。依托沿海工业城、浦坝港沿岸区域及丛岙涂区块海洋工程装备等现有产业基础，发挥龙山岛深水良港等资源优势，重点发展节能环保、高端装备制造、海洋重工装备、火核电循环产业关联设备等产业，形成现代海洋产业带状发展区。

——三门清洁能源基地。依托三门核电、三门抽水蓄能等清洁能源资源，重点发展核能、太阳能、潮汐能、风能等清洁能源，建成全国重要的清洁能源产业基地。

（三）城乡发展

根据三门湾区域功能分区和空间结构，以区内现有城镇为基础，与宁海、象山、三门的县域总体规划衔接，按照集聚集约、整合提升原则，在聚力打造三大新型城市化人口集聚区的基础上，大力发展重点镇，培育特色乡镇，统筹建设美丽新农村。

1. 大力发展重点镇

宁海县一市镇依托丰富的山林和湿地资源，发挥区位优势，加快建设国家养老养生基地和海洋湿地公园，打造环境优美、生态休闲的港湾小城镇。象山县新桥镇积极依托影视产业城发展，加快城镇商贸、休闲旅游等基础设施配套建设，作为影视产业城的重要配套城镇。三门县浦坝港镇作为县域南部接轨台州的边界点，打造风情港湾，筑造鱼米良仓，以海洋医药与生物制品、海洋装备制造、海洋服务业为特色的综合性城镇，积极培育成为三门县的次中心城区。健跳镇以健跳港作为依托，加快整合空间资源和海港城市功能组织，重点培育港航物流、节能环保、新能源汽车、火电核电关联设备等产业，打造电力城。

2. 着力培育特色乡镇

宁海县：越溪乡依托双盘三山涂等资源，加快发展特色生态渔业，加强特色优势挖掘，打造为宁海东部农副产品后备基地。胡陈乡发挥环境和旅游资源，积极发展户外运动、度假养生等旅游项目，打造为生态休闲型经济强乡、全国首个户外休闲运动小镇。

象山县：鹤浦镇依托港口、岸线资源优势，加快发展船舶制造、临港装备、清洁能源和现代渔业等产业，推进海岛综合开发。高塘岛乡积极发展船舶装备、海岛旅游和现代农业，构建新型海岛集镇。定塘镇要发挥产业特色和生态优势，重点发展现代农业，融入象山影视城发展，创建生态特色镇。晓塘乡强化区域特色，发展循环型生态农业，提升乡村旅游，培育生态居住功能。泗洲头镇立足蟹钳港-岳井洋独特区位，发挥资源优势，推动生态型产业发展，打造兼具山海、凸现生态的优美小城镇。茅洋乡以建设高速互通连接线为契机，发挥城郊优势，提升区域功能，推进与东陈区块的联动发展。

三门县：花桥镇定位为以生态农业、水产养殖、食品加工和贸易为特色的综合城镇。横渡镇提升水产养殖业，建设以生态农业、休闲旅游为主要功能的特色小城镇。蛇蟠乡建设集滨海观光、休闲度假、运动养生、文化体验等为一体的海洋生态旅游岛。沙柳街道围绕“中国乐活小镇”，打造成以沿海休闲服务为主导的特色镇。

3. 统筹建设美丽新农村

按照生产要素集中、人居环境优良的要求，扎实开展三门湾区域美丽新农村建设，大力整治建设连线成片村庄，继续推进农房“两改”工作，加快建设一批有海洋、山水文化价值的特色村庄，培育建设40个左右具有三门湾区域海洋特色的中心村。立足农村资源特色，走特色化、专业化的新型农村经济发展道路，重点培育青蟹、枇杷、柑橘、蛏子等一批特色农产品，建立区域农产品品牌，建设若干环三门湾现代农业综合示范区；深度挖掘乡土文化特质，弘扬农村、渔村生态文化，积极发展特色海洋休闲和文化旅游。统筹推进区域内城乡公交一体化，和垃圾处理、污水治理、卫生改厕和绿化等整治建设，打造“生活美好、村容整洁、特色鲜明”的三门湾区域美丽新农村。

(四) 合作发展区块

根据有关区块空间相近、资源相联、产业相通等基础条件，采取统一编制发展规划、统一明确功能定位、统一安排基础设施、统一实施生态保护等途径，探索实施跨地区合作区块统筹联动发展。根据条件具备情况适时推进实施其他合作区块联动发展。

三门蛇蟠岛—宁海蛇蟠涂区块。利用该区块区位突出、空间相联等优势，根据现有资源禀赋条件，将该区块统一定位为现代生态农业、生态养殖、休闲观光旅游功能，统筹建设农业基础设施及旅游接待设施，共同建设沿海国家湿地公园，积极推进国家级湿地公园的申报工作，结合现有基本功能发展湿地保护保育、生态净化与科普宣教、生态休闲旅游等。

宁海下洋涂—象山石浦港区块。根据该区块空间相近、资源互补等客观优势，利用下洋涂已基本完成滩涂围垦工程等土地利用条件，重点发展通用航空产业、临港产业等；依托石浦港较为成熟的港口条件，重点发展港航物流业，并通过交通网络等基础设施的统筹对接，实现区块间产业与港口的联动发展。

四、产业发展导向

立足三门湾的产业基础、资源条件、环境约束和战略定位，坚持产业门类变绿—变新—变高、产业形态集聚—整合—延伸、产业路径开放—合作—提升，坚持以治水为突破口推进转型升级、加快产业结构调整，实现区域产业结构优化、产业层次提升、产业规模扩大，成为浙江海洋新兴产业新的增长极。

（一）引导发展海洋新兴产业

有机结合浙江“信息化和工业化深度融合国家示范区”建设，加强海洋新兴产业项目、科技、人才、资金、税费等引导，加强现有产业“腾笼换鸟”，加强“四换三名”开展，重点发展涉海装备制造、清洁能源开发与利用、海洋生物医药与生物制品、海水综合利用产业等四大产业，增强龙头企业带动与产业集聚区块建设，增强区域竞争力。

1．装备制造产业

发展重点。积极响应智能制造要求与导向，重点发展海洋工程装备、清洁能源装备、通用航空等装备制造，以及节能环保装备、专用设备、海洋电子信息等。其中，清洁能源装备重点发展核电关联产业、太阳能装备、风能与潮汐能装备；节能环保装备重点发展工业节能装备、海水利用成套装备等；数控装备重点发展数控机床及相关功能部件。

专栏1　装备制造产业发展导向

——海洋工程装备。依托环石浦港区域、三门电力城海洋装备制造基础，以及下洋涂储备用地，充分发挥港口与空间发展优势，大力发展海上工作平台装备、钻探装备及海工装备配套等，打造浙江新兴海洋工程装备基地。

——清洁能源装备制造。重点聚焦风能、太阳能与潮汐能装备，兼顾新能源开发与新能源重点领域，突破发展太阳能光伏与新能源开发领域。大力发展风机装备制造、潮汐能装备制造、太阳能薄膜电池等重点门类，构建科技研发平台与产业发展平台，打造特色产业集聚区块。

——通用航空。抢抓中国通用航空发展新机遇，依托下洋涂良好的地理位置，重点发展通用航空整机和零部件的研发制造、通航运营及其综合保障等相关产业，全力打造通用航空产业园。

——数控装备。以三门滨海新城、长街镇数控产业园为核心，依托现有产业基础，大力发展中高端、智能数控机床及相关关键功能部件。加快科技孵化平台与重点园区建设，加强产业联动与产业链升级，力争成为国家级新兴数控装备产业示范区。

——专用设备。以三门沿海工业城、宁东新城、浙台（象山石浦）经贸合作区为核心，以传统优势制造业为支撑配套，依托现有产业基础与资源条件，重点发展中高端模具产业、精密成型装备、工程机械等门类。关注高附加值产业环节与高技术含量产品类型，强化产业集聚，聚焦科技驱动型与产业引领型项目。

——海洋电子信息。以浙台（象山石浦）经贸合作区、宁东新城为核心，立足海上航运、渔业、海洋资源勘采及国防等行业的现实需求，发挥浙江在智能通信、电子材料、软件与信息服务等领域的产业优势，加快发展海洋电子信息产业，重点发展以船舶电子、智能通讯、专用设备、海洋探测、海洋电子元器件、集成电路、海洋软件和信息服务业为主的核心门类，打造现代海洋电子信息产业集群。

——节能环保装备。以三门东南沿海新兴产业基地、长街镇为核心，借力国家战略性新兴产业发展政策，关注资源节约与环境友好型产业发展，重点发展工业节能装备、污水处理装备、海水淡化装备、海洋污染治理装备等。大力支持宁东新城、长街镇、石浦镇等相关产业集聚，积极打造特色节能环保装备产业园。

空间布局。主要依托宁东新城、三门沿海工业城等，升级现有清洁能源、数控装备等产业基础，发展临港装备制造与新兴制造，形成产业集聚；依托下洋涂新兴产业区块，大力培育发展通用航空产业；依托环石浦港、宁波象保合作区、三门电力城等区块，优化发展海洋装备产业，形成海洋工程装备、船舶制造、核技术应用等产业集聚。

2．清洁能源开发与利用产业

发展重点。围绕打造国家海洋清洁能源应用示范基地，在不影响区域生态环境的基础上，科学开发利用核电、潮汐能、风能等清洁能源，联动发展循环经济与低碳经济，构建新能源科技、研发设计与综合利用一体化发展的产业体系。争取在核电、海洋（海岛）风能、潮汐能三大领域发挥示范作用。

空间布局。重点推进三门核电站、茶山抽水蓄能电站及现有风电场建设，加强健跳木夕渡潮汐电站、三门抽水蓄能电站建设研究。以宁东新城、三门核电为主载体，加强清洁能源装备研发和服务。加强岳井洋潮汐电站前期工作研究。

专栏2　清洁能源产业发展导向

——清洁能源科技。以潮汐能、海洋风能等领域科技创新为引领，与国家能源局、国家海洋局、中国海洋大学、浙江大学等共同创建海洋清洁能源科技孵化基地，形成区域新能源独特竞争优势。

——清洁能源研发设计。聚焦新能源开发利用领域，立足推动区域新能源科技创新水平与示范效应，加快产业资源与行业领先科技资源集聚；大力发展新能源利用技术、新能源装备研发设计，推动高等级新能源科研机构集聚，扶持新兴领域行业企业发展。

——清洁能源综合利用。以海洋能源综合利用项目示范为先导，重点推进海洋风能与潮汐能两大领域开发建设。其中，健跳港潮汐能电站规划容量2万千瓦，静态总投资6.8亿元，年发电量约为5100万千瓦时；下洋涂、牛头门、龙母山、双盘风力发电项目，规划装机总容量达400MW，总投资近30亿元；檀头山、高塘等海岛风力发电项目，建成运营装机规模4.35万千瓦；象山近海风力发电项目，总装机规模40万千瓦；三门核电站，含6台125万千瓦核电机组，全面建成后，装机总容量将达到750万千瓦以上。

3．海洋医药与生物制品业

发展重点。积极组建省级或国家级生物医药专业孵化平台，加强拳头产品研发生产和品牌打造，开发一批有特色、高效能的海洋生物产品，力争在海洋药物、海洋生物试剂、医疗器械及材料、海洋功能食品等重点领域取得突破，培育成为国内具有龙头带动作用的海洋生物医药和制品生产基地。

空间布局。以浙台（象山石浦）经贸合作区、宁东新城、三门滨海新城为主平台，引进和培育3—5家知名科研机构，集聚10家以上规模企业，组建生物医药专业孵化园，打造宁波海洋生物医药集群。

专栏3　海洋生物医药产业发展导向
——海洋药物。充分利用区域海洋生物资源丰富的优势，加快海洋药物创制工作，努力开发一批特色药物，大力提升海洋生物产业的技术水平。大力发展以重组疫苗为重点的新型疫苗，努力研制一批防控烈性传染病的关键药品，重点发展以治疗性抗体为代表的靶向性治疗药物，开发形成一批防治肿瘤癌症、心脑血管疾病和自身免疫性疾病等重大疾病的化学药替代新药。 ——海洋生物试剂。围绕重大疾病诊疗和食品安全检测需求，加强海洋生命科学、海洋生物信息技术和现代制剂技术跨学科、跨领域的技术与产业合作，大力开发海洋类低成本分子生物学诊断试剂、免疫诊断试剂、生化诊断酶试剂、分子影像诊断试剂、高通量生物芯片等产品，加快发展病源微生物以及有毒有害化学物检测相关试剂，突破我国在高端海洋生物试剂产品与技术方面的瓶颈制约。 ——医疗器械及材料。依托海洋生物医药产业引致需求，以石浦镇、宁东新城医疗器械相关产业为基础，进一步做大产业规模，加大技术升级与产业引进力度，提升区域产业科技水平。重点发展海洋生物检测自动化分析仪器、天然海洋生物材料、家用保健康复治疗仪器、海洋类临床常用医用材料等。

4．海水综合利用业

发展重点。节约区域宝贵的淡水资源，减少对现有区域溪流淡水资源的过度依赖，保障区域水生态安全。重点依托三门核电站等规划建设海水淡化厂，扶持发展海水淡化业，加强政策与资金扶持，加快享受市政设施建设与用水范畴，逐步成为区域生活生产的战略水源乃至主要水源；加强浓海水综合利用研发与推广；支持发展海水直接利用业，制定相关设施设备引进与投资的优惠政策，积极扩大利用规模和范围。

空间布局。以象山环石浦港新城、宁海宁东新城—长街、三门滨海新城、三门东南沿海产业区块为布局重点，重点加快三门核电配套海水淡化厂建设及其浓海水综合利用研发，积极扩大规模及其服务半径，增强服务区域生产生活用水需要。加强台州第二电厂、茶山抽水蓄能电站等项目的海水淡化厂建设论证。加强象山东海涂沿海产业基地等配套海水淡化厂建设前期工作。

(二) 加快发展海洋服务业

重点发展滨海旅游、商贸物流两大产业，兼顾金融商贸、文化创意、专业服务、对台经贸，打造区域海洋服务中心，增强三门湾滨海城镇群现代服务功能，提升区域发展活力与魅力。

1．滨海旅游产业

发展重点。坚持海洋旅游和生态旅游协调发展，坚持海陆联动、蓝绿互促，做美海洋文化、海洋度假、海湾休闲、山地养生等四大旅游产品，构建山水游—海岛游—生态游—民俗游“四位一体”观光旅游度假休闲产业链，实现山、海、岛、湾四大旅游资源联动开发，把三门湾打造成为长三角地区知名海洋旅游目的地、滨海度假与体验旅游胜地。

空间布局。以石浦古城、健跳古城等为依托，以石浦港、花岙岛、蛇蟠岛、檀头山岛、扩塘山岛等为重点发展海岛度假旅游，以定塘—晓塘、六敖现代农业园区为重点发展农业休闲旅游、以胡陈港为重点发展生态养生旅游，以新桥影视城为重点发展影视文化旅游，以蛇蟠涂为重点发展湿地生态旅游。同时，积极打造各具特色的观光旅游景区景点、工业旅游示范点、农业旅游示范点。

专栏4　海洋旅游产业发展导向

——海洋文化旅游。以石浦国家级海洋渔文化生态保护实验区、石浦古镇、健跳古镇、蛇蟠岛、宁波影视文化产业区、许家山古村落旅游区等为基础，打造长三角海洋文化旅游目的地。积极申请国家文化旅游示范小镇和国家5A级旅游景区。加快推进象山影视城、中国渔村、渔港古城、大型海洋节庆活动、休闲渔文化度假中心、美食购物、文化体验、会议度假等特色旅游产品建设。

——海洋度假旅游。以包括檀头山岛、南田岛、高塘岛、花岙岛、蛇蟠岛、渔山列岛等滨海片区为重点，聚焦海洋生态与海洋休闲运动，发展以海岛风情为主题的深度体验旅游活动，大力发展近海游艇、海上运动赛事、水上休闲运动、海上垂钓等，打造海上休闲运动基地，积极开发海上石林观光、高端休闲等旅游产品，申报花岙岛成为国家级地质公园。

——海湾休闲旅游。以浦坝、一市、越溪、力洋、长街等海湾湿地为核心，充分组合海滨、海岸、海塘、滩涂、湿地等自然元素，突出“海湾”自然特质，兼顾生态观光、地质科普、生态游憩等功能。大力推进海洋湿地公园、鸟类保护基地、自然湿地景观观光、湿地农渔业休闲体验等项目，打造宁海国家海洋湿地公园。

——山地养生旅游。以横渡、越溪、茶院、花桥、力洋、茅洋、泗洲头等山地森林片区为重点，加快建设与完善国家登山步道项目、生态养生小镇、野外露营基地、森林休闲公园等特色旅游产品，发展户外徒步、森林观光、山地运动、生态游憩、科普教育等功能的休闲旅游带，形成山地风情休闲的旅游集聚区，打造长三角独具特色的生态养生基地。

2．商贸物流产业

发展重点。立足区域产业服务功能与城市服务功能，重点发展对台商贸物流、大宗商品物流、海水产品冷链物流等，配套发展多式联运城市配送、应急物流、电子商务、现代商贸、海水产品贸易等，推进资源要素集聚与集散流通，服务区域经济发展。根据区域港口条件、腹地范围现状，三门湾港口开发应以满足地方经济社会发展需要为主，实现与周边港口的错位发展、协同发展。结合浙台（象山石浦）经贸合作区建设，适度发展近海支线港航物流服务，实现特色发展、效益发展。同时，积极跟进国家民间资本准入改革，发挥岸线腹地资源优势，配套宁波—舟山港，争取试点建设民间资本参与的国家战略物资储备基地。

空间布局。以石浦港区、健跳港区为重点，打造区域性特色商贸港。石浦港区要在保留特色渔港基础上，加快雷公山、箬渔山、盘基作业区开发，培育发展保税、加工、配送等增值服务；健跳港区要积极推进龙山岛作业区建设。提升发展象山中国水产城、三门中国青蟹城等现代专业市场，延伸增值服务产业链。

适时启动田湾岛开发，发展以工业品及生产保障为主的港口物流服务。

专栏5　综合物流产业发展导向
——石浦港对台商品物流。在保留专业化的特色渔港基础上，强化提升石浦港片区对台商贸物流服务功能，积极发展采购、保税、加工、配送、信息、咨询等产业增值服务及后备港功能，将石浦港建设成效益突出、风情独具、生态和谐的现代商贸港。 ——龙山大宗商品物流。依据台州港总体规划，充分考虑地区产业发展需要，龙山作业区未来重点发展以大宗商品、工业品及生产保障为主的港口物流及油品储备服务。 ——海水产品冷链物流。重点强化冷链物流园区、专业物流企业、配套服务设施建设，大力推进象山国际水产物流园等核心物流功能区项目，提升三门湾区域海水产品要素集聚、分拨配送与综合服务功能。

（三）积极发展现代农渔业

发展重点。立足现状产业基础与原生态保护，完善延伸海洋渔业产业链条，推动传统渔业产业升级，重点发展高端生态海水养殖、海水产品精深加工、海水产品流通等，扶持做大农渔业循环经济。其中，海水养殖重点发展围塘养殖、设施化循环养殖和浅海贝藻鱼立体养殖，海洋捕捞应重点拓展远洋捕捞、控制近海捕捞。海水产品精深加工重点发展海水产品冷冻加工、海水产品罐头、海洋健康产品。培育发展水产苗种、生物育种等渔业科技服务业，海水产品专业市场、专业物流及渔业保险金融等渔业商贸业。

空间布局。依托三门湾区域生态经济区，以石浦中国水产城、中国石浦水产食品加工基地、群英塘现代渔业综合产业基地、国际水产物流园等项目为重点，打造长三角现代海水产品加工贸易基地；依托三门中国青蟹城，打造全国青蟹育种、科研、交易、物流中心；依托浙江东海岸农业循环经济区、国家级蛇蟠生态养殖基地和三山涂等区块，发展海水养殖；依托三门湾沿岸及浅海滩涂，构建渔业养殖、捕捞、海水产品加工、水产饲料加工及渔业休闲、交易等发展带。

专栏6　海洋渔业发展导向

——高端生态海水养殖。建设国家级蛇蟠生态养殖基地，含蛇蟠岛现代综合养殖园和蛇蟠涂养殖区，需三门、宁海两县共同包装打造；长三角台湾石斑鱼暂养中转贸易基地（高塘岛），基地规划建设用地161亩，配套建成1000吨级的对外水产品贸易专用码头，是华东地区最大的石斑鱼暂养中转基地。

——海水产品流通。建设中国供销集团国际水产物流园，总投资45亿元，建设象山国际海洋经济发展总部、国际水产保税冷链物流基地和国际水产出口加工基地。建设现代渔业综合产业基地，高塘岛北侧区块，包括群英塘、黄湾塘、北面塘，规划面积约7平方公里，集国际水产贸易集散、远洋渔港、水产品精深加工、海洋生物、育种育苗、工厂化养殖、水产饲料加工等一体的全产业链中国现代渔业产业基地。

——海水产品精深加工。以中国水产食品加工基地为主，总规划面积3平方公里，园区首期已投入超7亿元，成功开发1平方公里，入园企业48家。

（四）产业目录指导

围绕产业选择方向和重点，按照负面清单管理模式，探索建立健全项目准入审批制度，强化产业招商和项目建设的准入和控制，实现有序指导。

——集约方面。力争到2020年，重点园区单位土地产出率和贡献率接近全国先进开发区指标，新增单位面积土地产出突破360万元/亩，投资强度达200万元/亩以上，亩均税收超过20万元。

——环保方面。严格执行国家和浙江省产业政策，全面落实淘汰落后产能要求；严格实施项目能耗评估审查；严格执行环境影响评价制度、排污总量控制制度和污染物排放标准；以技术经济可行为依据，以行业先进治污水平及技术为要求，降低污染物产生和排放强度，完善生态补偿机制。

——安全方面。严格执行安全准入政策，重大产业项目应进行必要的安全论证，安全设施必须与主体工程同时设计、同时施工、同时投入生产和使用。

表3　三门湾区域海洋产业指导目录

<table>
<tr><td rowspan="9">鼓励类</td><td rowspan="7">涉海装备制造</td><td>交通装备</td></tr>
<tr><td>数控装备</td></tr>
<tr><td>专用设备</td></tr>
<tr><td>海洋工程装备</td></tr>
<tr><td>清洁能源装备</td></tr>
<tr><td>通用航空</td></tr>
<tr><td>海洋电子信息</td></tr>
<tr><td rowspan="2">海洋清洁能源</td><td>清洁能源研发设计</td></tr>
<tr><td>清洁能源综合利用</td></tr>
</table>

鼓励类	海洋科技服务	海洋科考
		生物技术
		渔业科技
	海洋旅游	海洋度假
		海湾休闲
		山地养生
		海洋文化
	商贸物流	航运服务业
		冷链物流
		港口物流服务
		渔业商贸
		现代商务
	现代海洋渔业	远洋捕捞
		海水生态养殖
		水产品精深加工
		海洋生物医药
		海洋生物制品
限制类	资源消耗型工业	木材加工
		石化
		钢铁生产
		有色金属加工
		传统建材生产
	排放较高产业	传统海水养殖
		传统禽畜养殖
	低技术含量产业	纺织服装工业
		小五金小机电业
禁止类	高污染行业	高污染型医化工业
		非绿色拆船业
		高污染型印染业
		非纸浆引进型造纸
		高污染型电镀业
		高污染型皮革加工业

表4　产业准入约束性指标要求

所属行业	投资强度（万元/公顷）	单位用地产出（万元/公顷）	容积率	增加值能耗（吨标准煤/万元）	增加值水耗（立方米/万元）	全员劳动生产率（万元/人）
通信设备、计算机及其他电子设备制造业	≥5730	≥10310	≥1.2	≤0.05	≤0.9	≥20.2
医药制造业	≥5060	≥9100	≥0.9	≤0.07	≤2.5	≥41.2
电气机械及器材制造业	≥4050	≥7290	≥1.0	≤0.05	≤0.7	≥7.2
金属制品业	≥3375	≥6070	≥1.0	≤0.2	≤2.8	≥10
通用设备制造业	≥4050	≥7290	≥1.0	≤0.07	≤2.5	≥10.1
专用设备制造业	≥4050	≥7290	≥1.0	≤0.09	≤3.5	≥12.3
交通运输设备制造业	≥5060	≥9100	≥1.0	≤0.05	≤1.2	≥15
仪器仪表及文化、办公机械制造业	≥4050	≥7290	≥1.2	≤0.05	≤2.0	≥8.8
信息传输、计算机服务和软件业	—	—	—	—	—	≥20
金融业	—	—	—	—	—	≥65
文化、体育与娱乐业	—	—	—	—	—	≥18
房地产业	—	—	—	—	—	≥38
租赁和商务服务业	—	—	—	—	—	≥9
批发和零售业	—	—	—	—	—	≥7
交通运输、仓储和邮政业	—	—	—	—	—	≥20
教　育	—	—	—	—	—	≥12
科学研究、技术服务和地质勘察业	—	—	—	—	—	≥18
卫生、社会保障和社会福利业	—	—	—	—	—	≥17

所属行业	投资强度（万元/公顷）	单位用地产出（万元/公顷）	容积率	增加值能耗（吨标准煤/万元）	增加值水耗（立方米/万元）	全员劳动生产率（万元/人）
居民服务和其他服务业	—	—	—	—	—	≥4
水利、环境和公共设施管理业	—	—	—	—	—	≥10
电力、热力的生产和供应业	—	—	—	≤5.5	≤70.00	≥446
建筑业	—	—	—	—	—	≥12
农、林、牧、渔业	—	—	—	—	—	≥5

注：

1. 指标说明：①投资强度：固定资产投资额/项目用地面积（单位：万元/公顷）；②单位用地产出：项目达产后年销售收入/项目用地面积（单位：万元/公顷）；③容积率：项目地上建筑总面积/项目用地面积；④增加值能耗：项目年能耗总额/项目当年增加值（单位：吨标准煤/万元）；⑤增加值水耗：项目年用水总额/项目当年增加值（单位：立方米/万元）；⑥全员劳动生产率：全市生产总值/全部从业人员年平均人数（单位：万元/人）；⑦表格参考《浙江省产业集聚区发展总体规划（2011—2020年）》、《浙江省工业建设项目用地控制指标（修订）》（浙土资发〔2007〕）、《工业项目建设用地控制指标（试行）》（国土资发〔2008〕）。

2. 产业门类说明：通信设备、计算机及其他电子设备制造业包括海洋电子信息产业；医药制造业包括海洋生物医药（研发与生产）；电气机械及器材制造业包括机械机电产业；金属制品业包括机床零部件等；通用设备制造业包括数控装备、风能装备、精密成型设备等产业；专用设备制造业包括医药器械、太阳能光伏、海工装备、海洋污染治理装备、节能装备、风机装备和高端模具等产业；交通运输设备制造业包括汽车零部件、修造船产业等；仪器仪表及文化、办公机械制造业包括精密仪器、文具等产业。

五、生态系统保护

（一）科学合理控制滩涂围垦

以三门湾区域整体作为生态环境评价对象，加强区域滩涂围垦规划与总量控制，明确围垦规划和实施方案，因地制宜确定滩涂开发内容与方式，合理控制滩涂围垦规模和时序，并加强对已围项目的生态影响跟踪监测和评估。

因地制宜确定滩涂保护性开发内容。针对不同类型滩涂进行开发适宜性评价和限制性因素调查，按照自然气候、地形地貌、地质、水文、水资源等条件科学合理确定滩涂开发内容。针对湿地生态系统保存完整的区域，建立蛇蟠涂湿地公园、胡陈港鸟类保护区、力洋港汇水区等生态重要节点为主的沿海湿地保护区。针对不同的潮滩部位，因地制宜发展粮食、果蔬和海淡水养殖等现代农业，建立双盘三山涂、蛇蟠涂、下洋涂、水糊涂、黄沙岙等现代农渔业区，建设蛇蟠涂现代生态农业园、双盘三山现代农业生态园、人塘港现代农业示范区等现代农业示范区。充分利用区域特有的海洋、湿地、山体、森林、农田、文化等资源，在双盘三山涂、蟹钳港滩涂区、长大涂、花岙岛滩涂、下洋涂、石浦港东北部滩涂、半边山周边滩涂等区块布局生态旅游区。

科学规划滩涂围垦规模时序。有序推进已列入省围垦规划的滩涂围垦项目。对不符合海洋功能区划和滩涂围垦规划的项目一律不准实施，未经审批不得开工建设。从三门湾浅海生态系统保护角度对双盘—三山涂等滩涂围垦项目跟踪监测、评估论证并科学实施。切实做好东海涂围垦的前期工作。加强海洋环境动态监测，并采取有效措施，切实减少或消除工程实施可能造成的不利影响。

生态化实施确需围垦项目。在区域内围填海应优化围填海平面设计，鼓励采用人工岛式、多突堤式、区块组团式平面设计，减少自然海岸线占用，增加有效人工岸线，保护好海岛、自然岸线等资源。同时，要科学组织施工，尽可能减少对周边海域生态、水文、航道等系统的负面影响；同步开展围垦工程对周边海域特别是港区和航道区域的影响研究，并落实必要的保护措施。

实施三门湾区域生态修复。鉴于三门湾内因围涂和堵港可能造成的纳潮量减少和潮流动力减弱，而引起湾内航道不断淤积、生物多样性减少和生态系统功能下降等现象，省级有关部门应加快开展三门湾区域水动力环境研究，科学论证和合理调整新增围垦工程、上游水库布局与规模安排，视情况打开部分已围港汊、优化上游水库功能，增强湾内水系交换能力，提高海湾生态质量水平。

（二）加强区域生态系统维护

以山脉、水系、滩涂为依托，围绕林、海、岛、湿地等要素，修复和保护重点生态斑块，积极构建绿色生态节点，串联绿色生态廊道，打造绿色空间网络。

加强三门湾区域林地保护。对区域内林业生产、旅游开发等活动进行监管，严格禁止任何破坏山林、防护林等活动，保护现有森林植被，提高林分质量，不断扩大现有林地面积比例，改善树种结构，提高集水区的水源涵养能力。加强一市镇、越溪镇的西北部山体林地，茶院乡、力洋镇、胡陈乡的茶山林场，长街镇北部山体林地，石浦镇西部山体林地，晓塘乡东部和南部山体林地，鹤浦镇的东部山体林地等林地斑块和沿海防护林带、道路防护林带、三门县林场、湫水山自然保护区林地、水库周边生态公益林等林地廊道保护。

加强三门湾近海湿地保护。三门湾湿地要严格坚持保护优先、适度开发原则，切实加强滩涂湿地保护与修复，增强湿地的污染净化和生物栖息功能。同时，积极开展分类保护管理湿地，对原生态湿地坚持保护为主，防止围垦改变生态功能。重点保护蛇蟠涂、牛台村、双盘—三山，下洋涂、沿白礁水道滩涂、长大涂、黄沙岙、水糊涂及海游、健跳、浦坝三港的环线内及蛇蟠水道沿线滩涂区域等湿地生态板块，实施滩涂修复工程，并谨慎开展新的围涂工程。

专栏7　三门湾湿地保护重点
三门滩涂湿地保护区主要分布在海游、健跳、浦坝三港的环线内及蛇蟠水道沿线，滩涂湿地总面积约18.02平方公里。宁海三门湾海区约187.42平方公里，包括蛇蟠涂、三山涂、双盘涂。象山三门湾滩涂资源面积约124.5平方公里，包括沿海岳井洋、南田涂、水湖涂、花岙涂等。其中，蟹钳港位于白礁水道内的大青山以北海域，面积约20余万亩，水草丛生，滨海野生生物资源丰富。

加强三门湾区域海岛保护。实施海岛生态系统修复与重建，控制岛内建设范围和强度，推广生态农业，开展生态旅游，减少对海岛脆弱生态系统破坏，保留不少于70%～80%的面积作为原生态自然区域，主要包括开井山岛、黄屿门山岛、大甲山岛、南山岛、大鸡山岛、五峙山岛、东泽岛、西泽岛、南泽岛、北泽岛等。贯彻《无居民海岛保护与利用管理规定》，加强对无居民海岛的生态保护与合理开发。

加强三门湾区域水系保护。加强三门湾区域淡水资源保护，实行最严格的水资源管理制度，防止饮用水源水质污染，重点保护中堡溪、西仓溪、力洋溪、茶院溪、洋溪、珠游溪、亭旁溪、清溪、圆里溪、头岙溪、白溪、山场溪、花桥溪等水系。加强力洋水库、车岙港水库、西林水库、岩头陈水库、樊岙水库、罗岙水库、施家岙水库、石门水库等库区及周边生态公益林建设，防治库区水土流失和泥石流灾害，保护好区域内水库生态环境。加强区域上下游环境影响评价论证，加强三门湾区域河网水环境治理，提高区域水体环境源头治理水平。

(三) 有效控制区域污染排放

加强污染物总量减排。研究三门湾湾内水动力环境特点、环境容量和资源环境承载能力，严格实行三门湾区域入海污染物总量控制，减少入海污染物排放总量。探索建立区域总氮、总磷控制减排机制，合理确定三门湾污染物分类排放指标，有效控制区域污染物排放。

专栏8　科学开展海洋环境承载力评估
目前，三门湾建设项目的环境影响评估尚未扩大到区域层面，而主要由地方政府单独委托展开。为此，需积极开展三门湾整个区域层面的海洋环境承载力评估，以此作为环三门湾开发建设项目是否可行的依据。同时，需全面推行第三方委托的海洋环境评价方式，保障环评的独立性、科学性。

合理规划入海排污口和废物倾倒区。根据《浙江省海洋功能区划》对海岸基本功能区的功能定位，结合宁海、象山、三门三县城市总体规划对市政管网的安排，在工业与城镇用海区、港口航运区、特殊利用区等区域中合理划出入海排污口和废物倾倒区。严格实施

污染物排放标准，控制沿海城镇生活区、工业区和旅游区等重点陆源污染物入海量。

加强区域循环经济建设。按照“资源化、减量化、再利用”的总体要求，构建三门湾循环经济产业平台，加强园区循环化改造，促进区域企业间废物循环利用，推进形成区域循环经济共生网路，积极实现区域资源共享、废物共治、生态共保。积极开展石浦和三门水产品精深加工、台州第二电厂、岳井洋潮汐能等循环经济试点，打造区域循环经济产业链，完善配套政策，鼓励循环经济、低碳经济发展。

(四) 统筹建设生态环保设施

共建共享三门湾区域环保基础设施。打破区域和城乡界限，立足区域环境基础设施共建共享，加强三门滨海新城、宁海宁东新城等工业与城镇重点区块，以及环保薄弱区域的环保设施建设。统筹推进城乡和区域垃圾处理、污水处理设施和管网建设，加快宁海宁东新城、三门滨海新城、三门沿海工业城等重点产业区块或城市新区的污水处理厂及管网建设，加强蛇蟠岛—蛇蟠涂、下洋涂—高塘岛污水管网、环蟹钳港、环浦坝港、环健跳港等跨区联建，增强跨区污水收集、处理能力，改善区域环保设施条件，提高环保设施处理能力和运营水平。

统筹协调防灾减灾基础设施建设。加强三门核电安全防护设施建设与管理，优化周边区域功能布局及项目设置。统一部署防灾减灾基础设施建设，提高一线海塘防洪御潮能力，强化渔船避风渔港和配套锚地建设。统筹开展重要岸段和重要区域综合观测平台建设，增强区域核辐射监测能力，提高区域海洋灾害预警报服务水平，定期编制发布三门湾区域海洋灾害公报。组织开展三门湾海洋灾害风险调查与隐患排查，对区域海洋灾害详细情况开展摸底和评估，做好区内海洋灾害区划工作。建立区域海洋防灾减灾区域合作机制，成立区域海洋灾害应急指挥体系，增强海洋灾害应急处理能力。

六、基础设施完善

按照“科学布局、共建共享”的原则，构建统一规划、统筹建设、分头保障的推进机制，加快完善综合交通、能源保障、水资源利用、防灾减灾、通讯信息等基础设施建设，强化区域发展设施支撑。

(一) 综合交通网

着力构筑结构合理、层次分明、组合效应突出的一体化综合交通体系，加快打造环三门湾区域半小时交通圈，推动三门湾区域更好的承接外围发展辐射，引导区内空间优化拓展，提升统筹发展水平。

建设区域外联快速通道。总体形成“两纵（甬台温高速、沈海高速并行线G15W3）两横（沿海高速石浦连接线、上三高速东延线）”的“井”字形区域高等级公路网络，拓宽三门湾区域与宁波、台州都市区的快速联系通道，有效改善石浦港区、宁东新城、健跳港区、三门沿海工业城等重点功能区块对外交通条件。重点推进沿海高速三门湾段建设，加快实施三门湾大桥等主要桥隧工程，同步完成新桥、东陈、六敖、浬浦互通连接线建设，尽早启动沿海高速石浦连接线建设，预留沿海高速石浦连接线至宁海及南田、高塘岛连接线规划空间，实现环形连接。

优化区域骨干路网。完善沿湾骨干路网建设，尽快打通东西向象山至宁海、南北向宁海至三门干线公路，串联石浦、长街、宁东新城、三门滨海新城、华东电力城、三门沿海工业城等功能组团，为区域统筹发展提供支撑。重点推进新增国道G228线、G527线、60省道改建、环石浦港公路等项目建设，加快打通环三门湾快速公路网络。提升34省道、鄞州至临海公路三门湾区域过境段等公路技术等级，提高路网整体通行能力。加强跨区域绿道系统建设。

加强港口及配套设施建设。突出石浦港区的核心地位，主要建设石浦港区雷公山、盘基、箬渔山等作业区。推进健跳港区龙山、洋市涂、牛山作业区等港口设施建设，加快推进健跳港区口岸开发开放。大力发展大型化、深水化、专业化公用码头，完善航道及锚地等设施。配套宁波—舟山港核心功能，发展港口物流、临港工业、商贸旅游等综合服务。适时开展田湾岛作业区开发前期工作。

加强集疏运体系建设。推进实施健跳南港区疏港公路、龙山港疏港公路、71省道盛宁线、石浦港主航道（下湾门航道）、环石浦港公路等一批新建及改建工程。结合田湾岛等建设规划需要，谋划实施健跳港北港区疏港公路至龙山作业区、田湾岛作业区、胡陈港连接线工程，龙山作业区与洋市涂连接线工程。结合甬台温货运铁路、台金铁路等铁路线网布局，统筹推进健跳、田湾铁路货运支线，以及石浦港区域联接宁海铁路支线的规划建设。

完善区域枢纽场站体系。围绕区域内重大交通枢纽设施布局，重点建设亭旁铁路综合物流基地、宁海物流中心、石浦港物流园区，推进形成功能互补、市场共营的物流场站体系。提升宁海中心城区、宁东新城、石浦、三门中心城区等的客运场站服务能力，不断完善乡镇各级客运场站布局建设，构建设施完善、层次分明、服务优质的城乡客运交通体系。

谋划区域城际轻轨建设。把握《浙江省都市圈城际铁路近期建设规划》上报国家契机，加快推进宁海、象山城际轻轨线路规划研究，适时启动项目前期工作，增强宁波对三门湾区域的辐射能力。超前谋划轻轨线路南延，串联三门滨海新城、海游城区、健跳等城镇密集带，在环三门湾地区形成轨道环线，促进区域更紧密的交通联系。

筹划建设下洋涂通用机场。利用宁海下洋涂区域良好的空域条件，以应急救援、工农业生产、旅游等新兴航空业务发展需求为切入点，积极研究下洋涂发展通用航空和产业，筹划建设通用机场，以满足三门湾区域现代商贸旅游和城镇建设发展的需要。

（二）能源保障网

优化能源结构，统筹电源与电网协调发展，加强燃气基础设施建设，保障区域发展能源供给安全。

实施重大电源工程。重点建设三门电力城，加快推进三门核电、台州第二发电厂等重大电源项目，积极开展抽水蓄能、潮汐能、风能、地热能、生物质能等新型清洁能源开发利用，规划建设三门抽水蓄能电站、茶山抽水蓄能电站、木夕渡潮汐电站等工程，打造长三角地区重要的清洁能源基地。

优化电网结构。构筑环湾一体化的区域供电结构，以500千伏变电所为主节点，220千伏变电站为枢纽，110千伏变电站为骨架的电网主网架，打造供区合理、技术先进、调度灵活、安全可靠的坚强智能电网。加强输变电网点设施建设，规划建设500千伏宁海变、500千伏象山变、500千伏滨海变，新建湾山变、霞客变、临港变等220千伏变电站5座以上，新建长街变、石浦变、晏站变等110千伏变电站10座以上。加强三门区域内电力廊道的规划建设，合理配置高中压输电线路，形成以220千伏电网为主体的环状联络网架。推进500千伏临海回浦变及送电主通道建设，为电力城提供电力输出通道。

推进天然气供气网络建设。推进甬台温长输天然气象山支线、各县天然气门站建设，加快中心城区、重点乡镇高中压调压站、中压输气管网建设工程，进一步扩大用户覆盖面。

（三）水资源利用网

统筹区域水源保护与供水设施规划建设，加强上游水库建设对下游及三门湾海洋生态系统影响评价论证，科学控制流域、区域水资源开发总量，构筑配置合理、设施完善、利用高效的水资源利用网。

统筹开发与配置区域水资源。三门湾港汊众多，每条港汊都对应一条入汊河流，入汊淡水资源是港汊生态维护的重要基础。为此，要从三门湾及港汊自然生态系统维护视角，统筹安排河流上游水库建设开发的规模、取水规模及时间分布，以保障三门湾及港汊有正常的入湾淡水量。积极探索区域水资源协商调配机制，适度进行跨区供配水，实现水资源统筹安排。加快水库、供水网络连通工程建设，推进水库联合调度，提高区域联网供水率，缓解区内水资源分布不平衡的状况。实行生活和工业分质供水，大力普及实施雨水利用、中水回用，提高水资源综合利用效率。

*加强水源保护与开发。*加强水源地、库区生态环境保护和建设，着力改善重要库区、流域水质条件。加大水资源开发利用投入，科学论证、统筹安排水库建设开发规模和取水规模。有序推进三门东屏、宁海清溪等水库，以及宁海西林水库扩建等项目建设，为三门湾区域统筹发展提供淡水储备。启动中堡溪流域、白溪流域水资源开发论证及前期工作，提高区域供水能力。在有需要的地区建设海水淡化设施，作为区域供水的重要补充。

*完善供水设施网络。*按照宁海、象山、三门三个分区，建设相对独立的供水设施网络。重点加快实施一批供水项目新建与改扩建工程，推进城乡供水主管网建设和老城区供水管网改造。其中，宁海分区规划新建宁东工业水厂、长街水厂，改扩建宁东生活水厂、第三水厂；象山分区规划新建石浦大塘港水淡化厂、茅洋水厂、泗洲头水厂，改扩建石浦水厂、鹤浦水厂；三门分区重点推进第二水厂改扩建工程。

（四）通讯信息网

以市场需求为导向，改造提升传统信息网络，着力推进智慧城市、智慧海湾建设，不断提高区域信息现代化水平。

*加强通讯基础设施建设。*提升区域通信能力，加强城乡通讯网络覆盖，完善网络基站、中继站等设施建设。优化通信管网布局，市话通信管道建设结合新区开发和旧城改造同步进行，超前预留管孔容量。规划期内城镇固定电话主线普及率达80%，农村达60%，城镇移动电话普及率达60部/百人，农村达40部/百人。

*推进智慧城市建设。*实施完成有线电视数字化工程，推进中心城区、卫星城、中心镇电信和广电网络光纤化改造，实现光缆到户，其他乡镇实现光纤到村，建成覆盖区域全域的宽带、无线通讯、数字电视网络，推进“三网融合”发展。加强智慧系统应用，推广现代信息技术，重点推进企业生产信息化改造，建立完善空间地理信息、经济运行信息、人口基础信息、智慧城市管理、环境监测监控、电子政府、行业信息服务平台等信息系统，提升社会经济运行效率。

（五）防灾减灾网

健全水文、气象、地质灾害实时监测与预报预警体系，加强灾害防御设施建设与监管，加强区域海洋防震减灾的网络布局、功能互补、信息互通，提升区域防灾减灾能力。

*加强海洋灾害预报预警。*加快区域海洋灾害观测设施工程建设，建立三门湾省级海洋自动观测站。完善整合现有地方各类信息平台功能，积极对接省海洋灾害预警网与信息服务网，提升三门湾区域海洋自然灾害预警能力和信息服务水平。重点加强风暴潮预报预警，对环湾重点岸段漫滩、堤坝实现快速预警。推进近海赤潮业务化预测预警，指导渔业生产防灾减灾工作。完善海湾、渔港实时监控视频系统，提高安全管理水平。

*扎实推进防灾减灾设施建设。*加强标准海塘、标准渔港、沿海防护林等沿海设施工程建设，扩大防御工程覆盖范围，加强海塘专业化养护管理和提标加固，按相关规划和建设标准实施围垦海塘建设工程，对健跳港、浦坝港两岸以及城区、蛇蟠岛、核电厂等重点开发区块适当提高海塘建设标准，构建多道海塘联合防御的工程体系。加强无动力船只等的管理与安全设施建设。加强内陆防洪排涝体系建设，启动三门湾区域、城市防洪排涝专项规划研究。推进山区小流域综合治理。加快实施中小河流治理、水库除险加固和重点山塘整治，推进水库标准化建设，加强平原河道疏浚，按规定落实平原地区的水面率控制要求。完善城镇扩大区、新开发区、重点乡镇和功能区块防洪工程建设，建立城市防洪排涝工程体系和非工程系统。配套建设与区域溢油风险相适应的防污染应急设施设备。

*完善区域防灾减灾协作机制。*加强三地政府、涉海部门、气象部门协调联系，制定签署共同加强海洋防灾减灾战略合作协议。推进建立对口联系的合作协调机制，实时共享海洋与气象信息，开展台风、风暴潮、海雾等重大海洋灾害预警会商，加强各方业务技术团队合作。制定区域联动的海洋灾害应急预案，提升灾害事前预警、事中救援、事后恢复的协调合作水平。加强海上溢油、危险化学品泄漏爆炸、核电事故等区域性海洋次生灾害风险控制与管理。

七、资源要素统筹

按照“生态优先、科学利用、环境优化”的原则，科学合理开发区域内土地、岸线、海岛等自然资源，加强配套设施与发展环境建设，有效集聚科技、人才、资金等发展要素，推进三门湾区域跨越发展。

(一) 土地资源

*推进土地资源科学开发。*按照浙江省、宁波市、台州市围垦相关规划，在保障滩涂生态功能的前提下，有序推进滩涂资源分类开发。科学开展耕地垦造，有效补充耕地资源，加强垦造耕地项目管理，充分开展适宜性评价，杜绝毁林开垦现象。着力提高土地利用效率，联合制定产业导向目录，严格限制低、小、散产业项目准入。加快推进批而未供、供而未用土地消化利用和低效用地二次开发。在有条件的地区，积极开展“空间换地”，提高土地集约利用水平。

*加强用地用海管理模式创新。*探索开展区域低丘缓坡荒滩等未利用地开发利用试点，引导建设项目“上坡下滩”，有效减少建设占用平原地区优质耕地。对合作开发区块，参照省级产业集聚区相关用地保障政策，宁海、象山、三门三县年度新增建设用地指标，优先保障合作开发区块开发需求，在市、县土地利用总体规划修改中，给予规划空间规模倾

斜保障，在确保市、县耕地保有量和基本农田保护任务的前提下，允许适当调整合作开发区块基本农田布局。加强重大项目的规划衔接和前期工作，对三门湾区域重大基础设施项目（尤其是跨区域项目）、产业项目，优先纳入省级重点项目库。对省级重点项目，需要落实占补平衡的，可开展省域内补充耕地统筹试点，省里予以重点解决。加强科学用海管理，深化推进海洋资源市场化配置改革，完善海域使用权登记管理制度，探索建立海域、海岛使用权储备交易平台，实行经营性用海海域使用权招拍挂制度，探索建立海域、海岛使用权二级市场。下放海域使用许可、建设项目使用港口岸线许可、海事负责辖区水域内水上水下相关活动许可等部分涉海项目审批权限。

(二) 岸线资源

坚持“统筹规划、综合开发、深水深用、浅水浅用”原则，按照浙江省、宁波市、台州市海洋功能区划、土地利用总体规划，宁波—舟山港、台州港总体规划相关要求，加大统筹整合力度，建立跨行政区岸线开发协调机制，合理有序开发利用三门湾区域岸线资源。根据岸线利用功能，将三门湾区域岸线分为港口物流岸线、临港工业岸线、渔业生产岸线、生态旅游岸线、生态保护岸线五类。同时，加强港口航道和锚地资源统筹保护。

表5　三门湾区域岸线资源分类开发利用导向

类 别	主要分布点	功能导向
港口物流岸线	长街、石浦、高塘岛、鹤浦、明港、健跳、浦坝港	统筹岸线资源开发，发展区域性港口物流服务，推进建设港口物流园区，港口物流加工区。
临港工业岸线	石浦、高塘岛、鹤浦、健跳、浦坝港、下洋涂（部分）	发展造船业、港口贸易加工、水产品加工等临港产业，鼓励工业向陆域纵深布局，提高岸线使用效率。
渔业生产岸线	一市、力洋、越溪、长街、石浦、定塘、高塘岛、鹤浦、蛇蟠、沙柳、健跳、浦坝港	发展以浅海养殖、滩涂养殖为重点的水产养殖，加快渔业经济结构调整，积极发展休闲渔业。
生态旅游岸线	一市、石浦、高塘岛、鹤浦、蛇蟠、浦坝港	开发自然景观、名胜古迹等旅游资源，推进旅游目的地及配套设施建设，完善住宿、餐饮、休闲等服务功能。
生态保护岸线	蛇蟠涂、毛屿港、胡陈港、下洋涂（部分）	禁止岸线开发利用，强化海岸带生态保护，严格执行近岸海域功能区划，控制陆源污染物排放，推进岸线生态功能建设。

(三) 海岛资源

根据《浙江省重要海岛开发利用与保护规划》、《浙江省无居民海岛保护与利用规划》及宁海县、象山县、三门县海岛开发利用与保护实施方案，坚持海岛分类开发与分级保护，突出海岛主体功能培育，合理安排开发时序，集约、节约利用各类海岛资源，实现经济效益与生态效益的最大化。三门湾区域共有10个岛屿纳入浙江省100个重要海岛，开发利用类型主要包括港口物流岛、现代渔业岛、滨海旅游岛、清洁能源岛、海洋生态岛五类。

表6　三门湾区域重要海岛分类开发利用导向

类　别	重要海岛与功能导向
港口物流岛	龙山岛：重点发展石化产品和散杂货运输，兼备临港工业功能。
现代渔业岛	东门岛：加快远洋捕捞产业基地和服务基地建设，大力发展休闲渔业，传承传统渔文化。
滨海旅游岛	花岙岛：利用火山岩景观地貌、张苍水抗清兵营遗址等旅游资源，完善旅游配套设施建设，打造高品质旅游岛。 檀头山岛：发展海景观赏、海鲜美食、海洋运动、野外休闲、渔乡体验等海岛休闲旅游服务。 对面山岛：重点发展商务旅游服务。 扩塘山岛：依托植被、礁岩、洞穴等自然资源，发展海岛观光及渔家乐休闲旅游服务。
清洁能源岛	南田岛：重点推进海上风能、潮汐能开发，兼备发展现代渔业、滨海旅游业。 高塘岛：重点实施高塘岛风电场工程，依托浙台（象山石浦）经贸合作区建设，积极开展对台水产品贸易合作。 屏风山岛：为无居民海岛，重点推进海上风能开发。
海洋生态岛	北渔山岛：为国家级海洋生态特别保护区，重点保护贝藻类资源和原生态岛礁及其生物资源，兼顾发展海钓等旅游服务。

（四）科技资源

发展企业研发机构。确立企业科技创新主体地位，引导区内龙头企业建设重点实验室、工程技术研究中心等研发机构。鼓励企业积极参与省新兴产业技术创新综合试点，建设省级企业研究院。规划期内力争合作开发区块大中型企业研发机构覆盖率达到80%，主要研发投入产出指标接近省内先进水平。依托龙头企业、高新技术企业，发展区域产业技术创新平台，提高优势产业核心竞争力。

建设重大科技平台。加快推动省级科研开发平台落户，推动浙江大学、国家海洋局海洋二所等在杭高等院校和科研院所在三门湾区域设立分支机构，努力构建产学研一体化科研平台，承担共性产业技术研究、科技成果工程化、先进技术引进吸收、科技型企业孵化等功能。支持三门湾区域创建省级高新技术产业园区，在合作开发区块规划开辟专门科研区域，省、市、县合力搭建若干海洋经济、战略性新兴产业联合科技研发中心。政企合作，搭建产业公共技术服务平台，完善区域内重点行业设计研发、工艺制造、检测检验、

标准化等综合服务。

加强创新政策扶持。落实国家、省、市激励自主创新扶持政策，支持区内符合条件企业享受研发费用加计扣除、高新技术企业所得税优惠、固定资产加速折旧、优先采购自主创新产品等优惠政策。完善科技金融服务，大力发展风险投资、股权投资基金，构建完善合作开发区块科技创业企业融资平台。引导和鼓励金融机构开展股权质押、专利权质押等业务。整合区内企业科技研发活动风险补偿资金，对企业研发活动按一定程序给予贷款贴息等经费扶持。

(五) 人才资源

实施人才引培工程。按照以高端产业集聚高端人才理念，加快推进区域产业转型升级，坚持引资与引智并举，以企业为主载体集聚一流人才。重点实施高层次人才（团队）引进计划，建立健全柔性引才机制，面向国内外引进一批创新能力突出、具有自主知识产权的创新人才（团队），深化与国内外大院名校产学研合作，支持有实力企业设立企业研究院、院士工作站、博士后工作站。推进浙商创业创新工程，鼓励三门湾区域在外人才、企业家、高学历毕业生回乡创业就业。提升区域内中职院校办学水平，加强校企合作，大力培育适合地方发展需要的高技能人才。实施省级人才援建计划，鼓励省内各领域优秀人才支援三门湾区域建设。

优化人才发展环境。积极营造尊重知识、尊重人才、鼓励创新、宽容失败的良好氛围。完善高端人才生活服务，落实解决优秀人才户籍、税收、医疗、社保、住房、子女教育、出入境等配套政策。优化人才创业服务，引导资金、团队、设备等资源要素向一线人才倾斜。健全人才激励机制，以政府奖励为导向，鼓励企业给予高层次人才相应职务和待遇保障。拓展各层次人才发展空间，积极开展企业家、专业技术人才、高端人才、高技能人才、农村实用人才等培训及研修活动。

八、规划实施保障

(一) 加强组织领导

健全领导体系。在省级层面建立三门湾区域统筹发展协调机制，由省政府领导担任召集人，省有关部门、两市、三县政府有关负责人参与，统筹决策与协调三门湾区域开发保护，重点统筹重要规划编制、滩涂及海域等区域性资源开发保护、重大基础设施建设等重大事项。由省发改委承办三门湾区域统筹发展协调具体事项。建立健全甬台两市三县联席会议制度及办公室，完善合作交流机制，统筹协调三门湾区域的生态、环保、招商引资、产业布局、港口布局、交通对接等有关事项。

加强规划引导。省相关部门应以本规划为依据，加快编制土地利用、城镇体系、基础设施、生态保护、水资源综合利用、防洪排涝等专项规划。宁波、台州两市要做好本规划与其他规划的相互衔接。宁海、象山、三门三县是本规划的实施主体，要加快编制《三门湾区域统筹发展规划实施方案》，明确发展目标、重点任务、重大事项、实施主体、时间节点等。加快推进一批发展前景好、示范效应强的重大项目建设。逐步实现三门湾区域产业准入统一、环保统一（监督、执法、标准）、区域性资源开发统一（湿地、海域、水资源）、重大基础设施建设统一（交通、水库水坝、环保设施、生态修复）等四个统一。

落实管理机制。根据三门湾保护与开发形势和实际需要，适时研究制定区域统筹开发保护的地方性法规。对于生态影响重大的区域性项目，提交两市三县联席会议讨论，经一致同意后，再组织实施；对于联席会议难以协调的特别重大事项，纳入省三门湾区域统筹发展协调机制决策。强化各级各部门之间的联络与协作。实行年度工作任务责任分工制度，宁波、台州两市联席会议办公室要协商制定三门湾区域统筹发展的年度工作任务书，报省三门湾区域统筹发展协调会议研究同意后实施。不断完善定期报告和监督评价制度，加强对重大决策、重大项目与政策措施执行落实情况的督查与考评。

（二）提升合作开放水平

扩大开放领域。吸引国际企业、机构到三门湾区域设立地区总部、研发中心、采购中心，围绕全球海洋领域推进设立国际会议常设论坛，不断提高区域国际影响力。积极扩大区域利用外资规模，引导境外资本投向高新技术产业、新兴海洋产业、现代服务业、现代渔农业、基础设施、海岛开发、生态城镇、环境保护等领域。推进加工贸易转型升级，提升产业层次与加工深度，有序承接国际服务业转移。推进外资以BOT、BT、BTO等方式参与大型基础设施建设，引导规范海外信托基金、产业投资基金、风险投资基金使用。

提升口岸水平。加快石浦港、健跳港港口口岸总体规划调研与编制。推动健跳港开发建设，积极申请设立口岸监管区域和管理机构，争取早日对外开放。积极向国家有关部门申请设立综合保税区等海关特殊监管区。支持特殊监管区域内企业选择高技术含量、高附加值的项目开展境内外检测、返区维修业务；鼓励在有条件的特殊监管区域开展研发、设计、创立品牌、核心元器件制造、物流等业务。

（三）完善投融资机制

加强财税政策扶持。推进设立三门湾专项发展基金，专项用于三门湾区域基础设施、发展平台及生态环境保护建设。对区域重大投资项目建设，适度减少地方配套资金要求。对三门湾区域海洋经济、战略性新兴产业发展、科技研发、人才引进、出口信用保险保费补贴等，按现行各专项财政扶持政策给予适度倾斜。三门湾区域重点产业项目，优先纳入

省市重点产业项目库，并给予资金补助支持。

拓宽投融资渠道。完善投融资平台建设，由两市三县联合，争取设立三门湾区域发展投融资平台，综合运用银团贷款、企业债券、项目融资等多种方式，有效增加资金获取规模和使用灵活性。结合区域低丘缓坡荒滩等未利用地开发利用试点，加强与国家开发银行等政策性银行联系合作，争取专项项目授信资金。积极吸引民间投资参与启动区块建设，鼓励采取参股、控股、BT、BOT、PPP等多种方式，进入基础设施建设领域。完善金融服务体系，引导各家银行增强区域内网点数量，提高网点信贷审批权限，开展海域使用权、虚拟资产质押等金融服务创新，支持发展小额贷款公司、融资性担保公司、股权投资基金等非银行类、创新型金融组织的发展，积极引进保险资金、信托资金等投资区域重点项目。在浙江省政府自行发债中，给予三门湾区域统筹发展适当倾斜。

加快推进项目建设。建立三门湾区域重大项目库，按照项目成熟度区分为重点实施类和预备研究类。加快推进重点实施类项目建设，包括城镇建设类、重大产业类、基础设施类等三类共149项，总投资2800亿元左右。项目建设要区分轻重缓急，统筹推进实施。同时，加强项目库的动态补充与调整，适时调整纳入并推进实施预备研究类项目。加强跨县市重大项目的合作策划与协商，加快建设一批示范作用显著的项目。

（四）优化区域发展环境

建立区域生态管理监督机制。严格执行生态保护的相关法律法规，规范执法行为，提高执法效果。推进三门湾区域生态环境和资源公共信息系统、区域环境质量预报系统和重点污染源等信息共享，设立重点生态保护区生态保护执法点，提高生态环境突发事故的应急处理能力和行政执法效率。完善生态和资源违法行为举报奖励制度。就生态保护设立包括本规划在内的规划实施分期评估制度，保障规划到位落实和适时调整。

加快区域统筹建设试点。以蛇蟠岛—蛇蟠涂的联合开发作为区域统筹启动试点，由宁波、台州两市人民政府会同三门、宁海两县联合编制统筹建设实施方案，加强区块交通、环保、科研、育种、湿地公园等项目合作谋划，共同申报建设国家现代农业园区。同时，推进宁海下洋涂和象山石浦港区的统筹开发、宁海蛇蟠涂和三门滨海新城的统筹开发，统筹区域交通干线、产业区块、城镇新区、港口泊位、生态廊道等布局，实现资源跨区配置优化组合。

设立公众参与建设机制。在规划完善与实施过程中，积极推动设立公众参与发展机制，深入了解民众核心发展诉求，发挥当地民众参与发展的积极性。积极开展规划宣传与学习，营造有利于三门湾区域统筹发展的舆论环境，妥善处理统筹开发与保护过程中各项问题，建立健全居民参与区域开发的积极性、主动性和长效性。

深化两岸经贸合作试点。深化浙台（象山石浦）经贸合作区建设，将三门湾区域打造成浙江乃至长三角对台交流、经贸合作重要节点地区和示范基地。争取国家相关部委给予三门湾对台经贸合作特殊关税政策。强化两岸在海洋新能源、海洋渔业、海洋装备与海洋服务业等领域的产业合作。探索引进台湾大学与科研机构，设立共同科教机构，在海洋渔业、海洋生物、海洋能源、海洋装备制造等领域建立公共技术服务平台、公共实验室和孵化中试基地。

（浙江省发展和改革委员会海经处供稿）

浙江嘉兴滨海港产城统筹发展试验区规划

前言

建设浙江海洋经济发展示范区，是浙江省四大国家战略举措之一，也是浙江省今后一个时期加快转型发展的重大战略。嘉兴滨海区块作为浙江海洋经济发展示范区北翼的重要组成部分，拥有突出的区位优势、良好的港口岸线资源、优越的海河联运条件和广阔的经济腹地，是浙江省海洋经济发展极具潜力的区域之一。根据省政府《关于设立嘉兴滨海港产城统筹发展试验区的批复》（浙政函〔2013〕139号）精神，为充分发挥嘉兴滨海区块的优势与特色，全面探索港产城联动融合的海洋经济发展新模式，深入推进浙江海洋经济发展示范区建设，特制订《浙江嘉兴滨海港产城统筹发展试验区规划》。

规划范围包括嘉兴市滨海及其附近海域，陆域面积227平方公里，东至平湖市独山港镇镇域东界、南至嘉兴港围垦用地的封闭区域、西至海盐县西塘桥街道西界、北至杭浦高速公路；海域面积1253.4平方公里。规划基期为2013年，规划目标年为2020年，近期到2017年，展望到2030年。本规划主要依据《浙江海洋经济发展示范区规划》《浙江省海洋功能区划》《浙江海洋经济发展示范区规划嘉兴市实施方案》《嘉兴港总体规划》《嘉兴内河港总体规划》等编制，并与嘉兴市域总体规划、土地利用总体规划、生态环保规划等充分衔接，是指导嘉兴滨海港产城统筹发展试验区建设与发展的纲领性文件。

第一章　优势条件与重大意义

嘉兴滨海区块区位交通条件优越，港口地位加快提升，海河联运优势突出，综合实力不断增强，基础设施日趋完善。建设嘉兴滨海港产城统筹发展试验区，对于探索浙江省海洋经济发展新模式、深化跨区域合作、带动嘉兴经济转型发展、促进体制创新，具有重大意义。

第一节　优势条件

区位交通条件优越。嘉兴位于长三角经济区中心区域，高速公路、铁路、内河航道等综合交通网络密集，距离上海、杭州、苏州、宁波等主要城市不到100公里，同处“1小时交通圈”。试验区地处嘉兴东南部，是浙江海洋经济发展示范区“北翼”的重要载体，乍嘉苏高速公路、杭浦高速公路、杭州湾跨海大桥等贯穿区内，区位交通条件十分优越。

港口地位加快提升。试验区岸线资源比较丰富，港口建设生产性码头岸线约26.5公里，其中可供建设万吨级以上深水码头岸线约23公里。嘉兴港是国家一类开放口岸，嘉兴港三大港区（乍浦港区、独山港区、海盐港区）全部位于试验区内。2013年嘉兴港完成港口货物吞吐量6605万吨，集装箱吞吐量101万TEU。钢材、石（木）材、石油化工品、煤炭等大宗商品交易市场快速发展。随着与宁波港集团、上海港集团、浙能集团等合作的深入推进，嘉兴港在浙江省沿海港口中的地位作用进一步提升，已成为浙江省“三位一体”港航物流服务体系建设的重要组成部分。

海河联运优势突出。嘉兴港是全国为数不多的海河联运港，与嘉兴港相连接的内河航道联通了京杭大运河、钱塘江、黄浦江和长江的水上运输，内河与沿海港口形成无缝对接，同时后方腹地广阔，具备发展海河联运的优势条件。嘉兴内河港是交通运输部公布的全国28个内河主要港口之一，主要有京杭运河、杭申线、东宗线和嘉于硖线等4条四级干线航道，乍嘉苏线、杭平申线等2条五级干线航道；2013年，全市内河港货物年吞吐量达1127万吨，位居全国十强之列。

综合实力不断增强。近年来，试验区经济保持较快增长，对嘉兴全市经济的贡献度和带动力不断提升。2013年，试验区实现生产总值217.5亿元，同比增长18.8%，占全市的6.9%。实现规模以上工业企业工业总产值907亿元，同比增长34.5%，占全市的14.3%。其中，化工新材料、装备制造、电力等三大临港产业实现规模以上工业总产值625.6亿元，占试验区工业总产值比重达69%，初步形成了以临港先进制造业为主导的特色产业集群。

配套设施日趋完善。经过近年来的开发建设，城市道路框架初步形成，道路、供水、供电、供热、排污等配套工程日趋完善，文化、教育、卫生、商贸、旅游休闲等城市功能性基础设施建设扎实推进，城市服务功能和品位不断提升，并依托10平方公里的九龙山度假区形成了高端休闲旅游产业，为试验区的开发建设奠定了良好基础。

但同时，试验区在建设与发展过程中仍存在着一些困难和问题：一是管理体制创新有待进一步突破。试验区内涉及嘉兴市本级、平湖市、海盐县的多个开发平台和建设主体，统筹推进难度较大，同时有2个涉及港口航运的管理部门，不利于形成统一的规划布局。二是空间布局有待进一步整合。试验区增量可建设空间较少，存量产业区块布局较为分散，港口、岸线资源利用存在一定程度的同质化竞争。三是产业层次有待进一步提升。大项目、大企业不多，产业带动作用不强，产业链不长，创新能力不足，产业发展水平和层次不高。四是城市功能有待进一步增强。试验区内现有城镇功能布局分散，生活配套设施和科技、教育、文化、卫生等公共服务设施建设相对滞后，尚未形成“产城融合”效应。

第二节　重大意义

*有利于探索浙江省海洋经济发展新模式。*建设港产城统筹发展试验区，在港口开发、产业布局、城市建设的互动方面进行有益探索和实践，积极开展先行先试，对于构建“港口集群”、“产业集群”、“城市集群”融合发展新模式，推动浙江省海洋经济发展取得新突破具有重要意义。

*有利于深化跨区域合作交流。*按照“接轨发展、借势发展、集聚发展”的总体要求，全面推进与上海在基础设施、要素市场、产业平台、生态环境等领域的互联互融，着力打造上海自贸区建设的先行延伸地、上海高端产业的首选配套地，对于把嘉兴建设成为全面接轨上海的示范区、高科技成果转化的重要基地和高层次人才的创业乐园，具有重要的先行、示范作用。

*有利于带动嘉兴经济转型升级。*嘉兴市经济发展在全省处于中游水平，产业层次总体不高，战略性新兴产业发展处于起步阶段，转型升级任务艰巨。通过试验区的建设，积极培育现代海洋产业集群，推进港口能级提升，加快现代服务业和城市经济发展，全力打造嘉兴新一轮发展重要增长极，对于嘉兴市经济结构战略性调整、加快赶超发展，具有引领和带动作用。

*有利于促进体制机制创新。*以港产城统筹发展试验区建设为契机，全面推进体制机制改革创新，有利于理顺嘉兴市本级、平湖市、海盐县三个建设主体之间关系，理顺港口开发管理职能部门之间关系，对于促进嘉兴港三个港区统一开发管理，集聚要素资源和政策优势合力，推进嘉兴滨海统筹发展具有重要意义。

第二章　总体要求与发展目标

第一节　指导思想

以科学发展观为指导，全面贯彻落实党的十八大提出建设海洋强国的战略目标和省委、省政府提出加快建设“海洋强省”的战略部署，突出科学发展主题和加快转变经济发展方式主线，围绕港口、产业、城市统筹协调发展，按照“以港口为龙头，以港带产，产城融合”的发展思路，加强体制机制创新，完善基础设施建设，提升产业发展水平，强化陆海污染综合防治，努力建成全省海河联运引领区、临港先进制造业示范区、滨海新城建设先行区，打造成为浙江海洋经济发展示范区北翼的重要增长极。

第二节　功能定位

全省海河联运引领区。充分发挥嘉兴在浙江乃至全国的海河联运优势，围绕乍浦、独山、海盐三个港区，加快海上进港航道、内河航道等航运设施网络建设和等级提升，统筹海运与内河航运开发，加快口岸开放，深入推进综合保税区创建工作，完善以海港为中心、以内河航道为纽带、以内河港为节点的海河联运集疏运体系，进一步加强与宁波—舟山港、上海港的合作，提升对浙北、苏南、皖南以及钱塘江中上游地区的辐射和服务能力。

临港先进制造业示范区。依托试验区良好的临港产业基础，以三个港区及后方特色产业集聚平台为支撑，以大企业、大集团为龙头，推进产业链延伸和配套协作产业链完善，加快构建化工新材料、海洋装备制造、清洁能源等临港先进制造业集群，全面提升现有产业层次和水平，为全省海洋产业转型升级发挥示范引领作用。

滨海新城建设先行区。坚持产城融合发展，整合现有乡镇布局，集中力量建设滨海新城中心城区，加快发展金融、商贸、科研、旅游等现代服务业，完善教育、医疗等配套服务设施，不断集聚高端人才，提升中心城区服务功能，增强港口与产业发展的城市支撑能力。坚持与主城区互补发展，注重生产、生活、生态协调发展，提升居民精神风貌和幸福指数，塑造“海、港、山、桥”融合的滨海新城风貌。

第三节　基本原则

坚持创新发展。以试验区建设体制机制创新为突破口，加快推动海洋资源整合和开发、海洋产业发展、滨海新城建设和管理、海洋环境保护和涉海金融等制度创新，形成临港先进制造业、海洋新兴产业、传统优势产业、现代服务业共同发展新格局。

坚持联动发展。以港带产、以港促城，发挥港口对产业、城市的带动作用，依托港口发展临港产业，以港口开发促进城市空间布局优化和港城形象提升；以产联港、以产兴城，发挥产业对港口、城市的支撑作用，以临港大运量产业为重点，推进产业与港口联动，促进港口能级和服务水平提升，加强制造业与服务业联动，推动与之配套的生产性服务业和生活性服务业发展，带动城市繁荣；以城强港、以城优产，发挥城市对港口、产业的促进和提升作用，完善城市服务功能，强化城市与港口、产业的功能互补，推进嘉兴港由大港向强港升级，引导产业向价值链高端优化提升。

坚持特色发展。强化比较优势，立足嘉兴港深水港航优势和海河联运特色，通过提升嘉兴港综合实力、完善海河联运的综合集疏运体系，带动临港先进制造业和港航服务业大发展；立足试验区初具雏形的以化工新材料为主导的临港产业，加快向规模化、集聚化方向发展，形成差异化临港特色产业集群。

坚持绿色发展。强调生态环境保护和可持续发展，对试验区深水岸线、滩涂、滨海旅游景观等海洋资源要有序利用、规范开发、高效使用；大力发展循环经济，完善生态环境监防体系，优化陆海污染监防体系，实现经济与社会、港产城与环境和谐发展，提升经济持续发展水平。促进人与自然和谐，把水资源支撑及相关环境承载力作为重要基础要素，根据区域资源环境承载力，合理确定开发强度。

坚持集约发展。突出“亩产论英雄”的导向，严格控制产业准入门槛，提高土地资源利用效率，促进土地集约节约利用，引导土地空间向集中紧凑式布局。同时大力开展节能、节水、节材工作，全面推进资源节约和综合利用。

第四节 主要目标

到2017年，嘉兴港产城统筹发展试验区建设取得明显成效，主要体现在以下六方面：

综合实力显著增“强”。经济总量不断提高，试验区地区生产总值达450亿元，占嘉兴全市比重达10.5%，试验区的综合竞争力和对地方经济的贡献率明显增强，其中海洋生产总值占比达38%左右，海洋经济的地位和作用更加突出，“港、产、城”功能逐步完善，初步形成浙江海洋经济发展示范区北翼的重要增长极。

港口效能日益提“高”。全港三大港区的海河联运的集疏运体系基本完备，嘉兴港年货物吞吐能力争取突破1亿吨，集装箱吞吐量争取达到200万TEU，内河港吞吐量达2000万吨，港口规模不断扩大、现代化和专业化水平不断提升、口岸通关条件显著改善，港航服务能力明显提高，深化与上海港、宁波—舟山港等的合作，对浙北、苏南等周边地区的辐射效应显著增强，对试验区产业结构优化、新城培育建设的带动作用进一步提升。

产业集群不断壮“大”。临港先进制造业和海洋新兴产业培育成效显著，现代服务业发展不断加快，传统优势产业转型升级进展明显，初步形成以临港产业为主导的现代海洋产业体系，规模以上工业总产值近2000亿元，化工新材料形成千亿级产业集群，集聚一批百亿元的龙头企业；服务业增加值接近120亿元。

城市功能加快提“升”。城市布局逐步优化，与港口、产业等功能区形成空间联动与功能互补，与区内乡镇的关系更加协调。滨海新城建设进展明显，主要市政基础设施和公共服务设施建设加快推进，滨海休闲旅游业取得较大发展，城市功能、城市环境、城市形象不断提升，滨海新城建成区面积达到47平方公里，集聚总人口达24万，人口城市化率达53%。

生态环境持续向“好”。节能减排取得良好成效，资源集约利用程度进一步提高，万元工业增加值综合能耗指标达到全省沿海地区平均水平；化学需氧量（COD）、氨氮、二氧化硫、烟尘、氮氧化物、挥发性有机化合物（VOCS）等主要污染物排放量完成上级下达的任务要求；陆源污染物入海排放得到有效控制，全年空气优良天数比例达93%以上，垃圾无害化处理率100%，区域生态环境明显改善。

管理体制逐步完“善”。对试验区范围内涉及到的多个开发平台和建设主体实现有机整合，管理体制基本理顺。管理职能更加完善，统筹管理能力不断增强。试验区的开发建设，全面推进市场化运作机制，各行政主体之间的关系更加协调。

到2020年，试验区生产总值突破600亿元，占嘉兴全市比重达11.5%，其中海洋生产总值占地区生产总值比重接近42%；嘉兴港规模进一步提升，年货物吞吐量达到1.2亿吨，集装箱吞吐量达到300万TEU，内河港吞吐量达到2700万吨；规模以上工业总产值达到2800亿元，产业竞争力不断增强，现代海洋产业体系基本建立；滨海新城中心城区功能逐步完善，新城建成区面积达56平方公里，总人口25万以上，城市化率达55%，达到嘉兴网络型大城市副中心的目标要求；港口、产业、城市的发展实现良性联动，基本建成港产城统筹发展试验区。

嘉兴滨海港产城统筹发展试验区主要指标预期表

指标名称	单位	2013年	2017年目标值	2020年目标值
地区生产总值	亿元	218	450	600
地区生产总值占嘉兴全市比重	%	6.9	10.5	11.5
海洋生产总值占地区生产总值比重	%	29	38	42
货物吞吐量	万吨	6605	10000	12000
集装箱吞吐量	万标箱	101	200	300
内河港吞吐量	万吨	1127	2000	2700
规上工业总产值	亿元	898	2000	2800
服务业增加值	亿元	58	120	200
滨海新城建成区面积	平方公里	35	47	56
滨海新城总人口	万人	23	24	25
滨海新城人口城市化率	%	51	53	55
社会保险综合覆盖指数	%	91	95	98
城镇居民家庭人均可支配收入	元	41260	63772	88400
农村居民家庭人均纯收入	元	20439	32161	45184
全年空气优良天数比例	%	89	>93	>95
城市垃圾无害化处理率	%	100	100	100
万元工业增加值综合能耗	吨标准煤/万元	达到全省沿海地区平均水平		
化学需氧量（COD）、氨氮、二氧化硫、烟尘、氮氧化物、VOCS等主要污染物排放量	完成嘉兴市下达的任务要求			

第三章　总体布局与功能分区

第一节　总体布局

逐步形成“港产城相互融合、产业功能集聚、设施配套均衡、生态功能完善”的多组团网络化区域空间格局，形成“一心、一带、两翼”的总体空间架构。

1.一心：指辐射整个区域的具备城市服务职能的综合服务中心。

区域范围：位于试验区中部，以乍浦镇镇区为主体区域。

功能定位：试验区的发展动力核心和综合服务中心。

发展导向：重点承担全区公共服务中心（行政、教育、医疗）、高品质生活住区、总部经济、金融商贸、休闲娱乐等功能，按照嘉兴市副中心城市标准建设。结合环城河内老城区的旧城改造建设区域性商业中心和若干辐射力较强的商业综合体，完善学校、医院、商业服务设施等与生活居住密切相关的设施布局，依托九龙山旅游度假区构筑滨海旅游板块。

2.一带：指试验区重要的生态绿带。

区域范围：指试验区北部的生态农田、生态绿地等区域。

功能定位：提升试验区生态与环境品质的重要空间。

发展导向：积极谋划在试验区北部布局生态绿带，保留现状生态农田、自然水系，结合公园绿地、广场、休闲娱乐设施等营造多样的景观面貌，由单一性的绿化空间转化为多元使用、优质环境的复合性服务空间。将绿色生态融入滨海新城发展中，完善试验区的生态服务功能，促进绿色生态与港产城的和谐统一。

3.两翼：指围绕中心形成的东西两个产城融合发展区。

区域范围：西部产城融合发展区以乍浦经济开发区和海盐经济开发区以及海盐西塘桥街道为主，东部产城融合发展区以独山港区和平湖独山港镇区为主。

功能定位：试验区主要的临港先进制造业和海洋新兴产业集聚平台和配套完善的城镇生活居住区。

发展导向：

（1）西部产城融合发展区，以化工新材料、特种钢加工等临港先进制造业为主，配套发展居住功能。注重与已建区块的联动和对接，大力推进基础设施建设和招商引资力度，积极推进在特种钢等领域引进大企业、大项目，推动化工新材料产业不断完善产业链，集群化发展。吸引周边农村人口集中集聚以及为产业功能区提供居住配套，遵循新型城市化和城乡统筹的建设要求，完善基层公共服务设施配套。

（2）东部产城融合发展区，以装备制造、化工新材料等临港先进制造业，清洁能源等海洋新兴产业以及临港物流为主。加强与上海港、宁波—舟山港等合作交流，合理开发独山港区岸线资源；以清洁化、高新化、集群化为发展方向，在现有黄姑集镇镇区的基础上，改善城镇景观面貌，提升城镇建设品质。

第二节　功能分区

根据总体布局所形成的整体空间架构，以及功能定位、产业布局、现状基础的不同，将试验区划分为5类，21个功能区。

港口航运区。为满足船舶航行、停靠、装卸作业或避风所划定的海域，主要包括独山港区、乍浦港区和海盐港区，以及相应的航道区和锚地区。规划建设滨海新城港口航运区，充分利用岸线资源，重点加强码头泊位建设。

临港物流区。以发展运输、储存、加工、包装、装卸、配送和信息处理，为工业功能区提供相关配套服务等功能为主的建设区域。加快独山港物流园区建设，形成结构稳定、高效运作的现代物流园区体系，重点发展临港石化、集装箱、大宗散杂货、保税物流等临港物流业。

工业功能区。以发展海洋工程装备、海洋清洁能源等海洋新兴产业，以及化工新材料、核电关联装备制造业等临港先进制造业为主的建设区域。规划建设独山LPG资源综合利用、工程装备制造、综合产业功能区，乍浦化工新材料功能区，海盐大桥核电关联设备、节能环保装备制造等产业区块；突出引进成长性好、产业拉动力强、投入产出高的大型临港龙头项目，不断优化临港工业结构，推动临港工业向规模化、集群化、高端化发展。

滨海旅游区。以发展度假、观光、休闲运动为主的建设区域，以九龙山滨海旅游度假区为主体，积极创建国家级旅游度假区，重点打造高端运动休闲、大众滨海度假和文化观光等特色滨海旅游项目。

城市发展区。以发展商业金融、商贸流通、生活居住、文化创意、信息咨询、物流运输、涉海金融服务、大宗商品交易等生活服务经济以及生产服务经济为主的建设区域。规划建设滨海新城中心服务区、行政中心区、综合服务区（A、B）、生活配套区（A、B、C、D、E、F）等（见附图3）。

第三节　岸线及海域海岛保护利用

统筹布局、科学规划，合理开发试验区内的岸线、海域、海岛等海洋资源，积极推行集约、高效用海模式。

1.岸线利用

服务于海洋经济发展和港航强省建设，突出嘉兴滨海带动战略，与嘉兴、海盐、平湖等地城市总体规划或县（市）域总体规划进行有效衔接，充分发挥港口岸线优势。按照统筹安排、深水深用、港航优先、配套产业的原则，依据生产、生活、生态功能，将试验区沿海岸线划分为生产岸线、海河联运岸线、生活岸线、预留和保护岸线。

生产岸线。从平湖金丝娘桥至益山的独山港区岸线（不含独山排涝工程区岸线），乍浦港区的石油、石化、多用途作业区岸线，海盐港区的散杂货多用途作业区和临港工业发展区岸线。此部分岸线主要用作煤炭、粮食等大宗散货、液体化工品运输、集装箱中转，以及港口码头仓储物流配套建设和装备制造等临港工业发展。同时，规划布置为港口服务的码头泊位，为船舶停港、海河直达运输提供服务。注重连片高效开发，鼓励沿岸产业向陆域纵深发展，挖掘岸线综合使用潜力。制定临港工业的生态环保措施，实施清洁生产，发展循环经济，最大限度降低生态环境影响，提高岸线利用率。

海河联运岸线。分布区域为杭嘉湖南排独山排涝工程区岸线、独山港区散货作业区的部分岸线、乍浦港区多用途作业区、海盐港区海塘支线的部分岸线。此部分岸线主要用于支持海河联运及其配套工程建设，规划布置内河、外海码头泊位，建设排涝应急工程，以供海河直达运输、御潮排涝提供服务。利用时要注意优化布局安排，突出强化海河联运直达运输的主要功能。

生活岸线。分布区域为乍浦港区的九龙山度假区岸线，及乍浦城镇生活区岸线。此部分岸线主要用作滨海旅游休闲度假、水上娱乐、城市生活。利用时要注意与周边城镇的高品质生活需求相衔接，优先保护滨海生态环境，要加强对滩涂开发活动的治理管控，有序适度开发，打造优美的滨海旅游休闲生活区。

预留和保护岸线。分布区域为海盐郑家埭与跨海大桥衔接的区域岸线。此部分岸线主要用作杭州湾跨海大桥的缓冲区保护、大桥观光旅游、港作船停泊以及未来乍浦、海盐临港工业发展。利用时要注意严格控制开发活动强度，不得侵占、突破划定的保护和预留区范围。

2.海域利用

项目用海严格执行海洋功能区划制度，制定准入机制，提高准入条件。在围填海形成的区域内率先实施“以亩产论英雄”的准入导向，优先引入“亩产高”、效益好、带动性强的产业项目。严格实施用海项目的海域使用论证及环境影响评价，结合试验区海域特点，培育优势海洋特色产业。

3.海岛利用

按照浙江省重要海岛开发及无居民海岛保护要求，因地制宜，强化保护、适度开发外蒲山岛群及王盘山岛群。

外蒲岛。重点开发外蒲岛，充分利用该岛现有的旅游资源基础，坚持生态化发展理念，按照滨海旅游岛、佛教文化区的功能定位，优先发展海岛休闲度假、水上娱乐、观光游览等海洋旅游。加强与九龙山旅游度假区的互通，积极引入游艇俱乐部、精品佛教文化园区等旅游项目。加快海岛开发建设，完善海岛旅游基础设施，塑造优美海岛旅游环境，打造高端海岛休闲度假基地。

外蒲山岛群。科学规划，适度开发利用外蒲山岛群内的小孟屿、大孟屿、菜荠屿，注重海岛森林植被和自然景观保护。按照滨海旅游、现代渔业的总体定位，完善与外蒲岛的功能互补，强化岛群内部岛屿联动发展。以旅游娱乐用岛为利用方向，制订操作性强的开发方案，适时启动大、小孟屿、菜荠屿的岛屿建设。

王盘山岛群。加强保护王盘山岛群的海岛自然资源及周围重要的渔业资源。按照滨海旅游、现代渔业的总体定位，适度开发王盘山岛群资源。积极保护岛屿及其周边海域环境生态系统，积极探索建设渔业资源养护基地。

第四章　试验领域与重点任务

第一节　打造以海河联运为主要特色的综合性港口

通过优化调整港口功能布局和结构，构建便捷的海河联运网络，提升港航物流服务体系水平，扩大港口联盟合作程度，建设口岸通关服务一体化平台，全面打造具有海河联运独特优势的浙北重要港口，带动临港产业发展和试验区建设，形成港、产、城良性互动格局。

1.优化调整港口功能布局和结构

提高公用码头比例。减少货主码头数量，限制新建货主码头，增加公用码头比例。加强乍浦港区内公用码头的改造提升，加快独山港区公用码头的建设，重点增加煤炭、粮食类公用码头泊位。对于三个港区及内河干线航道的岸线资源，优先用于公用码头建设。减少货主码头新建比例，采取政府收储、资产重组、有序转让等方式整合现有货主码头资源，改造重组利用效率不高、深水浅用的货主码头，鼓励货主码头向公用化、社会化转变，提高港口岸线使用效率。

增建集装箱专用码头。加强集装箱专业码头建设，提高集装箱专业码头的比重。积极推动乍浦港区现有码头向集装箱专用码头改造转变，采取合理方式将原有的货主码头改造成为集装箱码头。继续优化和上海港、宁波港集团的集装箱合作共建模式，提高独山港区、海盐港区集装箱泊位作业能力。积极引入具有码头建设和经营管理经验的港口经营企业建设集装箱码头。

集聚建设专用码头泊位。积极调整乍浦、独山、海盐三个港区的化工、油品、件杂货等货主码头泊位的杂乱分布，严格控制一般性业主码头建设，优先安排公用码头建设，争取打破以行政区域划分港区等限制，坚持以货物类别统筹岸段划分，实现化工类、油品类、件杂货等各类货物专用码头泊位相对集中开发建设。

2.建设便捷的海河联运体系

海河联运通道建设。统筹区域防洪排涝与海河联运功能，加快各港区海河联运通道建设。乍浦港区：改造提升乍浦港区（一期）—乍浦港区内河港池—乍嘉苏线—杭平申线海河联运通道及以东西大道为主的疏港类道路，连通乍浦港区一期、二期。独山港区：加快黄姑塘支线航道改造，开发形成独山港区-独山排涝应急航道（通船节制闸）—黄姑塘线—杭平申线海河联运通道。海盐港区：重点建设海盐港区-海塘线-杭平申线通道。

海河联运网络建设。加强乍浦港区集装箱的海河联运能力，通过海河联运通道，沟通浙北、苏南内河航道网，实现集装箱、石油化工等货物的高效运输。加快独山港区煤炭中转码头散货内河作业区和独山Ⅱ号内河港池建设，推进煤炭等大宗商品、集装箱和散杂货海河联运进程，实现与浙北内河航道网间的便捷衔接，力争成为浙北海河联运枢纽。推进何家桥内河作业区及海盐港区散杂货内河作业区建设，实现秦山、林龙外海码头货物通过三条海河联运通道与浙北、苏南内河航道实现互通。

海河联运潜力挖掘。优化提升海河联运中的内河运输体系，提高内河港集疏运能力，增加内河港占嘉兴港集疏运的比重。优化独山港区、乍浦港区、海盐港区现有海河联运通道运行能力，重点挖掘独山港区和乍浦港区的海河联运潜力。浚深嘉兴港进港航道，改造、提升乍浦和独山港区内河航道标准，加快杭平申和乍嘉苏内河航道改造提升工程建设。加快内河港口建设和技术改造步伐，推进内河船型标准化，促进内河与海运的有效衔接。完善嘉兴港海河联运集疏运基础设施，统筹考虑嘉兴港联运范围内的集疏运通道、航道港池、桥梁设置等基础设施的布局。吸收先进的海河联运经验模式，积极探索集装箱、煤炭、粮油等大宗商品的海河联运货物高效运输新模式。

3.提升港航物流服务体系水平

提升大宗商品交易水平。发挥独有的浙北海河联运枢纽中心和浙北煤炭联运中心优势，以乍浦港区、独山港区、海盐港区为载体，以嘉兴石油化工品交易市场和长三角石材城为基础，完善独山、乍浦和大桥三个物流中心，提升嘉兴港港口物流基地服务水平。围绕交易平台建设，吸引化工、煤炭、粮食、石材等贸易型企业入驻，积极培育、引进一批大宗商品国际运营商、贸易商、期货经纪商及相关会计、法律、咨询等中介服务机构。

完善金融支撑服务。鼓励引导国内外金融机构在嘉兴港设立分支机构，发展船舶融资、海上保险、航运资金汇兑与结算等业务。鼓励地方金融机构积极开发金融航运产品，设立临港产业投资基金等投融资渠道，打造特色航运金融品牌。积极引导政府出台优惠政策，支持创业投资基金重点用于港口航运等相关项目，广泛吸引民间资金进入。

提升信息支撑服务。以建设智慧港口、信息物流为契机，加快嘉兴港“大通关”数据交换平台和EDI中心的建设，建立物流信息共享体系。建设煤炭、石油、化工等大宗商品交易平台信息网络，提升港口信息化水平。加快实现海港物流信息的全程追踪，优化其与子平台和部门之间的信息互动。强化与东北亚物流信息网络的连接，搭建港口公共物流服务平台，建立平台门户网站，统一港口物流信息服务、电子商务信息服务的对外窗口，实现试验区物流平台一体化。提升物流信息共享水平，促进先进物流业务运营信息系统建设，实现嘉兴港口岸单位信息共享。

4.扩大港口联盟合作

加强与大港合作。加强与洋山港区的联盟建设，优化与宁波—舟山港的泊位共建方式，全面提升嘉兴港与上海港、宁波—舟山港的合作程度，加大港口货源信息互通互享及港口合理调度力度，提升嘉兴港的集装箱运输能力，尽早成为沿海内支线和近洋运输支线港。

加强与内河港合作。加强与内河港的合作联盟，尤其要强化与杭州东洲、长兴捷通等码头的集装箱海河联运能力，构建紧密的海港与内河港的合作机制，打好海河联运的坚实基础。

加强与大企业合作。深化与大型企业的合作，以互惠互利为目标，优化大企业出资金和试验区出资源的联盟模式；积极引入招商国际公司和国外著名港口运营商，提高国际竞争力，保障资本、技术支撑。

5.建设口岸通关服务一体化平台

积极沟通协调，争取多方支持，尽快实现独山港区和海盐港区的口岸扩大开放；推动现有码头的对外开放、临时对外开放启用，增加对外开放泊位数量；扩大转关运输、报关单无纸化试点应用范围，优化集装箱24小时进提箱作业流程，完善H986移动集装箱查验设备功能，提升口岸通关效能；完善口岸配套设施，完成嘉兴港通关服务中心项目建设；强化与宁波-舟山港、上海港的合作，完善环嘉兴港大通关平台，促进嘉兴港外贸货物跨关区运输一体化。利用嘉兴口岸协会功能，建立市县级、口岸管理和联检单位联动的口岸工作推进机制。

第二节　择优发展临港制造业为主导的现代海洋产业

积极发挥海盐、乍浦和独山港3个省级经济开发区的平台优势，大力发展核电关联装备制造业、化工新材料、环保技术装备、海洋工程装备等临港先进制造业，积极引导培育海洋清洁能源等海洋新兴产业，大力发展港口物流、涉海金融服务、大宗商品交易、滨海旅游等海洋服务业，建设现代海洋产业基地，推进产业集群发展，增强区域特色产业竞争力。

1.做强临港先进制造业

核电关联装备制造业。努力掌握核心技术和关键技术，广泛开展联合设计、联合制造，推动核电机械设备、电气设备、特种泵阀、特种材料等领域形成设备制造产业链。积极开展与东方电气、上海电气等国内核电装备龙头企业的技术合作，提高核电关联企业的自主创新能力；重点引进核电重装设备和核电辅助设备企业，开展核级大型锻件的研发和加工、重型起重装备的研发生产，以及核电数字化仪控系统、消防检测控制系统、通风和空调设备的产业化生产，力争在核岛蒸发器、常规岛关键部件及成套装备制造上取得突破，建成国内重要的核电装备产业基地。

化工新材料。着重发展附加值高、技术工艺先进的化工高分子新材料，重点发展合成树脂、合成橡胶、合成纤维、工程塑料、热塑性弹性体、复合材料、有机硅材料等系列产品。积极延伸上下游产业链，以液化石油气、甲醇制烯烃、丙烷脱氢制丙烯等为原料，着重发展C2、C3、C4、芳烃深加工方面延伸产业链，打造成为国际化、规模化、高水平的化工新材料产业基地。探索开展与镇海炼化合作，积极发展下游配套产业，引导建设乙烯—聚烯烃—塑料制品产业链、橡胶产业链等系列石化产业链。

海洋工程装备。支持发展水污染治理、空气污染治理、噪声与振动控制、环保材料和药剂、环境检测监控等领域的环保技术与设备，建成省内重要的海洋工程装备基地。以大型成套设备、重要基础装备、风电设备、电子通讯设备、港口机械等为方向发展港口电子机械设备，着力增强机械设备制造的引进、消化、吸收和再创新能力，提高机械设备的自动化、智能化水平。

2.培育发展海洋新兴产业和海洋服务业

清洁能源产业。加强海洋新能源生产、利用，适度开发近海风能，支持风力发电关键零部件产业发展，形成发电机、大功率风电齿轮箱、叶片、轴承等关键零部件制造能力；大力发展海岛太阳能应用成套系统、移动式太阳能发电系统等，加快引进一批硅材料制造、中高端电池制造、光伏配套储能和应用等控制设备制造企业，做好光伏发电产业的补链、强链和创链工作，发挥产业链整体优势。

港口物流业。鼓励拓展集装箱业务，扶持发展航运经纪、航运咨询、船舶技术等航运服务业，着重提升临港石化物流服务功能、海运国际集装箱物流服务功能、大宗散杂货物流服务功能、海河联运型物流服务功能和制造业基地型物流服务功能。依托中国化工新材料园区、嘉兴出口加工区及保税仓库等物流平台，积极发展液体化工配送、保税物流、建材等生产资料物流。推进专业物流园区建设，提高物流平台信息化水平。

滨海旅游业。依托九龙山—南北湖—盐官旅游板块，打造滨海、古镇、文化、休闲品牌，开发邮轮、游艇、探险等高端旅游产品，引进国际知名酒店管理集团、旅游代理商和旅游资讯集成商，建成长三角知名海洋文化和滨海休闲旅游目的地，把九龙山旅游度假区打造成国家AAAAA级景区。在观光休闲度假游、名人文化游、民俗宗教游、核电科技游等旅游精品项目方面，积极开展与国内知名旅游集团的合作，提高试验区滨海旅游业整体开发水平。

生态休闲农业。建设一批规划设施装备优良、技术模式先进、产品优质安全、经营机制创新、管理服务到位的现代农业园区，发展具有观光、采摘、休闲、教育等功能的休闲观光农业园区。加快农业产业结构调整，重点扶持发展多种特色林果产品、水产品和绿色农产品产业；加大农业面源污染防治力度，推进农业资源利用节约化、生产过程清洁化和废物利用资源化，使农产品质量安全水平得到进一步提升，努力改善农业生态环境。

第三节　建设宜居宜业宜游的滨海新城

依据嘉兴市域总体规划对试验区的定位要求，优化空间总体格局，联合上海、嘉兴主城等周边区域构建城市集群，进行港产城功能联动发展的探索。通过推进产业集聚、功能集成、要素集约，着力构筑集聚能力强、带动效应好、管理水平高的试验区发展新平台，建成体现试验区城市魅力和活力、展示先进城市建设水平和都市生活环境的宜居宜业宜游生态新城。

1.加强区内外联动，形成紧密联系的地域空间组织

紧密联系周边区域。推动区域规划、城乡建设、主体功能区定位等与沪杭有机融合，与上海、杭州、嘉兴主城及其他县（市）城市副中心共同组成空间相近、功能紧密联系、相互依存的地域结构和经济社会高度一体化的城市集群。以港口为引领，以产业为支撑，以城市为依托，建成现代化网络型田园大城市副中心，打造环杭州湾北岸宜居宜业宜游滨海新城。

加强区内城镇联系。试验区内通过东西大道、滨海大道等主干道相连，通过用地功能的布局、发展定位的设定，使区内滨海新城（乍浦镇）、西塘桥街道、独山港镇等城镇，以及周边村社形成不同层级的城镇功能，共同形成分工明确、优势互补，有一定等级序列的区域性城镇体系。

2.加强滨海新城建设，增强中心辐射能力

加快培育城市特色。加快乍浦老城区改造和古镇风貌的整治提升，培育乍浦风情街和海鲜特色街，带动海鲜特色餐饮、海产品特色购物等产业。优化提升天妃路、雅山中路商业圈，构建和完善商业区服务网络。加大资金投入，开发建设古镇、历史街区、文物古迹、公共生活岸线、都市型农业生产基地等项目。整合九龙山旅游度假区、国家级森林公园、汤山公园、瑞祥寺、古炮台、海红亭、省级文物保护点等节点，适时开设滨海旅游区近海观光游览线，打造港城“游山海、观港桥、品海鲜”特色品牌。加强历史文化遗存保

护工作，乍浦镇争创省级历史文化名镇。

完善城市配套服务功能。推动试验区新型城市化进程，加快滨海新城区域性商业金融、行政管理、教育科研、休闲娱乐、高端商住、旅游观光等功能培育，大力推进教育医疗设施、文化体育设施和商贸综合设施建设，努力提高公共服务功能的网络化水平和综合承载能力，使滨海新城成为试验区人口集聚的主要区域，为试验区港口与产业发展提供生产、生活、社会保障等方面的有力支撑。

提高小城市建设水平。乍浦镇在建设好市级小城市的基础上，按省级小城市标准推进建设。按照小城市建设要求建设城市特色宜居片区；着力改造农居房，建设新型农村社区；协调新老城区建设，促进城区人口集聚，不断提高城市承载能力和可持续发展能力。

3.加快培育东西两翼，形成相向发展格局

加快培育东翼。东翼以独山港镇区、独山港区为依托，按照市级小城市建设要求，重点培育商务办公、科教卫生、商贸流通、文化服务等综合配套服务功能，利用镇区及港区现状资源条件，打造商业步行街、餐饮娱乐中心、居住小区、公寓办公楼等，建设成为功能完善的综合服务型小城市，打造试验区东翼城市化引擎。

加快培育西翼。西翼以西塘桥街道城区为主，依托海盐经济开发区、乍浦经济开发区、嘉兴出口加工区，按照市级小城市建设要求建设城市特色宜居片区，重点建设公寓房和联排住宅，打造购物中心、特色步行街、影剧院、体育活动中心等休闲娱乐场所，并按照配套类别、服务半径，完善医疗、教育等基本公共服务设施，打造试验区西翼城市化引擎。

第四节　完善港产城统筹发展基础设施建设

完善水陆交通基础设施，加强能源、水资源保障能力，健全社会公共服务能力，提高减灾防灾水平，打造港口、产业、城市互联互通的基础设施。

1.完善交通基础设施

加强陆运交通建设。对外交通方面，加强试验区对外交通连接能力，优化与杭浦高速公路、跨海大桥北接线的连接，完善新07省道建设，推进沪乍杭铁路等重大交通基础设施建设项目的前期工作；以乍浦至新埭、新07省道、乍浦至平湖、独山至广陈、独山至新仓、独山至平湖为6纵；以东西大道、滨海大道、中山路为3横，完善6纵3横的试验区路网结构。对内交通方面，优化试验区区内部交通网络，完善综合服务中心和东部、西部产城融合发展区之间的串联；积极推进中山路、滨海大道建设，加快重点企业周围的运输通道建设，适时启动东西大道过境干线公路的拓宽改造；切实做好南北向货运与客运分流工作，严禁货运车辆穿越城区。

加快水运交通建设。以海河联运为重点，协调推动三个港区及内河作业区、航道建设。优化乍浦港区二、三期泊位功能，推进进港航道改造及锚地建设，推进乍浦港区内河航道工程建设进度。加快独山港区浙能煤炭中转码头建设进度，同时启动独山港区内河港池二期工程建设，加快推进黄姑塘支线改造工程建设。加快杭平申航道（含海塘支线和黄姑塘支线）五级改造为三级工程建设，加快研究论证长山河支线改造工程；推进乍嘉苏内河航道改造工程。

2.加强能源保障能力

完善能源输送网络。推广清洁高效煤电技术，完善优化试验区内的嘉兴兴港热电厂、吉安热电厂和荣成热电厂的发电效率，尽快启动建设220千伏勤丰变、110千伏港北变、110千伏雅山变、110千伏衙前变、110千伏秀丰变电网工程建设。推动试验区直供电试点。加快海盐经济开发区，独山港区热电联产项目，适时在独山港区建设煤炭储备、配送基地。

强化能源供给保障。确保能源供应结构多元化，加快天然气能源在港口、产业、城市中的普及力度，构建稳定的电网、气网、油网三大能源网络。推动发展新型能源和可再生能源，推广风能、太阳能、生物质能等新型能源，形成清洁、安全、高效的能源供给体系。规划布局热电厂、洁净煤利用和多式联产项目建设，促进风能、太阳能、生物质能综合利用，完善煤、油、液化天然气等能源储备设施。

3.提高水资源保障能力

健全水资源供应能力。优化提升广陈水厂、亭子桥水厂、曹胜桥水厂生产规模，加快建设试验区4.8万吨/日生活饮用水厂项目，加快亭子桥工业水厂一期工程和独山港工业水厂一期工程前期工作，尽早启动建设，保障试验区内港产城发展所需的水资源供应。加快形成试验区内的供水水源、应急备用水源等区域水资源应急保障机制，完善水源保障格局，保障水资源供应需求。积极探索大分质供水，优化水资源配置。

提升水资源利用效率。优化产业结构，引进高标准，高技术的产业；创造条件推进海水冷却，海水淡化的应用，提升工业用水效率；整改高耗水，污水排放多的企业。加强节水宣传，提高试验区内居民节水意识，大力推广节水技术及相关设备。

4.建立防灾减灾风险防范体系

构建防灾风险信息系统。提高信息共享能力，促进试验区内相关部门防灾减灾和风险防范的信息互通，适时建设灾害防范和风险管理信息平台， 提高灾害风险应对能力。充分利用互联网、广播电视、移动终端等先进技术设备，提高灾害风险信息传播能力，加强民众对灾害风险信息的获取能力。

提高海洋灾害预防水平。启动海洋灾害调查和风险隐患排查，摸清试验区内灾害的风险区域、承灾体和隐患目标的分布状况，掌握全区灾害承载能力。强化海洋环境风险管理，建立海上污染事故预警防范系统，完善应急反应机制，加强赤潮、海上溢油、风暴潮及其他突发性海洋环境灾害事件的预警预报能力和应急演练，快速、有效处置海洋灾害和突发性环境风险事故。

优化防洪排涝格局。试验区开发建设要与区域内水利规划相衔接，优化防洪排涝格局；完善区内防洪（潮）排涝工程设计，严格保护河湖水域，增加蓄滞能力；统筹区域防洪排涝与海河联运功能，加强试验区应急排涝通道建设，提升区域御潮排涝能力；严格按照百年一遇防洪（潮）标准，实施独山港区围堤提标改造工程。

第五节　构建陆海综合统筹和区域联动防治的生态模式

健全环境影响评价体系，大力发展循环经济，加大节能减排和三废整治力度，完善生态环境监防体系，统筹各区县，联动港产城，优化陆海污染监防体系，建设绿色滨海，形成生态试验区。

1.规划环境影响预测分析

规划的实施将对试验区内大气环境、水环境、生态环境均产生不同程度的影响。

——大气环境影响。试验区内众多电厂、化工企业虽经整治提升，但工业废气排放依然不可避免，对大气环境仍有一定的影响；随着规划深入实施，区内交通、人口等大量增加所带来的汽车尾气，也将对大气环境产生一定影响。

——水环境影响。通过规划的实施，带来临港工业加速发展，产业园区规模扩大，工业废水排放量也由此增多；随着滨海新城人口集聚效应的增强，生活污水逐步增多，工业、生活污水将对水环境产生一定影响。

——生态环境影响。随着区内土地开发程度不断加强，生物生存环境受到抑制，生物量减少、生物多样性降低，可能造成生态系统不平衡。开展围填工程项目等海域资源开发，可能对局部海域生态环境及水动力环境造成改变。

2.加大生态环境整治力度

废气整治。推进独山、乍浦、海盐三个港区内集卡“油改气”，龙门吊“油改电”工程，实施船舶岸电供电技术，降低港区废气排放量。引进先进环保技术，加快在嘉兴电厂等重点能源企业推广使用洁净煤、燃油燃气炉，减少粉尘、烟尘等废气排放，实施单位废气总量排放要求。整合提升滨海试验区化工产业层次，改造现有高污染化工企业，引进低污染化工企业。开展化工有机废气整治，实施源头、过程、末端治理，推行化工物料的密闭装卸、储运，加强废气监测监理，确保达标排放，加快制定化工废气整治方案，严格落实整治措施。

废水整治。深入推进实施“五水共治”，针对化工园区等重点区块实行最严格的水环境保护制度，加强周边河网的生态整治、修复能力。确保工业园区废水、港区油污水、机械设备清洗废水、城市生活废水等经过专业污水处理后达标排放，实施单位污水排放总量控制要求。在保障用水安全的前提下，积极推行实施中水回用工程，提倡大型企业内部中水回用系统。加强入海径流污染控制，推进农村家畜养殖污水清洁整治，推广实施村镇小型化、分散式污水处理。推进区内截污管网和雨污分流系统建设，推进相关污水管网“城乡一体化”，减少工业、生活废水排放，减轻水环境功能区纳污压力。

固废整治。采用先进装卸工艺，减少港区内装卸碎屑固体废弃物污染，控制三个港区、临港产业、滨海新城内固体废弃物排放总量，加强固体废弃物的无害化处理、分类回收、综合利用。

3.创新生态经济发展模式

大力发展循环经济。以严格的环保准入机制、高效的资源环境利用为发展导向，实施园区生态、循环化改造，构建低消耗、零排放、高效益的试验区循环经济发展模式。重点推进临港石化、新材料园区生态化和循环化改造，依托试验区内省级以上经济开发区，创建循环经济示范园区。优化提升以聚碳酸酯、硅材料、橡胶、环氧乙烷为主导的化工类循环经济产业链，积极构建核电装备制造类的循环经济产业链，加强废水、废料、蒸气余热等废弃物的综合回收利用，实现污染零排放。积极壮大，重点发挥物流、商贸信息等绿色服务业在二三产业循环经济中的引领作用。

加大节能减排力度。推广单位污染物排放总量控制标准，从严控制产能过剩企业规模，集中治理落后产能，高能耗、高污染企业。引进先进技术设备，尽快对重点企业实施清洁生产，从内部控制源头污染，降低万元工业增加值综合能耗，加强化学需氧量（COD）、氨氮、二氧化硫、烟尘、氮氧化物、VOCS等主要污染物减排力度。

4.建立环保联合监管体系

健全环境影响评价体系。完善港产城融合发展中的环境影响评价机制，做实、做优建设项目环评。重点防范化工油品码头的化学品泄露、溢油，以及国际运输船舶带来的外来物种入侵等重大生态风险；通过生态现状的全面调查、生态环境影响的全方位评价，以及生态保护的切实可行对策，不断完善、优化环评机制。注重环评审批后的监管，以竣工环保验收为抓手，倒逼港口、产业、城市建设项目环评措施的落实，搭建环评与环保验收互动的桥梁。通过环境影响评价，为进一步加强项目环境管理提供科学依据。

强化生态环境监测体系。组织开展试验区陆海环境监测，制定试验区生态环境监测跨区县合作工作计划。建立完善海洋环境立体监测体系，加强涉海环境联合执法和跨行政区域海洋污染联合防治。加大对重点排污企业的监管力度。建立陆海环境和入海径流水质监测网及监测信息发布机制，准确把握生态环境质量与变化趋势、入海污染物排放状况，及时向公众公开环境监测信息，提升监测能力，确保监测质量。

建立污染防治管理体系。完善陆海污染同步监督防治，在区域生态功能分区、陆域生态空间管制、岸线资源开发利用引导和产业空间准入的基础上，建立陆海、产城、城乡全方位的环境监管体系。加强政府间部门协作，实施跨区县的陆海生态环境保护协作机制，重点在入海污染源整治、生态环境修复、环境监管和应急能力建设、环境事故及灾害风险等领域强化合作。协调嘉兴港区、产业园区、滨海新城管理部门，联动加强环境污染源头整治力度，重点加强港口污染和船舶污染控制、临港石化污染源防治、入海河流污染治理、城镇污水处理及配套设施、城乡固废与生活垃圾处理、规模化畜禽养殖污染治理控制、农业面源污染防治等方面的工作。

提高水资源管控水平。以最严格水资源管理制度“三条红线”为基准，建立试验区用水总量控制、用水效率控制和水功能区限制纳污标准。实施水资源统一调配，严格控制取用水总量；加快节水技术改造，推广节水设备，建设节水型区块；严控入河污染物排放总量，推进水功能区内的生态保护修复。

第五章 体制创新与政策支撑

进一步创新试验区管理体制，提高试验区开发建设管理水平。按照试验区“先行先试”的要求，创新用地用海、财政金融、环境容量、科技人才、对外开放等政策，切实加大对试验区港产城统筹发展的支持力度。

第一节 创新开发管理体制机制

加强对试验区建设的组织领导，进一步理顺行政管理体制，建立高效便捷、统一协调的管理模式，提升试验区开发建设的整体合力。

完善试验区开发统筹协调机制。健全试验区开发建设领导小组会议、联席会议、专题会议等议事制度，创新并完善试验区投融资平台建设、招商引资、重大项目推进、重点工作沟通等方面的统筹协调机制，统筹推进港口开发、岸线利用、口岸管理、产业发展、城镇布局、生态建设等方面工作。

第二节 创新用地用海政策

完善用地政策。支持试验区内符合条件的重大交通、水利、能源项目优先列入国家、省重点项目计划。鼓励和引导试验区积极争取国家、省重点基础设施单列指标和省重大产业项目奖励指标，省重大产业项目奖励指标优先用于试验区，地方政府再给予适度配套奖励。对试验区落实基本农田保护任务和耕地占补平衡困难的，支持开展省内基本农田统筹。新增建设用地计划指标分配中，对试验区给予一定的倾斜支持。对盘活“批而未用”置换出来的建设用地和城乡建设用地增减挂钩的节余部分，优先用于试验区建设。对失地农民主要采取社会保障安置辅之以市场就业，可先行探索集体建设用地使用权入股、土地股份合作等模式试点。对用于港口基础设施建设的滩涂围土地，免征土地使用费。

完善用海政策。探索建立海洋资源统筹整合、统一管理、统一开发机制。积极争取国家围填海年度计划指标，对试验区内国家和省重点涉海工程和海洋生态保护项目，省内优先安排围填海计划指标。探索建立海岸线、海域使用权、无居民海岛使用权统一收储制度。完善海域、海岛使用权招拍挂制度，探索建立海域使用权转让二级市场。上缴的海域使用金和无居民海岛使用金留省、市部分，优先用于支持试验区海域与无居民海岛整治保护和生态修复。对已开发使用岸线建立以经济效益为导向的综合评价管理机制。支持嘉兴港口码头建设所必需的围垦工程。按照保障防洪安全与海河联运兼顾的原则，在确保防洪标准和围堤安全的前提下，科学设计论证，支持“海河联运”工程项目穿跨围堤建设。

第三节　创新财税金融支持政策

加强财税政策支持。试验区内的企业在资产重组过程中通过合并、分立、出售、置换等方式，将全部或者部分实物资产以及与其相关联的债权、债务和劳动力一并转让给其他单位和个人涉及的不动产、土地使用权转让行为的，不征收营业税。对国家鼓励的涉海高新技术企业，经有关部门认定后，减按15%的税率征收企业所得税，对企业开发新技术、新产品、新工艺发生的研究开发费用，符合国家税法规定的，允许在计算应纳税所得额时加计扣除，对符合条件的固定资产允许按规定采取缩短折旧年限或者加速折旧。试行营改增的现代服务业向境外提供相关服务的，按规定免征增值税。风力发电和光伏发电企业实行即征即退50%增值税。符合条件的“营改增”试点企业，根据省财政有关规定，经审核确认后，由属地财政部门在“营改增”试点过渡期根据其税负增加情况给予相应补助。

加大资金支持。试验区内属于嘉兴市的税收收入、行政事业性收费、政府性基金收入实行“内部循环、封闭运行、专款专用”。加大财政投入力度，探索设立试验区产业发展基金。省海洋经济发展专项资金分配嘉兴市部分重点支持试验区建设相关项目。积极争取港口建设费，支持嘉兴港口基础设施及航运保障系统等的建设和维护，加快嘉兴港口建设发展。

创新投融资政策。以资产为纽带，探索组建统一开放的投融资平台，适时成立联合开发公司，实行市场化运作，统筹试验区内的投融资相关工作，提高试验区整体开发水平。根据试验区总体产业布局，研究建立产业项目在不同主体区块统筹落户及利益分成等机制。争取国家政策性银行机构加大对试验区的信贷支持，探索发展融资租赁、航运保险等新型海洋金融服务。支持符合条件的金融机构拓展海域使用权、港口岸线抵押、仓单质押等贷款业务。探索以省“四自”航道模式建设海河联运联网内河支线（疏港）航道。引进大型央企、省属国有企业参与试验区开发建设，鼓励和引导民间资本以PPP等股权性融资建设模式，投入公用基础设施等政府性投资项目建设。

第四节　创新资源环境保护政策

严控污染物排放总量。实施污染物排放总量和浓度“双控”制度，对污染物排放浓度高、排放量大的重污染行业在省定标准的基础上可以提高排污费征收标准。完善排污权交易，按照污染物减排要求，适时提高污染物排放权交易价格。完善以污水排放总量和污染物浓度为基础的双因素阶梯式污水处理收费办法，对超浓度、超总量排放污水实行加倍收费。建立健全农业污染物排放监测制度，探索农业污染物减排量可抵扣污染物排放总量的机制。

加大环保政策支持。省级层面加大对试验区生态修复项目的支持力度，在申报国家海洋生态修复专项资金方面给予重点倾斜。在确保完成主要污染物总量减排目标和满足环境质量要求的基础上，对试验区内国家、省重点建设项目，在省级储备中给予支持，按排污权交易有关政策实施污染物排放指标的跨区域调配。制订出台排污权有偿使用和交易政策，重点支持试验区的发展。

建立节能降耗激励和约束机制。对单位产出资源占用综合评价落后企业实行阶梯式差别电价，对超限额标准用电企业实行惩罚性电价。建立健全以万元增加值用水量为基础的阶梯式水价制度。在省级有关部门指导下，支持试验区自行制订标准更高、要求更严的行业整治及落后产能淘汰目录，分年度确定整治、关停企业名单。

第五节　创新科技平台与人才政策

发挥创新平台作用。支持省级相关海洋科研机构和企业技术中心落户试验区或建立分支机构，推动与中科院嘉兴中心、浙江清华长三角研究院、浙江大学等科研院所、大专院校的对接，积极创建产学研融合基地。支持试验区内的企业申报国家和省科技计划项目，获得国家、省级科技项目资助的，试验区按规定要求落实配套资金。鼓励行业龙头企业建立产业技术创新联盟。积极推行技术要素参与股权和收益分配机制，按标准已完成科技成果转化的企业，在项目投产成功后五年内，可每年从成果转化项目的年度新增净利润中提取不低于5%的资金奖励给技术参股人；科技成果转让给他人的企业，可从转让所得的税后净利润中提取不低于20%的资金奖励给技术参股人。试验区内单位和个人从事技术转让、技术开发和与之相关的技术咨询、技术服务业务取得的收入，免征增值税。

加大人才引进和培养。建立人才引进专项资金，用于科技创新领军人才和高素质产业技能人才等高层次人才的引进培育。充分发挥财税优惠政策和科技型中小企业技术创新基金等对海洋科技人才创业的引导和扶持作用。对特殊紧缺人才实行一事一议、特事特办。加强试验区产业科技人才、高技能人才继续教育，支持涉海创新型骨干企业建立海洋科技人才培训基地，并将有关培训纳入政府培训项目计划给予支持。

第六节　创新开放合作政策

扩大对外开放。试验区要主动对接上海自贸区，设立驻沪办事机构，加强对自贸区内企业的招商工作。借助区位及产业优势，探索在试验区发展服务贸易基地等产业平台，积极承接自贸区带来的产业溢出。大力推进嘉兴出口加工区转型升级申报综合保税区。加快推进嘉兴港通关服务中心建设。支持水域开放申报，加快推进独山港区、海盐港区一类口岸对外开放。推进口岸“大通关”建设，特别是推动建立与上海自贸区之间的“大通关”体系，完善海关监管和检验检疫等机制，提高口岸通行效率。

提升合作水平。坚持“错位竞争、竞合发展”，不断拓宽嘉兴港与上海港的合作领域，主动对接上海国际航运中心建设。积极争取上海自贸区“扩大启运港退税试点范围”等政策延伸到嘉兴港。

第六章　实施保障

强化规划引领。充分发挥本规划的引领作用，加强与嘉兴市域总体规划和嘉兴市土地利用总体规划等规划的衔接，坚持港产城融合发展，优化试验区的规划体系，推动城乡统筹发展，促进港口壮大，带动产业升级。

加强组织协调。充分发挥试验区开发建设领导小组作用，积极谋划试验区建设的重大举措，提高统筹协调和决策执行能力，加强规划实施推进和各项措施落实的督促检查，及时解决试验区建设中的重大问题和实际困难。省、市相关部门按照职能分工，在政策资金、项目安排、体制机制创新等方面给予支持，积极落实推进各项工作任务。

深化行政审批制度改革。推行行政审批告知承诺（合同）制和代办制。探索建立负面清单管理模式，凡负面清单以外、符合市场准入标准的企业投资项目，采用备案制，实行“零审批”。试验区提供一站式审批服务，健全企业服务快速协调机制。

健全工作机制。统筹协调好省、市、县三级联动，把试验区建设任务列入市委、市政府对相关县（市、区）和市级相关部门的考核范围，合力推进试验区发展。全面深化试验区内区块联动协作，积极推动试验区对外合作。加强舆论宣传，形成全社会广泛支持试验区建设发展的浓厚氛围。

（浙江省发展和改革委员会海经处供稿）

浙江省义乌市国际贸易综合改革试点三年（2014—2016年）实施计划

根据党的十八大、十八届三中全会及《国务院关于浙江省义乌市国际贸易综合改革试点总体方案的批复》（国函〔2011〕22号）精神，按照省委十三届历次全会部署及《中共浙江省委浙江省人民政府关于深化义乌市国际贸易综合改革试点的若干意见》（浙委发〔2014〕9号）要求，制定本实施计划。

一、总体要求

坚持以邓小平理论、“三个代表”重要思想、科学发展观为指导，认真学习贯彻习近平总书记系列重要讲话精神，深入实施“八八战略”，围绕干好“一三五”、实现“四翻番”的目标任务，以国际贸易为龙头，开展综合改革试验，加快形成便利化、国际化的新型贸易体制机制，基本建成网上网下融合、内贸外贸一体、商流物流畅通的现代商贸流通体系，完善市场主体多元化、产业高端化、要素配置市场化的产业转型升级机制，建立健全与国际贸易相适应的国际商贸名城建设机制、美丽义乌建设体制机制、社会治理体制机制和行政管理体制机制，全面推进市场、产业、城市、社会和政府转型，为我国全面深化改革和扩大开放积累新经验。

二、主要任务

（一）建立新型贸易体制机制

1．*加快推进市场采购贸易方式全面实施。*建立和完善与市场采购等新型贸易方式相适应的海关、检验检疫、税务、外汇、工商、互联网等一系列监管措施和办法，支持相应的监管办法在实践中边探索边完善。（责任单位：省商务厅、省发改委、省经信委、省财政厅、省地税局、省工商局、省国税局、杭州海关、宁波海关、浙江检验检疫局、宁波检验

检疫局、省外汇管理局）

2．统筹推进口岸管理便利化。创新实行与市场采购贸易方式相适应的海关、检验检疫便利化监管措施。完善跨关区、跨检区快速通关模式，对进出口转关、转检货物原则上不重复查验。除法律法规规定的部分特殊商品外，通过省内口岸进口的进入义乌市场的商品，可以根据货主要求转往义乌海关清关、实施转检。（责任单位：省口岸办、省商务厅、杭州海关、宁波海关、浙江检验检疫局、宁波检验检疫局）

3．深化商事登记制度改革。开展企业（贸易）主体设立快速登记，全面落实注册资本认缴登记制，扩大筹建登记范围，探索“先照后证”登记制，加快建立年度报告公示制。（责任单位：省工商局）

4．增强市场采购贸易结算便利。进一步便利市场采购贸易方式项下收结汇手续，对市场采购贸易出口的货物流和资金流实行总量匹配方式监管。（责任单位：省外汇管理局）

5．建设市场综合管理系统。加强海关、检验检疫、工商、税务、外汇等管理部门协作，优化联网信息平台，建立政府主导、部门参与、信息共享的属地化、综合性管理机制。（责任单位：义乌市人民政府、省商务厅、省财政厅、省地税局、省工商局、省国税局、杭州海关、宁波海关、浙江检验检疫局、宁波检验检疫局、省外汇管理局）

（二）健全内外贸一体化体制机制

6．推进全国重点培育内外贸结合商品市场试点。打造重要的国家级会展平台，做大做强“义博会”、“文交会”、“森博会”等国家级展会和专业品牌展会，争取更多会展纳入国家对外合作项目及大型活动。建立跨国采购商、品牌商、制造商综合服务体系，打造跨国采购和分销中心。完善贸易主体信用评价和分类管理机制，加强内销和出口商品质量监管。（责任单位：省商务厅、省经信委、省林业厅、省文化厅、省外侨办、省质监局、省旅游局、浙江检验检疫局）

7．完善品牌和质量提升机制。创新义乌市场运营模式和商业模式，积极创建国内外知名品牌，建设质量安全示范区，推动设立国家日用小商品标准化研究院，推动“义乌中国小商品城”驰名商标认定并核准注册。做大做强市场经营主体，培育“名企、名品、名家”，推动义乌市场向具有综合服务功能的提供商转变。（责任单位：省商务厅、省经信委、省工商局、省质监局、浙江检验检疫局）

8．加快发展进口和转口贸易。加大进口商品馆发展扶持力度，举办进口商品展，创建国家进口贸易促进创新示范区。鼓励发展转口贸易。建立完善有利于发展进口和转口贸易的政策体系，深化进口转口贸易便利化改革，增强进口转口贸易综合服务功能。（责任单位：省商务厅、省财政厅、省地税局、省国税局、杭州海关、宁波海关、浙江检验检疫

局、宁波检验检疫局、省贸促会）

9．创新义乌市场跨区域发展体制政策。抓住丝绸之路经济带和21世纪海上丝绸之路建设的战略契机，深化义乌与沿线地区的经贸合作，建设分市场和商贸物流型境外经贸合作区，构筑覆盖全国乃至全球的市场网络，提高国际国内市场占有率。（责任单位：省商务厅、省发改委、省财政厅、省外侨办、省外汇管理局、省贸促会）

（三）构建网上网下市场融合互动发展机制

10．支持义乌创建国家电子商务示范城市。支持“义支付”申请互联网支付业务许可证，培育壮大各类电子商务主体，支持建设省示范电商网产业基地，大力发展移动电子商务等新业态，优化电子商务发展支撑体系，促进网上网下市场深度融合，打造全球网货营销中心、全国网商集聚中心和跨境电子商务高地。（责任单位：省商务厅、省发改委、省经信委、省工商局、人行杭州中心支行）

11．提升完善“义乌购”电子商务平台。按照“智慧商城”要求，建设集展示采购、网上交易、仓储物流等功能于一体的“义乌购”电子商务平台，支持银行机构和支付机构为“义乌购”提供支付服务，打造面向全球的综合性电子商务平台。（责任单位：省商务厅、省发改委、省经信委、省工商局、人行杭州中心支行、省金融办）

12．大力发展跨境电子商务。推动义乌纳入国家层面跨境电子商务试点，将市场采购贸易方式运用于跨境电子商务管理流程，创新完善通关、检验检疫、结汇、退税等机制，形成适合小商品特点的跨境电子商务新模式。设立国际邮件互换局和交换站，建设跨境电子商务通关监管中心。（责任单位：省商务厅、省财政厅、省地税局、省工商局、省国税局、杭州海关、宁波海关、浙江检验检疫局、宁波检验检疫局、省外汇管理局、省邮政管理局）

（四）探索国际陆港开放发展机制

13．扩大陆港口岸开放。完善始发港和目的港功能，争取义乌港成为国家开放口岸。推动义乌航空口岸开放，开通国际、地区客运和货运航线。推动义乌铁路口岸开放，开辟“义新欧”等国际集装箱运输通道。（责任单位：省口岸办、省发改委、省交通运输厅、省商务厅、杭州海关、宁波海关、浙江检验检疫局、宁波检验检疫局、民航浙江安全监管局、杭州铁路办事处、省边防总队）

14．发展陆港物流服务。完善陆港集疏运体系，抓紧开展甬金铁路前期工作，将义乌作为宁波—华东地区铁水联运示范项目建设重点对接城市，推进铁路综合交通枢纽、疏港高速公路等基础设施建设。加快推进义乌国际陆港物流园区等建设，开展“智慧物流”试点，创建国家级示范物流园区，建设好国家二级物流园区布局城市。（责任单位：省交通运输厅、省发改委、省经信委、省国土资源厅、省建设厅、杭州铁路办事处）

15．提升陆港开放层次。深化义乌陆港与沿海、沿边口岸的合作，实现口岸管理部门信息互换、监管互认、执法互助。加快保税物流中心（B型）建设，创造条件申报设立综合保税区，推进小商品市场与保税区域功能融合创新。主动对接中国（上海）自由贸易试验区，探索有义乌特色的贸易投资便利化模式和实现方式。（责任单位：省口岸办、省商务厅、杭州海关、宁波海关、浙江检验检疫局、宁波检验检疫局）

（五）强化多种所有制经济共同发展机制

16．推动民营企业转型发展。实行统一的市场准入制度，废除对民营经济各种形式的不合理规定，消除各种隐性壁垒。鼓励民间资本创办市场，进入商贸物流、金融服务、公用事业等领域，探索民间资本进入特许经营领域。完善“个转企、小升规、规改股、股上市”扶持政策。（责任单位：省发改委、省经信委、省工商局、省金融办、省工商联）

17．深化国有企业管理体制改革，推进经营性国有资产统一监管。改革国有资本授权经营体制，组建国有资本运营公司和投资公司，实现政府性投资项目的多元化投融资、集中专业建设管理模式。推动国有企业完善现代企业制度，培育具有核心竞争力的企业集团。（责任单位：省国资委、省发改委、省经信委）

18．积极发展混合所有制经济。支持民间资本参与国有企业改革重组，发展国有资本、非公有资本等交叉持股、相互融合的混合所有制经济。国有资本投资项目允许非国有资本参股。放宽外资投资准入，探索对外商投资实行准入前国民待遇加负面清单的管理模式。（责任单位：省国资委、省发改委、省经信委、省商务厅、省工商联）

（六）完善产业高端化发展机制

19．改造提升传统产业，发展先进制造业。建立义乌市场和特色产业集群的联动升级机制，加大腾笼换鸟、机器换人、空间换地、电商换市力度，提升特色产业竞争力。顺应市场变化，培育低消耗、低排放、高附加值的新兴产业。（责任单位：省经信委、省发改委、省国土资源厅、省建设厅、省商务厅）

20．培育壮大现代服务业。完善现代服务业发展促进机制，加快推进总部经济区、金融商务区、国际生产资料市场等现代服务业平台建设，加快实施一批现代服务业重大项目，促进总部经济、商贸物流、文化创意、购物旅游、贸易金融等现代服务业发展。（责任单位：省发改委、省经信委、省文化厅、省旅游局、省金融办）

21．构建产业集聚发展机制。推进义乌商贸服务业集聚区、经济技术开发区、工业园区和乡镇工业功能区整合提升，完善管理体制和运行机制，探索“一区多园”、“园中园”、“股份园”等开发模式，创建国家新型工业化产业示范基地，创建省级浙江开发区特色品牌园区。（责任单位：省发改委、省商务厅、省经信委）

22．强化创新驱动发展机制。建设创新型城市，创建省级高新技术产业园区，组建优势行业创新平台和重点企业研究院，建设好省级特色工业设计产业基地，创建国家级小商品研发中心，构建有义乌特色的产业技术创新体系和体制机制。建立适应小商品特点的知识产权保护制度。（责任单位：省科技厅、省经信委、省司法厅、省高级人民法院）

23. 完善人才支撑体制机制。建设国际贸易人才管理改革试验区，实施人才工作重点工程，建设院士专家工作站、“千人计划”产业园和海外人才工作站等平台，大力引进培养国际贸易相关人才和创新团队，建立引进人才长效机制。（责任单位：省委人才办、省人社厅、省商务厅）

（七）深化实施金融专项改革

24. 促进金融组织发展。引入外资银行，探索设立民营银行，培育引进金融租赁、融资租赁、财务公司等非银行金融机构和商业保理、资产管理等金融组织，推动货币兑换公司做大做强。加强社区金融服务，发展农村普惠金融。（责任单位：省金融办、省商务厅、人行杭州中心支行、浙江银监局、省外汇管理局）

25. 发展与市场采购贸易和电子商务相适应的贸易金融产品。简化贸易融资产品报备监管办法，推动发展供应链金融、贸易融资、无形资产融资等融资业务以及出口信用保险等保险服务。加快互联网金融服务平台建设，扩大和规范互联网金融业务。（责任单位：人行杭州中心支行、省经信委、省金融办、浙江银监局、浙江保监局）

26. 创新人民币跨境业务。支持义乌建设区域性跨境贸易人民币结算中心，深化个人跨境贸易人民币结算试点，鼓励符合条件的个人直接以人民币结算进出口贸易。推动人民币跨境融资使用，探索人民币跨境双向贷款和个人境外直接投资业务。扩大企业外汇交易权限，完善个人外汇结算制度。（责任单位：人行杭州中心支行、省外汇管理局、省财政厅、省商务厅、省地税局、省国税局、杭州海关）

27. 建立金融资本与实体经济有效对接机制。推动民间资本管理创新，支持发展产业投资基金、创业投资基金、股权投资基金，支持企业发行债券、上市或进股权交易中心挂牌，支持义乌产权交易所提升发展，拓宽民间资本进入实体经济通道。（责任单位：省金融办、省发改委、省工商局、人行杭州中心支行、浙江银监局、浙江证监局）

28. 优化金融生态环境。推动金融业统一征信平台的应用，加强对征信机构的培育，推动建立非居民个人交易数据库，创建国家级金融生态示范区。强化地方金融监管，争取人行义乌市支行升格和设立义乌银监分局，延伸设立证券监督管理机构和保险监督管理机构。（责任单位：人行杭州中心支行、浙江银监局、浙江证监局、浙江保监局、省编委办、省金融办）

（八）深化实施国土专项改革

29. 强化建设用地保障机制。建立土地利用总体规划定期评估和动态调整制度。省里在土地利用年度新增计划指标上予以重点支持，对纳入省重大产业项目库的建设项目优先

安排奖励指标，对实施城乡建设用地增减挂钩试点项目优先安排周转指标。（责任单位：省国土资源厅、省发改委）

30．创新耕地占补平衡机制。按照全国第二次土地调查时的实际数据考核义乌耕地保有量。在立足义乌市自身解决的基础上，通过省、市统筹等有效方式支持解决重大投资项目的耕地占补平衡和标准农田补建问题。探索建立跨省耕地占补平衡机制。（责任单位：省国土资源厅、省发改委、金华市人民政府）

31．实施差别化供地制度。努力盘活存量建设用地，推进城镇低效用地再开发。推进建立工业用地多元化出让机制，探索工业用地弹性出让和年租制。建立利用存量工业用地发展现代服务业的政策激励和约束机制。开展低丘缓坡等未利用地开发利用试点，创新低丘缓坡综合开发利用模式。（责任单位：省国土资源厅、省发改委、省经信委、省建设厅、省林业厅）

32．建立以亩产论英雄的体制机制。完善资源要素市场化配置评价标准，形成以亩产效益为核心的综合评价体系，实施土地产出效益与新增建设用地计划指标分配挂钩制度，建立资金、能源消费量及环境容量等资源要素与企业质量效益挂钩的体制机制。（责任单位：省发改委、省国土资源厅、省经信委、省环保厅、省能源局、省金融办）

（九）健全国际商贸名城建设机制

33．提升国际商贸名城规划水平。推动义乌纳入国家“一带一路”战略规划，深化与沿线地区的商贸、物流、文化等方面合作，打造重要战略支点城市。高标准修编义乌市域总体规划，推进经济社会发展规划、城乡规划、土地利用规划等“三规合一”或“多规合一”。（责任单位：省建设厅、省发改委、省国土资源厅、省交通运输厅、省商务厅、省文化厅）

34．增强国际商贸名城承载能力。持续深入推进“五水共治”、“三改一拆”、“交通治堵”等工作，建立多元可持续的城市建设投融资机制，探索城区有机更新改造模式，加强交通、水利、能源、通讯等基础设施建设，创新地下空间开发利用的规划、建设和管理机制，建立健全与国际化发展相适应的城市管理体系。（责任单位：省建设厅、省发改委、省经信委、省交通运输厅、省水利厅、省人防办、省能源局）

35．深入推进城乡发展一体化。利用纳入国家新型城镇化试点的机会，深化义乌统筹城乡综合配套改革。有序推进农业转移人口市民化，建立城乡统一的户籍管理制度，探索流动人口积分落户办法，实行与积分评价相挂钩的公共服务供给制度。稳妥推进“三权到人（户）、权跟人（户）走”的农村产权制度改革。建立城乡统一的建设用地市场。深入推进佛堂小城市培育试点和“千村示范、万村整治”工程，加快建设美丽乡村。构建生产、供销、信用“三位一体”服务功能的农民合作经济组织体系。（责任单位：省发改

委、省农办、省教育厅、省公安厅、省民政厅、省人社厅、省建设厅、省卫计委）

36. 创新区域统筹协调发展机制。推进金义都市区和浙中城市群统筹规划建设，统筹协调区域重大基础设施和公共服务设施布局，促进区域市场集群、产业集群和城市集群联动发展。深化与浙西南地区在市场、技术、资源要素等方面的互补合作。深化与浙江海洋经济发展示范区、舟山群岛新区、温州市金融综合改革试验区的改革联动，完善山海协作的政策措施。深化与长三角地区、长江经济带及中西部地区、东北等老工业基地合作，构建区域合作共赢机制。（责任单位：省发改委、省经合办、省经信委、省建设厅、省交通运输厅、省水利厅、省商务厅、省金融办、金华市人民政府）

（十）构建美丽义乌建设体制机制

37. 完善环境综合治理和保护机制。划定生态保护红线，实行空间、总量、项目“三位一体”的环境准入制度。建立“五水共治”体制机制，开展跨流域引水和义乌江综合整治，健全大气环境联动治理机制，强化跨行政区域河流交接断面考核和环境空气质量管理考核。完善环境保护区域协调和跨区域综合治理机制，强化环境执法联动协作。推进低碳城市建设，创建国家森林城市。（责任单位：省环保厅、省发改委、省建设厅、省水利厅、省林业厅）

38. 建立环境资源市场化配置机制。建立资源要素差别化使用激励约束机制、低效企业退出激励机制和新增项目选优机制，探索构建资源要素高效流动的市场体系。完善资源有偿使用和生态补偿制度，实行节能减排降碳总量管制，健全排污权有偿使用和交易制度，开展用能量（权）、碳排放权及水权交易。（责任单位：省环保厅、省发改委、省经信委、省国土资源厅、省水利厅）

39. 健全教育、医疗等社会事业发展机制。引进国内外优质高校，加快义乌工商职业技术学院和省机电技师学院发展，推动中外合作办学，支持申办外籍人员子女学校。推进义乌卫生应急基地建设，创新医疗卫生资源配置体制机制。支持浙江大学医学院附属第四医院改革发展，推进医院管理体制创新。（责任单位：省教育厅、省卫计委、省编委办、省财政厅、省人社厅、省外侨办）

40. 深化文化体制改革。深化社会主义核心价值体系建设，完善公共文化服务体系，创建全国文明城市。推动传统媒体和新兴媒体融合发展，完善互联网应用和管理体制机制。建设国际文化中心、商贸博物馆等重点文化设施，扩大国际文化交流。（责任单位：省文化厅、省发改委、省经信委、省外侨办、省新闻出版广电局）

41. 健全就业和社会保障体系。创建国家级创业型城市，建立以激励创业创新为导向的人事管理制度和薪酬分配制度。建立更加公平可持续的社会保障制度，建立多元化养老机制，健全市场配置和政府保障相结合的住房制度。（责任单位：省人社厅、省民政厅、

省建设厅）

（十一）创新社会治理体制机制

42．*改进社会治理方式*。创新流动人口管理服务模式，优化流动人口结构。创新有效预防和化解社会矛盾体制，完善“网格化管理、组团式服务”机制。推进全社会信用体系建设，建立守信-失信惩戒机制。健全突发事件应急处置机制，建立涉法涉诉信访依法终结制度。（责任单位：省公安厅、省发改委、省民政厅、省信访局）

43．*培育现代社会组织*。建立直接登记和备案管理相结合的新型登记模式，优先培育行业协会商会类、科技类、公益慈善类、城乡社会服务类等社会组织。探索在义非政府组织管理办法，开展外国人商会组织备案管理试点。加强社会工作者队伍建设。（责任单位：省民政厅、省外侨办）

44．*创新涉外管理服务体系*。建立外国人管理协调工作机制，探索建立信息共享平台，实现相关管理部门间资源互通共享，建立社区涉外服务管理站，落实外籍合伙人及外籍商贸人员出入境便利措施，争取成为全国跨区域办理出入境证件城市，推行外国人就业许可网上预审，建立既方便外国人居留经商又能实施有效管理的新模式。（责任单位：省公安厅、省民政厅、省人社厅、省外侨办、杭州海关）

45．*健全公共安全防控和社会稳定维护机制*。完善食品药品安全监管和安全生产监管体系，健全防灾减灾应急预案，完善社会稳定风险评估机制和社会事件应急响应机制，提高平安建设水平。制订法治政府建设标准实施意见。（责任单位：省公安厅、省民宗委、省民政厅、省司法厅、省安监局、省食药监局、省法制办）

（十二）建立与国际贸易相适应的行政体制

46．*深化扩权改革*。建立与义乌市国际贸易综合改革试点相适应的机构精简、职能综合、结构合理、运行高效的行政体制。根据义乌市改革发展需要，进一步下放省级经济社会管理权限。除法律法规明确规定必须由设区市行使的职权外，赋予义乌市与设区市同等的经济社会管理权限。省级经济社会发展方面的计划下达、指标分配、会议通知、文件发放等，凡是安排到设区市的，扩大安排到义乌市。（责任单位：省级有关部门、金华市人民政府）

47.*推进政府机构改革*。开展大部门制改革试点，优化部门机构设置和行政资源配置。争取国际贸易相关垂直管理部门增加职能，扩大权限。深化综合行政执法体制改革，建立保障公平竞争的市场监管服务体制机制。开展行政复议体制改革试点，探索相对独立行使行政复议职权。创新干部人事管理制度，推进干部能上能下、能进能出，试行聘任制公务员。加强权力运行的制约和监督，建立作风建设常态化机制。（责任单位：省编委办、省发改委、省监察厅、省人社厅、省商务厅、省工商局、省质监局、省食品药品监管局、省法制办）

48．完善财税管理体制。落实中央财税体制改革举措，争取国际贸易相关财税体制创新和政策支持。增强义乌市推进国际贸易综合改革试点的财力保障，支持完善城镇土地使用制度和相关政策，对大宗商品贸易企业继续实行地方水利建设基金减免措施。按照“能减则减”的原则，清理规范各类行政事业性收费和政府性基金项目。（责任单位：省财政厅、省国土资源厅、省水利厅、省地税局、省国税局）

49．深化行政审批制度改革。建立政府权力清单制度，探索根据管理事务和管理区域划分管理权限。探索建立义乌市与设区市审批同权的扁平化管理制度，推行企业投资项目负面清单制度，进一步减少行政审批事项和审批层级，创新行政审批管理方式，加强事中、事后监管。（责任单位：省编委办、省发改委、省法制办、金华市人民政府）

50．深化事业单位分类改革。推动公办事业单位去行政化，建立事业单位统一登记管理制度，推动有条件的事业单位转为企业或社会组织。探索政府职能向社会组织转移改革，健全向社会购买服务机制。推进中介机构和行政机关、挂靠事业单位脱钩，规范中介机构市场行为和市场秩序。（责任单位：省人社厅、省编委办、省民政厅）

三、组织实施

（一）加强组织领导

充分发挥义乌国际贸易综合改革试点工作领导小组及办公室的职能作用，加强对改革试点有关重大决策、重要事项的谋划设计、协调推进和督促落实。继续争取国家层面对义乌改革试点的指导支持，拓展部省合作内容，协调解决改革推进中的重点和难点问题，推动义乌国际贸易领域改革突破，先行试验重大改革开放措施。

（二）抓好分工落实

根据义乌市国际贸易综合改革试点总体方案和三年实施计划，制定年度工作安排。省级有关部门要按照任务分工，认真组织抓好改革方案制定、重点项目安排和重大政策实施等工作，义乌国际贸易综合改革试点工作推进督导组继续做好指导督促。金华市要在区域统筹、规划布局、体制改革、资源保障等方面大力支持义乌改革试点。义乌市要强化改革试点的主体责任，全面落实各项改革任务，定期总结试点经验，及时报告试点情况。

（三）放大试点效应

按照中央和省委全面深化改革的决策部署，赋予义乌改革试点新内涵，深化国际贸易领域改革突破，同步推进相关领域改革，探索开展综合改革试验。支持义乌大胆试、大胆闯，凡在全省其它市、县（市、区）开展的省级改革试点，义乌市都可以先行先试，加快创造可复制、可推广的成功经验，放大改革试点综合效应。

（浙江省发展和改革委员会综合体改处供稿）

浙江省产业集聚区提升发展方案

加快建设省级产业集聚区是省委、省政府结合浙江经济转型发展新要求作出的重大决策部署。经过3年多的规划实施，省级产业集聚区总体上已从“打基础、筑平台”的起步建设期，进入到“引项目、聚产业”的加速发展期。为进一步推动省级产业集聚区提升发展，特制定本方案。

一、提升发展总体要求

（一）基本思路。

认真贯彻落实省委、省政府“干好一三五、实现四翻番”总体部署和各项战略决策，以提高空间集聚度、加快产业集群化、增强科技创新力为重点，进一步深化体制机制改革，加大政策支持力度，优化投资发展环境，把省级产业集聚区打造成“全省有代表性、国内有影响力、国际有竞争力”的产业发展平台。

（二）主要任务。

1.提升定位，强化整合，聚力打造全省战略平台。根据全省主体功能区规划、新型城市化发展战略，坚持走新型工业化道路，深入推进“两化”深度融合，推动产业集聚区创建省级工业强区，进一步强化省级产业集聚区在全省优化产业发展布局中的主平台地位。积极引导大项目、大企业、大产业向产业集聚区布点落户，构筑全省总量规模大、产业层次高、产出效益优、产城融合好的高质量发展平台。有序推进产业集聚区内部各类开发区块整合，实施重点开发和优先开发，集中力量建设产业集聚区核心区块。

2.明确导向，强化集成，聚焦发展特色主导产业。以国家、省相关产业规划和产业政策为指导，加快调整优化产业结构，进一步强化“优新高特”产业导向，集中力量培育发展新一代信息技术、智能制造装备、先进交通运输设备、节能环保、生物医药、新材料、新能源、现代服务业等主导产业，着力打造一批千亿级的产业集群。按照错位发展的原则，将全省产业发展战略具体落实到有基础、有条件的产业集聚区，形成分工明确、各具特色的发展格局。围绕主导产业发展，加强关联产业培育，加快推进产业集群化步伐。进一步细化集约、环保、节能、安全等方面的控制性指标，高标准设定并严格落实产业项目准入标准。

3.加大投入，强化创新，加快创建高新技术产业园区。进一步加大科技投入、完善体制机制、优化创新环境，使产业集聚区成为全省乃至全国高端科技资源的重要集聚地、具有较强竞争力的现代创新基地。加快推进已批准高新技术产业园区建设，积极支持其他产业集聚区加快创建高新技术产业园区。优先在产业集聚区开展技术创新试点，大力培育创新型企业和高新技术企业，加快创新人才和团队引进培育。积极鼓励和支持产业集聚区龙头骨干企业联合高校和科研院所，共同创建各类科技服务平台，充分发挥科技创新在产业集聚区发展中的引领和带动作用。

4.注重品质，强化统筹，着力推进产城融合发展。进一步加强产业集聚区统筹规划，率先开展"多规合一"编制工作。围绕打造高端产业、高端科技、高端人才集聚发展新城区的目标要求，统筹谋划产业、城市、生态功能布局，推动产城融合和一体化发展。进一步加快城市综合基础设施网络建设，培育城市社会性公共服务和生活居住功能，提升核心区块的规划设计和功能品质水平，创建优美舒适的良好创业环境和生活环境。

二、集成发展主导产业

(一) 新一代信息技术产业

产业发展方向：以信息化和工业化深度融合、智慧城市建设为依托，加强核心关键技术攻关，不断提升信息技术产业核心竞争力，有力支撑信息经济大省建设。着力培育发展大数据、云计算，创新运营和服务模式，支持开展公共云、工业云、政务云、健康云、北斗导航等应用服务；积极发展以新一代移动通信设备、物联网设备、信息网络安全防护产品、集成电路、电子专用设备仪器等为主的电子信息制造业；做强以移动互联网软件、工业软件、地理信息软件以及信息系统集成等为主的高端软件和新兴信息技术服务业；拓展以数字出版、互动新媒体、数字音乐、数字阅读等为主的数字内容产业。

主要承接平台：杭州城西科创产业集聚区、嘉兴现代服务业集聚区。

(二) 智能制造装备产业

产业发展方向：围绕工业转型升级、"机器换人"等重大需求，突破关键智能技术，推进智能测控装置和部件的研发和产业化，实现重大智能成套装备的集成创新。重点针对测控装置、部件和重大智能制造成套装备的开发和应用，突破新型传感原理和工艺、高精度运动控制、高可靠智能控制等一批关键智能技术，加快培育发展工业机器人、感知系统、3D打印设备等智能测控装置和部件，在汽车、石化、冶金、建材、机械加工、食品加工、纺织、造纸印刷、物流等领域开发一批高精密、数字化、柔性化、智能化的标志性重大智能制造成套装备，推动浙江省工业装备的智能化及制造过程自动化，使产业生产效率、产品技术水平和质量显著提高，能源、资源消耗和污染物排放明显降低。

主要承接平台：杭州大江东产业集聚区、杭州城西科创产业集聚区、湖州南太湖产业集聚区。

（三）先进交通运输装备产业

产业发展方向：加快突破制约发展的关键技术、核心技术和系统集成技术，大幅度提升技术创新能力，壮大节能与新能源汽车、通用航空、高端船舶与海洋工程等制造业规模，提升国际竞争力。以混合动力、纯电动两大系列整车为重点，加快城市公交、乘用车、特种用车等新能源汽车产业化进程，进一步壮大汽车整车规模，有效提高核心零部件的系统化、模块化供货能力。大力发展直升飞机、勘测航拍机等通用航空整机，以及旋翼系统、发动机、传动系统等机载及通航保障设备，进一步做强核心零部件制造，培育通航服务业等。做强高端船舶制造和船舶专用高端设备制造，提升自升式钻井平台、海上浮式生产储油装置等海洋工程装备技术集成和设备成套化水平。

主要承接平台：宁波杭州湾产业集聚区、杭州大江东产业集聚区、舟山海洋产业集聚区、绍兴滨海产业集聚区、台州湾循环经济产业集聚区、金华新兴产业集聚区、温州浙南沿海先进装备产业集聚区。

（四）节能环保产业

产业发展方向：以提升自主创新能力、增强产业竞争力为核心，选择突破一批基础条件好、技术条件成熟、成长潜力大、产业关联度高的节能环保产业关键领域。重点发展新型高效膜分离设备和海水淡化成套设备、高浓度有机废水处理设备、水环境修复设备等水处理治理装备，土壤重金属污染治理装备、固体废物处置和综合利用装备、危险废物无害化处置装备等固体废物处置装备，大气细颗粒物（PM2.5）污染防控、燃煤工业锅炉烟气脱硫脱硝等大气污染防治装备，环境监测仪器仪表等环保信息化技术装备，节能锅炉装备、余温余压利用设备、高效换热器、蓄能器、冷凝器等节能设备。

主要承接平台：湖州南太湖产业集聚区、杭州城西科创产业集聚区、衢州绿色产业集聚区、温州瓯江口产业集聚区、丽水生态产业集聚区。

（五）生物医药产业

产业发展方向：加快采用现代生产制造模式替代传统生产制造模式，全面推动化学原料药向制剂转型，加快发展创新化学药、具有自主知识产权的疫苗、生化试剂和基因工程药物等生物技术药物和先进医疗器械，提升发展现代中药，积极培育海洋生物医药，做强医药生产性服务业，推动全省医药产业转型升级。

主要承接平台：绍兴滨海产业集聚区、台州湾循环经济产业集聚区、杭州城西科创产业集聚区、湖州南太湖产业集聚区、丽水生态产业集聚区、舟山海洋产业集聚区。

（六）新能源产业

产业发展方向：以“清洁、智能、高端”为导向，着力提升新能源科技装备的设计、制造、系统成套和工程服务能力。重点发展太阳能光伏材料、光伏电池及组件等，大型潮汐发电机组、大中型灯泡贯流式机组、大中型混流式机组等潮汐能洋流能技术装备，2.5兆瓦及以上陆上风电机组、5兆瓦以上海上风电机组等风能利用技术装备，直流与交流输电设备及关键部件、智能变压器、智能化开关设备、智能电表等智能电网技术装备等，加快突破锂离子电池、氢燃料电池以及分布式能源集成、储能等技术瓶颈，做大生物质能利用技术装备产业。

主要承接平台：杭州大江东产业集聚区、温州瓯江口产业集聚区、衢州绿色产业集聚区。

（七）新材料产业

产业发展方向：围绕浙江省新兴产业发展和传统产业转型升级的材料需求，以加快材料工业升级换代为主攻方向，重点发展高性能金属材料、电子信息材料、先进高分子材料、新型无机非金属材料，打造特色新材料产业链，提升新材料产业技术水平和国际竞争力。高性能金属材料重点发展应用高速列车、汽车、航空航天等领域的轻质高强铝、钛、镁合金，新型铜合金材料及非晶合金材料；电子信息材料重点发展壮大磁性材料、光电晶体材料；先进高分子材料重点发展高端含氟聚合物和含氟中间体及高性能硅橡胶、特种硅树脂等有机硅聚合物产品、生物基高分子材料；新型无机非金属材料重点发展高性能稀土材料、特种玻璃、高性能玻纤复合材料、海洋工程材料。

主要承接平台：衢州绿色产业集聚区、宁波杭州湾产业集聚区、台州湾循环经济产业集聚区。

（八）现代服务业

产业发展方向：坚持先进制造业与现代服务业联动发展，结合国家、省重大战略布局和产业集聚区基础条件，主攻科技服务业、商贸服务业、现代物流产业等现代服务业。科技服务业重点是推动科技服务业组织模式、服务模式、运营模式持续创新，加快形成高校院所、企业与第三方专业服务机构共同驱动的多元化技术转移转化路径，推动重大科技成果转移转化项目落地，不断增强科技服务业辐射带动全省创新发展能力，为浙江省建设创新型省份提供强大支撑。商贸服务业重点是积极发展电子商务，加快推动专业市场转型，着力提升大宗商品交易平台能级，进一步探索完善贸易便利化条件，有力支撑全省开放型经济发展。现代物流产业重点是以专业市场物流、电商快速物流、港口物流等为发展重点，加快物联网、云计算等新一代信息技术应用步伐，推进国际贸易、现代物流和金融服务相互融合、交叉和创新发展，形成国际国内物流齐头并进、物流增值服务快速发展的智能物流产业体系。

主要承接平台：杭州城西科创产业集聚区、义乌商贸服务业集聚区、舟山海洋产业集聚区、宁波梅山国际物流集聚区、嘉兴现代服务业集聚区、金华新兴产业集聚区。

三、切实强化保障措施

（一）建立强有力的管理体制

加强产业集聚区内部各类开发平台在空间规划、管理体制、干部队伍等方面的有效整合，建立“一个平台、一个主体、多块牌子、一套班子”的高效管理体制，实现“统一规划、统一招商、统一政策、统一保障”。产业集聚区管委会要全面推行实体化运作，在强化统筹协调的同时，集中力量抓好核心区建设。按照“办事不出区”要求，赋予产业集聚区相对独立的经济社会管理权限，全面推进“四张清单一张网”建设，深化审批制度改革，加强“店小二”队伍建设，转作风、提效能、优环境、率先把产业集聚区建设成为审批事项最少、审批速度最快、服务环境最优的发展平台。

（二）落实强有力的支持政策

1．强化建设用地保障。按照产业集聚区提升发展方案，集聚区建设用地布局及核心区范围应尽可能避让基本农田，确实无法避让的，结合土地利用总体规划调整完善工作进行统筹安排，确保基本农田面积不少、质量不降。进一步强化建设用地保障力度，对经批准纳入省重大产业项目库的固定资产投资50亿元以上及落户内陆省级产业集聚区的固定资产投资20亿元以上的制造业项目，实行全额用地指标奖励。

2．加大财税支持力度。对新投入企业3年内上缴省财政部分予以返还的政策适用期延长至2017年。进一步加大财政专项资金支持力度，重点用于支持重大基础设施、科技创新服务平台以及“优新高特”项目，充分体现专项资金政策扶持导向。深化研究和制订专项资金安排与年度综合考评结果相挂钩的具体办法。

3．支持重大项目建设。集聚区的重大项目优先列入省重点建设、重大产业、重大服务业等专项计划，集聚区核心区的基础设施项目可打包列入省重点建设计划。对特大产业项目、行业龙头项目、核心技术项目，积极实施“一企一策”、“一项一策”，锁定目标、精准发力。对符合条件的集聚区企业优先支持发行企业债券。积极争取中央各类预算内投资对集聚区基础设施、重大产业和生产性服务业、循环经济、重大科技服务平台等项目的专项支持。进一步加强对集聚区充分利用创业基金、BOT、PPP等各类融资方式、有效扩大融资渠道的业务指导和政策支持。

(三) 完善强有力的推进机制

1. 强化上下联动。充分发挥省领导联系集聚区制度对集聚区主导特色产业培育、重大项目建设、关键技术攻关以及重点难点问题协调等方面的指导推动作用。加强省和产业集聚区所在市县各级各部门的上下联动，省产业集聚区规划建设工作领导小组强化顶层谋划和协调推进，各集聚区所在市、县（市、区）要切实增强责任主体意识，充分发挥全面推动集聚区提升发展的主动性和积极性，共同形成各方联动、分工协作、合力推进的良好局面。

2. 强化部门协调。省市发展改革部门是产业集聚区建设的业务主管部门，要切实履行职责，牵头做好集聚区发展规划编制、重大项目推进、综合政策协调、评价考核组织工作。省级各有关部门要加强沟通协调，按照部门职责和年度任务分工，强化对集聚区提升发展的综合指导和主动服务。特别是要进一步加强对集聚区转型提升、科技创新、产城融合、基础建设、招商引资、人才引进等方面的指导支持，深入开展扩大有效投资、重大项目建设、产业集群培育、高新园区创建等专项服务，帮助集聚区解决在用海、能耗、环境容量等方面的难点问题，积极为集聚区内企业排忧解难。

3. 强化考核督查。完善集聚区综合考评办法，进一步突出以业绩论英雄、突出核心区建设发展水平考评、突出奖惩激励导向。综合考评结果要与资源要素配置、专项资金安排、干部考核任用等挂钩。对当年未完成年度任务书目标、综合排名处于末位的集聚区，予以黄牌警告，连续两年不合格的予以摘牌。加强对已批准创建高新技术产业园区的指导督查，综合考评按照省政府相关文件要求执行。

（浙江省发展和改革委员会地区处供稿）

第3部分

Report on National Economic and
Social Development of Zhejiang for 2014

专题篇 ›››

Special Subject Part

农业农村经济发展报告

2014年，浙江省各地认真贯彻中央、省农村工作会议精神，按照“改革赋权、转型强农、治水美村、惠民增收”的工作要求，切实加大农村改革力度、政策扶持力度、科技驱动力度，全力克服经济环境复杂、风险灾害多发、要素保障趋紧等不利因素，农业农村经济呈现健康良好的发展态势。全年实现一产增加值1779亿元，同比增长1.4%，增速较上年提高1个百分点，占GDP比重为4.4%，较上年略减0.3个百分点。三次产业增加值结构由上年的4.7:47.8:47.5调整为4.4:47.7:47.9，第三产业比重首次超过第二产业。从内部结构看，农业增加值1004.7亿元，增长3.7%；林业增加值107.4亿元，增长1.8%；牧业增加值213.1亿元，下降8.9%；渔业增加值454.1亿元，增长2.1%；农林牧渔服务业增加值29.4亿元，增长7.0%。

一、农业生产基本稳定，现代农业发展向好

在农业比较效益偏低、环境约束加大的情况下，农业转型发展步伐加快，农业现代化进程提速。

粮食生产稳中有升。全年粮食播种面积、单产、总产分别为1900.2万亩、399公斤/亩、757.4万吨，分别比上年增1.0%、2.1%和3.2%。其中，春粮、秋粮实现“三增”，春粮播种面积、单产、总产同比分别增5.0%、1.1%、6.1%，秋粮播种面积、单产、总产同比分别增0.3%、3.0%、3.3%。早稻播种面积继续回升，较上年增长1.1%。省政府出台了《关于加快发展旱粮生产的意见》等扶持政策，各地种植旱粮积极性显著提升，秋旱粮播种面积较上年增长3.4%。

表1　2014年全省粮食生产情况

	播种面积（万亩）	同比增幅（%）	单产（公斤/亩）	同比增幅（%）	总产（万吨）	同比增幅（%）
春粮	284.4	5	239	1.1	67.86	6.1
早稻	174.57	1.1	410	-1.4	71.5	-0.3
秋粮	1441.25	0.3	429	3.0	618.03	3.3
合计	1900.21	1.0	399	2.1	757.4	3.2

特色主导产业生产稳定。农业十大主导产业发展加快推进，全年十大主导产业产值占农林牧渔业总产值比例上升继续上升。其中，经济作物稳中向好。茶叶、水果、蔬菜生产均实现“三增”，种植面积、产量、产值同比均有不同程度的提高（表2）。水产养殖业总体稳定。海水养殖品种结构和模式不断优化，产量增长1.9%；淡水养殖克服气温与环境整治等不利因素，产量与上年基本持平。值得关注的是，畜牧业生产仍处于转型升级之中，生猪存栏数有了较大下降（表3）。

表2　2014年浙江省部分经济作物生产情况

	种植面积		产量		产值	
	绝对值（万亩）	同比增幅（%）	绝对值（万吨）	同比增幅（%）	绝对值（亿元）	同比增幅（%）
茶叶	280.9	1.4	16.9	8.8	130	9.6
水果	483	持平	430	1.7	180	4
蔬菜	950.7	2.4	1852	5	440	3

现代农业发展步伐加快　。粮食功能区和现代农业园区建设成效初显，累计建成6441个粮食功能区572万亩、642个现代农业园区360万亩，粮食生产功能区平均单产比全省面上高7%左右，省级现代农业综合区亩均产值比周边高20%左右。家庭农场、农民专业合作社等新型经营主体快速发展，目前全省共有农业龙头企业7621家，家庭农场1.4万家，农民专业合作社4万家。

农村新兴产业迅速崛起。积极推进农家乐休闲旅游业和农产品电子商务提升发展，到

表3 2014年末浙江畜牧业情况

类别		生猪	家禽		牛		羊
存栏	数量（万头）	964.64	8410.19		15.75		111.42
	同比增幅（%）	-25.1	-18.7		-9.9		1.3
出栏	数量（万头）	1724.53	17378.97		8.15		103.91
	同比增幅（%）	-9.0	17.1		-1.8		-0.8
产量	类别	猪肉	禽肉	禽蛋	牛肉	牛奶	羊肉
	数量（万吨）	127.01	26.15	39.03	1.17	15.9	1.69
	同比增幅（%）	-8.5	-17.0	-9.4	3.5	-12.7	持平

2014年底，全省旅游村达到856个，同比增长9.1%、旅游点2336个，接待游客1．75亿人次，同比增长25.1%、营业收入175.36亿元，同比增长27.6%、游客购物收入34.31亿元，同比增长34.8%；全省农产品电商经营户达3.7万家，全国211个淘宝村浙江就有62个，农村青年网上创业人数超过100万，农产品网络零售额达180多亿元，占有全国四分之一，通过淘宝网开店实现月净收入2000元以上的超过50万人。

二、农业农村投入不断加大，农村生产生活环境进一步改善

2014年浙江省固定资产投资中第一产业完成投资264亿元，同比增长31.1%，大大超过第二产业（12.3%）和第三产业（18.8%）增幅。公共财政用于农林水事务的支出524.58亿元，同比增长2.3%。

继续获中央预算内农口资金支持。省发改委会同省级农口厅局积极做好与国家相关部委的汇报衔接工作，国家安排浙江省中央预算内农口资金16.3亿元（见表4），其中，重大水利11.7亿元，大型灌区和节水改造8000万元，生猪奶牛标准化规模养殖7100万元，新增千亿斤粮食生产能力田间工程6000万元，农产品质量安全检验检测体系建设3682万元，以船为家渔民上岸安居工程3630万元，防护林工程3500万元，农村饮水安全2861万元，水土流失重点治理2800万元，渔政渔港2600万元，农村沼气2418万元，畜禽水产良种1050万元，支持浙江省55个项目建设，带动全省50多亿元投资，进一步增强了浙江省农业农村发展动力。

表4 国家安排浙江省中央预算内补助资金情况

序号	专项名称	项目个数	年度项目总投资（万元）	其中：中央补助（万元）
1	农村饮水安全	1	8582	2861
2	林木种苗	1	600	200
3	油茶产业	1	840	210
4	农产品质量安全检验检测体系	15	7066	3682
5	防护林工程	2	6025	3500
6	湿地保护工程	1	800	320
7	大中型病险水库水闸除险加固	1	3600	1200
8	渔政项目	3	1745	901
9	渔港项目	1	3390	1695
10	国有垦区危房改造	2	1804	785
11	畜禽水产良种	5	2366	1050
12	水土流失重点治理	1	7000	2800
13	农村小水电	1	776	120
14	大型灌区续建配套和节水改造	3	22606	8002
15	农村沼气	3	8226	2418
16	生猪标准化规模养殖场（小区）	1	6300	6300
17	奶牛标准化规模养殖场（小区）	1	1489	800
18	全国新增1000亿斤粮食生产能力标准田间工程	1	7500	6000
19	重大水利（第三批）	1	25000	5000
20	以船为家渔民上岸安居工程	1	5445	3630
21	重大水利（第一批）	8	469452	91621
22	重大水利（第四批）	5	85000	20000
合计		54	675612	163095

现代农业产业项目投资进度超前。全省“411”重大项目监测显示，2014年现代农业类项目实际完成投资97.4亿元，完成年度计划的122.5%。其中，泰顺万丰省级现代农业综合区、中国仙居油茶博览园、江山开盛生态农业发展有限公司万头种猪生态养殖标准化示范基地以及湖州道场颐养谷生态休闲有限公司农业生态休闲园等4个项目竣工。

*农业基础设施建设持续推进。*认真贯彻省委、省政府“五水共治”决策部署，2014年完成水利投资478.0亿元，同比增20%，其中重大项目131个，完成投资226.1亿元，占2014年全省水利完成投资的47.3%。全年新增水土流失治理面积688平方公里，森林覆盖率为60.89%。全年“两区”建设新增投入资金121.8亿元，新建粮食生产功能区1457个、107万亩，提前一年完成500万亩阶段性建设目标任务；196个现代农业园区建成通过验收。

*农村环境持续改善。*深入实施美丽乡村建设，全年“千村示范万村整治”工程完成投资139亿元，为年度计划的156.2%，新增农村生活污水治理建制村6120个、受益农户150万户，1901个村开展垃圾减量化资源化处理，97%的村实现生活垃圾集中收集处理，37%的村实现生活污水有效治理，已有46县（市、区）成为美丽乡村创建先进县。全省完成农村困难家庭危房改造1.2万户,完成年度目标任务的138.9%。

三、农产品价格涨跌不一，市场风险有所增大

2014年，全省食品类价格上涨3.1%，拉动居民消费价格总水平上涨0.97个百分点，仍然是影响物价上涨的主要因素。但受国内市场供大于求、国际大宗农产品价格持续下跌等因素影响，猪肉、油脂等农产品价格跌幅较大，市场风险有所增加。

*粮食价格稳中略涨。*受国家继续提高稻谷等最低收购价政策影响，2014年全省粮食价格维持2006年以来持续上涨的势头，同比上涨1.8%，但涨幅比上年缩小1个百分点。其中，晚籼米、粳米比上年分别上涨3.66%和3.81%。

*油脂价格持续下跌。*受国际市场油料价格下跌、进口量增加等因素影响，年初以来，豆油和菜籽油价格呈持续下跌态势，全年油脂价格下降7.1%，其中豆油价格已跌至五年来新低，大豆油平均集市零售价格为50.2元，同比下降6.2%。

*猪肉价格低迷运行。*由于供给整体偏多，加上消费低于预期，2014年浙江省猪肉价格低位运行，全年走势呈“先跌后稳”态势。从猪粮比价看，2—4月连续3个月处于红色预警区域，下半年得益于冻猪肉收储政策、禁限养区关停及整治拆除各类养殖场户等，猪肉价格有所回升，但全年猪粮比价仍处于黄色预警区。

*禽蛋价格全面回升。*随着禽流感疫情平息及政府转型升级政策效应逐步显现，禽蛋类产品价格全面回升。全年快速型肉鸡、优质鸡、鸡蛋、鸭蛋平均收购价分别上涨14.7%、22.8% 、20.8%和7.5%。养殖收益稳步向好，快速型肉鸡、优质鸡只均亏损分别缩减至0.7元和2.1元，鸡蛋、鸭蛋每公斤分别盈利2.0和3.3元。

*蔬果价格有涨有跌。*一方面，受需求增加和储运成本上升的影响，全年浙江省鲜果价格大幅上涨17.6%，拉动影响居民消费价格总水平上涨0.33个百分点。另一方面，由于气

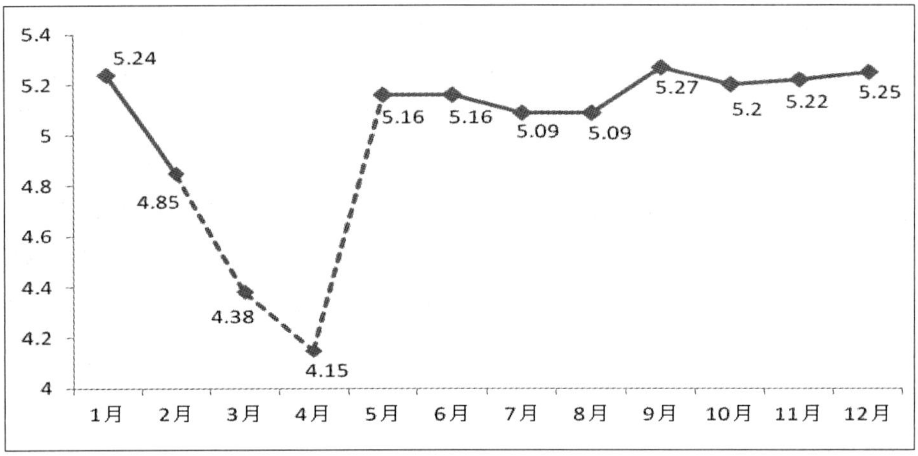

图1　2014年浙江省猪粮比价走势

数据来源：浙江省物价局

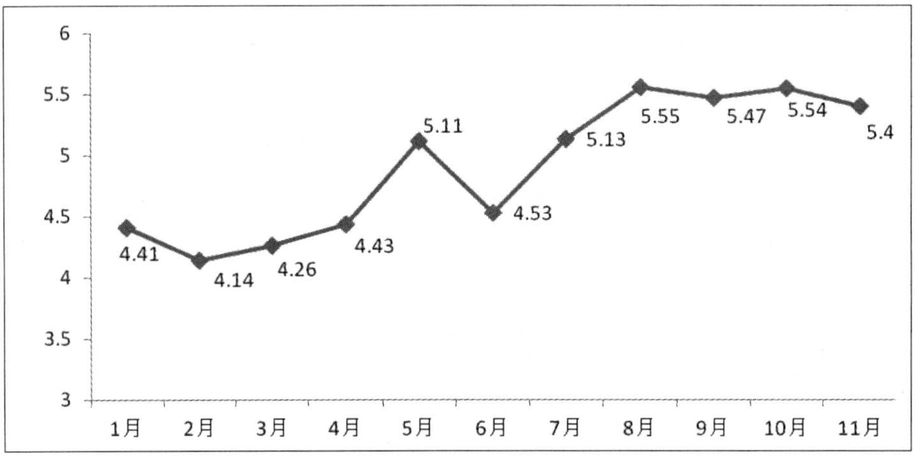

图2　2014年全省鸡蛋平均批发价（元/500克）

数据来源：浙江省物价局

象条件较为有利，全省蔬菜生产形势整体向好，全年鲜菜价格下降1.1%。

四、政策支持力度持续加大，农民收入较快增长

面对宏观经济复杂、部分农产品价格疲软等不利影响，认真贯彻落实中央和省级各项强农惠农富农政策，切实加大政策扶持和工作推进力度，带动农民收入实现较快增长，农村居民人均可支配收入连续30年居全国各省区首位。

政策扶持力度不断加大。继续做大财政支农资金盘子，全年各级财政扶持农业实际

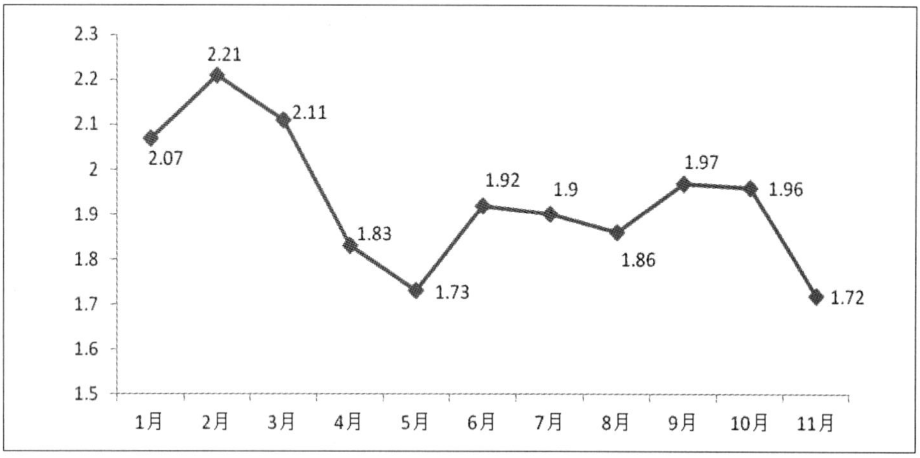

图3 2014年全省25种蔬菜简单平均批发价（元/500克）

数据来源：浙江省物价局

投入资金超71亿元，现代农业发展的财力保障进一步夯实。统筹抓好粮食生产、收购、储备、流通等环节，出台“一新增、两完善、三继续、四推进”等多项措施，有力保障浙江省粮食安全。加快推进农业领域“机器换人”进程，全省新增各类农业机械装备11.6万台套，新增设施农业面积20万亩，百亩耕地拥有农机动力数达89千瓦，居全国第三位。“千万农民素质提升工程”培训总人数69万人。

*农民收入稳步增长。*总体看，在强农惠农富农政策力度持续加大、农村电子商务等富农产业加快发展、工资水平普遍上涨等有利因素的推动下，农民收入持续稳步增长。全省农村居民人均可支配收入19373元，同比增长10.7%，实际增速8.3%，高于城镇居民人均可支配收入增速1.5个百分点。

从收入来源看，人均工资性收入、经营净收入、财产净收入、转移净收入分别为11773、5237、543和1821 元，同比分别增长13.0%、6.1%、18.7%和8.0%。工资性收入依然是收入增长的主因，占收入的比重较上年提高1.3个百分点，对于收入增长的贡献率达到72.2%；经营净收入增速较慢，占收入的比重较上年有所下降；财产净收入增幅最明显，对于收入增长的贡献率达到4.6%；转移净收入增幅平稳，主要得益于养老金与离退休金的快速增长。

分地区看，设区市中丽水农民收入增速最快，达到12%；县一级中龙泉最快，达到12.5%。欠发达地区的增速快于发达地区，磐安、文成、泰顺、云和、庆元、松阳、景宁增速都明显高于全省的增幅，高出全省增速1个百分点以上，且这些地区的农村常住居民人均可支配收入都已过万。

表5 2014年浙江省粮食产销扶持政策一览

	政策名称	补贴对象	补贴标准
一新增	种粮大户信用贷款贴息	在粮食生产环节中有贷款需求的种粮大户、家庭农场和农民专业合作社	省财政按3%的贴息率给予贷款贴息
两完善	订单粮食奖励政策	按订单向国有粮食收储企业交售省级储备小麦和晚稻谷的种粮农户、家庭农场、粮食专业合作社社员（省级储备粮订单品种新增本省产小麦、晚稻谷）	小麦、晚稻谷每50公斤分别奖励30元、20元，最高每亩分别奖励150元、180元
	水稻和大小麦政策性保险	水稻政策性保险参保户	每亩400元或600元
		大小麦政策性保险参保户	每亩300元
三继续	粮油种植大户补贴	稻麦种植面积20亩以上的种粮大户	每亩30元
		油菜种植面积5亩及以上的农户	每亩20元
	农机购置和作业补贴	应用水稻机械化插秧、油菜机械化收获作业以及接受植保、粮食、农机等合作社病虫害统防统治服务面积达500亩以上的农民	每亩40元
	稻谷最低收购价	继续严格执行国家发布的早晚稻谷最低收购价政策	
四推进	粮食生产功能区建设	继续安排专项资金开展粮食生产功能区水稻生态补贴和以奖代补，继续实施中央财政现代农业生产发展资金水稻产业提升项目。	
	粮食高产创建活动	继续实施“百亩方亩产千公斤攻关”行动，安排财政资金重点开展100个粮食作物高产创建万亩片以及超级稻示范县和水稻高产创建千亩示范片创建。	
	耕地保护补偿试点	对试点地粮食播种面积达到耕地面积70%以上的村集体经济组织及种粮农户进行补偿，并在嘉兴全市范围扩大试点，各级财政耕地保护补偿标准原则上不低于每亩100元。	
	粮食流通和产销合作	继续实行调运东北地区新产粳稻（粳米）费用补贴政策和东北粮食生产基地自产粳稻（粳米）费用补贴政策，鼓励省内各类粮食经营主体到粮食主产区建基地、搞订单，多渠道组织粮源。	

五、农村改革力度进一步加大，体制机制活力不断激发

坚持点面结合，全面深化农村改革，不断激发“三农”发展活力，农村改革走在全国前列。

*农村确权赋权改革深入推进。*率先全面推进农村产权制度改革，土地承包经营权权证颁发率达99.5%，宅基地确权登记颁证率达82.6%。村经济合作社股份合作制改造率达

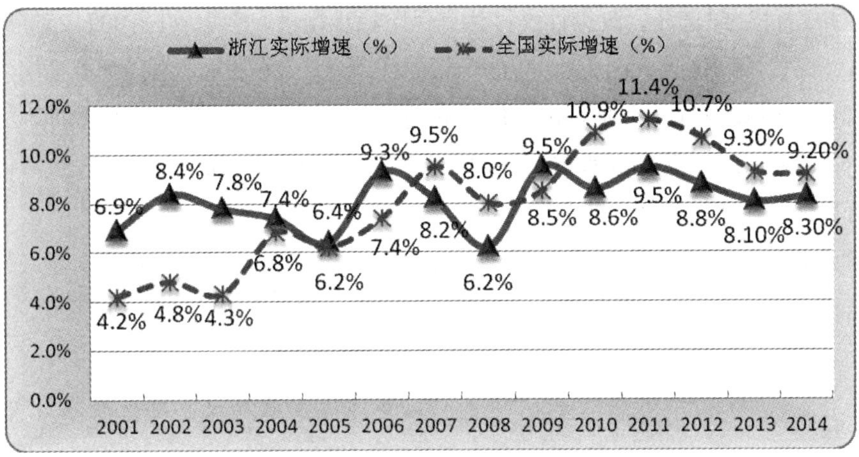

图4　2001—2014年浙江与全国农民人均收入增速

74.5%，5个市和49个县建立农村产权交易平台。推进土地经营权流转，全年新增土地流转面积50万亩以上，累计达915万亩，占家庭承包耕地总面积的48.0%。开展“三权”抵押贷款试点，农房抵押贷款余额100多亿元。农村户籍制度改革加快推进。

改革试点亮点纷呈。率先完成新一轮省级农村改革试验区选点布局，新增3个国家级农村改革试验区，成为全国农村改革试验区最多的省份之一。温州农村综合改革试点继续深化，全市农村集体经济组织股改面达到98.2%，农村土地承包经营权流转率达64.72%，农房抵押贷款余额76.9亿元，培育“三位一体”农村合作组织126家。丽水农村金融改革试点深入实施，全市“三权”抵押贷款余额达63.16亿元。

政策性农业农村房保险进一步完善。政策性农业保险覆盖面不断扩大，全省参保农户405.63万户，保费规模7.84亿元，提供农业自然灾害风险保障432亿元，已为13.19万

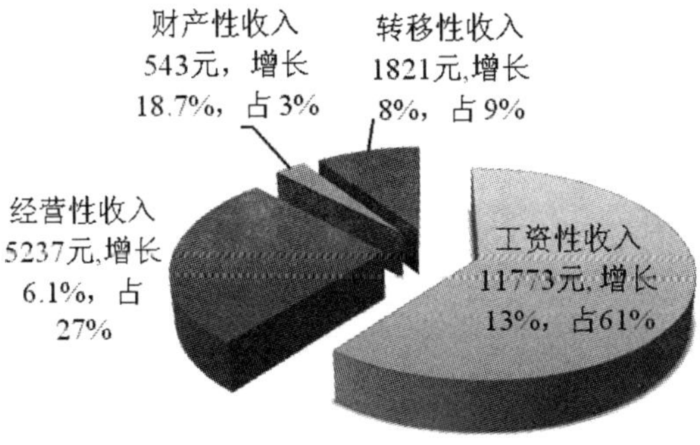

图5　2014年浙江农民人均可支配收入构成

户受灾农户赔付3.53亿元。政策性农村住房保险稳步推进，参保农户1007.25万户，参保率96.5%，保费1.18亿元，已为1.64万户受灾农户赔付0.89亿元。支持龙游县探索创新了“政府监管、财政扶持、企业运作、保险联动”的生猪保险与无害化处理联动试点，得到农业部、中国保监会等部委肯定。到2014年底，该试点已扩面至萧山区、兰溪市、衢江区。新开发实施了露地蔬菜、葡萄、大棚西瓜、稻田养鱼、生猪价格指数5个省级新险种，省级险种达到22个。探索创新了长兴芦笋价格指数、丽水茶叶、湖州湖羊、嘉兴蘑菇等地方险种省级试点，全省各类政策性农业保险险种40个，成为全国险种最多的省份之一。

（浙江省发展和改革委员会农经处供稿）

工业经济发展报告

2014年，面对严峻复杂的外部环境和经济下行压力，全省认真落实省委省政府决策部署，大力推进“工业强省”，取得积极成效，全省工业经济继续保持总体平稳增长。

一、2014年工业经济运行主要特点

(一) 工业生产增速逐季上行

2014年，全省规上工业增加值12543亿元，比上年增长6.9%，增幅高于一季度的6.2%、上半年的6.4%和前三季度的6.6%，呈现逐季上行态势。从月度情况看，2—8月增幅在5.8%～6.8%之间，变动幅度较小；从9月起增速有所加快，9—12月增幅分别为7.4%、8.0%、7.1%和8.2%。规模以上工业38个主要工业行业大类中，33个行业增加值比上年增长。31个制造业行业中，仅酒、饮料制造业增加值增速下降4.3%，其余行业增加值均有不同幅度增长。在增加值总量居前的行业中，医药、汽车、化纤增加值增长较快，分别增长19.0%、18.5%和11.9%，增幅比上半年分别回升0.8、4.4和2.3个百分点。

(二) 工业投资结构趋于优化

2014年，全省完成工业投资增长16.6%，高于全国平均水平0.9个百分点；工业和制造业投资分别增长12.2%和11.2%，增速比2012年分别回落4.7和6.1个百分点，比2013年分别回落3.7和4.6个百分点，但比上半年提高4.4和6.1个百分点。高新技术产业和战略性新兴产业投资分别增长11.1%、16.4%，装备制造业投资增长6.2%。产业集聚区成为吸引投资的有效平台，14个省级产业集聚区完成产业投资2864亿元。

(三) 结构调整稳步推进

2014年，全省规模以上工业中，装备制造业、战略性新兴产业、高新技术产业增加值分别为4328、3075和4283亿元，比上年分别增长8.9%、8.6%和8.5%，增速比规模以上工业平均水平分别高2.0、1.7和1.6个百分点，占比分别为34.5%、24.5%和34.1%，比上年

分别提高0.5、0.4和0.5个百分点。工业能耗保持下降态势，八大高耗能行业增加值为4496亿元，比上年增长4.6%，比规模以上工业平均增速低2.3个百分点，占规模以上工业比重为35.9%，按可比价计算，比上年下降0.7个百分点。节能降耗取得积极进展，经济增长对能源、资源的依赖程度进一步降低。

(四) 创新活力不断增强

2014年，全省规模以上工业企业科技活动经费支出比上年增长7.6%。新产品产值19415亿元，增长21.6%，增幅比规模以上工业总产值高15.2个百分点，新产品产值率为29.2%，比上年提高3.6个百分点。在高新技术产业开发区和高新园区中，规模以上工业增加值增长12.2%，比上年提高1.2个百分点，拉动规模以上工业增加值增长1.9个百分点。

二、工业经济运行中需要关注的问题

在浙江省工业经济取得积极进展的同时，三个问题依然值得高度关注：

(一) 市场需求不足仍然是制约工业发展的主要因素

从外需看，由于人民币汇率升值、国际大宗商品价格下跌使出口商品竞争力受到一定削弱，此外欧日经济依然低迷，新兴经济体总体仍处于增长调整期，短期内世界经济复苏态势未稳，外贸出口形势仍充满变数。2014年，全省规模以上工业出口交货值增幅（5.2%）虽比上年有所提高，但与金融危机以前稳定的10%以上、甚至20%以上的两位数出口交货值增速相比，仍处于低位增长区间。

从内需看，消化商品房库存已成为房地产市场调整的主基调，导致与房地产相关的产品生产增速回落。2014年，规模以上工业中，水泥、平板玻璃、钢材、产量比上年增速分别为-0.5%、5.2%、6.7%，增速比上年分别回落7.9、3.2、6.4个百分点。汽车等相关产品的生产降幅进一步扩大。内需对生产的贡献力减弱，消费增长缺乏新热点。2014年，浙江省规模以上工业国内销售产值52307亿元，比上年增长6.1%，增速比上年回落2.2个百分点，拉动销售产值增长4.9个百分点，比上年低1.8个百分点。

(二) 产能过剩严重矛盾仍没有根本改观

2014年四季度，全省规模以上工业企业主要产品生产能力利用率为75.0%，比二季度和三季度分别下降1.2和0.5个百分点，同比下降0.2个百分点。全省工业用电量增长2.0%，增速比上年回落3.9个百分点，应交增值税增长4.6%，增速比上年回落4.6个百分点；全省工业生产者出厂价格同比下降1.2%，购进价格同比下降1.8%，购进价格降幅大于出厂价格降幅0.6个百分点，工业生产者出厂价格同比已连续36个月下降，表明工业品市场有效需求不足；工业产成品库存比上年增长8.7%，高于主营业务收入4.4个百分点，在主营业务收入下降3.0个百分点的同时，产成品存货却上升2.3个百分点，表明下一步去库存压力较大，工业生产增速难以出现较有力度的回升；据全省规模以上工业企业生产经营及景气专项调查，13.3%的企业将减少用工计划，提高1.6个百分点。

（三）企业生产经营依然比较困难

受融资成本、劳动力成本、工业品出厂价格持续下降等因素影响，部分行业、企业生产经营仍然困难。2014年，金融机构投向制造业的贷款余额为20144亿元，比上年下降1.7%，全年新增贷款为-348.5亿元，同比少增1205.4亿元；规模以上亏损企业4926家，亏损面为12.8%，亏损企业亏损额增长18.2%，亏损额增长较快的行业有船舶（82.6%）、化学原料（71.7%）、皮革（47.0%）、有色金属（46.6%）、黑色金属（43.1%）。

三、推进工业经济发展的主要举措

面对复杂的宏观环境，全省上下认真落实省委省政府决策部署，坚持“稳中求进、转中求好”工作基调，立足浙江省发展优势和产业特色，积极实施有效举措，推进工业经济发展。

（一）积极引导扩大工业有效投资

一是推进950个左右省“411”重大项目，推进重大单体项目801个，推动189个项目新开工，加快建设海昌生物等612个续建项目，力争金温扩能改造工程等110个项目竣工投产。二是推进产业类重点建设项目投资1060亿元，增长18%。三是对列入国家七大重大工程包的26个单体项目，实行审批核准“绿色通道”。四是深化与央企合作，继续做好向中石化、中海油争取东海油气登陆浙江省台州的对接工作。五是加大重大产业项目主动谋划生产工作力度。建立健全全委、全系统参与的重大产业项目谋划推进机制。促进世界知名跨国公司、财团和浙江省龙头大企业对接洽谈，争取引进一批重大项目。

（二）推进重点领域产业转型升级

以省2014年重大工业项目计划实施为主载体，突出扶持重点产业，加强对产业结构重点项目的支持力度，继续做好中央预算内资金项目争取工作，着力推进产业转型升级。一是贯彻国家《关于重点产业布局调整和产业转移的指导意见》，优化调整浙江省石化、汽车、钢铁等重大产业布局。衔接国家相关产业“十三五”专项规划、省“十三五”重大规划，编制高端装备产业发展规划、信息经济发展规划、节能环保产业实施方案，抓好组织实施。二是抓住国家建设“丝绸之路”、打造长江经济产业带的契机，积极对接，推进高水平先进制造项目布局落户浙江省，带动全省产业升级发展。三是推进重点产业提升发展。以整车项目为龙头整合提升浙江省汽车产业，继续大力推进新能源汽车发展，抓好长安福特杭州基地、上海大众宁波基地等整车项目建设，推进吉奥汽车路桥基地搬迁项目前期工作。推进舟山国际绿色石化基地建设前期工作，取得了实质性进展。以海洋工程装备、高附加值船舶为导向，整合提升船舶产业。重点推进金海重工海洋工程装备、舟山长宏国际海洋工程制造与改装等海洋工程、高附加值船舶项目前期工作，大力发展船用动力、推进装置、船用电池等船用设备。推进杭钢转型升级方案实施。四是加快节能环保产业发展。支持一批技术攻关和产业化项目，整合主机、零部件、关键材料、信息技术等产业各环节，壮大一批成套化、系统化、集成化的龙头骨干企业，重点支持20家在国内外有影响力和竞争优势的节能环保特色产业基地。五是推进过剩产能化解工作。根据上报国家备案的建成违规项目清理结果，对通过国家备案的项目实施提升，对没有通过国家备案的项目由地方政府进行处置。

（三）扎实推进“四换三名”工程

一是注重“腾换”并举。省财政安排1亿元资金，支持推动“腾笼换鸟”。在25个县（市、区）开展资源要素市场化配置改革试点，在50多个县（市、区）推广亩产效益综合评价排序制度，配套实施要素资源差别化配置政策。全年淘汰3270家落后产能企业，淘汰和整治100多个“低小散”块状区块1.8万家企业（作坊）。二是实施“机器换人”项目近6000项，完成“机器换人”技术改造投资4915亿元，同比增长15.8%。全省使用的工业机器人总量约占全国的15%，居各省市区第1位。三是全省盘活存量建设用地10.52万亩，实施城镇低效用地再开发8.63万亩。四是以专业市场和生产企业为重点，推动6000多家企业开展电子商务。在杭州、宁波等地开展跨境电子商务试点，在22个县（市、区）开展省级电子商务示范创建。五是遴选确定第一批38家省级试点企业，着力培育总部型企业、品牌型企业、协同制造型龙头企业、绿色与安全制造型企业、高新技术型上市企业等“五型企业”。同步推进200家市级、300家县级“三名”培育试点工作。3家单位入选产业集群区域品牌建设国家试点，42家企业参与工业企业品牌培育国家试点；在100家企业、7个县开展“浙江制造”品牌推进、认证试点工作。

（四）贯彻实施国家“6+N”战略举措

一是在六个国家战略举措的争取和深化实施上下功夫，联动推进海洋经济示范区和舟山群岛新区建设。二是在李克强总理视察浙江时送的“六大红包”转化为“六大红利”上下功夫，加快推进民营绿色石化基地建设，国家自主创新示范区建设。三是在对接国家重大战略实施上下功夫，谋划好参与丝绸之路经济带、21世纪海上丝绸之路、长江经济带建设、京津冀协同发展等国家战略的路径，围绕本地发展定位，精心策划好一批重大工程、重大项目、重大政策，争取列入到国家相关规划体系和工程包。

(五)推进产业集聚平台建设

一是抓好省级产业集聚区建设。落实省级产业集聚区提升发展方案，围绕核心区抓好空间聚合，每个产业集聚区突出培育1个主导产业、2个特色产业，核心区增加值、利税总额增速不低于所在市的1.5倍。二是积极推进各类开发区整合优化提升。加快推动宁波中意产业园、温州韩国产业园、衢州中关村科技产业园建设。推进长三角产业合作专题组工作，继续探索长三角地区产业园区合作共建有效模式，推进嘉善临沪产业合作园建设。四是积极推进开发区（园区）公共服务平台建设。开展开发区（园区）信息化建设、科技创新与检验检测公共服务平台建设，提升服务集聚水平。坚持政策激励导向性、针对性和绩效性，推进主导产业突出、创新体系完善的湖州现代物流装备、诸暨现代环保装备产业综合试点工作的实施。

2015年，浙江省工业经济与全国一样，同处于“三期”叠加的特殊时期。在全球经济增长放缓导致工业品市场需求紧缩、工业用地及能源消耗等制约性因素逐步凸显、多年增长导致基数升高、政府主动宏观调控等综合因素作用下，浙江省工业经济快速增长的动力逐步减弱，已经进入个位数增长的中速发展阶段。预计浙江省工业经济仍将继续面对复杂国内外形势和困难挑战，但基本面总体依然平稳向好。在经济发展进入新常态下，随着改革创新动力不断激发，以改革开放、科技创新加快动力转换，企业内生增长动力将不断增强，浙江省工业经济有望实现“稳增长”与“调结构”的协调发展。

（浙江省发展和改革委员会产业处供稿）

服务业发展报告

2014年，全省上下认真贯彻党的十八大和十八届三中、四中全会精神，深入实施“八八战略”，坚持稳中求进总基调，扎实推进各项服务业重点工作，服务业运行稳中有进，为全省经济平稳健康发展提供了有力支撑。

一、服务业发展质提效增，首次实现“三二一”产业结构

(一) 服务业规模再上台阶

2014年，全省实现服务业增加值19222亿元，增长8.7%，增速分别高出GDP和二产1.1和1.6个百分点，已连续10年高于GDP和二产增速。一季度、上半年、前三季度、全年服务业增速分别达到7.9%、8.4%、8.4%和8.7%，分别高于同期GDP增速0.9、1.2、1和1.1个百分点，运行逐季趋好。

(二) 服务业发展迈入新阶段

2014年，全省三次产业增加值结构由上年的4.7:47.8:47.5调整为4.4:47.7:47.9，首次实现“三二一”产业结构。服务业对全省生产总值增长的贡献率达到52.1%，拉动GDP增长4个百分点。

表1　2014年浙江省服务业增加值增速及比重变化情况

时　期 指　标	1—3月		1—6月		1—9月		1—12月	
	2014年	2013年	2014年	2013年	2014年	2013年	2014年	2013年
服务业增加值（亿元）	3749.3	3446.7	8307.7	7833.7	12819	12000	19222	17337.22
服务业增速（%）	7.9	8.2	8.4	8.1	8.4	8.5	8.7	8.7
占GDP比重（%）	48.3	47.5	46.2	46.2	46.1	45.8	47.9	47.5
比GDP增速高（低）（百分点）	0.9	-0.2	1.2	-0.2	1	0.2	1.1	0.5

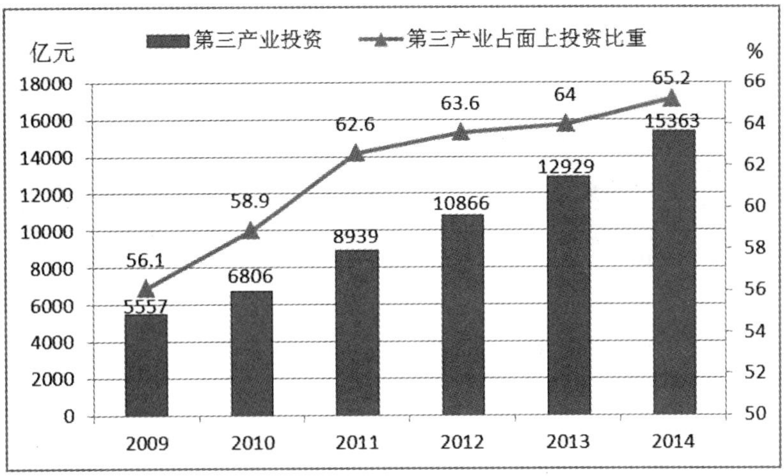

图1　2009—2014年第三产业投资和第三产业占面上投资比重变化图

(三) 服务业投资量质齐升

2014年，全省服务业投资15363亿元，增长18.8%，增速连续7年高于固定资产投资和第二产业投资，对固定资产投资增长的贡献率达72.5%，高于二产46.6个百分点，是全省投资增长的主引擎。投资结构进一步优化，扣除房地产的服务业投资增长20.7%，高于服务业投资1.9个百分点；生产性服务业投资增长 22.4%，高于服务业投资3.6个百分点，占服务业投资比重为18.1%，较上年提高0.5个百分点。

(四) 服务业地税收入小幅增长

2014年，全省实现服务业地税收入2235亿元，增长6.53%，增速比上年回落0.9个百分点。分行业看，除信息传输、软件和信息技术服务业（受电信业“营改增”影响）和住宿餐饮业地税收入同比分别下降1.54%和0.13%外，主要服务业行业地税收入均实现了正增长。其中，房地产业地税收入939.69亿元，增长4.57%；金融业地税收入448.65亿元，增长7.17%；批发和零售业地税收入214.63亿元，增长8.94%；现代物流业、租赁和商务服务业中行业地税收入同比增长6.66%、16.24%。分地区看，各市增长不均衡，丽水（12.52%）、衢州（12.03%）、温州（9.30%）增速靠前、宁波（2.54%）、台州（0.71%）、湖州（–0.32%）排名靠后。杭宁温三市地税收入占全省服务业地税收入的比重为54.37%。

二、行业发展稳中见好，新兴行业亮点纷呈

2014年，浙江省服务业结构进一步优化。交通运输、仓储和邮政业，批发和零售业，

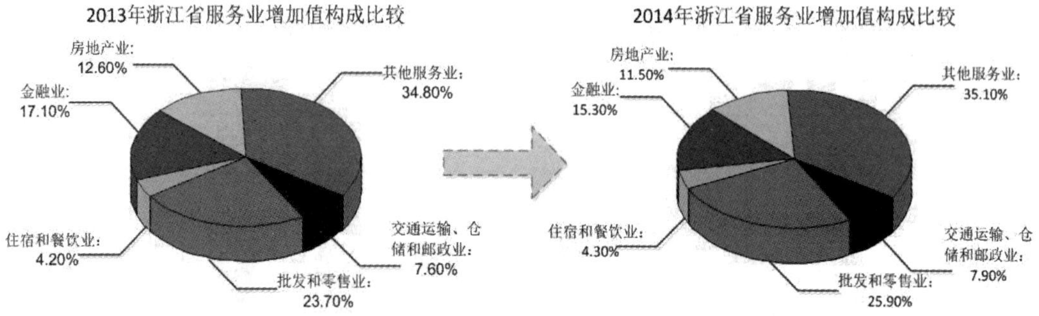

图2　2013年和2014年浙江省服务业增加值构成比较

住宿和餐饮业，其他服务业增加值占服务业增加值比重分别达7.90%、25.90%、4.30%和35.10%，分别比上年提高0.3、2.2、0.1和0.4个百分点，而金融业和房地产业则分别回落1.8和1.1个百分点。

（一）商贸业平稳增长

2014年全年实现社会消费品零售总额16905.3亿元，同比增长11.7%，扣除价格因素，实际增长10.7%，与上年持平。农村消费市场增长加快，乡村消费品零售额达到2727.6亿元，同比增长13.1%，比上年提高0.3个百分点；城镇消费品零售额达到14177.7亿元，同比增长11.4%，比上年下降0.2个百分点。汽车类消费是造成全年消费增长略有下滑的主要因素，扣除汽车类零售额，全年社会消费品零售总额同比增长12.8%。

（二）金融业“喜忧参半”

2014年，全省金融业增加值为2934亿元，增长8%。全省金融机构本外币各项存款余额79241.9亿元，增长7.5%；本外币各项贷款余额71361亿元，同比增长9.2%。融资结构继续向好，新增服务业贷款3309.7亿元，同比多增1256.8亿元，新增额占全部新增贷款的57%，同比上升21个百分点；中长期贷款比重明显上升，2014年，全省中长期贷款新增4537.3亿元，比上年同期多增1567.3亿元，中长期贷款比例适度上升，有助于提高企业融资的稳定性并降低融资成本；直接融资快速增长，2014年末共有境内上市公司266家，累计融资3706亿元；其中，中小板上市公司123家，占全国中小板上市公司总数的16.8%；创业板上市公司41家，占全国创业板上市公司总数的10.1%。金融机构风险隐患依然不减，截至2014年末，全省金融机构不良贷款余额1397亿元，比年初回升197.2亿元；不良贷款率1.96%，比上年提高0.12个百分点。从调查情况看，目前担保圈风险隐患尚未消除，据杭州中支监测，2014年全年共监测到出险企业2147家，同比增加1505家；涉及银行贷款1319.35亿元，同比增长2.7倍。其中，因互保、联保而导致出险的企业739家，占比

34.4%。

（三）现代物流业稳步提升

2014年，全省完成旅客运输量13.2亿人，同比下降3.6%；旅客周转量1076.8亿人公里，同比增长5%；完成货物运输量19.5亿吨、货物周转量9548.1亿吨公里，分别同比增长3.7%和6.7%。全省沿海港口完成货物吞吐量10.8亿吨、外贸货物吞吐量4.4亿吨、集装箱吞吐量2136万TEU，分别同比增长7.5%、8.1%和11.8%。其中，宁波—舟山港完成货物吞吐量8.7亿吨，同比增长7.9%，货物吞吐量连续六年雄踞世界各海港首位，集装箱吞吐量世界位次由上年的第6位提升至第5位。全省高速公路车流量达4.21亿辆次，日均115.4万辆次，同比增长12.6%。

（四）旅游业健康发展

2014年全省实现旅游总收入6300.6亿元，同比增长13.8%。入境市场逆势回升，全省接待入境游客931万人次，同比增长7.5%，比上年提高7.5个百分点；实现国际旅游（外汇）收入57.5亿美元，同比增长6.7%，比上年提高2个百分点。国内市场增速平稳，全省接待国内游客4.8亿人次，同比增长10.2%，与上年基本持平；国内旅游收入5947亿元，同比增长14.3%。出境市场增速趋稳，旅行社组织出境游客202.7万人次，同比增长11.2%与上年基本持平。

（五）房地产业逐步企稳

受经济不景气、预期不稳等因素影响，上半年，全省房地产业持续萎靡，1—4月商品房销售面积和销售额分别下降27.6%和32.6%，为全年最低谷。下半年，随着“限购、限贷”等政策的调整以及降息等利好政策的出台，房地产市场逐渐回暖。2014年，全省商品房销售面积4677万平方米，同比下降4.3%；商品房销售额4923亿元，同比下降8.8%；新开工面积增长平缓，全省房屋施工面积42144万平方米，增长11.9%。其中，新开工面积9676万平方米，增长3.9%。

（六）电子商务蓬勃发展

2014年，全省电子商务发展步伐加快，全年共实现电子商务交易额2万亿元，同比增长25%，约占全国六分之一。电商换市进展顺利，省政府通过与电商企业合作，促进电子商务在浙货销售、居民消费、农村经济等领域得到广泛应用。全省现有150多万个网店、2000多家专业电商服务商、150多个电商产业园、60多个淘宝村（镇），产业规模进一步扩大。电商拓市初见成效，全省已建成淘宝“特色馆”11个，入驻网商3000多家，淘宝“浙江馆”也已上线；建成阿里“产业带”20个，入驻企业6.3万家，实现销售额780多亿元。电商环境明显改善，2014年，全省建成了省级服务平台、建成30个区域服务中心、4491个村级电商服务点、1500多个“E邮柜”以及省电商公共服务信息平台和35个市、县电商公共服务中心。

三、区域发展提质增效，对外开放步伐加快

(一) 设区市服务业稳步发展

2014年各市服务业继续保持平稳可持续发展，除舟山、温州、宁波外，其余八个市服务业增速均领先于GDP增速（见表2）。各市服务业增加值占GDP比重相比去年均有不同程度提升，杭州、温州、湖州、金华、衢州、舟山、丽水等七个市服务业比重均超过全省平均水平，其中温州、舟山提升幅度最大，分别比上年提高2.9和2.5个百分点。杭州、温州、金华、舟山等四市服务业比重均高于第二产业，其中金华为首次实现“三二一”产业结构。

表2 全省及各设区市服务业发展基本情况比较

地区	服务业增加值（亿元）		占GDP比重（%）		占比提升幅度（百分点）	2014年增速（%）	
	2014年	2013年	2014年	2013年		服务业	GDP
全省	19221.51	17337.22	47.9	46.1	1.8	8.7	7.6
杭州	5067.9	4416.12	55.1	52.9	2.2	8.5	8.2
宁波	3391.76	3110.8	44.6	43.6	1	7.6	7.6
温州	2138.66	1872.99	49.7	46.8	2.9	6.2	7.2
嘉兴	1396.35	1265.31	41.6	40.2	1.4	8	7.5
湖州	833.42	724.4	42.6	40.2	2.4	8.6	8.4
绍兴	1858.07	1671.09	43.6	42.1	1.5	8.3	7.5
金华	1559.2	1372.88	48.6	46.4	2.2	9.5	8.3
衢州	469.34	417.5	41.9	39.5	2.4	8.7	7.4
舟山	490.77	423.57	48	45.5	2.5	10	10.2
台州	1583.01	1424.49	46.7	45.2	1.5	8.7	7.5
丽水	453.07	400.56	43.1	40.8	2.3	7.8	7

（二）服务贸易规模不断扩大

2014年，服务贸易进出口总额为381.01亿美元，占全省外贸总额9.7%，比上年提高0.9个百分点。新兴领域较快增长，计算机和信息服务（国际服务外包）、教育服务、通信服务和文化服务进出口等为代表的新兴服务领域增速快于传统领域，占比达到三分之一。服务外包发展迅速，离岸合同执行额为56.45亿美元，同比增长21.9%，完成年度计划的101.6%。文化贸易增势强劲，全省文化服务进出口总额达4.4亿美元，其中文化服务出口达0.8亿美元，同比增长197.8%。

（三）吸纳外资能力进一步增强

2014年浙江省服务业新批项目1053个，实际利用外资97.9亿美元，同比增长24.3%，占全部利用外资的62%，比上年提高6.4个百分点。分行业看，水利环境和公共设施管理

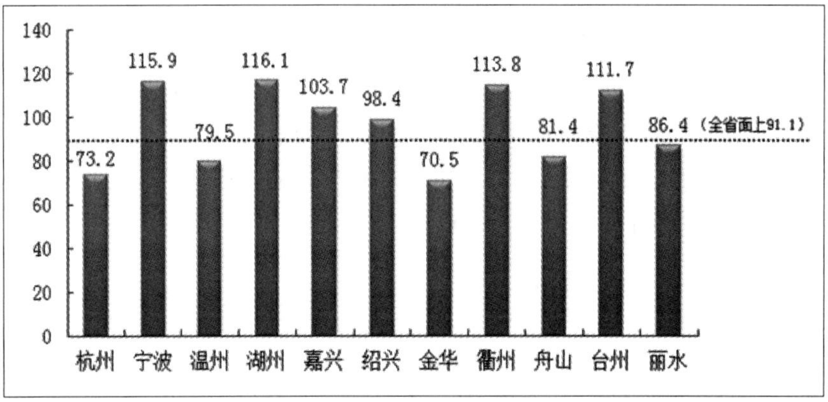

图3 2014年各地市服务业重大项目投资进度（%）

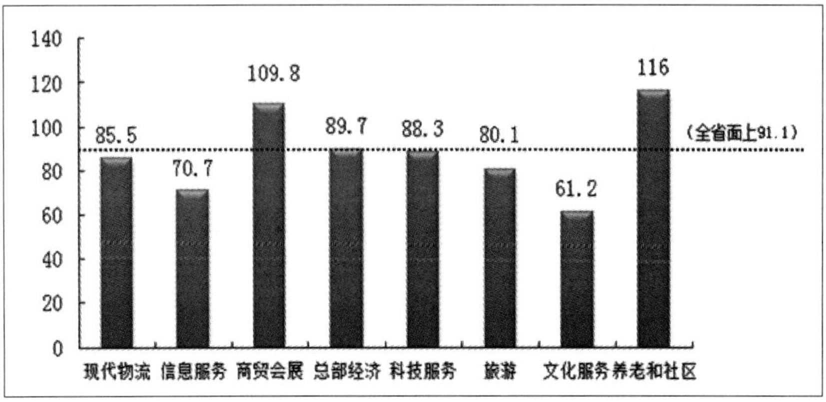

图4 2014年服务业重大项目分领域进展情况（%）

业、居民服务和其他服务业、文化体育和娱乐业实现迅猛发展，分别同比增长448%、433.8%、199.1%；批发和零售业、科研技术服务和地质勘探业引资增长也较快，分别同比增长67.7%、54%。

四、重点载体势头良好，示范带动作用显著

（一）省级服务业集聚示范区保持较快发展势头

2014年，100个省级现代服务业集聚示范区共集聚入区单位14.82万个，增加1.79万个；吸纳就业91.28万人，增加7.84万人；实现营业收入14593亿元，增长20.1%；实现利润778亿元，增长16.8%；上缴税收298亿元，增长15.3%。九大类省服务业集聚示范区中，物流园区、软件与服务外包基地、旅游休闲度假区发展最为迅速，2014年营业收入增速分别达84.3%、46.4%、44.1%；总部基地盈利能力最强，以4%的入区单位数贡献了26.6%的营业利润。

（二）服务业重点企业经营状况总体较好

130个省服务业重点企业发展迅猛，据省发改委企业监测数据，2014年四季度，省服务业重点企业运行指数、经营指数分别为57.7、53.7，分别高于服务业运行指数3.9、4.8个点，主营业务收入增长、盈利水平改善的服务业重点企业比例分别达48.5%和36.1%，分别高于服务业企业平均水平11.1、8.7个百分点。

（三）服务业重大项目建设稳步推进

2014年，全省305个服务业重大项目实际完成投资530.7亿元。分领域看，除文化、信息服务项目进度较低外，其他领域项目投资进度均好于上年，养老社区项目（116%）、商贸会展项目（109.8%）投资均超额完成年度投资计划。分区域看，湖州（116.1%）、宁波（115.9%）、衢州（113.8%）、台州（111.7%）、嘉兴(103.7%)等5个地市超额完成年度投资。分类别看，总投资超100亿元的瓯海区南湖城市综合体工程和总投资超50亿元的永康五金产业总部中心等28个项目实竣工；总投资100亿元的义乌国际陆港物流园—普洛斯（义乌）物流园、总投资40亿元的临海总部经济商务区等104个项目新开工。

（浙江省发展和改革委员会服务业处供稿）

扩大有效投资报告

一、2014年主要工作和成效

（一）投资保持较快增长

全年全省投资增长16.6%，超额完成年初确定的计划增长12%以上、力争15%的目标。相对消费、出口高出4.9个和6.7个百分点，投资继续发挥了稳增长的关键作用。浙江省投资增速与全国平均水平比较，从1—2月的低2.7个百分点，转变为全年的高0.9个百分点。

（二）投资结构稳中有进

体现在“三个领先”：服务业投资领先面上投资，服务业投资增长18.8%，高于面上投资2.2个百分点；创新性投资领先工业投资，工业技改投资增长16.2%，高出工业投资4个百分点；民间投资领先国有投资，预计民间投资增长20.1%，高于国有投资6.8个百分点，民间投资占全部投资比重为62.8%，比上年明显提高。

（三）重大项目推进有力

全年“411”重大项目完成投资7210亿元，为年度计划的112.7%。148个单体重大项目已开工建设，开工率81.3%；545个单体续建项目完成投资2233亿元，为年度计划的114.4%；97个储备项目前期工作取得明显进展，宁东至浙江特高压直流工程等5个国批项目获国家发改委审批；福特汽车、杭长客专等76个项目竣工投产，有力推动浙江省转型升级步伐。

（四）各方齐抓共管抓有效投资氛围浓厚

体现在“四个高”：高起点强共识。省委、省政府把扩大有效投资作为长期战略，省领导亲盯紧抓、亲自指挥，先后召开全省扩大有效投资暨重点建设推进大会、重大项目专题会、重点项目集中开工推进会等会议，带动各级聚精会神、坚定扩大有效投资。高要求强推进。省级有关部门积极开展“强服务、促投资”、省重大产业项目促开工集中督查服务等系列专项行动，做好项目选址、用地审批、环评审批、资金保障等服务工作；各地纷纷开展银项融资对接、土地征迁攻坚等系列活动，形成齐心协力促投资、你追我赶抓项目强势推进氛围。高标准强机制。建立完善省领导联系省重点项目、省重大产业项目和省、市、县（市、区）领导三级全程联系服务“411”重大项目制度，全省建立健全年初分解责任、日常精准服务、半年督查通报、年底考核的工作机制，促进投资任务层层落实到位。高效率强改革。全面启动“四张清单一张网”改革，建设省级统一的行政审批运行系统，并进一步深化商事登记制度、企业投资项目审批制度、要素市场化配置等一系列改革试点，极大激发了市场主体活力，企业投资体制改革对优环境的带动作用加强。

二、2015年工作重点

围绕实现“全年投资计划增长12%以上，投资总量2.6万亿元”的目标任务，突出优化投资结构，突出发挥民间投资主体作用，突出重点领域投融资体制改革，更加重视重大基础设施、重大产业项目、工业技术改造、生态建设和环境投资，大力实施扩大有效投资“411”重大项目建设行动计划，充分发挥投资在浙江省稳增长、调结构中的关键作用。

年度推进省“411”重大项目960个左右，计划投资7200亿元左右。分领域看，产业转型升级类计划投资2600亿元、基础设施完善类投资2000亿元、统筹城乡类投资1200亿元、公共服务提升类投资1400亿元。

（一）进一步加大责任落实力度

把年度扩大有效投资和重大项目推进任务分解落实到各设区市，切实落实地方主体责任。各设区市要抓紧做好扩大有效投资年度目标的分解落实工作，明确任务书、时间表，加大督促指导。省发改委要继续做好扩大有效投资和重大项目推进的综合协调工作，省级有关部门按职能做好归口指导服务，切实落实本行业、本领域投资和重大项目推进任务。进一步完善扩大有效投资监测考核指标体系，推动各地各部门聚焦到投资结构优化上来。建立完善“月服务、季监测、半年督查、年底考核”工作机制，形成齐心协力促投资、你追我赶抓项目的浓厚氛围。

（二）大力推进重大项目建设

坚持问题导向，实行精准对接、精准服务，全力加大项目克难攻坚力度。加快推进一批在建项目，继续完善省领导联系省级产业集聚区、省重点建设项目、省重大产业项目制度，开展项目融资对接等专项活动，建立落实盯人盯项目盯进度机制，确保在建项目100%完成形象进度目标。加快一批新开工项目，强化企业帮扶服务，开展重大产业项目促开工集中督查服务月、重点项目集中开工等专项活动，确保年度新增项目开工率达80%以上。加快推进一批竣工投产项目，建立“问题交办、限时办结、结果专报”制度，深入项目一线破解征地拆迁难、交叉施工难等突出问题，在确保质量和安全前提下能快则快，力争早竣工、早投产。加快推进一批前期储备项目，全力做好浙江省贯彻“一带一路”和长江经济带战略的重大项目谋划对接，开展“十三五”重大项目谋划布局和规划编制，加大浙商回归、央企对接、外资招商选资、招大引强力度，建立市县为主、省级部门主动服务的重大产业项目谋划招引、培育机制，加强“国批”项目衔接催批，全力推动民营绿色石化基地等重大项目取得实质性突破，切实增强投资后劲。

（三）着力推进重点领域投融资机制创新

创新投融资平台，推动政府融资平台整合、做大，打造一批省级融资平台。创新投融资方式，积极推广政府和社会资本合作（PPP）模式，对公共服务、基础设施类项目，特别是新建市政工程和新型城市化项目，要优先考虑PPP模式建设。创新投融资机制，制订出台浙江省贯彻落实创新重点领域投融资机制鼓励社会资本的分工方案，围绕市政、交通、能源、社会事业等重点领域，建立民间投资示范项目库，研究制订铁路投融资体制改革方案、民营企业进入石化行业方案以及混合所有制医疗机构建设等配套政策，引导更多社会资本参与重大工程建设。大力推进“四张清单一张网”建设，积极探索企业投资项目负面清单管理模式，修订出台浙江省政府核准的投资项目目录（2015年本），推动投资项目网上并联核准、联动监管，大力促进投资便利化，激发民间投资活力。

（浙江省发展和改革委员会投资处供稿）

重点项目建设报告

2014年，在省委省政府的正确领导下，浙江省重点建设战线紧紧围绕省委省政府“稳增长、调结构、促转型”决策部署，积极进取、力争上游，项目推进不断提速增效，成绩显著。全年省重点建设项目完成投资3262亿元，首次突破3000亿元大关，创造历史新高，与年度计划相比，超额完成25.5%。主要有以下五个特点：

（一）大体量项目集中建设，推动投资强劲增长

大体量项目集中建设成为推动省重点建设项目投资迈上3000亿元台阶的“强心针”。其中特高压项目完成投资149.1亿元，是以往少有的；铁路项目完成投资148.5亿元，增加20亿元；电源项目完成投资184.3亿元，增加37.3亿元；地铁项目完成投资118.7亿元，增加28亿元。同时，安排了一些前期工作扎实的打包项目，如浦江县水环境综合整治项目，年度投资达17.5亿元，令人惊喜。

（二）产业投资表现突出，全行业一马当先

通常认为，经济下行压力对实体经济特别是产业项目投资增长将带来较大影响，但省重点建设项目产业投资的表现让人眼前一亮，全年工业类和服务业类省重点建设项目共完成投资1187亿元，同比增长27%，投资计划完成率在全行业中一马当先。这充分表明只要项目优质、符合市场需要，依旧是投资的热点，增长的焦点。

（三）全力抓好开工建设，掀起项目推进热潮

截止2014年年底，全部省重点建设项目中已有1431个项目实现开工建设，累计开工率达到96.2%，开工形势喜人。8月20日启动的“集中开工月”活动掀起了项目开工建设的新热潮，推动了宁夏宁东—浙江绍兴±800千伏特高压直流输电工程等270个新增项目先后启动建设，全年新增重点项目开工率达95.1%，不断为扩大有效投资提供新的增长点。

（四）大批项目建成投用，有力支撑转型升级

包括杭长客专、昌海生物产业园（一期）、海越股份新材料、巨化年产13.8万吨己内酰胺、六横电厂“上大压小”等省领导联系项目在内，2014年全年共有269个省重点建设项目建成投用，开始在浙江省经济社会各领域发挥重要作用，成为打造全省经济“升级版”的新兴生力军。

（五）银项对接合作良好，资金保障有新突破

以省重点建设项目银项对接大会为平台，向全省银行机构共推出529个项目，贷款总需求5543亿元，其中16个项目与银行现场签约，协议贷款金额846亿元。据统计，通过积极推动银项对接工作，共落实贷款4250亿元，为贷款总需求的77%，有效保障了项目建设资金需求。

总体上看，全省及各市均能完成全年省重点项目计划目标任务，其中杭州、湖州、宁波、金华、绍兴、温州投资完成数位居前列，衢州、金华、丽水、杭州、湖州、台州计划完成率领先，杭州、衢州、舟山、台州4市新项目开工率均达100%。全省胜利实现投资完成率、新增项目开工率、投产项目数“三个超10%”的目标。全年省重点建设项目计划完成按地区统计如下：

省重点建设项目计划完成情况统计表（按地区） 单位：个、亿元

地区	项目数	总投资	年度计划	累计完成	投资完成率	投资占全省比率	新增项目开工率
杭州市	122	2805.30	345	480.74	139.35%	14.74%	100%
宁波市	100	1937.25	235	285.24	121.38%	8.74%	96.3%
温州市	154	2154.11	230	280.05	121.76%	8.58%	87.0%
湖州市	156	1566.23	230	309.67	134.64%	9.49%	95.7%
嘉兴市	104	1181.01	175	220.55	126.03%	6.76%	89.5%
绍兴市	120	1388.67	225	270.93	120.41%	8.30%	93.8%
金华市	152	1711.60	160	279.47	174.67%	8.57%	98.0%
衢州市	92	475.71	100	171.75	171.75%	5.26%	100%
舟山市	40	637.22	115	154.92	134.71%	4.75%	100%
台州市	120	1021.42	105	146.96	139.96%	4.50%	100%
丽水市	85	498.59	55	88.12	160.21%	2.70%	88.8%
省级	105	4816.40	625	574.09	91.85%	17.60%	80.0%
总计	1350	20193.51	2600	3262.48	125.48%	100.00%	95.1%

2014年，省重点建设取得的成绩来之不易，一是得益于省委省政府高度重视。省委、省政府高度重视省重点建设项目的推进工作，早在年初就召开大会部署重点建设项目推进工作。省委财经委、省政府常务会议、省人大财经委多次听取省重点建设项目推进情况汇报，并进行工作部署。夏宝龙书记、李强省长、袁家军常务副省长等省领导多次亲临项目一线协调服务，省领导联系的33个省重点项目完成投资308亿元，计划完成率达27.6%，高出平均水平2.1个百分点，为全省重点项目建设树立了典范和标杆。二是得益于各地各部门真抓实干。各地党委、政府千方百计地采取各种切实可行措施，加强协调和服务，破难攻坚，全力推进；建设、国土、环保、金融、财政等部门在项目审批和要素保障等方面积极配合，做好相关服务工作；交通、水利、林业、教育、卫生、电力、能源等行业主管部门着力加强组织实施、督促检查等工作，形成了齐抓共管、合力推进重点建设的新局面。三是得益于项目推进举措扎实有效。去年早在1月份就编制印发了省重点建设项目年度形象进度计划，为全年项目推进工作赢得了主动。不断加大协调服务力度，先后召开100多次协调会，有利解决了铁路、机场、水利、能源等项目征地拆迁、项目建设中的困难和问题，确保了项目按计划推进。深入开展立功竞赛活动，比工程质量、比安全生产、比工程进度、比成本控制、比科技创新、比廉洁和谐，有效激发重点建设战线广大干部职工继续发扬“白加黑”、“5+2”精神，奋力拼搏、攻坚克难。

重点建设工作也面临不少困难和挑战：用地指标、占补平衡等硬约束使得一些项目落地难；受地方债务清理、融资平台受控、贷款依旧困难等因素影响，建设资金筹措压力大；铁路、高速公路、输变电等线型工程点多面广、交叉穿越，政策处理难度较大。新常态下，重点建设组织、管理方式和建设环境，也对重点建设项目的实施和监管工作提出了新的更高要求，一些前期工作不到位，却急于上马、仓促实施的项目将造成工期延长、实施阶段严重超概、工程效益不理想等一系列后果。这些问题都需要认真研究、切实破解。

（浙江省发展和改革委员会重点办供稿）

战略性新兴产业发展报告

2014年，围绕实施创新驱动发展战略，突出转变发展方式、推动经济结构战略调整，全省战略性新兴产业持续较快发展。

一、产业发展情况

(一) 产业规模持续壮大

2014年，全省战略性新兴产业增加值3075亿元，同比增长8.6%，增速比去年同期高0.4个百分点；增加值占规模以上工业增加值的比重为24.5%，比去年同期提高0.4个百分点。其中，生物产业、新一代信息技术和物联网产业、新能源汽车、新材料产业、新能源产业、海洋新兴产业和高端装备制造业增加值增速分别为14.8%、11.5%、10.8%、9.1%、8.1%、7.8%和7.1%，增幅均高于规模以上工业平均水平。

(二) 产业效益持续提升

2014年，全省战略性新兴产业主营业务收入15566亿元，同比增长5.3%，增速较规模以上工业平均水平高1个百分点；主营业务收入占规模以上工业的比重为24.6%，同比增长0.2个百分点。全年战略性新兴产业利税总额1001亿元，同比增长9.3%，增幅比规模以上工业平均水平高4.2个百分点。

(三) 地市发展态势总体良好

2014年，11个地市除宁波和金华外各地区战略性新兴产业增加值增速均高于当地规模以上工业增速。其中，杭州、舟山、湖州、衢州和嘉兴增加值增长较快，同比分别增长13.0%、12.4%、11.4%、10.8%和9.6%。

当然浙江省战略性新兴产业发展仍面临不少问题与挑战：一是个别行业增长缓慢。新能源产业和核电关联产业增长乏力，新能源产业发展呈现一路回落的态势，12月的单月增幅低于全省单月平均值4.4个百分点，而核电关联产业全年基本维持在3%～5%左右，全年仅增长4.3%，远远低于全省平均水平。二是产业自主创新能力有待加强。目前，浙江省战略性新兴产业发展对国外先进技术依赖度较高，关键核心技术自主创新能力仍相对较弱。

二、2014年开展的主要工作

（一）着力优化政策环境

一是研究制定扶持政策。省政府制定《浙江省人民政府关于加快发展信息经济的指导意见》（浙政发〔2014〕21号），提出要把信息技术产业培育成全省重要支柱产业。省财政厅先后印发《浙江省重大科技专项资金竞争性分配管理办法的通知》（浙财教〔2014〕89号）、《浙江省工业与信息化发展财政专项资金使用管理暂行办法》（浙财企〔2014〕189号），均提出重点支持战略性新兴产业发展。省发改委重点开展《浙江省大产业大项目谋划》，对OLED、集成电路产业等12个重点产业及科技创新区TCD提出了下步发展的对策建议。

二是各地制定相关行业发展规划和方案。宁波市发布《石墨烯技术创新和产业发展中长期规划（2014—2023）》，提出将石墨烯产业打造成为具有千亿产值规模的宁波市优势与特色产业，大力推进新材料产业发展。湖州市制定出台《节能环保产业基地建设工程实施方案（2014—2020年）》，重点在动力电池、热处理、垃圾处理等领域，提升企业技术创新和设备装备水平，加快节能环保产业集聚发展。

（二）着力强化平台支撑

一是积极推进新兴产业集聚。继续加快推进以产业集聚区、高新区为主体的战略性新兴产业发展平台建设。2014年衢州高新区获批成为浙江省第5家国家级高新开发区，截止年底全省已拥有5家国家高新区和25家省级高新园区。

二是加快推进新兴产业重点项目建设。省经信委编制完成《2014年浙江省战略性新兴产业“百项工程”重点项目计划》，合计项目102项，总投资257.7亿元。

三是加快高新技术产业化基地建设。新创建桐庐医疗器械和丽水节能环保装备省级高新技术产业化基地，推荐申报2家国家火炬计划特色产业基地，浙江省已建有42家国家火炬计划特色产业基地和101家省级高新技术特色产业基地。

四是加大培育建设省级重点企业研究院。省政府制定《浙江省重点企业研究院建设与管理试行办法》（浙政办发〔2014〕114号），围绕做强产业链部署创新链的要求，在装备电子、“三名”培育工程、“云服务和云工程”等领域，新建重点企业研究院53家，累计达到149家。

五是组织实施重大项目攻关。设立重点企业研究院重大专项，由重点企业研究院主持，编制技术路线图，引导企业围绕技术需求和长远发展开展创新工作，着力突破一批关键技术、瓶颈技术，对每个技术攻关课题每年给予不低于100或150万元经费，连续支持三年。

(三) 着力强化要素保障

一是继续加大财政扶持。统筹安排省战略性新兴产业专项资金5.4亿元。积极争取中央财政资金支持，向国家申报智能装备、北斗导航通信系统、强基工程、信息惠民、生物基材料、物联网发展等项目，并获得国家补助资金超2亿元。

二是积极发展创业投资基金。制定《浙江省信息经济创业投资基金管理办法》（浙财企〔2014〕228号）。首次尝试企业项目股权现场拍卖，吸引国内外创业风险投资机构、天使投资机构和有意投资科技型中小企业的机构及个人投资者与初创期科技型中小企业对接。浙江省首个产业创业投资基金——华盖医药健康产业创业投资（温州）合伙企业（有限合伙）已经获得国家发改委和财政部正式批复，并获得5000万元国拨资金参股。

三是落实税收优惠政策。按《财政部国家税务总局关于进一步鼓励软件产业和集成电路产业发展企业所得税政策的通知》（财税〔2012〕27号）的规定，全省软件企业减免企业所得税共计67.81亿元；按《国家税务总局关于实施国家重点扶持的公共基础设施项目企业所得税优惠问题的通知》，企业利用风力、海洋能等新能源发电，享受所得税“三免三减半”优惠。

四是大力引进海外人才和创业团队。发布《关于实施领军型创新创业团队引进培育计划的意见》（浙委办发〔2014〕11号），积极引进创新创业团队；深入实施海外高层次人才引进“千人计划”，截止目前共引进了939名学科带头人和领军人才，其中战略性新兴行业人才占70%以上。

五是优先用地保障。印发《关于实施“空间换地”深化节约集约用地的意见》（浙政发〔2014〕6号），实施差别化的地价政策，对符合产业导向的战略性新兴产业、先进制造业等优先发展且用地集约的项目，按不低于所在地土地等别对应工业用地出让最低价标准的70%确定土地出让底价。

三、2015年工作基本思路

(一) 研究战略性新兴产业“十三五”发展思路

一是统筹做好“十三五”战略性新兴产业规划，明确提出战略性新兴产业发展的原则和目标、思路和重点，争取在关键技术研发、高新技术成果产业化、重点应用示范、龙头企业培育和重大项目引进等方面取得突破。二是继续研究出台战略性新兴产业发展配套政策。持续优化发展环境，重点鼓励和引导社会企业积极参与九大战略性新兴产业的研发、培育及其产业化。

(二) 统筹推动产业融合发展

一是促进战略性新兴产业融合发展。以浙江省发展信息经济为有利契机，积极推进新一代信息技术和物联网产业与生物、新能源、新材料、高端装备制造产业等融合发展。二是坚持战略性新兴产业发展与传统产业提升并重。在培育壮大战略性新兴行业的同时，加速推进传统产业转型升级，形成战略性新兴产业与传统产业协调发展的良好格局。

(三) 强化自主创新能力提升

一是系统谋划企业、产业、创新服务等各层面的创新能力建设，注重部门协调配合，注重创新政策的协同性。二是深入推进战略性新兴产业区域集聚发展示范，继续组织实施国家高技术专项，力争实现重点突破。三是推动应用示范，推进新能源、新能源汽车、移动互联网等新兴产业产品的推广应用，鼓励商业模式和服务创新。

(四) 拓宽产业创新创业投融资渠道

积极打通战略性新兴产业、高技术产业企业融资渠道，重点选择软件、信息电子、生物技术、高技术服务业等浙江省具有创新优势的产业环节，鼓励和支持有条件的地区和企业设立产业投资基金，积极申请国家和省政府新兴产业创业投资引导资金支持。

(五) 健全统计监测评价制度

一是以战略性新兴企业工认定作为契机，继续深入研究行业系数法和企业产品法的联系与区别，健全完善战略性新兴产业统计制度。二是健全战略性新兴产业监测体系，规范统计口径，完善指标体系，对全省战略性新兴产业发展情况进行及时准确的动态监测和分析评价。三是健全战略性新兴产业工作考核办法。建立健全战略性新兴产业发展和工作综合评价制定，建立与考核评价相适应的激励机制，调动各地各部门工作积极性。

（浙江省发展和改革委员会高技术处供稿）

2010-2013年浙江省信息经济发展评价报告

优先发展信息经济，已成为全球和国内各地抢占未来发展制高点的战略选择。浙江省委、省政府高度重视信息经济发展，把信息经济列为能支撑浙江未来发展的7大万亿级大产业之首。为推动信息经济发展，客观评价全省及11个设区市信息经济发展进程，开展了2010—2013年度信息经济发展评价工作。在构建信息经济评价指标体系的基础上，对全国15个典型省（市、区）及全省11个设区市进行了测算和评价。

一、浙江省信息经济评价的主要结论

（一）浙江省信息经济发展始终走在全国前列，但领先优势呈弱化和削减趋势

从全国排名结果看，2010—2011年，信息经济指数排名前五的省市区中，上海处于第

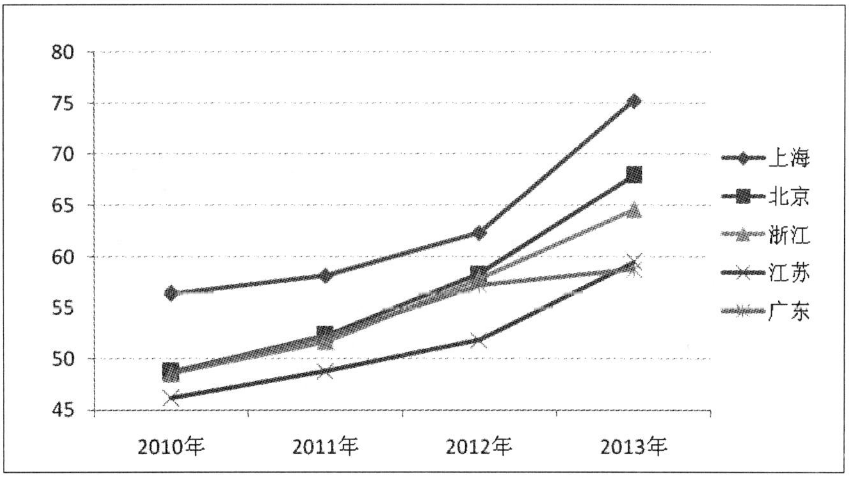

图1　2010—2013年信息经济指数排名前五省区

一阵营，遥遥领先；排名2至4的北京、广东、浙江同处第二阵营，呈胶着状态；江苏相对落后，屈居第5。2012年，第二阵营开始分化，浙江以0.64的微弱优势反超广东，排名由第4上升至第3。2013年，信息经济发展格局出现新的变化，上海、北京进一步巩固和扩大领先优势，江苏后来居上、赶超广东，浙江面临“标兵渐远、追兵渐近”的严峻形势。

具体来看，宽带承载能力建设和两化融合发展是推动浙江信息经济指数实现排名“提升”的主要推动力。2012年，浙江省城域网出口宽带指数和两化融合工业应用指数发展速度分别为128.12%和118.03%，高出广东同期23.66和4.32个百分点。信息消费和电子商务是浙江信息经济指数排名“维稳”的主要支撑力。近年来，浙江省ARUP值指数和电商指数始终稳居全国前三，为信息经济持续健康发展奠定了基础。同时需要指出的是，固定宽带端口平均速率已成为浙江信息经济发展的一大瓶颈。2010—2013年，浙江省固定宽带端口平均速率指数一直处于国内中游偏下水平，与上海的差距由2010年的7.51扩大到2013年的12.81。一般认为，宽带网络资源瓶颈和宽带接入能力限制是造成浙江固定宽带端口平均速率相对低下的主要原因。

（二）浙江省信息经济发展稳中有升，空间巨大，信息化应用应成为未来主要着力点

2010—2013年，浙江省信息经济发展整体处于较快上升通道。信息经济综合指数由45.93发展为60.94，年均发展速度为109.88%，且呈现逐年加速发展态势，2013年信息经济发展速度创近三年新高。

从四大领域发展速度来看，由快到慢依次是信息产业、技术研发、信息化应用和基础设施。其中，信息产业和技术研发发展速度比信息经济综合指数发展速度分别高10.48和

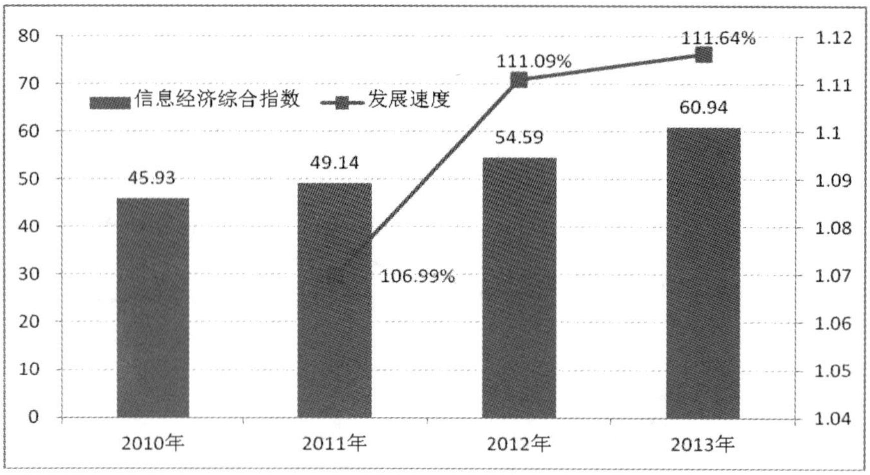

图2　2010—2013浙江省信息经济综合指数发展情况

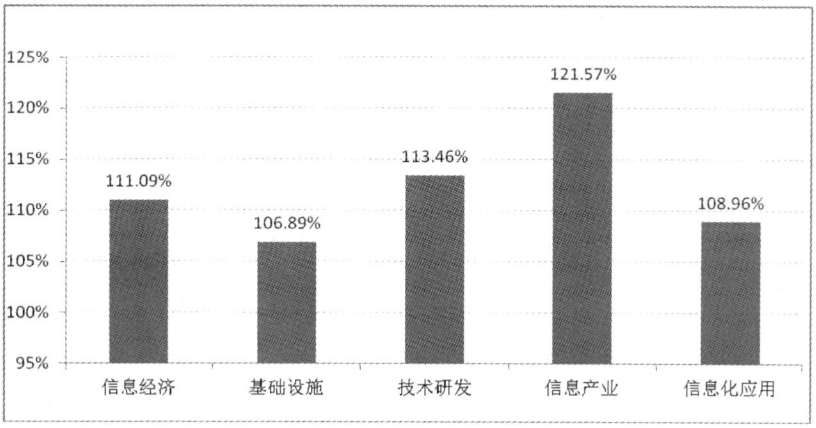

图3　2010—2013浙江省信息经济综合指数及各领域发展情况

2.37个百分点；而信息化应用和基础设施发展速度则慢于信息经济综合指数发展速度2.13和4.2个百分点，发展潜力尚待挖掘。

从四大领域对信息经济发展的贡献来看，剔除权重因素影响，信息化应用对信息经济发展的拉动作用最为显著，贡献率高达34.09%，是信息经济发展的主要“发动机”，其次分别是基础设施、信息产业和技术研发。

鉴于信息化应用的重要性及发展空间的广阔性，加大信息化应用，应成为当前推动信息经济发展主要战略举措。

（三）省内11个设区市信息经济综合指数排名变化呈现一定规律，地区失衡问题逐年突出

2010—2013年，全省11个设区市信息经济综合指数排名变化呈“橄榄形”波动规律：排名首尾的设区市相对稳定，其中，杭州、宁波、嘉兴牢牢占据前三。排名中间的设区市变化相对较大，上升最快的为金华和温州，分别前进了2个和3个名次，跻入全省前五；下滑明显的是台州，直线下降4个名次，跌至全省第8。

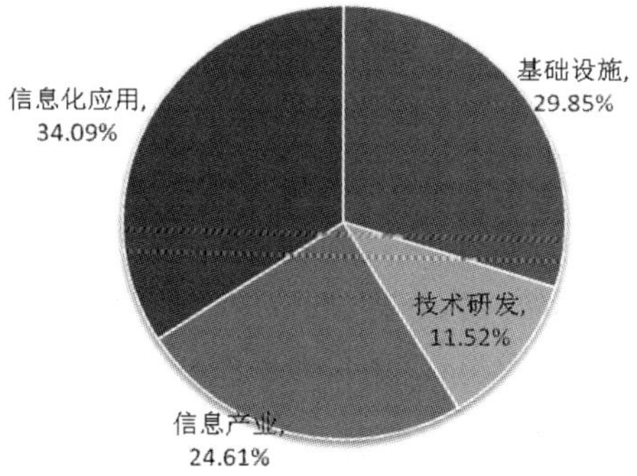

图4　2010—2013浙江省信息经济各领域贡献情况

究其原因，主要是因为各地在政策导向、重点把握、推进力度等方面存在明显差异。杭州、宁波、嘉兴等地较早地认识到发展信息经济的重要性，四大领域的年均发展速度普遍较高，呈现出发展基础好、发展

表1　2010—2013年11个设区市信息经济综合指数及排名情况

	2010年	排名	2011年	排名	2012年	排名	2013年	排名
杭州	69.66	1	74.82	1	86.81	1	97.33	1
宁波	55.44	2	59.57	2	69.61	2	76.96	2
温州	40.37	8	43.39	6	48.46	5	54.76	5
嘉兴	47.48	3	49.12	3	57.10	3	64.29	3
湖州	41.39	7	42.53	8	47.18	8	51.58	7
绍兴	42.09	5	42.69	7	47.76	6	52.05	6
金华	41.91	6	44.18	4	54.18	4	61.40	4
衢州	26.42	11	29.59	11	32.58	11	33.99	11
舟山	35.09	9	37.42	9	41.16	9	42.85	9
台州	42.12	4	44.11	5	47.37	7	49.67	8
丽水	28.81	10	30.03	10	34.72	10	37.51	10

后劲足的特点。作为全省信息经济发展领头羊的杭州，受益于研发投入、人才集聚、创新能力、政策保障等方面的优势，其在基础设施、信息产业、信息化应用等三大领域优势明显，尤其在信息产业上一枝独秀，但需要指出的是，在技术研发领域，杭州的表现也不尽如人意，自2012年被宁波赶超后，技术研发指数差距仍在逐年放大。金华市将网络经济的发展作为“一号产业”来抓，基础设施和信息化应用发展迅猛，两大领域的年均发展速度高居全省首位。温州市侧重基础设施建设，该领域发展速度居全省第2，对信息经济的拉动作用明显。与之相对，其余6个地市信息经济发展缓慢，动力不足，与领先地市的发展差距正逐步扩大，尤其是台州市，其基础设施年均发展速度为全省末位，信息化应用年均发展速度居全省第9，已有的发展优势逐步消失。

从四大领域看，2010—2013年，信息经济综合指数四大领域标准差系数从大到小依此为信息产业指数、技术研发指数、基础设施指数和信息应用指数。这表明发展信息产业各地市基础差别明显，但信息应用为各地市提供了各取所需、大有作为的机会。值得注意的是，与其他三大领域标准差系数呈现出的波动状态不同，信息应用指数标准差系数逐年扩大，这表明不同地区在抓取信息化应用机会上的能力不同，效果差别逐年增大。

表2 2010—2013年11个设区市信息经济四大领域标准差系数

	2010年	2011年	2012年	2013年
信息经济综合指数	0.2662	0.2703	0.2868	0.3058
基础设施指数	0.2478	0.1999	0.2127	0.2424
技术研发指数	0.4354	0.4258	0.4057	0.3910
信息产业指数	1.3468	1.3452	1.4017	1.3848
信息化应用指数	0.1567	0.1679	0.1951	0.2175

二、对策建议

（一）高度重视信息经济发展

全省上下要切实把思想行动统一到省委省政府关于加快发展信息经济的决策部署上来，重点推动落实《浙江省人民政府关于加快发展信息经济的指导意见》，制订具体政策措施，引导、督促各地充分重视和大力支持信息经济发展。紧紧抓住当前研究谋划“十三五”规划的有利契机，将发展信息经济纳入浙江省经济社会发展“十三五”整体规划及信息化专项规划，明确“路线图、时间表、责任制”。

（二）注重发挥信息化应用优势

要进一步突出浙江省在信息应用领域的比较优势和发展潜力，务实推进全国首个“两化”深度融合国家示范区建设，提高企业信息化水平，提高信息技术在产业结构优化升级中的作用，提高工业发展质量和效益。大力发展电子商务，深入实施“电商换市”战略，实现商业模式的创新和提升。推动信息消费快速增长，推进全国信息消费试点城市建设，进一步挖掘信息消费潜力，增强信息供给能力。

（三）着力缩小区域差异

要引导各地根据技术研发能力、应用基础、产业园区等自身条件，科学定位本地信息经济发展目标和路径。鼓励杭州、宁波等信息化基础较好的地区强化信息技术研发、产业化和示范应用，推动信息经济相对较弱的地区侧重推广成熟的信息技术应用模式和商业模式，支持和引导落后地区找准突破口和发力点，帮助落后地区“弯道超车”、赶超发展。

（四）着力破解发展瓶颈

要加快信息基础设施建设和更新换代，加大信息基础设施建设投资，大力推进“宽带浙江”建设，加快光网和云基础设施建设，重点是普及光纤接入、推进三网融合、推行宽带服务普惠，着力打造宽带化、融合化、泛在化的安全可靠新一代信息基础设施，实现宽带网络在覆盖、网速、应用体验方面的大力提升，把浙江打造成为全国信息基础设施最为先进的地区之一。

附：2010—2013年信息经济评价结果

一、信息经济指数评价结果

附表1　2010—2013年全国主要省区信息经济指数及排名情况

	2010年	排名	2011年	排名	2012年	排名	2013年	排名
北京	48.72	2	52.31	2	58.35	2	67.93	2
天津	35.50	10	37.53	10	38.59	10	50.34	7
河北	35.22	11	36.86	11	41.09	9	44.96	10
辽宁	32.65	13	35.36	12	36.70	11	44.17	11
上海	56.38	1	58.14	1	62.31	1	75.23	1
江苏	46.14	5	48.77	5	51.83	5	59.44	4
浙江	48.55	4	51.66	4	57.87	3	64.58	3
安徽	35.61	9	38.33	9	36.23	12	40.89	12
福建	40.33	7	42.60	7	44.18	6	52.17	6
山东	41.54	6	44.53	6	42.41	7	46.77	8
湖南	35.93	8	38.69	8	41.32	8	45.61	9
广东	48.61	3	52.12	3	57.26	4	58.74	5
重庆	31.74	14	34.63	14	33.29	14	39.88	14
四川	32.73	12	35.35	13	35.60	13	40.84	13
宁夏	28.54	15	29.89	15	27.25	15	33.52	15

二、信息经济综合指数评价结果

附表2 2010—2013年浙江省及11个设区市信息经济综合指数

	2010年	2011年	2012年	2013年
浙江	45.93	49.14	54.59	60.94
杭州	69.66	74.82	86.81	97.33
宁波	55.44	59.57	69.61	76.96
温州	40.37	43.39	48.46	54.76
嘉兴	47.48	49.12	57.10	64.29
湖州	41.39	42.53	47.18	51.58
绍兴	42.09	42.69	47.76	52.05
金华	41.91	44.18	54.18	61.40
衢州	26.42	29.59	32.58	33.99
舟山	35.09	37.42	41.16	42.85
台州	42.12	44.11	47.37	49.67
丽水	28.81	30.03	34.72	37.51

附表3 2010—2013年浙江省及11个设区市基础设施指数

	2010年	2011年	2012年	2013年
浙江	59.67	61.01	64.45	72.88
杭州	83.95	83.50	89.61	99.51
宁波	77.35	76.82	80.73	92.87
温州	59.55	64.00	67.90	76.67
嘉兴	64.63	62.53	68.78	76.89
湖州	52.91	54.35	55.34	62.23
绍兴	55.63	56.86	61.37	65.40
金华	59.10	58.44	75.02	82.76
衢州	35.67	44.41	45.84	45.47
舟山	49.14	54.80	56.26	61.89
台州	55.83	59.45	60.26	60.52
丽水	35.25	40.15	42.58	43.95

附表4　2010—2013年浙江省及11个设区市技术研发指数

	2010年	2011年	2012年	2013年
浙江	39.37	44.72	52.98	57.50
杭州	62.09	68.78	75.72	78.71
宁波	43.86	60.28	78.60	87.08
温州	22.67	24.73	31.32	38.84
嘉兴	44.53	48.75	55.67	64.12
湖州	36.72	43.25	53.60	57.39
绍兴	40.48	43.60	51.11	56.86
金华	29.98	36.73	42.07	45.87
衢州	15.61	17.61	24.03	25.22
舟山	22.57	27.04	30.70	32.71
台州	28.04	30.72	32.81	37.28
丽水	10.33	15.19	22.96	26.51

附表5　2010—2013年浙江省及11个设区市信息产业指数

	2010年	2011年	2012年	2013年
浙江	10.69	13.06	15.59	19.21
杭州	53.22	64.97	80.43	99.14
宁波	20.84	25.61	30.10	34.50
温州	8.38	11.61	12.66	14.63
嘉兴	7.36	9.07	10.37	12.48
湖州	5.38	6.36	7.84	11.38
绍兴	4.18	4.60	5.95	10.43
金华	7.01	8.05	9.16	10.42
衢州	2.22	3.18	3.48	6.07
舟山	1.20	1.28	1.25	1.43
台州	5.69	6.87	7.51	8.35
丽水	1.97	2.26	2.43	2.53

附表6　2010—2013年浙江省及11个设区市信息化应用指数

	2010年	2011年	2012年	2013年
浙江	59.96	63.45	69.96	77.55
杭州	74.53	78.43	94.14	104.66
宁波	67.57	67.58	79.30	85.17
温州	55.63	58.31	65.20	71.82
嘉兴	60.43	62.63	75.35	83.99
湖州	55.98	54.35	59.56	63.46
绍兴	55.09	54.18	60.18	63.77
金华	56.73	58.84	72.31	83.97
衢州	39.30	41.37	44.78	46.61
舟山	51.28	51.98	58.78	59.10
台州	60.52	61.76	68.13	71.11
丽水	48.24	46.27	52.82	57.29

（浙江省发展和改革委员会高技术处供稿）

截至2014年底铁路“八八计划”各项目进展情况

一、“前八”项目

1.九景衢铁路：2013年底开工建设，至2014年底累计已完成投资19亿元。

2.乐清湾港区铁路支线：2014年7月2日控制性工程先行开工建设，至2014年底累计已完成投资8亿元。

3.杭黄铁路：先行段于2014年6月底开工建设，10月份全线开工，至2014年底累计已完成投资35亿元。

4.宁波穿山港区支线：可研报告已经铁路总公司审查，计划2015年开工建设。

5.商合杭铁路：可研报告至2014年底尚未批复。芜湖长江公铁大桥作为全线控制性工程已于2014年12月先行开工，浙江段工程计划2015年下半年开工建设。

6.衢宁铁路：2014年12月23日松阳先行段开工建设，12月下旬，铁路总公司组织了初步设计审查。至2014年底累计已完成投资0.6亿元。

7.金台铁路、头门港支线：两个项目合并审批、同步推进建设， 2014年10月批复项建书，12月组织可研审查，争取2015年10月份先行段开工建设。

二、“后八”项目

1.甬金铁路：设计院已编制预可研文本，2014年12月30日，省发改委在义乌组织召开预可研预审会。计划2015年完成前期工作，2016年开工建设。

2.湖苏沪城际：争取与商合杭铁路同步完成前期工作，计划2016年开工建设。

3.衢丽（丽水—松阳）：计划2015年完成前期工作，2016年开工建设，力争与衢宁铁路同步建成。

4.金华至黄山（金华—建德段）：计划2015年完成前期工作，2016年开工建设。

5.通苏嘉城际：计划2015年完成前期工作，2016年开工建设。

6.龙泉至浦城铁路：计划2016年完成前期工作，2017年开工建设。

7.沪乍杭铁路：计划2016年完成前期工作，2017年开工建设。

8.宣杭铁路电气化改造工程：计划2016年待环评工作完成后开工建设。

（浙江省发展和改革委员会交通处供稿）

能源发展报告

2014年，浙江能源发展工作紧紧围绕省委省政府决策部署，按照“稳中求进、改中求活、转中求好”的总基调，不断强化能源保障，加快优化能源结构，着力扩大有效投资，深入推进能源改革开放，为浙江省经济社会发展提供了有力的能源支撑。

一、能源供需

适应经济新常态，浙江省能源消费增速放缓，在加快淘汰落后产能、凉夏天气等多种因素的共同影响下，2014年能源供需首次从“供不应求”向“总体平衡、略有盈余”转变。预计全省能源消费总量1.90亿吨标煤左右，同比增长约1.1%。其中：成品油消费1856万吨，同比增长1.3%；天然气消费76.5亿方（含非管输气），同比增长30.8%；全社会电力消费3506亿千瓦时，同比增长1.5%。全省非化石能源利用量（水、核、风电等）折合约2581万吨标煤，约占能源消费总量的13.6%左右。预计全省单位GDP能耗0.50吨标煤/万元，同比下降6.1%；单位GDP电耗924千瓦时/万元，同比下降5.6%。

（一）用电增幅“逐月下降”，电力平衡有余

2014年，浙江省用电增幅呈现“逐月下降”态势。1—12月全社会用电量3506亿千瓦时，同比增长1.5%。一季度全社会用电量同比增长4.6%，二季度同比增长2.8%，三季度同比下降4.4%，四季度同比增长4.8%。进入夏季后，受罕见的多雨凉夏天气以及去年持续高温用电基数较高的影响，空调负荷同比下降，用电增幅出现负增长。全省统调最高负荷5773.6万千瓦，同比增长5.7%。全省峰谷差继续加大，最大峰谷差为2473万千瓦，同比增长27.9%；统调平均用电负荷率82.2%，同比下降1.1个百分点。全年全省外购电量661亿千瓦时，同比增长11.2%。

(二) 天然气消费增速低于预期，LNG发挥保供调峰重要作用

2014年，全省落实管道天然气资源85亿方，实际供气68.5亿方，同比增长23.4%，非管道气8亿方。浙江省天然气用气需求增速明显低于预期，4月份以后即供过于求。迎峰度夏期间，因全省电力负荷远低于预期水平，加上外来水电的充足供应，天然气发电需求不足，导致供过于求局面持续至9月底。目前浙江省主要调峰气源为LNG。年初迎峰度冬期间，在各管道气资源有限的情况下，宁波LNG采取调整船期等措施，增加供浙气量，作为西气的串换资源，最大日串换量突破200万方，在应对雨雪极端天气应急保供方面起了关键作用，保障了浙江省供用气平稳。4月起，LNG外输量长时间维持在300—500万方/日，最高为1399万方/日。

(三) 成品油市场供需平稳，油品结构继续分化

因国际油价大幅走低，国内成品油市场总体供应充裕。全省成品油消费预计1856万吨，同比增长约1.3%。浙江省因机动车拥有量持续快速增加，高基数加上旅游消费的拉动，汽油消费继续保持较快增长，柴油消费继续疲弱，与去年同期相比略有增长，其中陆上柴油消费基本持平。

(四) 煤炭供应持续宽松，煤炭利用效率进一步提高

2014年国内煤炭市场持续低迷，煤炭供应和库存充足。全省消费电煤预计8055万吨，同比降低5.8%，电煤供应充足，其中：省属企业供煤4585万吨，在浙央企供煤3028万吨，其他市场主体443万吨。全省6000千瓦及以上火电供电标煤耗289克/千瓦时，同比下降14克/千瓦时，煤炭利用效率进一步提高。

二、能源建设

2014年，全省前期和在建能源项目累计完成投资669亿元，较好地完成了年度计划任务和项目建设目标，能源保障能力进一步增强。

(一) 电源项目

全省完成电源投资350亿元，同比增长6.4%。新增电力装机924万千瓦，电力供应能力得到极大提升。建成投运华润苍南、浙能舟山六横、华能长兴、舟山朗熹等重大煤电机组567万千瓦，建成投运方家山核电108.9万千瓦，秦山核电基地已成为我国核电机组数量最多、堆型最丰富的核电基地。新增气电装机245.8万千瓦。温州电厂四期核准开工。

截至2014年底，全省累计建成电力装机7440万千瓦，其中：煤电、水电、油电、气电、核电、抽水蓄能、非水可再生能源及余热装机分别占比57.4%、9.2%、3.5%、14.2%、7.4%、4.1%和4.2%。

（二）电网项目

完成电网项目投资287亿元（不含省外特高压），同比增长24.8%。新增110千伏以上输电线路4909千米、变电容量4875万千伏安。溪洛渡至浙江、浙北至福州特高压建成投运，浙江省特高压已形成“两交一直”格局。六横电厂送出、温四电厂送出、浙北至福州特高压交流等在建电网项目均按计划推进。

截至2014年底，全省累计建成110千伏及以上输电线路45457公里、变电容量32219万千伏安，其中特高压线路1602公里，变电容量2600万千伏安。

（三）煤炭、成品油、天然气储运项目

完成煤炭石油天然气储运设施投资30亿元，同比增长3.4%。建成龙游至常山成品油管道，建成浙能镇海、琥珀安吉、常山热电等配套天然气管道工程。甬台温、金丽温管线、嘉兴独山港煤炭中转码头等项目加快推进。甬绍金衢成品油输油管道开工建设。

截至2014年底，全省建成成品油长输管线881公里，油库容量约511万立方米；建成天然气省级长输管线818公里、城市管网总长约23875公里，天然气覆盖面不断扩大。

（四）能源结构优化及可再生能源发展

积极开展清洁能源示范省创建工作，争取国家能源局下发《国家能源局关于支持浙江省创建清洁能源示范省的若干意见》（国能新能〔2014〕570号）。制订《浙江省创建国家清洁能源示范省实施方案》，提出创建国家清洁能源示范省的指导思想、发展目标、主要任务、重点示范和保障措施。深入开展大气污染防治调整能源结构专项行动，印发了《浙江省大气污染防治调整能源结构专项实施方案（2014—2017年）》及3个子方案，指导各市编制完成《高污染燃料禁燃区建设和工业园区集中供热实施方案》，起草了鼓励先行、实行差别化扶持的《燃煤锅炉淘汰配套政策》，批复了13个县（工业园区）的集中供热规划，制定出台全省燃煤机组2014—2017三年清洁改造方案，启动了12台在役60万千瓦以上机组的清洁化改造。扎实抓好燃煤锅炉淘汰，全省共淘汰燃煤锅炉3353台。

可再生能源发展加速推进。新增水电装机6.66万千瓦，新增风电装机23万千瓦，新增生物质及垃圾发电装机8万千瓦。光伏发电应用发展迅速，新增光伏太阳能发电装机35万千瓦。2014 年国家能源局下达浙江省光伏发电项目建设容量指标 1200兆瓦，规模居全国首位，杭州、宁波、绍兴的3个规模化利用项目列入国家第一批分布式光伏发电示范区项目并已开工。加快推进海上风电工作。

截至2014年底，全省清洁能源电力装机2839万千瓦，占电力总装机的38.2%。清洁能源利用量3510万吨标煤，约占全省能源消费总量的18.5%。可再生能源开发利用量（不含外来水电）约折合标煤825万吨，占全省能源消费总量的4.4%。

(五) 油气管道安全与保护

油气管网的安全运行关系到人民的生命和财产，浙江省对此高度重视。一是加强立法工作。7月31日，省十二届人大常委会第十一次会议审议通过《浙江省石油天然气管道建设和保护条例》，明确了管道保护职责和责任、执法主体、应急救援机制等，10月1日正式施行。这是国家石油天然气管道保护法实施后出台的第一个省级条例。二是加强法律宣传和执法业务培训，近百名从事能源工作相关人员参加了业务知识和实际操作培训。同时，通过电视、网络、报纸等媒体平台广泛宣传《条例》，提高人们管道安全与保护的意识。三是建立联合执法机制。建立由发改、能源、公安以及各市政府等参加的输油气管道安全保护工作联席会议机制，定期召开会议、开展联合执法。省能源局煤炭石油天然气处被全国油气田及输油气管道安全保护工作部际联席会议授予成绩突出集体称号。

三、能源合作

根据“以市场换资源、以投资保资源”的能源合作思路，按照互利双赢的原则推进与央企、省际间和国际能源合作，进一步增强能源资源保障能力。一是进一步强化与能源央企的交流合作。中石油、中石化、中海油三大石油公司增加了对浙江省的天然气供气量和成品油投放量，共落实供浙天然气资源85亿方，比上年增长51%，全省成品油供应量1856万吨。与中核集团合作，海盐中国核电城建设有序推进。二是进一步拓展省际和国际能源合作。溪洛渡至浙江特高压直流项目建成投运，新增溪洛渡水电电力740万千瓦。加强与宁夏、安徽、新疆等能源合作，加快推进宁东输浙煤电一体化项目。申报亚太地区低碳城镇示范项目—富阳银湖科技新城，并在APEC会议上展出。

四、能源科技装备

积极支持和引导浙江省能源科技装备产业发展。一是积极开展省内核电关联企业与中核集团、中广核集团对接平台搭建工作，推动浙江省核电关联产业发展。组织召开了中核集团核电设备国产化与浙江省核电关联企业市场推介会，积极帮助省内核电关联企业获得国家核安全许可证资质，推荐首台套核电关联产品进入市场。二是积极组织申报国家能源装备中央预算内投资项目资金补助，其中2个项目共获得补助资金3442万元。三是积极组织申报战略性新兴产业（能源）项目资金补助，其中2个项目共获得资金补助418万元。四是加强中央预算内项目督查工作。积极开展已获得国家中央预算内补助项目建设推进工作，进一步规范项目的信息上报和竣工验收工作。

五、能源价格

受外部市场形势和价格形成机制的综合影响，全省电价、气价略有调整，煤价、油价变动频繁。电价：调整了统调燃煤电厂和非统调燃煤电厂上网电价，每千瓦时降低1.1分钱至0.458元、0.5365元。出台了有关光伏发电和环保电价政策。煤价：国内煤炭市场总体呈持续下跌走势，前9个月大幅下滑，10月份以后小幅回升，环渤海动力煤价格指数（5500大卡）全年均值为523元/吨，较上年下降66元/吨。油价：按照新的国内成品油定价机制，本年度共经历4涨7跌11次调整，累计下调汽油价格385元/吨，柴油价格370元/吨，国内油价首次出现“四连降”局面，汽柴油价格回落至新低，与2012年7月持平。气价：国家上调天然门站销售价格，除居民用气外均提高了0.14元/立方米，调整后浙江省居民用气价格不变仍为2.42元/立方米；非居民用气价格为3.37元/立方米；半山电厂3.27元/立方米；其他电厂为3.36元/立方米。

六、能源规划

启动“十三五”能源规划前期研究。一是开展能源发展战略研究。组织开展了“十三五”能源发展规划思路、清洁能源发展促进“两美”浙江建设、工业用户天然气价格承受力等能源课题研究。二是启动规划编制工作。确定了省级“1+7” 能源规划体系，即能源发展规划，电力、电网、煤炭石油天然气、可再生能源、分布式能源、能源科技装备、天然气管网等专项规划。落实规划编制部门、责任分工、编制要求等。

七、政策法规

3月27日，省第十二届人大常委会第九次会议通过并发布《浙江省电网设施建设保护和供用电秩序维护条例》（浙江省人大常委会公告第13号）。6月30日，省物价局出台《关于完善小水电上网电价政策有关事项的通知》（浙价资〔2014〕150号）。7月21日，省物价局、省经信委、省能源局出台《关于进一步明确光伏发电价格政策等事项的通知》（浙价资〔2014〕179号）。7月31日，省第十二届人大常委会第十一次会议通过并发布《浙江省石油天然气管道建设和保护条例》（省人大常委会公告第19号）。8月4日，省物价局、省经信委出台《关于对电力用户有序用电进行电费补偿的通知》（浙价资〔2014〕192号）。9月5日，省物价局出台《关于电价调整有关事项的通知》（浙价资〔2014〕210号）。10月21日，省物价局出台《关于杭州等三市车用柴油提前升级后价格执行标准的通知》（浙价资〔2014〕236号）。11月14日，省物价局出台《关于调整非居民用天然气价格的通知》（浙价资〔2014〕249号）。

八、2015年能源工作主要任务

(一) 全力推进国家清洁能源示范省创建

一是完善浙江省创建国家清洁能源示范省实施方案，积极争取国务院批复。二是全面启动清洁能源示范省创建工作，明确时间表、路线图，制定下发2015年度重点工作任务，分解落实到相关部门和各市县认真组织实施。三是夯实项目支撑，加快实施“万亿清洁能源建设工程”。

(二) 切实做好全省能源保障

一是加强能源预测预警工作，及时提出对策措施。二是确保全省电力供应安全稳定。三是强化天然气、煤炭、石油等资源保障工作，积极谈判降低供浙天然气价格，确保天然气供需平衡。进一步加强油气管道建设和安全保护工作。

(三) 认真编制“十三五”能源发展规划

全面分析全省经济社会发展、能源资源环境、能源需求现状，科学预测“十三五”及更长时期能源需求趋势，编制“十三五”能源发展规划和电力、电网、煤炭石油天然气、可再生能源、分布式能源、能源科技装备、天然气管网等专项规划。做好与国家能源局的规划衔接工作。指导各市发展改革委（能源局）做好“十三五”能源规划编制工作。

(四) 深入开展大气污染防治调整能源结构专项行动

一是全力抓好锅炉淘汰，建立数据库，编制淘汰改造年度计划，将燃煤锅炉的淘汰指标分解到县（市、区）。二是深入开展燃煤热电机组清洁排放整治提升改造，制订并组织实施年度关停、改造热电联产机组计划。三是规划实施集中供热，基本完成设区市、县（市）一级的集中供热规划编制工作。

(五) 着力抓好重大能源项目建设

科学谋划、及早安排、有序推进能源项目建设，全年新增电力装机300万千瓦以上，完成电网投资180亿元以上。一是建成投运一批项目，方家山核电2＃机组投运，建成台二电厂200万千瓦机组，争取建成温州电厂四期1号机组，建成甬台温输油气管道、舟山石油国储二期、金丽温输气管道工程。二是继续推进一批在建项目，推进宁东至浙江特高压直流、三门核电一期、温州电厂四期、以及重大电源项目的配套电网送出等建设工程。三是开工建设一批项目，力争年内核准开工长龙山抽蓄项目，争取开工建设宁波LNG接收站二期、舟山LNG接收站、温州LNG接收站。四是研究谋划一批前期项目，继续推进苍南核电、三门核电二期、宁海、缙云抽蓄、西北干线天然气管道等项目前期工作。

(六) 努力助推能源科技装备产业发展

积极研究谋划浙江省能源产业发展的“产业图”和“招商图”，采取合资、引进投资项目、引进生产基地、技术合作等方式，依托重大能源项目推进装备自主化，培育重点企业。重点推进核电、海上风电、大型LNG成套技术装备、天然气长输管线装备的国产化以及“浙产化”。实施核电关联产业发展年度实施计划。

（七）积极深化能源市场化改革

贯彻落实《关于进一步深化电力体制改革的若干意见》（中发〔2015〕9号）精神，结合浙江实际，找准改革突破口，加大改革力度。研究发电侧峰谷电价改革方案，探索建立外来电电价电量协调机制，加快推进天然气等能源价格改革，探索开展抽水蓄能电站建设和运营体制改革试点工作。鼓励和引导民间资本进一步扩大能源领域投资，总结典型示范项目民资参与模式，推动民资进入天然气、购售电、可再生能源开发利用、核电发展等能源重点领域。做好国家审批权限下放的承接工作，按照“能放则放”的原则，进一步推进审批制度改革。

（八）不断拓展能源交流合作

积极开展新常态下的能源合作与发展战略研究，提高浙江省能源资源掌控能力。一是加强省际合作。与宁、新、晋、陕、蒙等省区沟通衔接，巩固与长三角等周边省份合作关系，积极参与省外煤电一体化、煤制气等项目建设。加快推进宁东输浙煤电一体化项目。二是深化央企合作，建立经常性联系沟通机制，巩固和拓展合作领域。三是拓展国际合作。积极参与国家“一带一路”战略。做好APEC能源合作课题申报工作。支持有条件的浙江能源企业“走出去”参与国外能源项目的开发、建设等。

（九）加强能源综合管理

编制下发2015年度能源发展计划，开展季度能源形势分析。加强能源规划、重大项目上下衔接，健全工作协调机制。编发《浙江能源工作》，做好《浙江通志 · 能源业卷》编纂工作，完善信息交流共享机制。开展业务培训，加强队伍建设，深入开展“自我革命、自我净化”专项行动，以优良的作风促进年度工作任务圆满完成。

（浙江省能源局综合规划处供稿）

重大外资项目计划监测报告

一、2014年重大外资项目计划推进情况

（一）利用外资项目进展顺利，多个项目竣工投产

35个实施类利用外资项目总投资148.96亿美元，2014年计划完成投资23.19亿美元。全年实际完成投资24.09亿美元，完成年度计划103.89%，其中长安福特杭州生产基地项目、阿里巴巴支付宝项目、依维柯增资项目、宜家家居、台塑关系企业丁基橡胶生产项目、台塑丙烯酸脂有限公司增资AA/AE项目、泽鑫精密锻造（平湖）有限公司增资项目、维达纸业三期工程等19个项目超额完成全年计划。35个项目已全部开工，长安福特杭州生产基地一期主体竣工并投入试生产；依维柯增资项目、台塑关系企业丁基橡胶生产项目、台塑丙烯酸脂有限公司增资AA/AE项目、华鑫化纤有限公司年产60万吨纤维聚酯装置项目、华润苍南电厂项目、东方日立锅炉有限公司增资项目、巨石攀登电子基材有限公司增资项目等9个项目竣工投产。

20个前期类重大外资项目累计完成投资6.82亿美元，其中，萧山开发区年产3万吨巧克力及糖果项目、千岛湖新安江生态经济发展一期建设项目、乐高玩具制造（嘉兴）有限公司乐高玩具制造项目、浙江纪鸿包装有限公司年产20亿只两片罐项目、长江汽车新能源客车、隆翠汽车冲压件、恩驰汽车公司、浙江恒腾差别化纤维项目等9个项目已开工建设。

（二）外国贷款项目稳中有进，新项目顺利启动

3个外贷实施类项目总投资5.13亿美元，利用外资额度2.01亿美元，2014年计划投资5619万美元，实际完成投资5476.43万美元，完成年度计划的97.5%。世行贷款林业综合发展项目已完成纯林生态修复面积2623公顷。世行贷款浙江省钱塘江流域小城镇环境综合治理项目已完成投资3161.93万美元，其中衢江区霞飞路以西建成区块污（雨）水管网改造工

程已完成竣工验收通车。世行贷款宁波市城镇生活废弃物循环利用项目在海曙、东钱湖、镇海完成设计招标，六区转运站及厨余厂完成监理招标，江东、鄞州、江北及厨余厂完成10%工程量。4个外贷前期类项目进展顺利。目前，世行贷款浙江农村生活污水处理系统及饮水工程建设项目已正式启动。

（三）境外投资项目进展不平衡，有待进一步加快

16个境外投资项目中方总投资85.65亿美元，2014年计划完成中方投资10.75亿美元。全年完成投资8.19亿美元，完成年度计划的76.2%。美都控股美国投资扩建油气开采项目、浙江航民科尔纺织有限公司在美国投资建设年产3万吨气流纺纱项目超额完成年度计划任务，浙江向日葵光能科技项目已顺利完工并实现并网。巨石集团有限公司在美国投资建设年产10万吨玻璃纤维池窑拉丝生产线项目、浙江青年乘用车集团有限公司在荷兰合资开发轿车项目、和润集团有限公司增资和润国际控股（香港）有限公司开展大豆贸易项目、宁波凤凰世纪广场投资有限公司在迪拜投资建设凤凰世纪广场项目等4个项目仍处于前期调研阶段，春和在刚果（布）投资建设年产120万吨钾肥项目因项目资金短缺进展缓慢，海亮有机农业集团有限公司收购澳大利亚瑞维瑞纳食用油生物能源公司（ROBE）和树顶种植园公司（TTP）部分/全部股权项目已撤销投资意向。

二、省领导联系的重大外资项目推进情况

李强省长联系的东风裕隆汽车有限公司二期扩建乘用车项目，总投资50597万美元，规划用地544.053亩，实现乘用车24万辆/年的产能建设。二期项目于12年6月获得省发改委核准后，正式进入国家发改委备案审核环节。二期土地涉及农保地470.421亩，有条件用地65.157亩。目前，58亩有条件建设区已上报规划局部修编；涉及470亩基本农田需农保调整，根据目前国家和省的政策，产业项目调整和外移基本农田难度极大。待农保用地调整完成后，才能获得土地主管部门正式的土地预审批文，进而才能获得国家通过国家的备案审核。

龚正常委联系的长安福特杭州汽车生产基地年产30万辆乘用车项目，总投资11.9亿美元，2014年计划投资13115万美元，实际完成投资27888万美元，完成全年计划的213%。目前，一期主体已经竣工并投入试生产。

程渭山副主任联系的衢州华友钴新材料有限公司（钴金属）新材料项目，项目总投资29206万美元，2014年计划投资7755万美元，实际完成投资10825万美元，完成计划的139.6%。目前一期厂房已竣工，设备安装完成并投入生产。

冯明副主任联系的嘉兴乐高智力玩具制造项目，总投资10亿美元，总用地570亩，其中

一期总投资2.9亿美元，注册资本1.18亿美元，用地472亩，全年完成投资8266万美元。项目由世界三大玩具制造商中排名第二、世界500强企业之一的丹麦乐高集团投资，目前，项目包装区域、人工仓库、能源中心主体、中转车间、注塑车间等基础工作已完成，主体厂房正在建设。

梁黎明副省长联系的东方日立锅炉有限公司年产15台余热锅炉和22台中小型特种锅炉增资项目，总投资1.5亿美元，总用地面积304.6亩，计划分两期建设实施。其中一期总用地面积103.78亩，总投资1667万美元，以余热锅炉模块、集箱和结构件的生产制造为主，厂区规划新建联合生产厂房、工业配套用房（研发）楼以及生产辅助系统等，总建筑面积37718.5㎡，一期项目建成后将形成年产6台余热锅炉模块以及1118t集箱和4900t结构件的生产能力。2014年计划投资300万美元，全年完成投资320万美元，完成年度计划106.7%。目前，项目一期已经投产。

多位省领导关注的嘉兴世合新农村配套项目一期，总投资30000万美元，2014年计划投资1270万美元，全年投资10800万美元，已完成年度计划850%。目前，有机农业一期基本建成，田园小镇1-1期结构封顶，幼儿园学校道路抓紧建设。

三、项目推进中碰到的主要问题

（一）土地问题仍是制约外商投资项目推进的主要因素之一

35个实施类项目共需用地14318.72亩，已完成供地12192.83亩，供地率达到85.2%。其中长安福特、新世界广场等31个项目已完成100%供地，尚有4个项目供地未完成。20个前期类项目共需土地7059.83亩，已完成供地2712.7亩，供地率38.4%，其中东风裕隆汽车二期扩建项目涉及486亩农保地需调整；嘉兴麟湖国际文化旅游城建设项目涉及54亩农保地需调整；恩驰汽车公司年产10000辆客车专用车项目缺少二期土地指标100亩；舟山华泰东白莲岛成品油储运项目需要解决土地指标600亩；华祥差别化纤维二期增资项目因土地指标未落实，项目暂缓；建德市千岛湖新安江生态经济发展一期建设项目也因土地利用总体规划调整等问题，推进较为缓慢。

（二）境外投资项目推进受多种因素影响

大型境外投资项目在投资之前，都会就当地的法律、财务、人文等开展深入细致的调查。但还是不可避免出现环境政策变化，影响企业投资进展的情况。如，春和刚果（布）投资建设年产120万吨钾肥项目，因资金投入巨大，项目融资再度遇到困难，投资和工程进度受制。浙江向日葵光能科技股份有限公司在罗马尼亚投资建设25兆瓦晶硅太阳能电站项目虽然已经完工，但太阳能发电绿色证书回购与原来政策有变化，目前，绿色证书回购比较困难。（罗马尼亚太阳能电站补贴政策为：太阳能每发1000千瓦/时的电能得到6个绿色证书，每个证书最低27欧元，国家保证15年证书发放并以最低价格收购，但罗马尼亚政府在2014年7月和9月发布决议，计划给用电较多的大公司进行绿证减免，很多公司因此提出减免申请，在具体减免细则出台前，用电大公司和政府均未购买或回收绿色证书。）浙江正泰太阳能科技有限公司在日本投资建设30兆瓦光伏电站项目，由于14年九州电力对并网申请关闭了一段时间，该项目设备的变更申请及并网初步设计延后至2015年1月递交，项目进展因此后延。浙江航民科尔纺织有限公司在美国投资建设年产3万吨气流纺纱项目，由于美国对劳动环境的安全标准非常高，厂房验收时间长，影响了正式投产的时间。

（三）前期程序复杂影响外贷项目进展

由于外国贷款项目涉及面广，如环境评价、移民安置、技术、财务等；协调的层级多，从中央到省、市县及项目单位；程序复杂且专业性强，时间跨度大，包括国内和国际金融组织两套程序，其中项目鉴别、预评估、评估、谈判、签约、招标采购、合同管理、提款报账等都必须按照国际通行的规则和要求来执行。而浙江省的项目，均属于多个县市、多个子项目的打捆项目，实施过程更加复杂，推进任务更加繁重。另外，目前国家对于外国贷款项目政策主要向中西部倾斜，导致浙江省争取前期项目难度非常大。外贷前期类项目的顺利推进，不仅需要在项目包装上突出创新性、引领性和示范性，更需要省领导的高度重视和国家有关部门的大力支持。

四、下一步工作建议

（一）组织实施2015年重大外资项目推进计划

按照“符合方向、体现重大、具备条件”的原则，筛选重大外商投资项目，按照“引领性、创新性、示范性”的原则，选好国外贷款备选项目，按照“加大境外能源资源合作开发，推进企业境外并购重组，培育一批本土跨国公司”的原则，选择一批重大境外投资项目。联合省商务厅、省经信委下达《2015年浙江省重大外资、境外投资项目推进计划》，加强对外资重大项目服务，明确项目联系人，抓好项目推进服务。

（二）重点抓好外资重大项目的协调

重点抓好省外资重大项目进度，分解和细化工作目标，集中资源，突出重点，抓好协调。同时，重点是土地、资金、环境容量、能源指标等要素的保障。目前项目进度主要是受土地瓶颈制约的影响较大，当务之急，一方面积极争取政策扶持，千方百计解决用地指标，另一方面加大现有闲置土地盘活力度，同时重大项目用地计划要在点供计划上取得突破。

（三）加大改革创新简政放权的力度

根据《国务院关于发布政府核准的投资项目目录（2014年本）的通知》（国发〔2014〕53号）的要求，进一步简政放权，转变政府投资管理职能，使市场在资源配置中起决定性作用。根据国家发改委关于实施《外商投资项目核准和备案管理办法》（国家发展改革委第12号令）和《境外投资项目核准和备案管理办法》（国家发展改革委第9号令）的要求，做好浙江省外商投资管理体制、境外投资管理体制以及外国贷款项目的改革完善工作，在充分吸收省级相关部门和各地市意见的基础上，修改完善《浙江省外商投资项目核准和备案管理办法》及《境外投资项目核准和备案管理办法》，争取尽早印发实施。

（四）加大服务协调推进项目的力度

发挥我委和省经信委、省商务厅对项目服务的牵头作用，集三部门之力，定期研究《外资项目计划》推进情况及存在问题，共同出谋划策为企业排忧解难。各级发改部门会同商务等部门要发挥好牵头作用，发挥省领导联系和关注项目的有利因素，组织督促项目具体实施单位及有关职能部门各司其责，切实帮助解决项目推进中存在的困难和问题，形成合力共同推动项目，争取年内较大的突破。

（浙江省发展和改革委员会外资处供稿）

循环经济发展报告

序

2014年是浙江省循环经济工作成果丰硕的一年。经过多年循环经济的不断探索和实践，浙江省顺利通过国家循环经济试点省验收，循环经济发展成效显著、总体水平国内领先，对全省产业转型升级和“两美”浙江建设发挥了重要作用。

2014年也是浙江省循环经济工作创新发展的一年，在全国率先开展提高资源产出率课题研究，创新性地构建了一套省域层面资源产出率统计、评价体系，为浙江省合理确定经济发展目标、加快转变经济发展方式、有效提升资源产出率奠定理论基础。树立全国省域层面开创资源产出率研究的示范，得到国家发改委领导的高度肯定。

本报告对浙江省循环经济发展取得的成就以及2014年循环经济重点工作进行了分析解读，评价全省循环经济发展水平，并总结了各类国家级和省级循环经济示范试点的实施成效。报告由十部分组成，包括循环经济总体情况、农业循环经济、工业循环经济、循环型服务业、资源综合利用和再生资源回收利用、科技支撑、绿色消费模式、国家级示范试点、省级示范试点、重点项目等篇章。

一、循环经济发展总体评价

(一) 总体情况

1.循环经济发展总体水平国内领先

经过多年循环经济发展的不断探索和实践，浙江省顺利通过国家循环经济试点省验收，循环经济发展水平总体走在全国前列，走出了一条符合省情的发展道路，为浙江省产业转型升级和“两美”浙江建设起到重要作用，同时对发达省份破解资源环境约束起到较好示范作用。2014年，浙江单位GDP能耗比上年下降6.1%，提前一年完成“十二五”节能降耗目标，能效水平位居全国第三；工业固体废物利用率已达到93.2%，20%的钢、50%的铜和40%的铝均来自废旧金属再生利用，纸张循环利用率达80%，海水淡化产能占全国1/6，资源综合利用水平达到国内先进水平。

2.节能环保产业规模位居全国前列

浙江省纺织、石油、化工等传统产业依然占据主导地位，发展节能环保产业有助于推动相关产业加大技术改造力度。

作为浙江省九大战略性新兴产业之一，经过近几年的大力扶持，节能环保产业已成为推动全省经济发展的重要增长点。据初步估算，2014年实现产值6000亿元以上，规模位居全国前列，形成了资源循环利用、节能装备、废气处理装备、水处理装备等若干优势领域，预计未来一段时期，浙江省节能环保产业年均增长15%以上。

3.循环经济示范试点体系不断完善

通过循环经济载体和平台建设，浙江省循环经济示范试点建设取得了显著的成果，截至2014年底，全省拥有46个国家级循环经济示范试点单位以及14个省级循环经济示范试点城市和园区，建立了完善“点、线、面”结合的循环经济示范试点体系，形成凝练了一批独具浙江特色的典型循环经济模式。循环经济载体建设所取得的丰硕成果，不仅对全省循环经济全面发展起到显著的示范带动效应，也为宣传推广浙江省循环经济发展成果、争创国家循环经济示范省积累了宝贵经验。

4.循环型社会发展取得了阶段性成效

全省开展了浙江省节俭养德全民节约行动，推动浙江省构建循环型社会发展模式，基本形成了绿色、低碳、循环的消费模式。城市建设绿色化循环化发展水平逐步提升，电子商务模式不断推广；绿色交通进一步发展，全省营运车辆天然气气化率约为2.17%，公交分担率提高2个百分点，公共自行车覆盖到15%县级城区；绿色建筑进一步推广，全省累计建成节能建筑5.6亿平方米；全省绿色饭店数量、质量持续走在全国前列；餐厨垃圾资源处理成效显著，已有宁波、嘉兴、金华、杭州和衢州五个城市被列为国家餐厨废弃物资源化利用和无害化处理试点城市。循环经济发展环境良好，全省循环经济教育宣传力度加大，组织参加了第三届中国国际循环经济成果交易博览会，举办了“低碳中国·院士专家行”、再制造产品走进汽配城——杭州站主题宣传活动等活动。

5.循环经济体制机制创新成效显著

浙江省在循环经济体制机制创新方面做出很好的探索和实践，一方面，浙江省就资源要素市场化配置改革扩面作出部署，确定在杭州市萧山区等25个县（市、区）开展此项改革，着重推进实施差别化电价制度、建立非居民用水超计划累进加价制度、推进污水处理符合计价收费制度、建立用能总量核定和指标交易制度、开展城镇土地使用税收政策调整试点、推行差别化排污总量控制和排污权交易制度等六个方面资源环境要素改革。另一方面，浙江省通过省级财政专项资金支持政策和国开行投融资创新平台，发挥“四两拨千斤”的作用和效果，全面推动园区循环化改造迈上新台阶。充分发挥市场在资源配置中的决定性作用和更好地发挥政府主导作用，深入推进资源要素市场化配置改革，着力破除要素配置中的体制性障碍，提高要素配置效能和节约集约利用水平，为“干好一三五、实现四翻番”、建设“两美”浙江提供动力和保障。

综上，2014年浙江省循环经济工作在2013年良好发展态势的基础上又迈进了一大步，取得了显著成绩。但也要看到循环经济发展是长期的战略，浙江省在循环经济产业培育、生活方式、体制机制上仍然存在许多问题和不足，在今后几年，浙江省需要重点强化研究、规划和示范试点工作，争取在循环经济体制机制和科技创新领域有所突破，继续保持全国领先地位和水平。

(二) 2014年重点工作

1.顺利通过国家循环经济试点省验收

2007年12月，经国务院同意，国家发改委等六部委联合印发《关于组织开展循环经济示范试点（第二批）工作的通知》（发改环资〔2007〕3420号），将浙江省列入国家循环经济试点省。2014年，国家发改委等七部委组织开展了国家循环经济试点示范单位的验收工作，浙江省、宁波市、浙江省废旧家电回收利用、浙江绍兴滨海工业园区、浙江巨化集团公司、宁波金田铜业股份有限公司顺利通过验收。巨化集团和杭州市环境集团通过国家循环经济教育基地试点验收。通过国家循环经济试点省等国家循环经济试点示范单位建设，浙江省循环经济各个领域取得了阶段性成果，为全国层面循环经济发展起到很好的示范作用，为全省争创国家循环经济示范省奠定了坚实基础。

2.率先开展省级层面资源产出率课题研究

浙江省在全国率先开展提高资源产出率课题研究，并将其列为2014年度浙江省发改委重点研究课题，课题研究得到国家发改委领导和环资司的高度肯定，并得到清华大学国家资源产出率课题研究团队的大力支持。课题在国家14种资源的基础上，增加了水资源、土地资源和浙江特色矿产萤石资源，创新性地构建了一套省域层面资源产出率统计、评价体系，合理测算和评价了浙江省的资源产出率现状水平，从物质流分析的视角研究提出浙江省资源产出率的提升路径。课题完成“一本资源账、一套测算方法、一套指标体系，一张路线图”研究成果，为全国开展资源产出率研究和应用提供借鉴与参考，为循环经济发展水平提供更全面的分析与评价标准。

3.发布首个省域循环经济发展报告

2014年，浙江省发布了首个全国省域循环经济发展报告，作为全省各个部门和领域循环经济发展成果的集中展示，全面反映浙江省循环经济发展现状，促进浙江省循环经济年度工作总结固定化和规范化，是浙江省最具综合性和全面性的循环经济领域权威报告和循环经济信息发布的重要平台。《2013年循环经济发展报告》由九部分内容组成，全面系统总结和评价浙江省循环经济发展现状与水平，分别对浙江省循环经济发展取得的成就进展以及2013年循环经济重点工作进行了分析评价，并总结了各类国家级循环经济示范试点的实施成效。报告发布得到了国家发改委和省政府的肯定和赞誉，给地方循环经济工作提供了指导和参考。报告发布取得了较大的社会影响力，《都市快报》重点报道了《报告》的有关成果，新华网、凤凰网、网易、和讯网、杭州网等国内重点媒体网站进行了转载。

4.努力推进城市循环经济发展

2014年，在永康召开了全省循环经济示范城市建设推进大会，明确了创建工作年度任务，提出“结合本地特色、先行先试、创出经验”的总体部署和要求，加快推进第一批10个国家级和省级循环经济示范城市建设，为全省城市发展循环经济作出探索和实践。2014年，生态文明建设工作全面推开，湖州市以及杭州市、丽水市被列入国家生态先行示范区，国家要求杭州在发展节能环保市场、推行排污权交易制度等方面做出创新，湖州在生态文明建设考核评价制度、自然资源资产负债表等方面进行探索，丽水在生态文明领导干部评价考核体系、自然资源产权等方面不断实践，进一步推动城市循环经济体制机制创新。

5.全面推动全省园区循环化改造

按照省政府办公厅下发的《浙江省园区循环化改造推进工作方案》（浙政办发〔2013〕146号）精神，2014年，全省园区循环化改造工作全面启动，通过省级财政、国开行投融资等政策支持，多措并举加快推进全省园区循环化改造工作，标本兼治助推“五水共治”确保长久成效，着力促进“两美”浙江建设。2014年，园区循环化改造工作示范试点成果显著，绍兴滨海工业园区、宁波石化经济技术开发区成功入选国家园区循环化改造示范试点园区，丽水经济开发区等7家园区成为首批省级园区循环化改造示范试点园区。截至2014年底，国家已确定了3批共67家国家级循环化改造试点园区，浙江省已争取浙江台州化学原料药产业园区、宁波经济技术开发区、衢州高新技术产业园区、绍兴滨海工业园区和宁波石化经济技术开发区等5家，共争取中央资金13.8亿元，是全国数量最多、补助金额最高的省份。

6.积极争创国家资源综合利用“双百工程”示范基地和骨干企业

浙江省争创国家资源综合利用“双百工程”示范基地和示范企业取得大丰收，“一县一区三企”入围：苍南县和湖州市南浔区入选“双百工程”示范基地，浙江富源再生资源有限公司、浙江海利环保纤维有限公司及杭州中策橡胶循环科技有限公司入选“双百工程”骨干企业。其中，苍南县和湖州市南浔区是浙江省首次成功争创“双百工程”示范基地，两个基地建设解决了区域性的发展关键问题，在全省形成可复制、可推广的资源综合利用典型模式。

7.组织参加第三届中国国际循环经济成果交易博览会

浙江省组织参加了由国家发改委等九部委在青岛举办的第三届中国国际循环经济成果交易博览会，浙江展区围绕“循善永续、两美浙江”的主题，设置了循环经济示范城市（县）、园区循环化改造、资源回收利用示范试点、技术装备、生态文明先行示范区和生活互动六大分区，通过播放全省循环经济发展主题宣传片、发放宣传手册等多种形式，集中展示和宣传浙江省在发展生态文明、促进循环经济及相关领域所取得的工作成效，搭建企业合作桥梁，普及循环经济发展理念，并荣获了循博会组委会颁发的“优秀展示奖”和“优秀组织奖”。

8.深入推进循环农业及秸秆综合利用工程

积极制定并实施《浙江省2014—2015年度秸秆综合利用实施方案》，着力推动肥料化、饲料化、基料化、燃料化和原料化五大重点工程，并积极开展秸秆综合利用重点项目建设。经国家发改委批准，浙江省共有7个项目获得2000万元中央预算内投资补助，包括肥料化项目1个，基料化项目1个，燃料化项目4个和原料化项目1个，总投资达27961万元，年可利用秸秆量约25.1万吨。补助资金将专项用于秸秆收储运体系建设、肥料化、原料化、燃料化等综合利用项目建设，推动实现到2015年秸秆综合利用率超过80%的目标任务，有效缓解秸秆违规焚烧带来的大气污染影响。

9.启动全省节俭养德全面节约行动暨节约型企业建设

根据浙江省委宣传部等部门印发的《浙江省节俭养德全面节约行动实施方案》（浙宣〔2014〕62号）（以下简称《实施方案》）文件要求，省发改委牵头联合省经信委、省建设厅、省水利厅、省农业厅、省旅游局，组织编制了“节约型企业”建设实施方案。在生产领域中开展“节约型企业”建设，重点突出节水型社会、资源循环利用、工业节能、生态循环农业、生态旅游、绿色建筑六个领域。全面推行循环型生产方式和绿色消费模式，加快形成“合理生产、适度消费、循环利用”的可持续发展模式，更好地推动节俭养德全面节约行动，为浙江省生态文明和“两美”浙江建设提供有力支撑。

10.开展争创国家循环经济示范省前期工作

2014年浙江省顺利通过国家循环经济试点省验收，为进一步巩固和提升试点省取得的丰硕成果，打造循环经济试点省“升级版”，按照2005年时任浙江省委书记习近平在全省循环经济工作会议上提出“把我省建设成为我国循环经济发展的示范区”的要求，浙江省在总结循环经济试点省基础上，2014年启动了创建国家循环经济示范省前期研究工作，吸取了有关省发改委领导及循环经济专家的意见，起草了《浙江省争创国家循环经济示范省前期研究报告》，做好创建国家循环经济示范省前期准备工作，并积极争取省领导和国家发改委领导的支持。

二、农业循环经济进展与评价

(一) 发展概况

2014年全省生态循环农业建设工作以发展现代生态循环农业为抓手，成为全国唯一的现代生态循环农业发展试点省，启动开展实施现代生态循环农业“十百千”工程，继续实施生态循环农业“2115”示范工程，大力推进畜禽排泄物、秸秆资源化利用，有力促进农业转型升级和农业面源污染治理。全省累计建成省级生态循环农业示范县17个、示范区88个、示范企业101个；新增无公害农产品701个、绿色食品150个、产地面积95万亩。全省秸秆综合利用率为85.54%，高效低毒低残留农药推广使用面积达80%以上，全省农村清洁能源利用率达到71%，基本完成既定目标。

(二) 2014年重点工作

1.成功搭建现代生态循环农业发展新平台

省政府出台《关于加快发展现代生态循环农业的意见》，农业部将浙江省列为全国唯一的现代生态循环农业发展试点省，制定《农业部现代生态循环农业发展试点省实施方案》和《关于组织开展现代生态循环农业“十百千”工程的通知》，通过三年左右时间，在湖州、衢州2市和桐庐等16个县（市、区）开展整建制试点推进，建成现代生态循环农业生态示范区100个、示范主体1000个。组织实施生态循环农业“2115”示范工程，联合验收认定省级生态循环农业示范县11个、示范区26个、示范企业25个，全省累计建成省级生态循环农业示范县17个、示范区88个、示范企业101个。

2.全力推进畜禽养殖污染治理

按照省委省政府“五水共治”决策部署，浙江省全力推进畜禽养殖污染治理。重新调整划定畜禽养殖禁限养区，分类分年开展年存栏生猪50头以上畜禽养殖场污染治理、设施修复改造和标准化提升，目前全省已全部调整划定畜禽养殖禁限养区，关停或搬迁禁养区养殖场7.41万家，调减生猪存栏559万头，整治提升年存栏50头以上养殖场4.36万个。全省新建畜禽粪便收集处理中心30个，新增沼液利用量482.3万吨，落实生态消纳池654.8万亩。全省建成死亡动物无害化集中处理厂26个，累计收集处理死猪366.6万头，基本建立死亡动物无害化处理长效机制。

3.科学防治种植业污染

把控制化肥和农药施用作为种植业污染防治的主要内容。以实施测土配方施肥技术为重点，推广应用商品有机肥和新型肥料，完善作物配方肥配方和推广模式，提高肥料利用率，实现化肥减量。全省推广测土配方施肥技术3202万亩，推广配方肥26.8万吨、商品有机肥74万吨，化肥减量3.3万吨。大力推广农药减量控害增效技术，推进病虫害统防统治、绿色防控和高效农药替代，提高农药利用率，实现农药减量。全省推广农作物病虫害统防统治477万亩，实施高效农药替代面积1000万亩次，农药减量2400吨。在余杭等21个县（市、区）开展农药废弃包装物回收处置试点工作，形成了各具特色的回收处置模式。加强对“三品一标”企业和基地检查力度，积极引导农业龙头企业、示范性农民专业合作社、示范性家庭农场等基地及主体申报“三品”。

4.积极推进农村清洁能源建设

在萧山、嘉善等10个县（市、区）开展秸秆综合利用试点工作，以点促面，推进农作物秸秆肥料化、能源化、饲料化、基料化及原料化等多途径利用。大力推进农村清洁能源建设，全省新建农村能源综合利用示范工程30个，新建整村集中供气示范村20个，推广太阳能热水器30万立方米。实施部级农机报废更新补贴和省级农机报废补偿政策，积极引导农民和农业生产经营主体淘汰老旧废、安全性能差农业机械，切实消除安全隐患，保障农机安全作业。全省报废拖拉机7688台、联合收割机308台。

三、工业循环经济进展与评价

（一）发展概况

2014年全省工业循环经济紧紧围绕转型升级和绿色循环低碳发展，以节约资源为主线，以示范引领、政策落实、推行清洁生产为抓手，努力降低消耗，延长产业链，提高资源利用效率，促进工业循环经济发展。园区循环化改造全面推开、示范试点成果显著，全面推动国家低碳工业试点园区建设，循环经济项目实施顺利，重点行业淘汰改造任务完成出色，清洁生产全面推进，节能工作可圈可点。2014年浙江省单位GDP能耗同比下降6.0%左右，工业固体废物利用率已达到93.2%，处于全国领先水平。

（二）2014年重点工作

1.全面推动园区循环化和低碳化改造

2014年，全省园区循环化改造工作全面启动，制定了全省园区循环化改造推进工作计划，争取到2017年，全省70%以上的国家级园区和50%省级园区完成循环化改造任务。全省园区循环化改造示范试点成果显著，绍兴滨海工业园区、宁波石化经济技术开发区成功入选国家园区循环化改造示范试点园区，丽水经济开发区等7家园区成为首批省级园区循环化改造示范试点园区。此外，浙江省选择基础较好、减排潜力较大的工业园区开展国家低碳工业园区试点，嘉兴秀洲工业园区、杭州经济技术开发区、温州经济技术开发区、宁波经济技术开发区成功入选，成为全国唯一一个有四家园区入选的省份。通过园区循环化和低碳化改造，探索形成产业高度集聚、资源产出水平高的园区可持续发展新模式，培育节能环保产业，引导和带动浙江省绿色、循环、低碳发展。

2.大力实施工业循环经济项目

围绕纺织、轻工、冶金、建材、化工等5大传统产业，以典型示范带动工业循环经济发展，2014年组织开展了浙江省第五批工业循环经济示范园区和企业的创建和评定工作，2014年，5个园区和33家企业被评为浙江省工业循环经济示范园区和企业，有效地发挥循环经济对工业转型升级的引领和促进作用。在工业园区层面上，新园区普遍运用循环经济理念进行建设；老园区从集中供热、集中污水处理、中水回用等公共资源循环利用着手，探索工业园区循环经济改造。在企业层面上，部分重点行业企业如钢铁、水泥企业的余热余压回收利用、纺织印染和电力企业中水和冷却水回用、新型墙材残次品再利用等内部循环利用得到普遍推广。以项目实施推动工业循环经济发展，大力发展资源循环利用产业，着力提高资源利用效率，树立一批工业循环经济典型。

3.着重推进能源“双控”和清洁生产

减量化是工业循环经济发展的首要原则，针对全省经济发展与要素支撑、环境容量矛盾突出的现实，积极推进能源消费减量化，加快实施能源消费“双控”，加快落后产能淘汰力度，积极推进清洁生产，能源利用效率明显提升。2014年浙江省单位GDP能耗同比下降6.0%左右，差不多提前一年完成国家下达的“十二五”节能降耗目标任务，能效水平位居全国第三位。2014年全省统调发电煤炭消费量同比显著下降。全省提前一年完成国家下达淘汰落后印染产能、织造产能、造纸产能、制革产能和烧结砖产能的“十二五”目标任务。积极推进清洁生产，完成了1000家以上企业的清洁生产审核，认定绿色企业66家。

4.积极推进资源综合利用

浙江省重点推进冶金、电力、医药、石化、造纸、建材、轻纺等行业固体废弃物的循环利用，通过资源综合利用认定积极落实国家资源综合利用税收减免政策，积极推进粉煤灰、煤矸石、冶金废渣及尾矿等工业固体废弃物的综合利用，大力发展利废建材、新型墙体材料，废弃物综合利用水平明显提升，目前浙江省工业固体废物利用率已达到93.2%，处于全国先进水平。据初步统计，浙江省已认定的资源综合利用企业年固废利用量约6500万吨，2014年1—10月全省增值税减免退税约7.54亿元。

四、循环型服务业进展与评价

(一) 发展概况

2014年，认真贯彻落实“两美”浙江总战略，把循环经济与节能减排作为推进现代交通转型升级和发展生态旅游的重要抓手，以专项行动和试点示范为载体，加强统筹规划，扎实推进，循环型服务业发展成效明显。2014年，全省交通运输行业共节约标准煤约64万吨，高速公路路面旧料回收率达到100%，循环利用率95.4%；普通国省道路面旧料回收率达到95.3%，循环利用率达到80.2%；创建国家级生态旅游示范区2家，省级生态旅游区10家，绿色饭店16家。

(二) 2014年重点工作

1.全力打造绿色交通

健全目标考核体系，推进全省交通能耗统计和动态监测平台一期建设，强化科技支撑，加大宣传引导。完成创建绿色交通省实施方案编制，完成6个示范城市和低碳公路、绿色港口、低碳航道、绿色公交等四类10个主题性示范项目等申报准备工作；发布《浙江省高速公路服务区LNG加气站建设规划（2015—2020年）》，首个高速公路服务区加气站在宁波镇海服务区实质性启动。促进形成主干线高速化、次干线快速化、支线加密化的路网结构；实施废旧料再生利用行动，全省普通国省道路面旧料回收率达到95.3%、循环利用率达到80.2%，高速公路路面旧料回收率达到100%、循环利用率95.4%；促进交通基础设施营运节能；深入开展公路边“三化”，实施绿化项目880公里；加强航道生态建设，启动湖嘉申线“五水共治”样板航道创建，开展嘉善生态航道养护试点；开展全省船舶垃圾接收点、船舶油污水接收点布局研究，推进内河七市接收点项目建设。优化运力结构，大力发展大吨位车船和特种车船，营运货运车辆的平均吨位比2013年底增加0.8吨，沿海船舶平均吨位比去年底提升3.59%。推进绿色维修，开发“道路运输业废旧资源回收利用信息系统”，实时掌握废旧资源回收、利用信息。

2.大力发展循环型物流

优化物流园区（基地）布局，继续推广“公路港”模式，引导鼓励物流基地实施网络化联盟，降低货车空驶率，提高运输效率。大力发展水运，发展大型专业化港口，基本建成内河港口7个500吨级以上泊位，顺利推进钱塘江中上游衢江航运开发工程等项目，成功构建了浙北航区内河集装箱运输系统。2014年浙北内河集装箱运输吞吐量从2011年5万标箱发展到近30万标箱。大力推进多式联运，继续推进集装箱、大宗物资海铁联运、江海联运等高效节能运输方式发展，宁波华东铁水联运项目列入全国首批示范试点，并与上海铁路局签署了共同推进综合运输体系建设的协议。探索新集约化运输组织模式，加快物流信息平台建设，对舟山、烟台、温州、大连港的船舶动态信息实现共享接口改造，推动长途客运资源整合、推进城乡物流配送。

3.扎实推进生态旅游

完成浙江省旅游产业发展规划纲要，明确提出开展生态主体功能区试点、衢州五龙湖生态旅游度假实验区、湖州国家生态文明先行示范区、浙西南旅游经济圈、开化和仙居国家公园试点、国家生态旅游示范区等一系列中心工作。推进县域旅游业循环经济建设，推动开化、仙居开展国家公园试点创建，指导开化、淳安、庆元、景宁、文成、泰顺等6个试点县旅游主业化发展，探索县域循环经济发展路径。推进旅游业循环经济体制改革试点工作，加强省际联动，联合打造浙皖闽赣四省国家生态文化旅游示范区，构建“一圈三片五组十线”的总体旅游发展格局。积极推进生态旅游品牌创建，全面深化生态旅游区创建，完成西溪湿地、仙居神仙居第二批国家级生态旅游示范区创建和省级初评工作。开展第六批省级生态旅游区创建工作，完成10家省级生态旅游区验收工作，评定出生态旅游示范区3家，达标区7家。

五、资源综合利用和再生资源回收利用进展与评价

(一) 发展概况

2014年，全省通过落实国家资源综合利用税收优惠政策，促进资源综合利用企业不断做大做强，更好地推动全省资源综合利用产业又好又快发展。粉煤灰、煤渣、冶金渣、矿山尾矿等大宗工业固废得到充分利用，生活垃圾、餐厨垃圾、污泥处理和中水回用、海水淡化等工作有效开展。2014年，浙江省工业固体废物利用率已达到93.2%，已认定的资源综合利用企业年固废利用量约6500万吨。全省生活垃圾处理设施96座处理能力近5万吨/日，污泥处理处置设施67座处理能力达到1.9万吨/日。

(二) 2014年重点工作

1.扎实推进资源综合利用

工业固废回收利用。通过资源综合利用认定积极落实国家资源综合利用税收减免政策，积极推进粉煤灰、煤矸石、冶金废渣及尾矿等工业固体废弃物的综合利用，大力发展

利废建材、新型墙体材料，废弃物综合利用水平明显提升，目前浙江省工业固体废物利用率已达到93.2%，处于全国先进水平。据初步统计，浙江省已认定的资源综合利用企业年固废利用量约6500万吨，2014年1—10月全省增值税减免退税约7.54亿元。

餐厨废弃物利用。宁波、嘉兴、金华、杭州、衢州五个城市被列为国家餐厨废弃物资源化利用和无害化处理试点城市。宁波目前已有约80%餐厨垃圾产生单位与属地环卫部门签订了收运合同，实现餐厨垃圾收运量约250吨/天，餐厨垃圾处置厂日处理量达到250吨左右。嘉兴市餐厨废弃油脂日处理能力从100吨增加到400吨，实际日处理量为300吨。金华餐厨废弃物处置中心土建工程基本完工，将进入设备安装阶段。杭州市厨余一期200吨/日项目建成并投入试运行，餐厨20吨/日中试项目建成并投入运行。衢州市项目环评、能评等前期工作正在有序推进。海盐、慈溪等一批县（市）也在加快推进城市餐厨废物资源化利用项目。

生活垃圾利用。截至2014年底，全省实际运行的生活垃圾处理设施有96座（填埋场51座、焚烧及综合处理厂45座），生活垃圾日处理能力近5万吨。从数量分布来看，目前全省67个市、县，每个市、县都有1座及以上生活垃圾处理设施。同时，全省已有49座填埋场经评定达到国家无害化Ⅱ级（含）以上标准，28座焚烧厂达到国家无害化标准要求。全省设区市本级生活垃圾无害化处理率达99.32%。

污泥利用。列入省政府年度目标责任制考核的8个污泥处理处置设施建设项目全部建成。截至目前，全省已建成较为规范的焚烧发电、脱水干化、建材利用等污泥处理处置设施67座，日处理能力达到1.9万吨。

中水回用。全省各地积极推进重点行业的中水回用工程建设，在城市生态景观、城市绿化、市政环卫和公共建筑生活杂用等方面积极扩大使用污水处理厂达标排放的再生水，不仅提高了水资源的利用率，也有效地减少了对污水处理设施和自然环境的压力。到2013年底，全省建成污水再生利用设施能力33.85万立方米/日，年污水再生利用量10811.99万立方米。

海水淡化。浙江省舟山市、洞头鹿西岛、杭州水处理技术开发中心分别成为国家首批海水淡化试点城市、海岛和产业基地。舟山市已建成的海水淡化生产能力达到9.65万吨/日，并有六横镇10万吨/日海水淡化项目、衢山岛5000吨/日海水淡化三期工程、秀山岛3000吨/日海水淡化二期工程、舟山电厂二期扩建海水淡化配套等项目在建。浙江省海水淡化产能占全国总产能的1/6，以市政供水为目的和与电厂配套的各占产能的50%左右，淡化水已成为浙江省主要海岛和沿海部分缺水地区水资源的重要补充。

“双百工程”。2014年，南浔区和苍南县分别成功入选废旧木材回收与综合利用基地和废旧纺织品“双百工程”基地，浙江富源再生资源有限公司、浙江海利环保纤维有限公司及杭州中策橡胶循环科技有限公司被评为“双百工程”骨干企业。

2.不断完善再生资源回收利用体系

认真贯彻《浙江省人民政府办公厅关于建立完整的先进的废旧商品回收体系的意见》，支持各市县制定再生资源回收体系建设规划，研究出台配套贯彻办法。完善回收网络，推动再生资源回收利用体系建设。目前全省已初步形成了以居民社区、工业园区、乡镇和较大行政村回收站点为基础，集散市场为依托，龙头企业为骨干的点面结合、“三位一体”覆盖城乡的再生资源回收体系。加快商业模式转变，做好回收与利用的转型工作，拓展产业链上的合作与共赢，采取更加符合再生资源行业实际和特点的政策措施。

3.加快推进再生资源回收利用示范试点建设

杭州、宁波、永康、台州、金华五个国家试点城市取得阶段性成效，已确定海宁市、龙泉市、江山市、东阳市、温岭市等城市为省级示范城市。据不完全统计，全省再生资源回收利用企业5000多家，回收站点2万多个，交易集散市场100多家，全省回收各类再生资源约2656万吨，全省20%的钢、50%的铜和40%的铝均来自废旧金属再生利用，纸张循环利用率达80%。

六、循环经济科技支撑进展与评价

(一) 发展概况

2014年，浙江省进一步完善了循环经济科技政策，出台《浙江省科学技术厅关于进一步加强生态环保领域科技支撑能力建设的实施意见》和《关于加快发展民生科技的若干意见》，增强了对循环经济的科技支撑；强化财政科技经费支持力度，单个项目提高到150万元以上；增强了科技对国家级循环经济示范试点的支撑能力，取得了很好的示范作用。

(二) 2014年重点工作

1.进一步完善循环经济科技政策

明确加强水资源综合利用，废渣、废水、废气治理回用、各类固体废弃物综合处置等技术创新和成果转化，全面加强相关发展循环经济、资源综合利用技术研发支持力度。继续做好《浙江省推进循环经济发展科技实施方案》和《推进节约资源科技进步实施意见》实施，促进科技成果的转化。实施科技惠民行动专项，重点支持包括循环经济、资源利用领域等科技创新成果在基层转化。在公益类项目中设置重点项目，围绕资源综合利用、环境保护、循环经济等领域重点技术问题进行研发，单个项目经费支持力度增加2—3倍。

2.继续强化循环经济技术攻关

聚焦重点难点，主动设计、招标“城镇污水处理厂稳定达标关键技术研究及工程示范”等关系重大的科技攻关项目。循环经济相关项目数占总项目的比例有所增加，百万燃煤机组烟气超低排放研究及示范、化工固体物料干燥和粉碎的连续化生产关键技术开发及应用示范等一批项目获得立项支持。单个项目经费支持力度显著提高，由原来的60万—80万元左右提高到150万元以上。

3.大力推进循环经济科技转化

深入实施减排科技成果转化工程，筛选技术成熟、经济成本合理、有成功应用工程、急需的适用技术，鼓励企业、高校、科研院所通过多种合作方式，把成熟适用技术推向市场，重点推广了城市污水污泥综合处理、造纸废水污泥的资源化利用、企业清洁生产、工业园区产业链、废旧家电资源化处置、城镇垃圾综合处置、工业有机废气处理等技术应用。加大城镇污水处理厂提标改造、污泥减量化无害化能源化技术、废气生物净化技术等技术的跟踪和成果总结转化步伐。

4.切实推进循环经济科技示范工程建设

国家“城市矿产”示范基地的浙江环益科技有限公司，承担完成了“废线路板超高温资源化处置系统的研究与产业化”研发项目。国家科技支撑项目“东部绿色生态屏障地区节能减排技术集成与区域示范”落户丽水。浙江大学牵头的“典型陆生系统减排增汇增产关键技术及示范”项目11月通过方案论证。浙江大学牵头承担的“十二五”国家科技支撑计划“建筑用能系统评价优化与自保温体系研究及示范项目”，取得很好的科研成果和示范效应。

七、绿色消费模式进展与评价

(一) 发展概况

2014年，全省着力推动全社会树立和践行文明、节约、绿色、低碳、循环的消费理念，引导节约消费、适度消费，倡导绿色消费，着力建设绿色交通和绿色建筑，大力推进“电商换市”，推进绿色饭店发展。2014年，全省营运车辆天然气气化率约为2.17%，新增或更新的公交车中清洁能源车占比达到了81.64%，公交分担率提高2个百分点，公共自行车覆盖到15%县级城区，公共自行车客运量同比增长约79%；已累计建成节能建筑5.6亿平方米，形成了年节约标准煤776万吨的能力；全省绿色饭店数量、质量持续走在全国前列；全省共实现网络零售额5641.57亿元，同比增长约47.64%，省内居民实现网上消费3192.78亿元，同比增长约41.15%。

（二）2014年重点工作

1.大力发展清洁交通

严格执行运输车辆燃料消耗量限值标准制度，限制不符合标准的车辆进入交通运输市场。加大黄标车等老旧车辆的淘汰力度，全省营运车辆中共有黄标车约8.5万辆，已淘汰约3.5万辆。积极推广应用新能源汽车，全省营运车辆天然气气化率约为2.17%，公交车新增或更新的公交车中清洁能源车占比达到了81.64%。优先发展公交，推进绿色低碳出行，推进国家“公交都市”在杭州、宁波的创建工作，积极开展全省“公交优先示范城市”建设，设区市城市公共交通分担率平均提高2个百分点。大力发展公共自行车，11个设区市均成立了公共自行车公司，投放公共自行车10万余辆，并覆盖到15%县级城区。

2.深入推进绿色建筑

强势推进绿色建筑发展工作，已有448项民用建筑达到一星级绿色建筑标准，建筑总面积达3359万平方米，已有118项建筑获得国家绿色建筑评价标识，建筑面积达995万平方米，4项绿色建筑荣获国家绿色建筑创新奖。相继编制并发布35项建筑节能及绿色建筑工程建设地方标准和技术导则，组织编制了《民用建筑可再生能源应用核算标准》和《太阳能光伏系统建筑应用技术规程》。宁波市、嘉兴市被列入国家可再生能源建筑应用示范市，嘉善等6个县（市）被列入国家农村地区可再生能源建筑应用示范县，象山县大目湾新城被列入国家可再生能源建筑应用集中连片示范。浙江省已实施国家42项太阳能光电建筑应用示范项目，装机容量46.78兆瓦，已实施太阳能热水器集热面积1300万平方米，覆盖650多万户城乡居民。稳步推进既有建筑节能改造，全省已累计实施既有公共建筑节能改造面积243万平方米，完成既有居住建筑节能改造面积1548万平方米。初步建立建筑用能监管体系，浙江省国家机关办公建筑和大型公共建筑实现了556幢建筑能耗数据实时上传，开展了12150幢建筑能耗统计工作以及浙江大学等7所高校国家节约型校园建筑节能监管体系建设。

3.积极推进绿色饭店发展

以绿色饭店为抓手，全面推进全省饭店循环经济和节能减排工作。全年共创建绿色饭店16家，推进企业绿色发展，将饭店节能减排工作与星级饭店创建、特色文化主题饭店创建、复核等内容挂钩，全省绿色饭店数量、质量持续走在全国前列。完成国家旅游局委托《绿色旅游饭店》行业标准修订工作，完成《饭店单位综合能耗、电耗限额及计算方法》标准修订，以标准引导饭店实施节能降耗，引导浙江省饭店业绿色发展、循环发展。

4.进一步加快推进“电商换市”

着力培育电子商务企业，推进重点电子商务项目建设，促进居民网上消费，不断提升电子商务发展水平。2014年浙江省网络零售持续加快增长，全省共实现网络零售额5641.57亿元，同比增长约47.64%；省内居民实现网上消费3192.78亿元，同比增长约41.15%；网络零售顺差稳步扩大，实现顺差达2448.79亿元。通过电商发展，加速传统产业的“电子商务化”，成为绿色消费的典型模式，有力促进和带动经济整体转型升级。

5.全面推动循环经济宣传

2014年，全省开展了浙江省节俭养德全民节约行动，推动浙江省构建循环型社会发展模式。组织参加第三届中国国际循环经济成果交易博览会，以“循善永续、两美浙江”为主题，设立“浙江展区”，荣获组委会颁发的“优秀展示奖”和“优秀组织奖”。通过巨化集团和杭州市环境集团两个国家循环经济教育示范基地建设，向社会各界传播循环经济理念，2014年，巨化集团各参观点共接待各类参观、访问和交流的人数总计4785人次，杭州市环境集团“跟着垃圾去旅游”公益宣传活动获国际固废协会年度公众沟通奖，两个基地都顺利通过了国家的预验收。另外，还举办了“低碳中国·院士专家行”、再制造产品走进汽配城——杭州站主题宣传活动等活动。

八、国家级循环经济示范试点进展与评价

浙江省循环经济试点工作取得显著成效，涌现一批循环经济发展的典型模式。2014年浙江省顺利通过国家循环经济试点省验收，试点示范工作取得显著成效。截至目前，浙江省拥有各类循环经济国家级示范试点共计46个，2014年，衢州市被列为国家餐厨废弃物资源化利用和无害化处理试点城市，苍南县、湖州市南浔区被列为国家资源综合利用“双百工程”示范基地，绍兴滨海工业园区被列为国家园区循环化改造示范试点，浙江富源再生资源有限公司、浙江海利环保纤维有限公司、浙江杭州中策橡胶循环科技有限公司被列为国家资源综合利用“双百工程”骨干企业。

（一）循环经济试点省

2007年底，浙江省被国家发改委等部委列为第二批国家循环经济试点省份。经过五年的努力，浙江省于2013年基本完成国家循环经济试点任务，并于2014年顺利通过国家循环经济试点省验收。

建设目标：浙江省国家循环经济试点实施期限为2008—2012年，总体目标为全省资源利用效率和再生资源回收利用率显著提高，主要污染物排放得到有效控制，生态环境质量明显改善，生态文明观念在全社会牢固树立，在全省建成一批循环经济试点基地和试点项目，着力构建循环型产业链，逐步形成具有浙江特色的循环经济发展模式，努力创建全国循环经济发展示范区。目标分两个阶段实施，其中2008—2010年为示范建设、重点推进阶

段，2011—2012年为完善深化、全面提升阶段。

完成情况：试点省建设以来，浙江省全面推动循环经济在企业、园区、社会三大层面同步发展，以推进中央预算内项目、省级“991行动计划”重点工程、省级循环经济试点基地、循环经济示范试点建设为重点，培育了一批循环经济龙头企业，形成了一批循环经济产业集群，取得了一批循环经济创新成果。2008—2012年，全省共争取到中央预算内项目190项，总投资193.2亿元，获得中央补助资金9.94亿元；共实施“991”重点项目853个，总投资2278.8亿元。结合各市、县（市、区）的产业特点和比较优势，在全省范围内重点布局25个循环经济试点基地，形成再生金属利用、再生塑料利用、环境装备产业、中水回用等具有浙江特色的循环经济优势领域，成功申报各类循环经济国家级示范试点46个。由《实施方案》所确定的浙江省循环经济发展各项主要指标均已完成或超额完成。基本建立起相对完善的循环经济产业体系、政策支持体系、技术创新体系和激励约束机制。

总体评价：到2012年底，浙江省已完成或达到了《试点省实施方案》提出的目标和指标，较好地完成了主要任务和重点工作、重点项目，保障措施的制定和执行情况良好，实现了预期目标和效果，对浙江缓解资源环境约束、加快发展方式转变、促进经济社会持续健康较快发展发挥了重要作用。为下一步创建全国循环经济示范区打下了扎实基础。

典型经验：一是以政策规划为引领，推动全省循环经济规范发展，统分结合的组织推进体系和层次分明的规划引导体系逐步成型；二是以试点示范为带动，推动全省循环经济加快发展，随着一系列国家级试点工作的开展，在全国范围内形成显著的示范效应；三是以块状经济为载体，推动循环经济集聚发展，以点带面推进全省14个产业集聚区和25个循环经济试点基地的建设；四是以循环经济先进和骨干企业为依托，推动循环经济纵深发展，形成浙江蓝天生态农业开发有限公司、宁波开诚有限公司等一批以企业为主体的循环经济典型模式。

(二) 国家生态文明先行示范区

2014年，浙江省杭州市、湖州市和丽水市成功申报国家生态文明先行示范区。

1.杭州市

建设目标：按照“五位一体”总体布局要求，深入贯彻“绿水青山就是金山银山”的生态战略思想，积极探索科学发展、转型发展、可持续发展的新模式，全面推进国家生态文明先行示范区创建工作，努力打造“美丽中国建设的样板”。

进展情况：2014年7月，杭州市被国家发改委等六部委正式列入国家第一批生态文明先行示范区。随即杭州市成立了由张鸿铭市长领衔的市生态文明建设委员会，总体协调推进全市生态文明建设。重点开展体制机制创新，2014年全市将生态文明关键指标和任务纳入各级政府目标责任体系，完善“美丽杭州”淳安实验区单列考评体系；构建起全市统一的排污权交易管理体系，全市排污权交易金额累计达1.15亿元；资源使用差别价格政策试点工作也在萧山、桐庐等地区展开。

实施效果：2014年，杭州市经济结构加速调整优化，三次产业比重调整为3.0∶41.9∶55.1。全市单位生产总值能耗下降6.4%以上，提前一年完成“十二五”节能目标，并实现了市级温室气体清单工作常态化。全市主要水系监测断面水质Ⅲ类以上比例达到80.9%，全年PM2.5年均浓度同比下降7.7%，生态环境保护成效显著。

总体评价：杭州市立足自身特色，在国家级生态文明先行示范区的创建过程中，重点开展建设淳安县“美丽杭州”实验区、健全流域生态补偿机制、加快生态文明立法等工作，为全国生态文明体制改革做出有益尝试。

2.湖州市

建设目标：按照建设方案要求，围绕“一个总体目标、四大战略定位、七大建设体系、十大示范工程”的整体安排，积极探索生态文明建设与经济、政治、文化、社会建设高度融合的实现路径，全过程、全方位、全市域地推进湖州市生态文明先行示范区建设。

进展情况：2014年是湖州市创建国家级生态文明先行示范区的开局之年。为了扎实有序推进示范区建设，湖州市成立了以市委书记、市长为组长的工作领导小组，并专门设立了实体化运作的市生态文明先行示范区建设领导小组办公室，承担具体的创建工作。同时，湖州市与中国科学院合作先行启动自然资源资产负债表编制，目前已完成数据收集分析。环境功能区划编制试点工作也逐步开展。

实施效果：2014年，全市投资7.8亿元实施节能技术改造项目128个，淘汰236家企业的落后产能，腾出27.8万吨标煤的用能空间。全面实施“五水共治”，全市地表水市控以上监测断面达到Ⅲ类以上标准的比例为90.6%，入太湖水质均稳定在III类以上。全年市区空气优良率同比提高16.7%，PM2.5平均浓度同比下降13.5%。

总体评价：湖州市是全国首个地市级生态文明先行示范区，切实把生态优势转化为发展优势，使“绿水青山”真正成为“金山银山”，探索出了一条经济发展与环境保护“双赢”的发展道路。

3.丽水市

建设目标：以“绿水青山就是金山银山”为战略指导思想，围绕生态经济化、经济生态化的发展要求，经过5年努力，确保生态文明观念在全社会牢固树立，生态环境质量持续居全国前列，基本建成绿色经济发达、资源利用高效、城乡环境优美、生态文化繁荣的现代化生态型沿海山区城市，形成可复制、可推广的生态文明建设典型模式。

进展情况：2014年7月，丽水市被国家发改委等六部委正式列入国家第一批生态文明先行示范区。在生态文明建设启动之年，丽水市专门制定《丽水市温室气体清单编制工作方案》，市县两级清单编制工作全面铺开。纳爱斯等10家企业被确定为碳排放试点企业，全部完成碳排放报告。2014年，全市新建粮食生产功能区6.11万亩，新增国家重点支持高新技术企业51家，丽水无水港等100个服务业重点项目目前也在顺利推进中。

实施效果：2014年，中国气象学会正式授予丽水市全国首个“中国气候养生之乡”称号。全市地表水环境功能区水质达标率为98.96%，县以上集中式饮用水源地水质达标率97.4%，市区空气质量二级以上优良天数为310天，优良率为86.6%，排名全省第二。

总体评价：丽水市在山区科学发展业已取得系列突破的基础上，进一步探索山区科学发展的新思路、新模式、新举措和新路径，以生态文明先行示范区建设为契机，为占全国总面积三分之二以上的山区地区提供可资借鉴的转型发展实践路径。

(三) 国家循环经济示范城市

浙江省拥有衢州市、永康市和宁海县3个国家循环经济示范城市（县）。

1.衢州市

建设目标：2013至2017年期间，实施重点项目81项，总投资约164.1亿元，其中创建期内投资约128.2亿元。力争把衢州市建设成为产业优势突出、生产清洁高效、资源循环利用、环境生态良好、管理服务完善的国家循环经济示范城市。

进展情况：2014年，衢州市列入循环经济示范城市建设的81个重点项目中，20个项目已建成投产，累计完成投资182411万元。充分发挥巨化、元立等一批龙头企业的示范效应，带动全市产业转型升级。编制书籍《行动中的衢州循环经济实践》，向全社会宣传循环经济理念，推广循环经济典型项目。

实施效果：2014年，衢州市初步构建以“园区—重点企业—重点项目”为主导的工业循环发展体系，建立起“一主三特色”的氟硅产业循环经济主导产业链网。形成“贺田模式”、“开启模式”、“墩头模式”等一批农业生态发展模式。城市低碳发展初见成效，衢州市排污权交易中心也正式投入运营。

总体评价：衢州市在块状经济、工业、农业、服务业和管理等领域探索出了独具地方特色且示范效益明显的综合性循环经济发展模式，积累了宝贵经验。

2.永康市

建设目标：2013至2017年期间，实施工业、服务业、农业、社会等层面循环经济项目78个，其中重点支撑类项目11个，自主实施类项目67个，总投资493亿元。计划到2017年，率先构建起覆盖全社会的资源循环利用体系，逐步形成具有永康特色的循环经济发展模式。

进展情况：2014年，永康市循环经济重点项目推进顺利。全市78个项目中因故取消2个，开展前期10个，实施推进66个，全年完成投资额12.3亿元，累计完成投资121.5亿元。出台《永康市促进循环经济发展的实施意见》，明确今后市财政将每年安排不少于2亿元专项资金用于实施循环经济发展“1445”行动计划。资源产出率统计制度基本建立，进入数据采集阶段。

实施效果：2014年，永康市“金属再生—五金制造—废旧金属回收—金属再生”的循环产业链不断完善，全年共实现铝、铜等废旧有色金属交易量33万吨、废钢铁56万吨。新建项目排污权有偿使用交易率达100%，COD、氨氮、二氧化硫、氮氧化物减排基本完成年度目标。“节水型社会”建设全面推进，农业灌溉水利用系数达0.97，工业用水重复利用率达48%以上。

总体评价：永康市发达的五金制造产业促进了由“回收系统-交易市场-加工利用”三个子系统组成的“永康市再生资源回收利用体系”的形成。通过再生资源回收利用体系建设，构造具有永康特色的循环经济发展模式，有效解决资源匮乏型地区再生资源高效利用问题。

3.宁海县

建设目标：2013至2017期间，实施重点项目40个，总投资114.9亿元，其中创建期内投资91.4亿元。通过创建，将宁海建设成为以海洋循环经济发展示范、清洁能源应用示范为主要方向的国家级循环经济示范县。

进展情况：2014年，宁海县共实施循环经济项目23个，其中工业循环经济4项、农业循环经济7项、服务业循环经济3项，循环经济基础设施类4项，海洋循环经济3项，清洁能源类2项。项目总投资30.6亿元，至2014年底，累计完成总投资19.6亿元，占总投资额64.23%。

实施效果：在农业循环方面，宁海县将整个县域作为整体来推进农业循环经济的发展，创建了企业、产业、区域三个层次环环紧扣的“三级循环农业体系”。在工业循环方面，宁海县形成了以园区为载体、以循环产业链为联动、以示范企业为龙头的发展模式。在社会循环方面，宁海县依托宁波加多美机械科技有限公司，初步建立起以市场为导向、企业为主体的餐厨垃圾处置新模式。

总体评价：宁海县“以循环经济示范园区为载体的资源匮乏型县域循环经济发展模式”被国家发改委列为区域循环经济典型模式案例，该模式对于经济较发达、资源匮乏的地区发展循环经济具有借鉴意义。

(四) 国家节能减排财政政策综合示范城市

浙江省杭州市是国家节能减排财政政策综合示范城市。

建设目标：制定相关制度和政策，加大财政投入，支撑重点项目建设，推进全市节能减排工作。2012—2014年，共实施项目292个（调整后），计划总投资661.52亿元。单位国内生产总值能耗、化学需氧量、二氧化硫、氨氮和氮氧化物排放总量2015年比2010年分别下降20%以上、12.6%、14.8%、13.1%和17.3%。

进展情况：截至2014年底，总体示范项目累计完成投资706.25亿元，三年总进度106.76%。其中，典型示范项目累计完成投资138.05亿元，项目总进度146.46%。实际收到中央财政奖励资金12.22亿元。

实施效果：2014年，杭州市单位GDP综合能耗比2010年下降了19.5%以上，完成了总目标。减排目标方面，2014年化学需氧量、二氧化硫、氨氮和氮氧化物排放总量比2010年分别削减了20.21%、18.01%、23.92%、34.43%，均超额完成实施方案批复的总目标。杭州公共自行车系统荣获世界城市和地方政府组织的最高奖“广州国际城市创新奖”。

总体评价：杭州通过“政策支撑—资金投入—项目推进”，建立项目管理分析平台，实现对节能减排项目的规范、科学管理，节能减排工作取得重大突破。

(五) 国家餐厨废弃物资源化利用和无害化处理试点市

浙江省拥有宁波市、嘉兴市、金华市、杭州市和衢州市等5个国家餐厨废弃物资源化利用和无害化处理试点城市。

1.宁波市

建设目标：建立以“政府主导、法制管理、集中收运、专业处理、市场运作、资源利用”为目标的餐厨垃圾管理“宁波模式”。完成餐厨废弃物处理厂迁建，于2016年建成400吨/日规模的新餐厨垃圾处理设施。

进展情况：截至2014年底，全市有约2400家餐厨垃圾产生单位与属地环卫部门签订了餐厨废弃物收运合同，合同签订率为80%。餐厨垃圾处理厂迁建项目工程已完成立项批复、项目建议书编制、土地预审工作，目前正在进行可行性研究报批、土地报批、环评编制工作。

实施效果：目前，宁波市餐厨垃圾收运量约250吨/天。2014年全年共收运处理餐厨垃圾7.9万吨（包括废弃食用油脂2050.5吨），制成工业油脂2330.4吨，实际利用沼气186.2万立方米。

总体评价：宁波市自2006年在中心城区统一开展餐厨垃圾集中收运处理，出台《宁波市餐厨垃圾管理办法》，餐厨废弃物管理法规体系不断完善，餐厨废弃物收运网络不断成熟，具有较好的基础。通过开展试点工作，餐厨废弃物处理水平得到了进一步提升，形成餐厨垃圾管理“宁波模式”。

2.嘉兴市

建设目标：完善全市餐厨废弃物收运体系，对现有餐厨废弃油脂处理技术进行改造，新建300吨/日餐厨废弃物处置项目，其中一期为150吨/日，投资估算8500万元。

进展情况：2014年，嘉兴市餐厨废弃物资源化利用项目实施企业——嘉兴市绿能环保科技有限公司已建立起稳定规范的餐厨废弃油脂收运网络，完成废弃油脂处置设施扩建，废弃油脂（“地沟油”）实际日处理量达到300吨/日，餐厨废弃物（泔水）处置项目准备进入设备安装阶段，餐厨废弃物（泔水）处置应急项目也已建成。

实施效果：嘉兴市目前已确立餐厨废弃物“收集—运输—处置”一体化运行方式。试点项目建成达产后，年处理餐厨废弃物11万吨，年产沼气324万立方米、固态有机肥3000吨、液态有机肥40000吨，具有良好的经济效益和环境效益。

总体评价：嘉兴市是国家餐厨废弃物资源化利用和无害化处理首批试点城市之一。绿能公司是浙江省餐厨废弃油脂资源化利用龙头企业，从事餐厨废弃油脂回收、分解、提炼、再利用已有20多年，建立了成熟的回收网络，作为试点实施主体经验丰富。

3.金华市

建设目标：建设1座日处理能力110吨餐厨废弃物处置中心，总投资约10020万元。建立市区餐厨废弃物收集、运输和处置的运营机制，全面规范市区餐厨废弃物管理。到2016年餐厨废弃物集中收集率达到90%，餐厨废弃物收运体系覆盖率达到85%。

进展情况：2014年，餐厨废弃物处置中心项目土建工程基本完工，进入设备安装阶段。累计完成投资5800万元，其中政府投入785万元。12月31日市行政执法局与金华格莱铂新能源环保科技有限公司完成项目特许经营协议谈判及签署。

实施效果：项目总体建成达产后，日处理餐厨废弃物200吨，在遵循循环经济减量化、无害化原则基础上，最大限度地提高餐厨废弃物的资源化利用水平。

总体评价：金华市采用BOT形式推进餐厨废弃物处置项目建设，具有很好的灵活性，对其他试点城市餐厨废弃物资源化利用项目的建设、运营具有借鉴意义。

4.杭州市

建设目标：构建餐厨废弃物收运处理的法规、政策、标准和监管体系，探索适用的餐厨废弃物资源化利用和无害化处理技术工艺路线，形成合理的餐厨废弃物资源化利用和无害化处理的产业链，提高餐厨废弃物资源化和无害化水平。由市城投集团负责餐厨废弃物处理项目承建，设计规模427吨/日。到2017年，餐厨废弃物集中收集率达到90%，收运体系覆盖率达到100%。

进展情况：2014年，杭州市城管委于6月底完成《杭州市餐厨垃圾管理办法》（草案）及相关部门意见征求程序，8—10月委托第三方专业机构对各城区餐厨垃圾产生量进行了摸底调查。20吨/日餐厨废弃物中试项目5月正式建成并投入试运行，200吨/日餐厨废弃物处理一期项目完成项目可行性研究批复和项目EPC招标，并于12月23日启动开工仪式。

实施效果：目前餐厨废弃物中试项目基本能正常运行。餐厨废弃物处理一期项目计划于2015年底建成并投入试运行，设计处理餐厨废弃物200吨/日、废弃油脂20吨/日，主要产品为油脂（9吨/日）和沼气（13000立方米/日）。

总体评价：餐厨废弃物资源化利用和无害化试点城市的实施将产生系列社会效益和资源环境效益，有利于保障公众生命健康权，促进垃圾分类全面推进，推动节能减排试点城市建设。

5.衢州市

建设目标：衢州餐厨废弃物资源化利用和无害化处理项目由衢州市清泰环境工程有限公司投资建设，采取收集、运输、处置、销售一体化管理模式，新建120吨/天餐厨废弃物资源化利用生产线。项目建成后可生产腐殖酸肥料产品104.7吨/天。项目总投资9382.99万元。

进展情况：2014年，衢州市被列入第四批餐厨废弃物资源化利用及无害化处理试点城市。目前，项目环评、能评等前期工作正在有序推进。

总体评价：衢州市清泰环境工程有限公司是巨化集团下属企业。目前，巨化集团正着力打造第二主业即环保产业，集团拥有完善的管理体系、充足的技术储备及资金支持，能确保项目顺利进行。

（六）国家海水淡化试点城市、海岛、产业基地

浙江省拥有国家海水淡化试点城市、海岛、产业基地各1个，分别为杭州水处理技术开发中心国家海水淡化产业基地、洞头县鹿西乡海水淡化项目示范工程、舟山海水淡化产业发展试点城市。

1.舟山：海水淡化产业发展试点城市

建设目标：围绕实现项目科学布局、有序实施，全市在海水淡化、浓缩海水综合利用、海水淡化设备制造业和技术研发服务业等方面形成较完善的产业链，以“一城五岛”为布局重点，组织搭建相关海水淡化示范化平台，将海水综合利用和装备制造培育成舟山新兴优势产业。

进展情况：到2014年底，全市共建成投产海水淡化工程22个，生产能力达到9.65万吨

/日，总投资近7亿元。六横镇10万吨/日海水淡化工程等4个项目正在建设当中。衢山岛5000吨/日海水淡化工程等5个项目取得中央资金补助，共计补助3700万元，带动投资39830万元。

实施效果：在国家、省级各部门的关心支持下，舟山市率先在国内开展海水淡化产业探索和培育，并打下了一定的产业基础。目前，海水淡化已经成为舟山重要的战略水资源补充手段，有效缓解了淡水资源缺乏对经济社会发展的制约。

总体评价：舟山地处海岛，是一个资源型缺水的地区。海水淡化在缓解舟山淡水资源短缺、促进海洋经济发展的同时，也为全国海水淡化技术和产业的发展提供了示范，成为国内海水淡化主流技术的输出地。

2.洞头县鹿西乡海水淡化项目示范工程

建设目标：项目总用地面积3150平方米，建设规模为500吨/日反渗透海水淡化机组2座，总投资1720万元。

进展情况：截至2014年底，项目已进行主厂房、取水泵房等基建施工，累计完成投资约580万元，其中设备购置260万元，基建、辅助设施等320万元。

实施效果：项目建成后，日供淡水1000立方米，年供淡水量33万立米，预计每年增加36%淡水供应量。项目不仅能解决鹿西乡海岛群众生产生活用水难现状，还能为鹿西乡今后临港产业、旅游项目的开发提供可靠的供应保障。

总体评价：项目有效地解决鹿西岛淡水资源短缺问题，为海岛海水淡化普及发挥示范带头作用。

3.杭州水处理技术开发中心国家海水淡化产业基地

建设目标：国家海水淡化产业基地由“生产基地”、“研发中心”和“产业联盟”三部分组成，以打造我国海水淡化技术产业发展承载主体为目标，全面提升我国海水淡化产业整体水平。基地建成后，将形成国内技术力量最强、产品种类最多、服务功能最全、经营规模最大的产业集群，为实现我国中长期海水淡化产业发展目标提供支撑。

进展情况：在科技研发方面，2014年基地开展了大型膜法海水淡化单机设计与系统集成技术、高性能海水淡化反渗透膜研究及产业化等一系列技术研发工作，并成功在省内海水淡化示范工程中推广应用。在产业能力建设方面，2014年基地加强科技创新，大力发展集装箱海水淡化装置等水处理装备，在海外海水淡化市场的销售快速增长，全年合同额达到2.6亿元。在基地建设方面，2014年基地继续推进第二期工程建设，目前生产线土建工程基本完成。在中央资金使用情况方面，基地项目财务管理实行单独建账、专款专用，截至2014年底，基地专项资金累计支出1890万元。

实施效果：海水淡化产业基地建成后，将成为国内领航、国际一流，集研发、设计、咨询、检测评价、教育培训交流以及成果孵化于一体的国家级海水淡化和水处理产业发展支撑平台。

总体评价：海水淡化产业基地的建设，既为全省的海水淡化产业发展搭建有效技术平台，也为浙江实施海洋经济发展示范区、舟山群岛新区国家战略和“五水共治”等重大战略提供重要的技术支撑。

(七) 国家园区循环化改造示范试点园区

浙江省拥有宁波经济技术开发区、台州化学原料药产业园区、衢州高新技术产业园区、绍兴滨海工业园区和宁波石化经济技术开发区等5个国家园区循环化改造示范试点园区。

1.宁波经济技术开发区

建设目标：依托石化、能源、钢铁、纸业、汽车、船舶等六大临港产业，构建“三个循环、五大支撑”为主要内容的循环经济体系。列入园区循环化改造国家补助项目共23个，获得国家前期启动补助资金1.37亿元。

进展情况：截至2014年底，16个关键补链项目，宁波宝新不锈钢有限公司焦炉煤气利用技术改造等11个项目已完工，合计投资85000万元；中海油宁波LNG冷能空分项目等3个项目已开工；林德气体（宁波）有限公司焦炉煤气制氢（尾气提取）项目等2个项目暂缓启动。7个公共服务和基础设施项目，北仑环保固废有限公司危险固废焚烧处置二期工程及医疗废物焚烧工程等4个项目已完工，合计投资35000万元，其余3个项目也已启动。截至目前，共计发放专项资金4488万元。

实施效果：园区形成了颇具北仑特色的“三个循环”，即涵盖“企业小循环”、“产业中循环”、“区域大循环”三个层面，环环相扣、层层推进的循环经济发展模式。2014年被列入国家低碳工业园区示范试点。

总体评价：北仑是全省重大项目规模最大、企业最为密集、产业配套较为完善的临港产业基地，区域的资源和环境承载能力面临着巨大挑战。推进宁波经济技术开发区循环化改造，循环经济为临港工业带来无限生机。

2.台州化学原料药产业园区

建设目标：重点推进纳入循环化改造计划的29个项目建设，总投资约24亿元，国家资金补助额度29740万元。完成实施方案确定的主要污染物排放指标要求，构建园区中循环，建设“绿色药都”。

进展情况：截至2014年底，29个循环化改造项目中，15个项目已完成，14个项目正在建设当中。累计已完成投资18.2亿元，约占总投资的76%。补助资金已分三批下拨，累计已拨付资金8650万元，即将拨付第四批补助资金。

实施效果：2014年，临海区块现有医化企业37家，完成工业总产值101.4亿元。园区万元工业增加值取水量由2011年的38.56立方米降低到26.1立方米，万元工业增加值能耗由2011年的0.74吨标煤降低到0.58吨标煤，污染物排放明显下降。年底，园区顺利通过省环保厅环保督办摘牌验收，彻底还清环保历史欠债。

总体评价：自循环化改造项目实施以来，台州化学原料药产业园区恶臭显著减少、水质明显改善，周边居民举报投诉大幅度降低。园区致力于打造"绿色药都"，构建企业外部的循环型产业链，加强园区企业间的分工协作，为传统化学原料药产业集聚区转型升级提供借鉴和示范。

3.衢州高新技术产业园区

建设目标：2013年至2017年间，拟申请中央资金项目23项，其中政府投资项目1个、企业项目22个，总投资145093万元。以构建循环链网为重点，着力推进园区低碳、循环和绿色发展，打造国家循环化改造示范试点园区、国内一流的氟硅新材料产业基地。

进展情况：截至2014年底，23个项目已累计完成投资约8.77亿元，占总投资的60.46%；已到位补助资金1.06亿元，占可补助资金的49.65%。23个项目中，10个项目已完成或试生产，9个项目正在建设当中，2个项目正开展前期工作。园区与市发改委、市财政局等市级部门联合出台项目资金管理办法，2014年对符合相关要求的16个项目下拨第一批补助资金，共4696万元。

实施效果：园区已基本形成以氟材料产业为主体、以硅材料产业为重点的产业格局，依托园区循环化改造，初步构建起"一主三特色"的循环经济产业链网，被浙江省命名为氟硅先进制造业基地、被科技部列为国家火炬计划氟硅新材料特色产业发展基地。

总体评价：重点实施副产物交换利用、循环产业链接或延伸、能量梯级利用、污染物"零排放"或系统构建等一批重点项目，打造国内综合规模最大、产业链优势最明显、整体装备和技术水平较高的氟化工特色基地。

4.绍兴滨海工业园区

建设目标：计划2014年至2018年期间，园区共实施关键补链项目和公共服务设施建设项目124个，总投资约170亿元。其中，实施中央财政资金支持的重点项目58个，循环化改造投资约38.5亿元，努力打造全国印染产业集聚提升示范工程和国家循环化改造示范园区。

进展情况：2014年7月，绍兴滨海工业园区被列为第四批国家级循环化改造示范试点园区。截至目前，由柯桥区区长为组长的国家循环化改造示范试点建设工作领导小组已经成立，各项创建工作正有序推进中。2014年，园区实现工业总产值895亿元，万元工业增加值能耗2.10吨标煤，较2013年下降2.3%。

总体评价：绍兴滨海工业园区是柯桥区印染产业集聚发展的承接地。园区循环化改造突出以印染产业集聚升级工程为核心，全面推进污水、污泥和废气循环综合利用，为全国在传统产业转型升级提供“空间集聚升级、资源循环利用、技术结构调整”良好示范。

5.宁波石化经济技术开发区

建设目标：到2017年，园区将投资近80亿元，通过实施污染集中防治设施建设及升级改造、副产物综合利用、污染物零排放等七大类共22个项目，形成“四链、双环、一优化”循环经济网络体系，打造“国内领先、国际一流”的石化和化工新材料专业园区。

进展情况：2014年7月，宁波石化经济技术开发区被列为第四批国家级循环化改造示范试点园区，获得3亿元国家资金支持。目前，循环化改造项目管理细则等一系列制度设计正在制定，22个循环化改造项目开工13个，各项创建工作有序推进中。

总体评价：宁波石化经济技术开发区是浙江省唯一的石油和化学工业专业园区，通过园区循环化改造，进一步加快转变经济发展方式、有效解决制约发展的瓶颈因素，努力营造一个以炼油和乙烯项目为支撑、以液体化工码头为依托、上下游产业一体化、资源配置集约化、生产与生态环境均衡协调的石化园区。

（八）国家“城市矿产”示范基地

浙江省拥有宁波金田产业园、浙江桐庐大地循环经济产业园和台州市金属资源再生产业基地等3个国家“城市矿产”示范基地。

1.宁波金田产业园

建设目标：在基地建设期内，共建设废杂铜再生利用项目、铜灰渣综合利用项目等资源综合利用类项目5个，园区技术中心能力建设等基础设施和公共服务类项目2个，总投资104800万元，实现废铜资源的“吃干榨尽、充分利用”。

进展情况：2014年，园区实现营业收入390亿元，铜产品产量59万吨，各重点项目有序推进，实际完成投资总计7.6亿元，各项中央补助资金也均已完成投资。园区在内部管理、信息化应用、采购销售等方面取得进一步的提升，同时通过不断提升自主创新能力，开发了一批达到国际先进水平的新型工艺技术。

实施效果：园区以废杂铜分选预处理系统、“前液转流”绿色熔炼系统、三废集中处理系统为核心，在加工规模、装备水平、资源利用程度、产品附加值、节能环保等方面形成了自己的特色，为国家电力、电子、运输等工业行业提供绿色铜基材料。

总体评价：金田产业园是全国首批“城市矿产”示范基地，是回收渠道完善、产品附加值领先、资源利用量大、技术装备先进、基础设施完备、内部管理科学的铜资源循环利用示范企业。

2.浙江桐庐大地循环经济产业园

建设目标：示范基地建设期为2011年至2015年，重点实施13大项目，计划总投资约13.33亿元，其中中央资金支持项目7个，总投资11.28亿元；非中央资金支持项目6个，总投资2.05亿元。项目建成后，形成年综合利用200万吨低品位有色金属废弃物、500万台（套）废家电及电子产品的“城市矿产”资源回收及综合利用规模。

进展情况：截至2014年底，园区已累计完成投资5.09亿元。13个项目中有5个项目已基本完成并投产，其中中央资金项目1个；6个项目正在建设，其中中央资金项目4个；2个项目因市场变化等因素影响未开工建设，均为中央资金支持项目。中央资金项目实施主体均严格按照有关规定和办法，开设专户、专款专用。

实施效果：对原先区域内的小冶炼炉进行集中规范整治、园区化管理，污染物排放减少95%以上，同时极大程度减少了分散利用的二次污染问题，危险废物资源综合利用率达到100%。

总体评价：园区以废家电及电子产品、低品位有色金属废弃物为资源，以有色金属产业及相关技术装备产业为特色，通过示范推进所在区域循环经济发展。

3.台州市金属资源再生产业基地

建设目标：规划于2012至2017年期间，实施重点项目31项，总投资约21.7亿元，将基地建设成为具有再生金属回收、拆解、利用、精深加工及配套的物流、研发、教育、培训和旅游等综合功能的资源循环利用产业综合体。

进展情况：2014年，路桥区政府下发《基地项目管理实施细则》，明确重点项目补助标准。截至2014年底，31个重点项目中，已开工项目23个（包括已基本建成项目12个），有2家拆解企业已正式生产，8家拆解企业和1家深加工企业开始试生产，3家拆解企业近期申报试生产。全年合计完成投资160698万元，占国家核定投资的74.2%。

实施效果：基地全面建成后，将形成年综合拆解能力500万吨，销售收入600亿元、利税80亿元，提供直接就业岗位6万个，经济效益、环境效益和社会效益明显。

总体评价：基地建成后，将成为国内再生金属利用规模最大、资源利用效率最高、生态环境最优、拆解和加工利用水平领先的国家“城市矿产”示范基地之一。采取“圈区管理”模式，打造金属资源再生产业循环经济发展的典范。

(九) 国家资源综合利用“双百工程”示范基地及骨干企业

浙江省拥有苍南县、湖州市南浔区2个国家资源综合利用“双百工程”示范基地，浙江天达环保股份有限公司、浙江富源再生资源有限公司、浙江海利环保纤维有限公司、浙江杭州中策橡胶循环科技有限公司4个国家资源综合利用“双百工程”骨干企业。

1.苍南县

建设目标：围绕发展再生纤维纺织产业集群目标，以产业改造提升为主线，着力在示范园区平台建设、政策扶持、品牌建设、技术创新、产品高值、环境优化、龙头企业培育等方面实现突破，构建一个集生产区、物流区、科研区、贸易区等为一体的再生纤维纺织产业集聚园区，努力把苍南宜山—钱库片区打造成名副其实的中国废旧纺织品综合利用“双百工程”示范基地。

进展情况：2014年，苍南县被列为国家第二批资源综合利用“双百工程”示范基地。以示范基地建设为契机，苍南县立即启动了宜山针织园区、宜山布角料交易市场、钱库再生纤维综合利用产业基地等一批示范基地支撑性项目建设，不断加大行业扶持力度，提高行业竞争力。目前创建工作正有序推进中。

实施效果：苍南县已形成以宜山、钱库为中心的再加工纤维纺织块状产业群，2014年实现工业总产值近百亿元，累计实现布角料吞吐量320多万吨。全年62家无证加工点取得营业执照，312家个体户转为企业，部分企业通过转型转产实现转型发展，创建工作有序推进。

总体评价：废旧纺织产业是苍南县域经济的重要支柱，但产业总体存在“低、小、散”以及装备落后、环境污染突出等问题。积极开展纺织行业整治，创建国家“双百工程”示范基地，为产业集聚提升创造了良好的开端。

2.湖州市南浔区

建设目标：在2014年至2018年期间，实施废旧木材资源综合利用类项目和公共服务和基础设施类项目共21个，项目总投资22.4亿元。力争将南浔废旧木材回收与综合利用基地建设成为空间布局优化、产业优势明显、回收交易体系健全、综合利用技术先进、配套服务设施完善、生态环境良好的再生资源回收利用“双百工程”示范基地。

进展情况：为切实做好基地建设工作，南浔区相继出台了《关于加强南浔区木业产业转型升级的实施意见》等一批政策方案，开展全行业大整治，淘汰低小散木业企业179家，力促木业产业转型升级。至2014年底，21个基地建设项目中，久盛地板年再生利用5.4万立方米废旧木材生产地板项目等5个项目已完工，完成投资1.79亿元；湖州天聚木业有限公司年产20万套高档定制整木家居项目等5个项目建设推进顺利，已完成投资1.98亿元。

实施效果：南浔木业产业整体上已经形成“原木进口加工—板材生产—木制产品生产销售—废旧木材回收—废旧木材综合利用”相对完整的产业链条。2014年，全区共有各类木业企业1794家，其中规上企业63家，实现规上工业增加值17.92亿元。

总体评价：南浔区被誉为“没有森林的木业大区”，资源的缺乏延伸出废旧木材“吃干榨尽”的高利用率模式，已为华东地区最大的废旧木材回收、交易、加工中心。“双百工程”基地的建设，将进一步提升南浔区废旧木材综合利用水平，实现传统木材加工产业的可持续发展。

3.浙江天达环保股份有限公司

建设目标：建设燃煤电厂固体废弃物综合利用“双百工程”骨干企业，供电厂固体废弃物综合利用（宁海）项目等5个项目纳入“双百”项目，总投资14.77亿元。

进展情况：2014年，纳入“双百”的5个重点项目建设进展顺利。（1）电厂固体废弃物综合利用（宁海）项目完成外部围墙建设和部分土地平整工作；（2）新疆阿克苏年产40万方加气混凝土砌块及4万吨配套砂浆项目已完成一期工程建设；（3）舟山六横电厂固体废弃物综合利用项目已完成桩基工程、码头靠船构件筑施工等土建工程；（4）宁夏天达青铜峡燃煤发电机组固废综合利用项目年产20万立方米粉煤灰加气混凝土砌块生产线已投产，目前运行情况良好；（5）浙江天达环保股份有限公司技术研发中心项目主体已通过兰溪市建设工程质量监督站组织的竣工验收。

实施效果：2014年，浙江天达环保股份有限公司的燃煤电厂固体废弃物综合处理和深加工工作取得了重大进展，处理粉煤灰渣612.9万吨，脱硫石膏84.8万吨，生产新型建材产品66.9万吨。公司累计减排约6000万吨，相当于减少384公顷的耕地占用。

总体评价：浙江天达环保股份有限公司是燃煤电厂固体废弃物综合利用龙头企业，创新工程管理制度，各项目公司与公司总部职能明确，资源综合利用效益明显。

4.浙江富源再生资源有限公司

建设目标：实施综合利用废旧服装年产2万吨再生涤纶纤维项目，总投资11160万元。新增国内外先进的纺织品再生处理设备和纺丝设备，形成年综合利用废旧服装26842吨，年生产再生涤纶POY长丝1万吨、再生涤纶短纤1万吨的能力。到2018年，以整厂输出的方式在全国布局5条废旧服装高值化回收利用生产线。

进展情况：2014年，浙江富源再生资源有限公司被国家发改委评为“双百工程”骨干企业。公司第一条年产3000吨纯涤纶废旧服装（军服）再生切片生产线于2010年正式投产。目前，2万吨再生涤纶纤维项目正在建设当中，预计2015年可以完成安装、调试，并投入生产。

实施效果：项目建成投产后，企业可年综合利用废旧服装26842吨，年产再生涤纶POY长丝10000吨、再生涤纶短纤10000吨，预计实现综合利用营业收入20300万元，实现年利润总额2667万元，年营业税金及附加1105万元。

总体评价：浙江富源再生资源有限公司是国内唯一一家废旧军服回收再利用的试点企业，也是国内首家大规模涉足废旧服装回收利用项目的企业，为废旧纺织品高值化再生利用作出了突出贡献。

5.浙江海利环保纤维有限公司

建设目标：建设年回收利用废弃聚酯瓶40万吨的海利循环产业园，在江浙沪皖四地设立10个收购事业分部，形成年加工再生瓶片30万吨、年产再生聚酯长丝30万吨再生聚酯资源综合利用产业规模。努力把海利打造成为国家废弃聚酯再生资源回收利用"双百工程"示范骨干企业。

进展情况：海利循环产业园分两期建设，2014年，年加工20万吨再生聚酯长丝级瓶片、年产20万吨再生聚酯差别化长丝项目投产。完善覆盖6省的废弃聚酯瓶社会回收体系，建成涵盖整瓶清洗生产线、自动储料仓转运系统等生产线的智能化生产车间，两项省级新产品通过验收，技术攻关取得突破。

实施效果：建设一个名符其实的、高标准的国家级循环产业园区，年回收利用废弃聚酯瓶40 万吨，年可节约石油60万吨、减排二氧化碳120万吨，年综合利用产值40亿元，年创利税3.6亿元。

总体评价：通过"双百工程"骨干企业创建，将海利打造成为国内最大规模，拥有最先进技术及装备的废弃聚酯回收处理、再生聚酯长丝生产骨干企业，在全国资源循环利用行业中起到标杆和示范作用。

6.浙江杭州中策橡胶循环科技有限公司

建设目标：以"一、二期形成模型、三期全国推广"的总体规划为指导，建成集废旧轮胎回收、分类分拣、轮胎翻新、再生橡胶、橡胶粉、热解等全产业链为一体的世界领先的废旧橡胶资源综合利用示范体系，对整个废旧轮胎橡胶资源循环利用上下游产业起到带动和辐射示范效果。

进展情况：一期建设目标为年回收5万吨的废旧轮胎网络回收与综合利用体系。截至2014年底，废旧轮胎回收试点工作运行良好，经过不断地完善，已具备适度的扩展回收量和回收范围的要求。完成整套轮胎翻新设备的采购工作，与北京航空制造工程研究所合作研发的废旧轮胎分类分解线，整条生产线的构想及设计方案也已完成。

实施效果：预期到2018年，浙江杭州中策橡胶循环科技有限公司将实现年回收和利用废旧轮胎50万吨（折合载重轮胎条数约计1000万条）、废旧轮胎综合利用率达到100%的总体目标。

总体评价：中策橡胶集团是我国最大的轮胎生产与制造企业。杭州中策橡胶循环科技有限公司致力于成为国际领先、国内领头的废旧轮胎综合利用示范骨干企业，缓解橡胶资源紧张和环境污染，为创建“资源节约型、环境友好型”社会作出贡献。

(十) 国家循环经济教育示范基地

浙江省拥有衢州巨化集团公司和杭州市环境集团有限公司2个国家循环经济教育示范基地。

1.巨化集团公司

建设目标：以氟硅化工的循环经济产业链为核心，形成特色材料、精细化工、生物化工、装备制造等同步发展的产业格局，打造国家循环经济教育示范基地。

进展情况：2014年，巨化国家循环经济教育示范基地运营情况良好，参观线路建设基本达到各主要参观点全部在主马路边的设计和安全要求；进一步深化巨化历史博物馆循环经济板块概念方案，开始分期建设；巨化循环经济静脉产业基地规划方案目前正在报省发改委评审；基地积极参加青岛循博会，并设立专项运行经费。2014年基地试运行期圆满完成国家考核。

实施效果：2014年，基地各参观点共接待国内外同行、各级部门、各地企业、学校、社区等各类参观、访问和交流的人数总计4785人次。极好地向社会公众传播了循环经济知识和理念，推广了循环经济典型模式，提高了社会公众对循环经济的认识。

总体评价：巨化集团作为国家循环经济试点单位、全国循环经济工作先进单位，具有完整的循环经济产业链，特别是氯碱化工和氟化工产业间的氯元素梯级循环利用在全国同行中处于领先地位，为工业循环经济起到了良好示范和借鉴作用。

2.杭州市环境集团有限公司

建设目标：打造国家循环经济教育示范基地，建成“一线、一园、一馆”。基地建设实施期限为2013—2017年，完成项目建设、参观线路保障、宣传能力提升、安全保障建设四个方面22项具体工作任务。

进展情况：2014年来，杭州市环境集团根据相关要求，开展试运行建设。主要完成建设项目9项、参观线路保障4项、宣传能力提升4项、安全保障建设5项，共计四大项22个子项工作，项目总投资29605.63万元人民币。同时增加文化创意中心等三项不在实施方案要求内的创新工作。

实施效果：2014年，杭州市环境集团顺利通过国家四部委考核验收，成为全国第10个挂牌的教育示范基地，也是唯一一个以生活垃圾处置为主的教育示范基地。“跟着垃圾去旅游”公益宣传活动获国际固废协会年度公众沟通奖。基地的建设，向社会各界传播循环经济理念，为发展国家循环经济事业及建设资源节约型和环境友好型社会贡献力量。

总体评价：杭州市环境集团国家循环经济教育示范基地的正式挂牌，将助力杭州市循环经济的发展，助推杭州天子岭循环经济产业园区的建设，打造“美丽中国”、“生态浙江”、“杭州样板”先行区打下良好基础。

（十一）国家再制造试点单位

浙江省拥有浙江再生手拉手汽车部件有限公司和全兴精工集团有限公司2个国家再制造试点单位。

1.浙江再生手拉手汽车部件有限公司

建设目标：项目主要采用发动机、变速箱损品为原料，经再制造技术和工艺，使其达到国家规定的新品相关性能与指标，并形成年再制造1万台的生产能力。其中，发动机再制造产能6000台/年，变速箱再制造产能4000台/年。

进展情况：2014年，发动机再制造车间生产设备已基本安装调试完毕，目前正在试生产过程中，预计将于2015年3月正式投入生产。变速箱再制造车间已正式投入运行，目前已具备4000台/年的生产能力。

实施效果：项目全部建成投产后，年再制造吉利品牌发动机、变速箱1万台，资源再生利用效益明显。

总体评价：浙江再生手拉手公司致力于打造成熟的变速箱、发动机再制造产品循环体系。再制造业是我国发展循环经济，实现资源节约型、环境友好型社会的重要途径，应加大相关政策支持力度，提高消费者对再制造产品的认识，确保再制造旧件的回收量。

2.全兴精工集团有限公司

建设目标：本项目利用废旧汽车动力转向泵，采用国际先进的技术和设备，通过再制造技术，生产汽车转向助力泵再制造产品，形成年产120万台汽车转向助力泵再制造产业化的生产能力，实现废旧汽车转向助力泵的收购、加工和利用。

进展情况：项目实施分二期完成，一期已于2012年8月份完成竣工验收，实际投资9658.11万元；二期于2012年7月开始，于2014年8月份完工，实际投资9718万元。2014年，回收旧件835412万台，再制造汽车转向泵产销840107台，新增销售收入25119万元。

实施效果：通过试点单位建设及项目实施，预计可形成年拆解废旧120万台汽车转向助力泵，新增销售3.6亿元人民币，通过资源再生利用可实现节约钢铁5440吨、节约铝500

吨，资源综合效益显著。

总体评价：积极开展转向泵再制造的技术研究、工艺开发，完善回收体系，开展再制造生产和销售等业务，为废旧汽车转向助力泵的再利用提供良好的示范作用。

九、省级循环经济示范试点进展与评价

2013年，浙江省开展省级循环经济示范城市和园区循环化改造示范试点工作，截至2014年底，目前浙江省拥有7个首批省级循环经济城市和7个首批省级园区循环化改造示范试点园区。

(一) 省级循环经济示范城市

浙江省拥有台州市、临安市、德清县、嘉善县、柯桥区、玉环县、遂昌县等7个省级循环经济示范城市（县、区）。

1.台州市

建设目标：到2015年，资源产出率比2010年提高15%。万元生产总值综合能耗下降到0.373吨标准煤，万元生产总值用水量下降到52.6吨，单位建设用地生产总值达到26.7亿元/万亩。

进展情况：一是创建工作积极推进。出台《台州市2014年创建省级循环经济示范城市重点工作及工作任务书的通知》，将创建全市循环经济示范城市相关工作列入全市海洋经济及集聚区发展考核的加分内容，并对各部门工作内容进行逐项评估。二是基本完成目标任务，13个指标中有3个指标超额完成，6个指标完成目标值，资源产出率统计工作未开展，单位建设用地生产总值、万元生产总值用水量、万元生产总值二氧化碳排放量下降幅度有待进一步明确。三是项目顺利推进，完成项目投资额58.92亿元，11个项目已完工，完成2.2亿元投资，57个项目有序推进，完成56.7亿元投资，2个项目前期有序推进。四是项目补助资金基本到位，19个2014年度“991行动计划”重点支持项目460万元省级补助资金已补助到位；浙江省化学原料药基地椒江区块循环化改造示范试点项目争取到省级补助资金1920万元，目前960万元的补助资金已下拨到区财政，并专门制定了省级循环经济补助资金的拨付方案实施细则，已经区常委会议审议；市发改委与市财政局联合组织了2014年度台州市本级制造业转型升级循环经济财政专项资金的申报工作，筛选出四个项目，共补助100万元。

实施效果：围绕循环经济产业集聚区，打造全市动静脉产业互动联系，通过医化园区循环化改造，建立医化循环产业链，促进医化三废综合利用；通过路桥国家“城市矿产”示范基地建设，促进再生金属和再生塑料综合规模化、高值化利用；促进海水生态化养

殖、海洋生态环境保护、海洋新能源开发等，打造海洋经济转型升级示范区。

总体评价：省级循环经济示范城市的创建，能有效破解台州资源小市，人口密度高，环境容量相对较小的发展制约，为区域经济社会健康发展提供了资源保障，也为省内类似地区提供了重要的经验积累。

2.临安市

建设目标：到2015年，万元GDP能耗下降至0.49吨标准煤，比2012年降低9%；万元GDP用水量下降到85立方米以内；万元GDP二氧化碳排放量比2010年下降20%；土地资源利用效率和综合利用水平进一步提高，单位建设用地GDP产出率达到19.3亿元/万亩，比2012年提高约20%。

进展情况：一是创建工作积极推动，发布《临安市省级循环经济示范市创建实施方案》（临政函〔2014〕48号），对2014年的创建目标和主要工作进行分解落实。二是基本完成年度目标和创建任务，资源产出、资源消耗、资源综合利用和主要污染物排放的指标顺利完成年度任务。三是项目顺利推进，共实施方案项目共42个，2014年完成项目14个，终止项目3个，新增项目3个，在建项目25个。金安国纪、华旺热能、原野污水处理有限公司获得了2014年省循环经济专项资金补助。

实施效果：促进了循环产业体系建设，加快了杭州青山湖高新技术产业园区循环化改造步伐，主要污染物排放得到有效控制，全社会资源节约意识进一步增强，循环经济发展的运行机制、以资源产出率为核心的循环经济统计评价体系和支撑保障体系基本建立。

总体评价：探索农林废弃物循环综合利用模式，并把农林废弃物综合利用与造纸行业污泥处置有机结合在一起，为浙江省开展农林废弃物循环综合利用积累了有效经验，推进了省级循环经济示范城市建设。

3.德清县

建设目标：到2016年，全县资源产出率比2010年末提高17%，单位国内生产总值能耗比降至0.7吨标煤/万元，建设用地产出率比2010年提高45%，非化石能源占能源消耗总量比重达到17%，工业固体废弃物综合利用率达到98%，工业用水重复利用率达到65%。

进展情况：一是创建工作积极推进，把省级循环经济示范县创建工作纳入县委、县政府对乡镇年度考核，县财政下拨循环经济补助资金1430万元，强化资金保障。二是基本完成目标任务，资源产出、资源消耗、资源综合利用和主要污染物排放的指标顺利完成年度任务，农作物秸秆综合利用率已达到95%，农业现代化发展水平综合评价位居全省第三；单位生产总值综合能耗下降5%。三是项目顺利推进，2014年共有8个新增类项目和3个滚动类项目纳入到省循环经济年度实施计划，当年完成投资27.3亿元，共获省循环经济资金300

万元。

实施效果：为省级循环经济示范城市的创建建立了有效的推进机制，探索总结了发展生态循环旅游和发展循环农业典型模式，顺利完成年度各项指标任务，有效地提升了区域环境质量，做到人与自然的真正融合，为实现省级循环经济示范县建设目标奠定了良好基础。

总体评价：对生态循环服务业和循环农业进行了有益探索，在提高区域环境质量的同时，也积累了典型循环服务业和循环农业发展模式，为浙江省类似地区发展提供了有价值的经验借鉴。

4.嘉善县

建设目标：到2016年底，全县万元生产总值综合能耗0.66吨标煤，万元工业增加值综合能耗0.79吨标煤，万元生产总值取水量63.83立方米，工业固体废弃物综合利用率达94%，规模以上工业用水重复利用率达75%，新建绿色建筑比例50%，规模畜禽养殖场排泄物利用率达到99%，秸秆综合利用率达到97%，农村清洁能源利用率75%。

进展情况：一是创建工作积极推进，县人民政府印发《嘉善县循环经济示范县创建工作推进方案》，建立了协调推进机制、项目督查机制和年度考评机制。二是基本完成年度目标和创建任务，资源产出、资源消耗、资源综合利用和主要污染物排放的指标顺利完成年度任务。三是项目顺利推进，全年完成投资4.0亿元，完成年度计划的82%，其中已完工项目7个，在建项目7个，取消项目2个；嘉兴德达资源循环利用有限公司迁建循环利用各类工业废弃物6万吨技改项目、姚庄卫生院扩建工程地源热泵空调系统项目、嘉善尚品农业科技有限公司尚品生态农业园建设项目获得省循环经济“991行动计划”2014年度重点支持共计150万元。

实施效果：建立了省级循环经济示范城市有效的推进机制，顺利完成年度各项指标任务，提高了资源利用效率，废弃物排放得到进一步控制，生态环境质量进一步改善，生态文明观念逐步树立，为将嘉善县建设成为江南水乡平原水网地区循环经济发展示范区奠定了良好基础。

总体评价：完成循环经济示范县建设的各项年度指标任务，探索了典型的农业循环经济发展模式和清洁能源发展模式，为浙江省类似地区发展循环经济提供了有益的经验借鉴。

5.柯桥区

建设目标：到2015年，新兴（优势）产业工业总产值占全区工业总产值比重超50%以上，现代服务业增加值占GDP的比重达到40%以上；万元工业增加值综合能耗年均下降超过7%，能源产出率达到1.08亿元／万吨标煤；全区工业固体废弃物综合利用率继续保持100%，规模以上工业用水重复利用率达到78%以上；工业污水集中处理率保持100%，城镇生活垃圾无害化处理率达到100%。

进展情况：滨海工业园区循环经济发展初见成效，切实推进循环经济发展“4333工程”，园区资源利用效率显著提高，主要污染物排放得到有效控制，产业集聚优势显著，已基本形成了化纤聚酯、纺织印染、石油PTA、新兴材料、金属机械、热电、农副加工及其它等六大支柱产业；基础设施日趋完善，完成配套面积63平方公里，实现高效集中供热供气、污水100%集中处理以及工业固体废弃物有效回收处理；循环经济发展深入人心，为园区实施循环化改造奠定良好基础、积累丰富经验，2013年12月滨海工业园区通过了国家第一批循环经济示范试点单位验收。项目顺利推进，全区134个循环经济项目已全部开工，其中129个已完工，完成投资110.69亿元。滨海工业园区正式获批成为国家级园区循环化改造示范试点，已争取中央资金3亿元。浙江东盛印染有限公司循环化改造项目等7个项目已下达第一批循环化改造项目投资计划。

实施效果：以印染集聚为核心，有效推进了绿色印染基地建设，全区80%的印染产能集聚提升到滨海工业园区，完成全部印染企业“煤改气（汽）”，实现三个1/3，即节约用地1/3（节地2311亩）、节约用水1/3（节水3860万吨）、淘汰落后产能1/3（淘汰落后33.9亿米），基本建成绿色印染产业集聚区。以三级循环为主线，构建循环产业链。通过打造企业内部小循环、园区中循环、社会大循环这三级循环系统，加快完善以PTA-化纤—织造—印染—服装为核心的大纺织循环经济产业链，以印染产业集聚提升为契机的印染循环经济产业链，以远东石化为依托的PTA循环经济产业链。

总体评价：有效控制了印染行业污染，进一步提高了资源利用效率，区域生态环境质量有所改善，生态文明观念进一步得到巩固，绿色印染走在全省前列。

6.玉环县

建设目标：到2015年，能源产出率比2010年提高15%，单位建设用地GDP达到29.84亿元/万亩，非化石能源消费占一次能源消费比重达到15%，工业固废综合利用率达到98.27%，规模以上企业工业用水重复利用率达到75.7%，农作物秸秆综合利用率达到81%，规模畜禽养殖场排泄物利用率达到97%。

进展情况：一是创建工作积极推进。召开省循环经济示范县创建动员会，向发改、经信、国土、环保、农业、商务、城管执法等十五个相关单位分解创建任务，制定了2014年度工作任务。二是构建资金扶持体系，完善鼓励资源节约和综合利用、循环经济发展的财政与金融政策，县财政计划每年拿出1.5亿元以上的专项资金用于促进玉环县循环经济的发展。三是启动玉环经济开发区园区循环化改造，组织园区编制实施方案，明确园区循环化改造的主要目标和重点任务，提出拟建设的重点支撑项目。四是基本完成目标任务，资源产出率、废物综合利用率大大提升，单位GDP能耗等资源消耗率大幅下降。五是项目顺利推进，2014年累计完成投资15.7亿元，完成总投资额的52.4%，已完工项目14个。漩门湾湿地公园等五个项目获得省循环经济专项资金支持255万元，所有专项资金专款专用，均已落实到项目建设。

实施效果：建立了有效的省级循环经济示范城市推进机制，形成了海洋经济转型升级示范区、浙台（玉环）经贸合作区、金属表面处理中心和金属熔炼产业提升区等四大载体，形成海洋和再生金属产业链，构建了“水产养殖—生物医药产品—海洋生物废弃物利用”的特色循环产业链，形成了“废旧金属回收—金属熔炼—汽摩配、阀门（水泵）产品”的工业循环产业链，资源利用效率和再生资源利用水平进一步提高，为创建海岛型省级循环经济示范县奠定了坚实基础。

总体评价：打造了循环经济发展载体，初步构建了以海洋经济为特色的循环经济产业链，进一步提高了资源利用效率，海岛型省级循环经济示范县特色开始显现。

7.遂昌县

建设目标：到2015年，资源产出率达到1.03亿元/万吨，能源产出率达到1.33万元/吨标准煤，水资源产出率达到108元/立方米，工业固体废弃物综合利用率控制在100%，城镇污水处理设施再生水利用率达50%，主要再生有色金属回收率达到93%，农作物秸秆综合利用率达到96.2%以上，规模化畜禽养殖场排泄物综合利用率达到98.5%以上；

进展情况：工作积极推进。出台《遂昌县人民政府办公室关于进一步加强省级循环经济示范县创建工作的通知》（遂政办发〔2014〕46号），明确了主要任务和具体负责单位。基本完成目标任务，资源产出率、废物综合利用率大大提升；单位GDP能耗等资源消耗率大幅下降。项目顺利推进，6个2014年度“991行动计划”项目累计完成总投资13746万元，完成总投资的66%，共获得省级财政补助资金385万元，项目补助资金已全部发放到位，并投入使用。

实施效果：建立了有效的省级循环经济示范城市推进机制和考评机制，提高了资源综合利用效率，废物排放得到控制，年度指标任务顺利完成，生态环境质量进一步改善，生态文明观念逐步树立。

总体评价：对生态补偿机制、资源要素改革、林权制度改革、循环经济考核等发展循环经济的体制机制进行了有效探索，为创建山区资源型循环经济发展示范县创造了制度保障。

（二）省级园区循环化改造示范试点

浙江省拥有丽水经济开发区、杭州经济技术开发区、金华经济技术开发区、浙江省化学原料药基地椒江区块、衢江经济开发区、南浔经济开发区、桐乡经济开发区等7个省级园区循环化改造示范试点。

1.丽水经济开发区

建设目标：以“经济生态化、环境生态化、园区生态化”为目标，以“三链三网”（生态合成革、节能环保装备制造、生物医药循环经济产业链和基础设施网、能源保障网、生态安全网）为主线，着力培育以“1+2·X”产业为主导的低消耗、低排放、高效率、能循环的现代产业体系。重点推进纳入循环化改造计划的23个项目建设，总投资约27亿元。

进展情况：针对水性合成革、“油改气”、三版印刷有机废气收集治理、“机器换人”等关键共性技术难点组织开展了12个研发和产业化试点。联合浙江五洲实业有限公司建设“弗瑞思新材料研究院”，已成功研制出多款低价、高质水性合成革产品。完善基础设施网，完成对40.96公里“问题管道”分类修复；建设能源保障网，杭丽热电集中供热一期热网铺设已基本建成，共计覆盖用热企业65家；构筑生态安全网，所有印染、化工、电镀企业废水均通过了行业整治验收，完成了25家合成革企业生产线密封改造、9家革基布企业定型机废气整治、43家企业污水处理设施废气治理工程，启动危险废物处置扩容工程和危险废物填埋场工程，加快推进污泥焚烧工程。

实施效果：围绕三链，构建循环型产业链推进园区转型升级，围绕三网，搭建污染治理体系推进园区环境改善。二氧化碳、氮氧化物等污染物排放量也均明显下降。园区环境状况持续改善。

总体评价：打造生态合成革集聚区，解决了合成革行业生产环节的污染问题，为传统合成革产业的突围转型找到了新的路径和方向。

2.杭州经济技术开发区

建设目标：开发区依托大学城集聚优势，优化循环产业区、绿色科教区、生态商务休闲区和低碳生活区四大功能区的布局建设，形成先进装备、汽车、电子信息、食品饮料等优势产业。加快天然气热电联产、光伏发电等清洁能源的推广利用，建设成为清洁能源发展优势显著的省级园区循环化改造示范试点。重点推进纳入循环化改造计划的27个项目建设，总投资约30亿元。

进展情况：2014年，完工项目13个，投资完成率达到40%，有8个项目由于实施条件发生变化而难以实施，目前已拟增8个项目进行替代。开发区50家重点工业企业中的26家纳入全过程环境监管，监管覆盖率超过50%。落实联投能源与杭联热电合作实施的“集中压缩空气站”项目，实施“溴化锂机组节电”等7个合同能源管理项目，鼓励秉信纸业等企业实施市级循环经济项目14个，全年共实现分布式太阳能光伏发电4500万千瓦时以上的发电量。东芝家电等20余家企业通过清洁生产审核。得力纺织等12家企业全部完成整治并通过专家组验收，朝阳轮胎实施的硫化烟气治理工程和国际香料香精公司实施的纯氧曝气以及蓄热式焚烧两项治理工程均已完成。完成2条黑臭河道的治理工作，新增污水管线2.4公里。杭联热电的锅炉总装机规模为57MW，供热管网总长约68公里，基本覆盖了整个开发区，此外华电天然气热电厂开始集中供热。

实施效果：建设共享基础设施和低碳公共服务平台，推行循环经济项目建设、企业生态化建设、重污染行业及大气环境整治，初步构建区域水资源综合利用和循环利用、能量梯级利用网络，取得了一定成效。

总体评价：围绕开发区三废循环利用，建成一批废物利用、中水回用和循环利用等循环化改造补链项目，形成汽车及零部件、食品加工、医药等循环经济产业链，积极推进食品饮料、医药等产业改造升级，取得了可喜进展。

3.金华经济技术开发区

建设目标：开发区依托“外商投资新能源汽车产业基地”、“浙江省电子信息产业特色品牌园区”等品牌优势，建设成为产业融合发展、资源集成共享的省级园区循环化改造示范试点。重点推进纳入循环化改造计划的21个项目建设，总投资约27亿元。

进展情况：开发区已开工项目18个，已完工项目8个，累计完成投资8.3亿元，其中2014年完成投资4.63亿元。其中污染物减排项目4个，总投资5400万元，目前4个项目均已完工；产业链延伸补链项目3个，总投资5.7亿元，目前3个项目均已开工，累计完成投资4.68亿元；资源化利用项目2个，总投资5.3亿元，其中今飞凯达铝屑回收再利用项目已开工，完成投资1000万元；能量梯级利用项目4个，总投资1.51亿元，已开工项目3个，已完成投资额5100万元；循环经济技术研发项目1个，总投资1亿元，已完成投资额2500万元；公共服务设施项目7个，总投资13.2亿元，已开工项目6个，累计完成投资额2.5亿元。

实施效果：开发区稳步推进园区循环化重点项目实施，基本完成了2014年度目标任务要求。2014年金华开发区实现规上工业总产值550.5亿元，增长10%；实现工业综合能耗33.29万吨标煤，增长3.82%，万元产值综合能耗0.0604吨标准煤，下降5.63%。

总体评价：形成汽车及配件、轻工食品、电子与新材料、医药化工、五金工量具五大主导产业，构建汽车及零部件、生物医药、现代纺织及食品加工循环产业链，加强产业链横向耦合和纵向延伸，实现资源集约节约最大化利用。

4.浙江省化学原料药基地椒江区块

建设目标：园区紧紧围绕医化行业转型升级和恶臭治理，推进医化“三废”等副产物综合利用，构建医化企业内部小循环和企业间的中循环，建设成为化工行业废弃物综合利用和产业循环链接的省级园区循环化改造示范试点。重点推进纳入循环化改造计划的22个项目建设，总投资约34亿元。

进展情况：22个财政支持的重点项目进展顺利，其中6个项目已完工，15个项目已开工，1个正在前期审批；自主实施的项目中，1个已完工，3个已开工。

实施效果：完成一批医化企业成功转型，7家保留企业对装备、工艺等进行了全面的整改提升，通过产品结构调整和技改提升，2014年园区医化行业工业总产值预计达到100亿元，比2010年转型升级前的88亿元增长12.5%。污染综合治理取得实效，对园区内的污水处理厂化工污水接纳池、生化池等进行加盖密闭，对垃圾填埋场填埋库区采取覆膜除臭措施，同步推进区域环境的改善。

总体评价：新的循环型项目正在实施，一批新兴的循环型企业正在崛起，新的循环网络也初显雏形，为椒江区医化企业环境治理工作起到重要的推动作用，为全省医化行业转型升级提供了很好的示范作用。

5.衢江经济开发区

建设目标：开发区引进中国特种纸研究院、循环经济研究院等研发平台助推转型升级，开展特种纸行业节水减排改造，开展钢铁企业高炉灰回收资源化利用、三元催化剂回收再利用，努力建设成为产业优势突出、生产清洁高效、资源循环利用的省级园区循环化改造示范试点。重点推进纳入循环化改造计划的23个项目建设，总投资约25亿元。

进展情况：30个改造支撑项目中，启动实施的有18个，累计完成投资3.7亿元，12个项目由于市场、投资等原因，处于可研报告编制、项目立项等前期阶段。启动实施项目中已完成的7个，正在实施11个；其中补链项目4个，公共设施服务平台项目7个。

实施效果：大力推进补链项目建设，不断加强补链招商，实现项目间、企业间循环相连。逐步完善公共基础服务平台，完成总日处理能力7000吨的污水处理厂二期扩建工程并投入运行，长三角循环经济技术研究院衢州分院和中国制浆造纸研究院衢州分院成立并落户我区。着力推进腾笼换鸟，盘活闲置厂房5.4万平方米。

总体评价：开发区初步形成了一批以高档特种纸、机械装备制造和高新技术等为主的多种产业群体和“一区多园”的联动发展格局，造纸行业节水效果显著，为省委推进“五水共治”提供行业典范。

6.南浔经济开发区

建设目标：开发区将加大临沪工业园区开发和产业对接，以木业、电梯、电机产业为重点，依托节能电梯产业园、木业产业园区建设，着力培育以节能电梯电机、环保木业为主导的低消耗、低排放、高效率、能循环的循环产业体系，全力打造省内资源综合利用特色鲜明的循环经济示范园区。重点推进纳入循环化改造计划的20个项目建设，总投资约33亿元。

进展情况：项目建设进展顺利，产业类项目完成70%以上，15个产业项目，已建成投产11个，在建1个，前期筹备3个（世友木业低等级木材制造复合地板项目、方圆木业废旧木材资源化利用项目、柏尔木业生产地采暖专用地板项目）；公共基础设施类项目正在建设达到50%，6个平台类项目，已开工建设3个，前期筹备2个（南浔国际物流中心项目、南浔国际建材交易市场二期工程），还有1个正在积极筹划中（南浔振浔污水厂扩建及新建浔西污水处理厂项目）。

实施效果：通过产业链构建和公共基础设施项目的实施，很好地提高木业资源综合利用水平和节能电梯电机产品的开发力度。

总体评价：南浔经济开发区已形成木业、电梯和电机三大支柱型产业，具备循环化改造潜力和改造空间，为全省开发区传统产业转型升级提供示范。

7.桐乡经济开发区

建设目标：开发区将以推进能源集约利用，围绕化纤、新特材料两大主导产业及其产业链实施循环化改造，对全省开发区节能减排具有较好的示范作用。重点推进纳入循环化改造计划的建设项目有29个，总投资约32亿元。

进展情况：全面推行循环经济和实施清洁生产审核，区内有13家企业通过了ISO14001的环境体系认证，全区有39家企业实施了清洁生产审核，多家重点废水排放企业实行了中水回用工程。2014年实施循环化改造项目35个，投资29.7亿元，已开工实施项目33个，已完成投资26.5亿元。

实施效果：2014年，全区实现规上工业总产值572.77亿元，比去年同期增长8.1%，占全市规上工业总产值的42.6%。工业固体废弃物综合利用率达到了98%以上，工业危险废弃物安全处置率达到100%。区配套基础设施较为完善，核心片区实现了三个“管网全覆盖”，即蒸汽管网全覆盖、污水管网全覆盖、天然气管网全覆盖，燃煤锅炉数量清零。

总体评价：园区内实现了龙头企业带动、主导产业联动的循环经济健康发展模式，化纤、玻纤两大主导产业的企业内部、相关企业之间以及园区层面的产业链式发展特色鲜明，具有较强的典型示范作用。

十、循环经济重点项目进展与评价

(一)“991行动计划”重点项目

2008—2014年，浙江省每年编制下发全省发展循环经济“991行动计划”重点项目，在城市矿产、园区循环化改造、餐厨废弃物资源化利用和无害化处理、再制造、农业循环经济、资源综合利用、节能减碳、污染减排、节水和海水淡化、节能环保产业化及循环经济试点基地建设等领域筛选一批重点示范型项目加以推进和实施。据统计，2008—2014年，共实施“991行动计划”重点项目1420个，总投资4670.7亿元；2014年实施项目296个，总投资1685.9亿元，形成了一批具有示范带动作用的循环经济项目。有部分项目带动作用明显，已上升为国家级试点，推动浙江在循环经济相关领域继续走在全国前列，并在全国范围内形成较好的示范效应。

表1 “991行动计划”重点项目历年统计表（2008—2014年）

年份	项目数（个）	总投资（亿元）
2008年	127	284.6
2009年	156	382.5
2010年	156	362.4
2011年	180	346.6
2012年	234	902.7
2013年	271	706
2014年	296	1685.9
合计	1420	4670.7

(二)中央预算内项目

在深入实施“991行动计划”重点项目的基础上，浙江省、市、县三级各有关部门按照“申报争取一批、开工建设一批、竣工验收一批、谋划储备一批”的要求，积极争取中央预算内资金支持。为了更好推进中央预算内项目的实施，2011年发布《浙江省资源节约和环境保护中央预算内资金补助项目管理办法》，规范项目审批程序、资金投向和稽查监督，加大协调推进力度，确保中央预算内项目有序实施，注重发挥资源节约和环境保护效益。2006—2014年，浙江省共争取到资源节约和环境保护中央预算内项目260个，累计争取到中央预算内资金27.96亿元，总投资近300亿元。总体上看，浙江省中央预算内资金项目实施规范、有序，取得了明显的经济和社会效益，发挥了良好的带动和引领作用。

表2　2006—2014年资源节约和环境保护中央预算内项目汇总表

年份	项目数（个）	争取中央预算内补助资金（万元）	总投资（万元）
2006年	4	1520	26192
2007年	10	5820	98793
2008年	22	10840	274952
2009年	18	9080	169071
2010年	60	34860	633581
2011年	39	34345	424722
2012年	43	36810	418176
2013年	35	43048	521032
2014年	29	103245	416261
合计	260	279568	2982780

（浙江省发展和改革委员会资环处供稿）

低碳发展报告

2014年，全省上下按照党的十八大、十八届三中、四中全会精神和省委省政府建设“两美浙江”的战略部署，深入实施“八八战略”，以绿色低碳发展为目标，统筹推进控制温室气体排放综合性举措，着力夯实低碳发展工作基础，低碳发展取得积极成效，碳排放指标持续下降，为圆满完成“十二五”控制温室气体排放目标和任务打下决定性一战。

一、低碳发展成效显著

2014年是浙江省低碳发展的加快推进之年，全省按照《浙江省控制温室气体排放实施方案》（浙政办发〔2013〕144号）的要求，扎实推进控制温室气体排放的综合性举措，低碳发展取得积极成效，主要指标进展良好。经初步测算，2014年全省单位地区生产总值

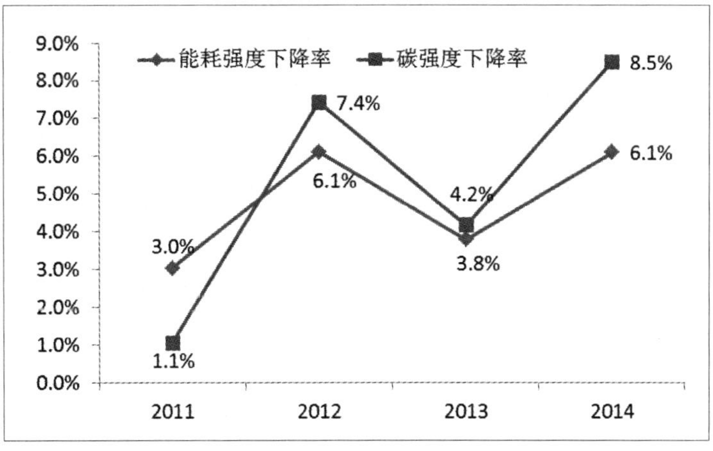

图1 2011—2014年浙江能耗强度和碳强度下降情况

碳排放量（以下简称碳强度）同比下降8.5%左右，超过4.13%的年均下降目标，累计下降20%，提前完成国家下达的“十二五”累计下降19%的目标；单位地区生产总值能耗（以下简称能耗强度）为0.5吨标准煤/万元（2010年价），同比下降6.1%，降幅高于全国同期1.3个百分点；非化石能源占能源消费总量的比重13.6%；第三产业增加值比重首次超过第二产业，达到47.9%。

(一) 产业结构逐步优化

2014年，浙江省深入推进“四换三名”、“五水共治”等转型升级组合拳，大力培育信息经济，着力发展高新技术产业、装备制造业和现代服务业，严格控制高能耗、高排放行业发展。第三产业增加值比上年增长8.7%，高于GDP增速高1.1个百分点，占GDP的比重同比提高0.4个百分点。高新技术产业、装备制造业和战略性新兴产业增加值分别增长8.5%、8.9%和8.6%，增速比规模以上工业分别高1.6、2.0和1.7个百分点。八大高耗能行业增加值增长4.6%，比规模以上工业低2.3个百分点。

(二) 能效水平显著提升

2014年，浙江省持续推进节能目标责任考核，强化消费侧能源节约集约管理，出台《浙江省控制煤炭消费总量工作方案》，深入实施“万吨千家”节能行动，全社会能源利用效率有效提升，年度节能目标超额完成。根据国家统计局初步核算，浙江单位GDP能耗同比下降6.1%左右，为“十二五”以来下降幅度最大的年份之一；规模以上工业单位增加值能耗同比下降6.7%。

(三) 清洁能源稳步发展

2014年，浙江省全面贯彻《浙江省大气污染防治行动计划（2013—2017）》（浙政发〔2013〕59号），大力实施浙江省清洁能源专项行动计划，加大清洁能源开发利用力度，全年非化石能源（含外来水电）占一次能源消费比重达到13.6%，同比提高2.1个百分点。全省建成水电站8座，完成50座电站更新改造，新增水电装机新投产装机5.18万千瓦，新增年发电量约1.2亿千瓦时。方家山核电一号机组顺利投产，新增核电装机108.9万千瓦，全年核电开发利用量达到354.25亿千瓦时。新增风电装机25万千瓦；获得国家光伏发电指标1200兆瓦，规模居全国首位；建设农村能源综合利用示范工程30个，新建整村集中供气示范村20个，推广太阳能热水器30万平方米，全省农村清洁能源利用率达到71%。

(四) 消费模式逐步转变

2014年，浙江省着力推动全社会树立和践行文明、节约、绿色、低碳、循环的消费理念，引导节约消费、适度消费，倡导绿色消费，持续开展“车、船、路、港”千家企业低碳专项行动，开展绿色低碳循环交通示范项目创建活动。全省营运车辆天然气气化率约为

2.17%，新增或更新的公交车中清洁能源车占比达到了81.64%，公交分担率提高2个百分点；公共自行车覆盖到15%县级城区，公共自行车客运量同比增长约79%。累计建成节能建筑5.6亿平方米，形成了年节约标准煤776万吨的能力。

（五）非能源活动温室气体排放得到有效控制

2014年，浙江省继续扎实推进散装水泥推广应用，全省水泥散装率预计完成78.5%，可减排二氧化碳552.37万吨，节能202.02万吨标准煤，节省水泥量409.50万吨。组织实施生态循环农业"2115"示范工程，2014年全省秸秆利用总量达1008万吨，利用率为85.54%；新建畜禽粪便收集处理中心30个，新增沼液利用量513.8万吨，落实生态消纳地661.5万亩。新建61座城镇污水处理设施，完成22座城镇污水处理厂一级A提标改造项目，新建污水管网3032公里，新增城镇污水处理能力50万吨/日以上。

（六）碳汇资源持续增加

全面推进绿化造林，落实造林补贴政策，全省新增绿化造林面积58.94万亩，完成森林抚育补贴面积111.2万亩；在临海市头门港新区沿海防护林工程开展了重点工程结合碳汇造林示范试点工作，建成1050亩沿海防护林碳汇林。新建4个省级湿地公园，两个省级湿地公园晋升为国家级。加速实施"蓝色碳汇"行动，四个沿海市发挥碳汇面积达到24万亩，比2013年增加4万亩，完成年度计划。

二、工作基础不断夯实

（一）统计考核体系初步建立

一是省级考核被评为优秀。国家发展改革委按照《单位国内生产总值二氧化碳排放降低目标责任考核评估办法》（发改气候〔2014〕1828号），对浙江省进行评估和现场考核，浙江省考核评估结果为优秀，得到国家通报表扬。二是设区市试评价考核顺利开展。下发《浙江省设区市2013年度单位生产总值二氧化碳降低目标责任试评价考核方案》（浙发改资环〔2014〕992号），对11个设区市碳强度下降目标和任务进行试评价考核。三是应对气候变化统计核算制度初步建立。下发《关于加强浙江省应对气候变化统计工作的意见》（浙气候办〔2014〕1号），建立气候变化统计基础制度和指标体系，首次完成2013年应对气候变化数据的汇总与审核工作。

（二）企业碳报告试点有序推进

一是明确填报主体名单。经过摸牌确定，明确了浙江省1700家左右能源消费总量在5000吨标准煤以上的重点排放单位。二是有序开展试点填报。选择96家企业作为试点单位开展填报、第三方核查以及专家审查。三是研究建立相关制度体系。研究起草《重点企

（事）业单位温室气体排放报告实施管理办法》、《第三方核查机构管理办法》和《核查工作规则》等相关制度，对企业碳报告规范开展提供有效保障。

(三) 省市县清单编制全力推进

一是工作机制基本建立。下发《浙江省发改委关于开展市县温室气体清单编制工作的通知》（浙发改资环〔2014〕103号），制定《浙江省市县温室气体清单编制工作方案》，各设区市开展常态化清单编制工作和《浙江省市县温室气体清单编制指南（试行）》，全面启动市县清单编制工作。二是编制工作进展良好。省级2010年度清单报告通过国家验收，编制完成2011—2012年度清单报告。11个设区市2010—2013年度清单报告已通过省级评审。9个试点县（桐庐、温州经开区、海宁、德清、永康、江山、普陀、椒江、庆元）已全部完成2010-2013年度温室气体清单，并上报省发改委备案。三是要素保障有效加强。11个设区市均制定了清单编制工作方案，建立工作机制。全省参与清单编制研究人员共约60人，省市县三级财政共落实清单编制资金约1400万元（其中市级900万元、县级400万元）。

(四) 低碳试点卓有成效

一是低碳城市建设亮点突出。杭州市、宁波市和温州市继续推进国家低碳城市试点建设，大胆探索，务求实效，扎实推进试点工作各项任务，确保试点工作有序开展。杭州市提前完成降碳目标，2014年单位GDP能耗同比下降7.01%，“十二五”期间累计下降19.7%，提前一年完成“十二五”能耗强度下降19.5 %的目标，预计“十二五”碳排放强度下降20 %的目标可以提前一年完成。宁波市作为临港工业城市，一方面深化国家低碳交通试点，实施低碳交通试点项目41项；另一方面，深化产业结构调整，控制高能耗产业规模，及原煤、钢铁能耗总量，加快石化重大装置布局。温州市密集出台《推进服务业跨越发展“1+17”政策》等产业政策，组织申报国家“公交都市”示范城市，集中全力建设独具温州特色的低碳城市。二是国家级低碳工业园区试点数量全国最多。浙江省杭州经济技术开发区、宁波经济技术开发区、温州经济技术开发区、嘉兴秀洲工业园区成功入选第一批55家国家低碳工业园区试点，成为全国唯一一个有四家园区入选的省份，在全国各省中数量最多。三是低碳社区试点启动建设。做好浙江省低碳社区试点的申报工作，目前已有杭州下城区东新园社区、宁波江东区东柳街道东海花园社区、温州瓯海区泽雅镇西岸社区等43家社区申请创建低碳社区，遴选工作正在有序进行。

(五) 宣传交流深入人心

一是成功举行2014年浙江省“全国低碳日”宣传活动。正式成立浙江省气候变化专家委员会，发布了《2013年浙江省低碳发展报告》，并邀请到国家气候中心副主任巢清尘作了IPCC第五次报告的宣讲，活动得到了权威媒体的广泛关注。各设区市也围绕“携手节能低碳，共建碧水蓝天”的主题，开展各具特色、形式多样的宣传活动。二是成功举办“低碳中国·院士专家行”活动。4月11日，“低碳中国·院士专家行”活动在杭州低碳科技馆正式启动，启动仪式后，国家发改委气候司苏伟司长，国家气候变化专家委员会主任、中国工程院原副院长杜祥琬院士领衔的院士专家团队与省发改委副主任周华富、杭州市政府副秘书长李强煜以及杭州各界代表举行了“会诊低碳方略，问计低碳杭州”为主题的高峰对话。三是参加利马联合国气候变化大会。12月3日至9日，省发改委周华富副主任作为中国代表团成员赴秘鲁利马，参加联合国气候变化框架公约第20次缔约方会议暨京都议定书第10次缔约方会议，作为地方省级发改委仅有的两名代表之一，周华富副主任分别在“中国应对气候变化纵向一体化战略主题边会”和“中国碳市场现状和展望主题边会”作了主题发言，介绍浙江省在应对气候变化和低碳发展方面的政策与实践。四是开展应对气候变化南南合作对外物资赠送项目。中国普天杭州鸿雁电器公司、浙江阳光照明电器集团股份有限公司、横店集团得邦照明有限公司、宁波凯耀电器制造有限公司等多家LED照明产品生产企业参与国家发展改革委组织的应对气候变化南南合作对外物资赠送项目。

(六)气候变化研究交流平台建设加快

一是建立浙江省气候变化专家委员会。为发挥专家对气候变化工作的智囊作用，建立了由气象、地质、生态、林业、农业、工业、能源、交通、建筑、环境、经济等气候变化相关科学技术领域的21位专家组成的省气候变化专家委员会。二是建立省市清单数据库。至2014年底，省市清单数据库已存储省级2005—2010年度清单数据，10个设区市完成系统部署并建立2010年度清单数据库。三是建立企业碳报告直报系统。根据重点企业碳报告工作的需求，在全国非试点省市中率先建设在线报告平台，已完成重点单位温室气体排放数据信息报告系统的填报、核查等功能模块开发，集成自动核算数据和编制报告功能，并完成试点单位的数据入库。四是深入推进战略性课题研究。完成《浙江省温室气体排放相关能力建设》、《浙江省温室气体排放数据库建设》、《浙江省温室气体排放统计核算体系研究》3个中国清洁发展机制2012年度项目课题的研究。完成中英合作项目第一期——浙江省重点企业温室气体排放报告制度研究，通过验收。

三、低碳发展形势展望

党中央、国务院高度重视应对气候变化工作，把积极应对气候变化和发展低碳经济作为新常态下经济社会发展的重大战略，作为加快转变经济发展方式、调整经济结构和推进新的产业革命的重大机遇，作为加快推进我国生态文明建设和深化改革的重大举措。

（一）把低碳发展提到前所未有的战略高度

一是十八大报告中首次提出低碳发展战略。2012年，十八大报告要求牢固树立生态文明理念，着力推进绿色发展、循环发展、低碳发展，坚持共同但有区别的责任原则、公平原则、各自能力原则，同国际社会一道积极应对全球气候变化，这是我国首次把低碳发展理念列入党代会报告。二是碳排放权交易被纳入深化体制改革内容。2013年，十八届三中全会作出《中共中央关于全面深化改革若干重大问题的决定》中，提出要实行资源有偿使用制度和生态补偿制度，建立碳排放权交易制度。三是积极设定富有雄心的峰值目标。2014年，习近平总书记明确指出，应对气候变化是中国可持续发展的内在要求，也是负责任大国应尽的国际义务，这不是别人要我们做，而是我们自己要做。在《中美气候变化联合声明》中，我国提出“在2030年左右二氧化碳排放达到峰值且将努力早日达峰，并计划到2030年非化石能源占一次能源消费比重提高到20%左右”。四是绿色低碳发展成为经济新常态的努力方向。在2015年的中央经济工作会议上，我国首次对经济新常态作出九大方面的阐释，强调环境承载能力已经达到或接近上限，必须顺应人民群众对良好生态环境的期待，推动形成绿色低碳循环发展新方式。

（二）对低碳发展工作的顶层设计更加清晰

围绕2030年达到峰值排放目标，我国不断加强顶层设计，逐步完善低碳发展时间表和路线图。一是出台国家应对气候变化规划。国家发改委发布《国家应对气候变化规划（2014—2020年）》（发改气候〔2014〕2347号），明确了我国到2020年应对气候变化的主要目标，提出了控制温室气体排放、适应气候变化的工作举措、体制机制和支撑要素建设。二是分步推进碳排放总量控制制度。“十二五”期间，我国主要开展碳强度控制，把碳强度作为约束性指标分解落实到各个省（区、市），在此基础上，2014—2015年针对能源活动产生的二氧化碳排放，把碳排放增量控制目标作为指导性指标下达各省。“十三五”期间，针对能源活动产生的二氧化碳排放，将碳排放总量控制目标作为约束性指标，实施碳总量和碳强度“双控”制度，并探索实施重点行业碳排放总量控制。2020年后，把碳总量控制目标作为约束性指标，全面实施从全国到分地区、分行业的碳排放总量控制，并将工业过程产生的二氧化碳纳入控制范围，逐步增加其他温室气体。三是启动全国统一的碳交易市场建设。为充分发挥市场机制对碳排放减排的作用，我国启动全国统一碳市场建设，发布《碳排放权交易管理暂行办法》（中华人民共和国国家发展和改革委员会令第17号），明确了全国碳市场建立的主要思路和管理体系。根据有关部署。2015年，将进一步完善法律法规、技术标准和基础设施建设；2016年，把电力，冶金，有色，建材，化工等5个传统制造业和航空服务业“5+1”个行业作为首批行业率先启动碳交易；

2019年后，进入碳市场的“高速运转模式”，使碳市场承担温室气体减排最核心的作用。

（三）把能源革命作为低碳发展的战略选择

能源消费是碳排放的首要来源，提高能源利用效率、优化能源结构，是应对气候变化、减缓碳排放的战略选择，也是促进经济社会发展与资源环境协调和可持续发展的根本途径。2014年，习近平总书记和李克强总理分别主持召开中央财经领导小组第六次会议和新一届国家能源委员会首次会议，提出了“推进能源消费、供给、技术、体制革命和全方位加强能源国际合作”的能源工作总要求，明确了“节约、清洁、安全”的能源战略方针，为我国顺利实现碳排放峰值目标的明确了战略路径。一是坚持节约优先战略，着力控制能源消费总量。把节约优先贯穿于经济社会及能源发展的全过程，集约高效开发能源，科学合理使用能源，大力提高能源效率，加快调整和优化经济结构，推进重点领域和关键环节节能，实施“一挂双控”、区域差别化能源政策以及控制煤炭消费总量等措施，严格控制能源消费过快增长，抑制不合理能源消费合理控制能源消费总量，以较少的能源消费支撑经济社会较快发展。到2020年，一次能源消费总量控制在48亿吨标准煤左右，煤炭消费总量控制在42亿吨左右。二是坚持绿色低碳战略，着力优化能源结构。把发展清洁低碳能源作为调整能源结构的主攻方向，逐步降低煤炭消费比重，提高天然气消费比重，大幅增加风电、太阳能、地热能等可再生能源和核电消费比重，到2020年，非化石能源占一次能源消费比重达到15%，天然气比重达到10%以上，煤炭消费比重控制在62%以内，逐步形成与我国国情相适应、科学合理的能源消费结构，大幅减少能源消费排放。

四、新常态下浙江省低碳发展工作主要任务

客观来说，虽然浙江省低碳发展取得了一定成效，但与实现低碳发展、控制温室气体排放的目标相比，既存在工业化和城市化进程带来的等刚性增长因素，也存在经济增速回升、未来新上大项目等不确定因素，低碳发展道路任重道远。下阶段，要适应经济发展新常态发展趋势，按照国家的低碳发展战略部署，围绕省委省政府“建设美丽浙江 创造美好生活”的总体要求，把低碳发展作为推进经济转型升级“组合拳”的新举措，作为生态文明建设条件下推进社会和谐发展的新实践，着力构建低碳产业、低碳能源、低碳消费的低碳发展体系，积极推进低碳试点示范，建立健全低碳发展机制，努力形成绿色低碳发展方式，为建设现代化美丽浙江作出积极贡献。

（一）加快产业结构转型升级

产业转型升级是低碳发展的主攻方向。下阶段，要根据低碳工作部署，推动产业结构调整。一是围绕峰值目标，有序推进新增重大产业项目建设。按照国家提出的碳排放峰值

目标时间表，以及对东部沿海地区率先达到峰值、发挥带头示范作用的相关要求，有序、分步推进重大产业项目建设。二是以市场机制推动产业加快优化升级。根据国家碳交易工作部署，有序组织浙江省相关企业参与碳交易，通过市场机制实现优胜劣汰，倒逼企业技术和管理创新，鼓励先进生产力，抑制淘汰落后产能，提升产业竞争力。

(二) 扎实推进清洁能源示范省建设

能源结构调整是浙江省低碳发展的有利途径，全省要抓住创建清洁能源示范省的有利契机，加快构建清洁低碳的能源供给体系。一是发展清洁煤电。制定实施“燃煤电厂‘近零排放’技术改造三年行动计划”，加快推进煤电升级减排改造，发展清洁煤电，加强散煤治理，有效提高煤炭用于发电和供热的比重。二是扩大清洁能源利用。大力推进天然气管网、调峰储备设施和LNG接收站建设，有效天然气供给能力。安全高效发展核电，加快推进水能、风能、太阳能、生物质能、海洋能、地热能等可再生能源规模化发展，重点推进分布式光伏发电发展和海上风电示范工程建设。

(三) 着力推广绿色低碳消费方式

建筑、交通、消费等领域碳排放具有刚性增长的特色，要牢固树立低碳发展理念，加快形成绿色低碳消费方式，控制重点领域碳排放。一是低碳建筑。同步推进既有建筑改造和可再生能源建筑应用，深入开展节约型公共机构创建活动，控制建筑领域温室气体排放。二是低碳交通。扎实推进绿色交通省建设，加快建设“低消耗、低排放、低污染，高效能、高效率、高效益”交通运输体系，打造杭州、宁波、湖州等6个绿色交通示范城市，建成绿色公路、绿色港口、绿色航道、绿色公交等10个绿色交通示范项目。三是低碳消费。鼓励使用节能低碳产品，加快建设高效快捷的低碳产品物流体系，拓宽低碳产品销售渠道，同时，倡导公众在日常生活中养成节水、节电、节气、垃圾分类等低碳生活方式。

(四) 统筹推进各类示范试点创建

各类示范试点创建是浙江省创新机制、实现低碳发展的有效载体。一是深化低碳城市创建。杭州、宁波、温州作为国家级低碳城市试点，要组织落实碳排放峰值目标及实现方案，进一步明确碳排放达峰的时间表和路线图，分解落实试点实施方案中的重点任务，总结推广低碳发展经验。二是加快低碳工业园区试点建设。杭州经济技术开发区、宁波经济技术开发区、温州经济技术开发区及嘉兴秀洲工业园区作为首批国家级低碳工业园区试点，要依托主导产业，大力推进低碳生产，积极开展低碳技术创新与应用，加快形成产业高度集聚、地区行业特色鲜明、碳生产力高的园区低碳发展新模式。三是积极开展低碳社区建设。根据《关于印发低碳社区试点建设指南的通知》(发改办气候〔2015〕362号)，要按照绿色低碳、便捷舒适、生态环保、经济合理、运营高效的要求，在全省择优打造一批符合不同区域特点、不同发展水平、特色鲜明的低碳社区试点。

(五) 加快谋划推进碳交易

碳交易是利用市场机制实现低碳发展的有力手段。按照国家有关部署，将着重做好以下工作。一是研究制定碳交易思路。在国家《碳排放权交易管理暂行办法》基础上，学习借鉴 “五省两市”碳交易试点的经验做法，整体谋划浙江省开展碳交易的基本思路和总体框架。二是制定出台全省碳交易管理办法。为保障碳交易有序规范开展，要加快明确总量设置、配额分配等碳交易主要因素，政府主管部门、企业、市场投资者等参与主体的职责权利以及管理监督机制等内容，并以法律法规或政府文件形式予以明确。三是研究制定配额分配方案。按照公平、公正、公开的原则，采用历史法与行业基准法相结合的方法，科学制定浙江省碳排放配额分配方案。四是扎实推进企业碳报告工作。总结2014年试点工作基础上，面向全省温室气体年排放量超过1.3万吨二氧化碳当量（年综合能耗5000吨标煤）以上的重点企业开展碳报告工作，完善网上直报系统和数据库建设，巩固碳交易基础工作。

(六) 强化碳排放考核评估

为顺利推进各项低碳发展工作，要进一步强化对各级政府和相关部门的考核评估。一是深化碳强度考核。在总结2014年试考核经验的基础上，调整指标体系，完善考核方案，常态化开展对各设区市的考核评价。二是研究部署碳排放总量控制机制。根据国家关于碳排放总量控制和分解落实机制，加快研究制定浙江省碳排放总量控制实施方案，为“十三五”实施碳强度和碳总量“双控”打好基础。

（浙江省发展和改革委员会资环处供稿）

企业债券发展报告

2014年，在党中央化解地方债务风险的坚定决心下，浙江省发改委继续认真贯彻国家发改委和国务院精神，履行发展改革工作的主要职责。面对复杂经济形势下的政府性债务问题，我委积极响应国家政策，坚持以调整结构、主动适应、加强监管为核心的工作思路，进一步明确债务主体、规范举债方式，在有效防范地方政府债务风险的前提下做好企业债券融资服务，保障有效投资资金来源，促进社会经济平稳发展。

一、2014年企业债券发行工作概述

受政府性债务等问题影响，2014年全国企业债券政策变化较大，浙江省企业债也由稳健快速发展向积极主动适应转变。虽在下半年受国务院43号文以及财政部发布系列有关甄别地方政府性债务的通知等影响，2014年全年我国地方发行企业债券总量为6971.98亿元，较2013年发行量仍上升了46.71%。2014年上半年，债券市场整体发行成本下降的同时，国家对基建和棚户区改造需求大幅增加，城投债发行规模同比增长较快。继国务院43号文之后，中证登等监管机构频发文清理国内的城投债市场，加强企业债券的风险防范，国家发改委核准发行企业债的相关审核标准也较以往严格。随着中证登企业债券质押回购限制措施的出台，企业债券的流动性减弱，发行量也随之减少。在此严苛的大环境下，我委深入调研、主动衔接，积极做好引导服务和预审监管工作，力保浙江省企业债券正常申报发行。2014年，浙江省共上报国家发改委申请发行企业债券31只、总规模492亿元；全省全年获核准发行的企业债券共计36只、总规模达437亿元（其中宁波5只、51亿元），虽然较2013年略有下降，但仍以占全国全年地方发行企业债券总量近6%的规模，继续保持居全国排名的领先位置，为浙江省企业债券的持续、稳定、健康发展打下了坚实基础。

(一) 发行地区

2014年浙江省发行企业债券覆盖全部设区市，杭州地区超越绍兴成为发行只数和规模最多的地区，省属企业申报为零。从发行地区来看，2014年杭州地区以8只、114亿元的发债规模排名第一，绍兴、湖州和宁波地区紧随其后。舟山地区2014年获批3只企业债券，募集资金39亿元，发行数量和规模创出该地区新高并且超过该地区以往发行总额，是增长最快的一个地区。截至2014年底，浙江省全部设区市均已成功获批企业债券，在企业债券发行区域平衡方面取得重大进展。

表1 2014年浙江省企业债券核准发行量地区排名

排名	地区	只数（只）	金额（亿元）	金额占比
1	杭州地区	8	114	26.09%
2	绍兴地区	7	86	19.68%
3	湖州地区	5	60	13.73%
4	宁波地区	5	51	11.67%
5	舟山地区	3	39	8.92%
6	台州地区	3	35	8.01%
7	温州地区	3	30	6.86%
8	嘉兴地区	2	22	5.03%
9	衢州地区	0	0	0.00%
10	金华地区	0	0	0.00%
11	丽水地区	0	0	0.00%
12	省属	0	0	0.00%
—	合计	36	437	100.00%

(二) 发行主体

仍以地方融资平台为主、民营企业较往年减少。从债券发行主体看，2014年浙江省获核准发行的36只企业债中，发行主体依旧以融资平台公司为主，全年共获批发行平台债35只、432亿元，发债只数和规模分别占比97.2%和98.86%；产业债1只、5亿元。受民营企业债务违约风险逐渐显现的市场环境影响，全省2014年民营企业未获批发行企业债。但依靠过往坚实的基础，截止2014年底，浙江省民营企业利用企业债券融资累计规模已突破百亿大关，为浙江省民营经济的发展提供了有力支持。

(三) 期限与利率

企业债券以7年期、提前还本为主，票面利率上升。从期限来看，2014年浙江省企业获批债券期限以7年期品种为主，共32只、355亿元，分别占发行总只数和规模的88.89%和81.24%。

表2　2014年浙江省企业债券期限结构

期限	只数	只数占比	规模（亿元）	规模占比
5年期	1	2.78%	5	1.14%
7年期	32	88.89%	355	81.24%
8年期	2	5.56%	27	6.18%
10年期	1	2.78%	50	11.44%
合计	36	100.0%	437	100.00%

从实际发行的36只企业债券票面利率来看，2014年债券发行利率水平下行明显，浙江省在宏观层面统筹全局、积极引导，在微观层面准确把握发行时机，将企业债券发行利率控制在较低水平。2014年，浙江省发行的企业债券最高票面利率为4月份发行的“14安吉债”的8.30%；最低票面利率为10月份发行的“14绍柯债”和11月发行的“14鹿城债”的5.58%。浙江省企业债券加权平均利率为6.72%，总体利率水平低于其他融资渠道尤其是各种私募融资工具近4个百分点。结合企业债券融资期限长（多为5—7年）且多为无担保发行等特点，预计可为浙江省企业节约融资成本近50亿元。

(四) 评级与增信

1.主体评级整体上升。从发行主体评级来看，随着浙江省发债主体综合实力不断增强，主体信用级别也不断提升，2014年浙江省实际发行的企业债券的主体信用级别最高为AAA，最低为AA-；其中以AA为主，共27只、占比75.00%。债券信用级别最高的为AAA，其余为AA-,AA和AA+，占比分别为5.56%、75%和8.33%。

2.纯信用发行为主要方式。浙江省企业债券市场经过多年的发展，积累了良好的市场信誉，同时发债主体实力不断增强，2014年纯信用（无担保）发行的债券达26只、占比72.22%。从增信方式看，2013年浙江省企业债券增信方式为第三方担保方式增信或土地房产抵押担保。

（五）募投项目

2014年全省通过发行企业债券融资拉动投资项目超百个，拉动投资资金超千亿。2014年，获批发行的36只企业债券累计募集资金437亿元，投入拉动固定资产投资项目138个，项目合计总投资1093.83亿元，主要分布在保障性住房建设、基础设施建设、环境治理及产业发展等领域。其中，浙江省首次发行了地铁项目债券。整体来看，募投项目分布与浙江省企业债券的发行主体结构相符：政府融资平台类的发债主体募投项目主要集中在保障性住房和基础设施建设方向。

随着政府债务和企业债务的切割，城市基础设施建设的融资模式也由传统的依靠银行贷款、信托私募、及企业债券等外部融资方式向项目收益债、PPP模式以及政府债券转变。在此过渡期内，企业债仍需扮演好其保障在建工程资金来源的重要角色。2014年下半年开始，有关市政债、项目收益债、PPP模式等相关文件频频出台，创新的融资方式接踵而至，企业债作为其中最重要的载体之一，自身也在不停适应、改革和创新。预计在未来城市基础设施建设也会被细分为几个类型，其中没有收益的公益类项目和收益无法覆盖投资成本的非公益类项目融资方式将逐渐由企业债向新环境下的市政债转变，而企业债券的创新项目收益债则能满足收益较好项目的融资需求。

二、2014年企业债券存续期监管工作概述

（一）总体状况

2014年，虽政策集中出台、变化较快，浙江省企业债券仍然保持健康稳步的发展。浙江省获核准发行的企业债券在存续期内，均按期偿付本息，无延迟或未支付的情形，信用评级稳定，所有发行人基本能做到信息披露的及时、真实、准确和完整，相关的资产重组均能做到程序合法合规。

自2003年以来，浙江省历年获核准发行的企业债券累计达到186只（其中宁波25只）、募集资金2130.9亿元（其中宁波255.4亿元），拉动项目总投资超过6200亿元；2014年浙江省首次发行地铁项目债券，2014年杭州市地铁集团有限责任公司公司债券与2014年11月26日发行，募集资金50亿元，存续期10年，票面利率5.97%，用于地铁2号线一期工程。

（二）兑付/回售情况

从图1可以看到，2014—2016年将是浙江省企业债券到期兑付或回售行权的第一个高峰周期。连续三年，浙江省将累计需要兑付或回售134只企业债券，涉及资金802.1亿元。

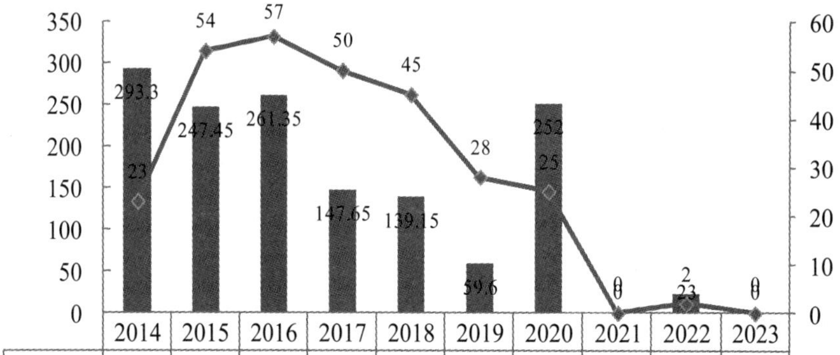

	2014	2015	2016	2017	2018	2019	2020	2021	2022	2023
金额	293.3	247.45	261.35	147.65	139.15	59.6	252	0	23	0
只数	23	54	57	50	45	28	25	0	2	0

图1 浙江省存续企业债券的到期或回售时间分布（2014年—2023年）

在此期间，我委积极督促面临回售、兑付的地区和企业提前做好风险排查和偿债准备工作，确保还款资金充足，切实保障投资人利益，维护债券市场稳定。

（三）存续期监管工作

2014年，随着国家发改委企业债预审权的下放，各省市发改部门对企业债监管工作的压力也较往年大幅增加。同年9月，国家发改委于下发《关于全面加强企业债券风险防范的若干意见》（下称《意见》），进一步提出通过严格规范发债准入、加强债券存续期监管、强化偿债保障以及规范和约束承销商、信用评级机构行为等措施，形成系统化的风险防范政策体系。我委第一时间组织学习了文件内容，领会文件精神。从具体措施上看，《意见》的大方向是规范发债条件、强化监管和约束，各项细则均是针对近年来企业债发行中潜藏风险隐患的各种“变通”和不规范做法，有助于企业债风险防范。同时，《意见》还强调要创新和完善有利于防范风险的债券发行机制，具体包括扩大“债贷组合”试点的范围和规模，完善“小微企业增信集合债”模式。

2014年11月，我委组织召开了全省财金系统工作暨全省企业债券监管工作会议。在结合了温州、宁波、舟山等地的调研考察结果，相关领导在会上提出了“进一步整合引导、紧密联动、强化监管，通过有效增强工作合力来扩大企业债券规模的同时注重企业债券风险防范”的工作思路；要求切实提升发改部门监管水平的同时突出发挥中介机构专业功能，确保发债企业严格履行相关义务，规范运作程序，及时诚信披露信息，合规使用债券资金。

三、浙江省企业债券发展过程中存在的主要问题及工作建议

根据2014年浙江省企业债券发行情况，结合近几年浙江省企业债券的整体水平，综合来看，主要存在如下几方面问题：

一是发债主体单一，地区差异化明显。截至2014年底，浙江省发行的187只企业债中，属于平台债的共有155只、属于产业债的共32只。发债主体仍以各地市县的政府性融资平台为主，民营企业为辅。而净资产规模较大、经营资质优良、信用级别较高的省直属企业发债则相对较少。这一现象并不利于浙江省在扩大有效投资、推进结构调整的过程中对总体融资布局，值得深思。按区域分，杭州、嘉兴、绍兴、湖州、宁波等地区发债量较大；台州、温州、金华占比不高，舟山、丽水、衢州等地区发债较少，地区发展差异仍然较大，区域平衡有待努力提高。

二是重发行监管，忽视新环境下的融资创新能力。现在宏观经济错综复杂，政策瞬息万变，虽然浙江省企业债券的发行工作和存续期监管总体状况良好，但在新形势下想要继续保持企业债券的平稳快速发展，还需要不停地学习和创新。近几年来，浙江省对企业债监管尤为重视，一定程度上也导致了对部分偿债保障措施及还款来源不如地方大型融资平台的中小企业资金需求的忽视，在中小企业集合债和小微企业增信集合债两个品种上浙江省仍未有所突破。

根据2015年全国企业债券发展趋势，结合国内外宏观经济形势和浙江省现实情况，浙江省企业债券下一步发展建议如下：

(一) 强化存续期监管，稳步推进现行企业债发行监管工作

在经济发展新常态的大背景下，以国家政策为核心，强化企业债券监管，逐步完善省市一级的债券市场体制机制，推动市场改革创新，在促改革、稳增长和防风险三者平衡中寻找发展机遇，从而提升市场流动性，降低融资成本，进一步发挥其支持实体经济发展的重要作用。重点加强对前期发债较少地区融资平台的政策指导，缩小地区间差异。在国家政策允许的前提下，继续支持海洋经济发展示范区、省级产业集聚区、义乌国际贸易综改试点区等地区通过发行企业债融资，优先保证重大项目建设的资金需求。同时在加强风险防范的意识下鼓励省属企业、地方龙头产业、行业领军、经营较好的民营企业发行债券，助推产业转型升级，加强和中小企业微企业的沟通交流，结合实际情况，积极协调，争取在中小企业集合债、小微企业增信集合债方面有所突破。

(二) 顺应时势加强创新，在过渡期内保质保量地推进企业债发行工作

新形势下，政府债务和企业债务被重新定义，划分界限。我们应与时俱进，积极学习

新政策，领会新精神，在完成监管工作的同时加强项目收益债和PPP模式下债权融资等方面的探索，助推国企改革及地方政府性债务的管理和优化，通过新的融资渠道满足合理需求。同时应积极发挥民营资本效用，突出浙江省优势，继续做大做强全省企业债券市场。

（浙江省发展和改革委员会财金处供稿）

经济体制改革形势分析报告

2014年是全面深化改革的开局之年。按照省委全面深化改革领导小组的统一部署，围绕发挥市场在资源配置中的决定性作用和更好地发挥政府作用，以政府改革为突破口，经济体制各项改革扎实推进，为浙江省经济持续健康发展提供了强有力的制度保障。

总体判断：全面贯彻落实中央、省委全面深化改革领导小组会议精神，经济体制改革力度明显增强，改革方式加快创新，改革效应初步显现，呈现出“六个率先”的良好态势。率先推进“四张清单一张网”改革，政府治理能力进一步提升；率先推进要素市场化配置改革，要素集约节约利用水平不断提高；率先对接国家战略举措，开放型经济新体制加快建立；率先完善转型升级体制机制，产业结构进一步优化；率先推进城乡一体改革，二元体制障碍加快破除；率先全面布局各类改革试点，面上改革与点上突破共同推进，体制机制继续保持领先优势。

一、以提升政府治理能力为目标，政府自身改革取得重大突破

“四张清单一张网”改革全面推进。制定实施省市县政府权力清单，省级部门行政权力从1.23万项精减到4236项，其中直接行使1973项。制定实施企业投资负面清单，开展核准目录外企业投资项目不再审批改革试点，启动“零地”技改项目不再审批改革。制定实施省市县政府责任清单，明确省级部门主要职责543项。制定实施省级部门专项资金管理清单，出台省级政府部门一般不再直接向企业收取行政事业费的具体办法，省级财政转移支付专项由235个整合为54个。建设并开通集行政审批、政务公开和便民服务于一体的浙江政务服务网，各级政府9000多项在线服务纳入政务服务网。

审批制度改革取得实质性突破。继续清理和下放审批事项，省级实际执行的行政许可事项从1266项减少到322项，非行政许可审批事项全面取消，42个省级部门475项审批事

项全部实行一站式网上审批。深化审批中介机构改革，降低了13个部门23个中介服务事项的收费标准，推进19家省属公益类事业单位审批中介服务职能剥离，在温州市、富阳市、柯桥区等地开展中介服务放开市场试点。全面建立全程代理和集中审批制度，各市都设立了专门的企业投资项目审批代理中心，市、县两级政府“两集中、两到位”改革完成率达到98.9%。同步建立事中事后监管制度，35个省级部门对国务院下放事项全部建立监管制度。

公共财政体制进一步完善。完善全口径政府预算体系，一般公共预算、政府性基金预算、国有资本经营预算和社会保险基金预算等4本预算首次提交人代会审查。推进专项性一般转移支付改革和竞争性分配改革，对涉企收费实施分类管理，省级政府部门一般不再直接向企业分配和拨付资金、一般不再直接向企业收取行政事业性收费。创新保值增值渠道，开展财政资金竞争性存放试点。完善省对欠发达地区补助资金绩效考核机制，建立绩效考核结果与省补助奖惩挂钩制度。健全政府债务规范管理制度，推进债务风险指标与土地储备融资规模、地方政府债券额度挂钩，切实防范和化解债务风险。

综合行政执法改革启动实施。在舟山市、嘉兴市和嘉善县等地率先启动综合行政执法改革，统筹执法机构设置和执法队伍建设，初步解决了部门职责交叉和执法力量分散等问题。在试点基础上，制定实施《关于深化行政执法体制改革推进综合行政执法的意见》，明确市容环境卫生、城乡规划等21个方面列入综合行政执法范围，统一高效的基层行政执法体系加快建立。

政府向社会力量购买服务改革扎实推进。出台《关于政府向社会力量购买服务的实施意见》和管理办法，制定出台《省政府向社会力量购买服务指导目录(2015年度)》，省政府购买服务信息平台上线试运行。温州市首创政府职能向社会组织转移“第五张清单”，首批167项政府职能、170项购买服务事项公布实施。

二、以提高资源集约节约利用水平为方向，要素市场化配置改革深入推进

要素市场化配置改革扩面推进。在总结海宁试点经验基础上，省政府下发《关于推广海宁试点经验加快推进资源要素市场化配置改革指导意见的通知》，将要素市场化配置改革试点推广到萧山区等24个县（市、区），将土地管理相关审批权限委托下放给富阳市等13个县（市、区）。各地已制定具体实施方案，在企业综合评价、要素分类定价、区域性要素市场建设等方面加快探索。

土地集约节约利用机制进一步完善。建立项目用地“负面清单”管理制度，出台《浙江省限制用地项目目录（2014年本）》和《浙江省禁止用地项目目录（2014年本）》，严

格新增建设项目用地准入标准。完善工业用地市场化配置机制，修订项目建设用地控制指标和工业用地公开出让最低价标准，扩大城镇土地使用税政策调整试点范围，推广工业用地先出租后出让、在法定最高年期内缩短出让年期等出让方式。全年开发城镇低效用地8.6万亩，消化批而未供土地24.6万亩。

地方金融制度加快创新。开展民资发起设立金融机构改革，温州民商银行和浙江网商银行成为全国首批试点民营银行。稳步推进农信社第四批股改，11家农村合作金融机构改制为农村商业银行。稳步推动新型农村金融组织发展，推动村镇银行向下延伸机构网点，制定出台小贷公司监管评级办法，佐力科创小额贷款公司成为国内首家在香港H股上市的小贷公司。大力推动直接融资发展，全年发行债务融资工具1488亿元，同比增长36.5%。大力发展区域性交易市场，支持浙江股权交易中心开展股权众筹、资产收益权转让等业务，推动浙江金融资产交易中心创新定向融资计划等多种产品。

用电、用气、用水价格改革深入推进。加大差别电价政策实施力度，宁波、绍兴、湖州扩大差别电价行业范围，杭州提高惩罚性电价加价标准，全省累计对447家企业执行了差别电价，征收电费6536万元。实施城镇居民阶梯水价和非居民超计划用水累进加价制度，杭州市主城区在省内率先启动改革。建立居民生活用气阶梯价格制度，《浙江省天然气价格管理办法（试行）》颁布实施，金华、衢州市已率先推行。

社会信用体系进一步完善。完善全省统一的公共信用信息平台，编制完成《浙江省公共信用信息指导目录》，完成“信用浙江”网改版，实现与“浙江政务服务网”对接。企业信用信息平台覆盖政府机关、事业单位、社会组织和企业等法人232万家，个人信用信息平台覆盖全省5620万常住人口。制订《浙江省失信黑名单制度建设工作方案》，建立全省统一的失信“黑名单”发布制度。出台《浙江省企业信用联合奖惩实施办法》，推进信用联合奖惩。推动全省工程建设招标投标领域应用企业信用报告。

三、以优化产业结构着力点，转型升级体制机制加快完善

“四换三名”体制机制加快完善。修订完善全省“腾笼换鸟”年度考核暂行办法，首次将“换鸟”提质增效列入考核内容，全年淘汰改造落后产能企业3500多家。建立“空间换地”激励与约束机制，实施工业企业节地挖潜、地下空间开发等一揽子政策，盘活存量建设用地10.5万亩。完善“机器换人”政策体系，推进工厂物联网、纺织印染等行业“机器换人”示范项目，万元工业增加值用工人数下降8.5%。健全“电商换市”体制机制，出台跨境电子商务、农村电子商务实施方案及相关配套政策，全省实现网络零售额5642亿元，增长47.6%。健全“名企名品名家”体制机制，制定实施建设标准强省、打造“浙江

制造”品牌、加快培育“三名”企业政策意见，选择首批38家企业开展试点，推进200家市级、300家县级“三名”企业培育工作。

创新驱动发展机制加快完善。创新科技成果转让方式，通过市场化竞拍，共转让科技成果249项，成交额4.7亿元。创新技术市场线上线下融合机制，组建省级科技大市场，引进35家中介服务机构入驻。推进科技项目经费管理改革，科技计划类别由35个撤并至14个，省重大科技专项纳入财政性专项资金竞争性分配改革试点。完善创新平台建设机制，加大杭州青山湖科技城、未来科技城、宁波新材料科技城、嘉兴科技城等创新平台支持力度，杭州大江东等7家产业集聚区成功创建省级高新园区。全省研究与试验发展经费支出占生产总值比例达到2.34%，比上年提高0.14个百分点。

现代服务业和高端制造业发展机制进一步健全。完善现代服务业发展机制，出台促进健康服务业、养老服务业发展的政策意见，扎实推进杭州、宁波国家服务业综合改革试点，启动省级服务业改革创新试点，全年服务业增加值占GDP比重47.9%，首次超过第二产业。完善高端制造业促进机制，出台加快发展信息经济的指导意见，推进信息化和工业化深度融合国家示范区建设，2014年战略性新兴产业增加值占规模以上工业比重24.5%，同比提高0.4个百分点。完善产业平台空间优化机制，出台省级产业集聚区提升发展方案，建立高新园区摘牌退出机制，33家开发区共整合各类园区122个。

投融资体制改革加快推进。发布《浙江省企业投资项目核准目录（2014年本）》，与2005年版核准目录相比，省级核准事项减少6项，下放9项。全面推行商事登记制度改革，在义乌等地试点基础上，已在全省取消注册资本最低限额和企业年检，放宽和简化住所（经营场所）登记手续，极大激发了大众创业万众创新活力，全年新设企业23.6万家，同比增长10.3%。积极推进社会资本准入改革，制定实施切实做好鼓励社会资本参与建设运营示范项目工作意见，鼓励发展混合所有、公办民营、民办公助等多种形式的社会事业机构，推出70个面向民营资本的招商推介示范项目，总投资3625亿元。健全浙商回归体制机制，制定引导浙商总部回归和资本回归资本回归指导意见，实施浙商回归重大项目用地奖励、即征即退、医药企业投标加分等政策，浙商回归项目到位资金2236亿元，增长27.6%。

省属国有企业改革深入推进。省委、省政府出台《关于进一步深化国有企业改革的意见》，对新一轮国企改革作出部署。推进省属国有企业重大改革重组，物产集团完成公司制改革并启动整体上市，农发集团达成整体重组黑龙江新良集团的协议，启动能源集团合并长广集团、巨化集团重组菲达环保工作，组建浙江海洋开发投资集团整合省属企业涉海资产。推进国有资产证券化，浙能电力等5家上市公司实施增发、配股等再融资。2014年，省属企业资产总额为7625亿元，同比增长15.4%。

四、以全面实施国家战略举措为契机，开放型经济新体制加快建立

对接“一带一路”体制机制加快创新。主动对接国家战略，研究制定浙江省贯彻长江经济带战略和参与“一带一路”建设实施方案。开通“新义欧”国际班列，打通了中国东部沿海地区通往欧洲的第一条国际铁路联运物流大通道。落实李克强总理送给浙江的6个“大礼包”，舟山江海联运服务中心和民营绿色石化基地建设加快推进。宁波率先发布海上丝路指数，温州港、嘉兴港口岸扩大开放获批，苍南霞关港、玉环大麦屿港、台州海门港成为更开放对台小额贸易点，各地在对接“一带一路”国家战略上积极探索。

国际贸易发展平台体制创新实现重大突破。义乌正式获批实施市场采购新型贸易方式，率先开展个人贸易外汇管理改革试点，深化个人跨境贸易人民币结算试点，航空口岸、保税物流中心（B型）等重大平台建设加快推进，顺利实施试点第一个三年计划。积极争取设立杭州跨境电子商务综合试验区，推进下沙、下城跨境电子商务、萧山空港经济区跨境电子商务试点，在交易、支付、物流、通关、退税、结汇等模式创新方面先行先试。

上海自贸区部分政策在全省关区复制推广。杭州、宁波海关启动上海自贸区14项监管制度的复制推广，境内外维修在内，简化无纸通关随附单证、简化统一进出境备案清单、批次进出集中申报、保税展示交易等5项制度优先试行。舟山群岛新区积极试行油品自由贸易政策，在跨关区燃油直供、外锚地过境船舶吨税减免、一船多供模式等政策上取得突破，保税燃料油供应中心完成直供量66.5万吨、结算量337.2万吨，分别增长62.2%和17%。

区域通关一体化改革启动实施。积极参与长江流域通关一体化改革，允许报关企业“一地注册、多地报关”，构建统一的申报平台、风险防控平台、专业审单平台和现场接单平台，企业通关成本和物流成本降低20%以上。深化通关便利化改革，“属地申报、属地放行”通关模式的企业范围由AA类企业扩大至A类企业，全国首票“属地申报、属地放行”出口货物在绍兴海关审结放行。

外贸外资体制改革扎实推进。出台《关于支持外贸稳定增长的实施意见》，创新开展“一般出口”、“直购进口”、“网购保税进口”等跨境业务，全年出口增长9.9%，居各省市第3位。简化企业境外投资项目核准，对“地方企业实施的中方投资额3000万美元（不含）以下的资源开发类、中方投资额1000万美元（不含）以下的非资源开发类境外投资项目（特殊项目除外）”委托企业注册登记所在地的市、县（市、区）备案。修订境外投资项目管理办法和外商投资管理办法，对外投资和外商投资环境进一步优化。

五、以破除城乡二元障碍为落脚点，统筹城乡体制改革扎实推进

新型城市化改革深入推进。省委、省政府出台《深入推进新型城市化的实施意见》，为全面提升城市化发展质量作出部署。完善城乡规划体系，研究编制省域总体规划和杭州、宁波、温州和金华—义乌都市区规划。创新美丽县城建设机制，出台加快推进现代化美丽县城建设的意见，制定美丽县城评价指标体系，选择诸暨、临海等11个县（市）开展美丽县城建设试点。制定出台国家新型城市化改革方案，扎实推进宁波市、嘉兴市、义乌市、苍南龙港镇的国家新型城镇化改革试点。到2014年底，全省城镇化率达到64.9%，同比提高0.9个百分点。

农村土地制度改革先行探索。改革宅基地审批管理制度，出台规范农村宅基地管理切实破解农民建房难的政策意见，建立“村级审查、乡镇审批、县管转用、市批核销、省厅督查”的审批管理制度。完善宅基地确权赋权机制，出台《关于加快推进全省农村宅基地确权登记发证工作的意见》，宅基地确权登记发证率达82.6%。稳妥推进农村集体经营性建设用地使用权流转试点，积极争取德清农村集体经营性建设用地使用权流转、义乌农村宅基地制度改革上升为国家级试点。

农村集体资产股份制改革继续深化。全面推动村经济合作社股份合作制改革，出台《关于全面开展村经济合作社股份合作制改革的意见》。截至去年底，全省累计15880个村完成改革，占总村社数的53.8%，温州市、嘉兴市已基本完成改革任务。全面落实社员集体资产股权处置权，采取静态管理的合作社基本明确股权可继承和内部转让。探索股权抵押制度，宁波市江东、江北等地率先试行集体资产股权抵押贷款，保障了农民的财产权利。健全农村产权交易市场体系，杭州、温州、嘉兴、湖州、丽水5市和49个县已成立农村产权交易平台。

土地承包经营权流转机制加快完善。全面推进农村土地承包制度长久化改革，全省已完成90%的村调查任务，温州市、建德市、兰溪市、庆元县等地积极开展农村土地承包经营权确权登记颁证试点。创新承包经营权流转方式，以委托流转和股份合作流转为主推进整村、整组连片土地承包经营权集中流转，全省土地流转面积累计达900万亩以上，文成、泰顺、苍南3县积极开展林地经营权流转证制度试点。创新土地承包地经营权抵押制度，制定出台《关于开展农村土地经营权抵押贷款工作的意见》，桐庐等19个县（市、区）启动农村土地经营权抵押贷款试点。

小城市和中心镇培育发展机制建立健全。深入推进小城市培育试点，试点对象从27个扩围到43个，其中新增重点生态功能区县城试点7个，编制实施小城市培育试点三年

（2014—2016年）行动计划，分类启动新一轮强镇扩权改革，出台《浙江省强镇扩权改革指导意见》，下放77项经济管理事项、60项社会管理事项指导目录。2014年，36个小城市培育试点镇GDP、投资、财政收入分别同比增长11%、23.8%和13.6%，7个重点生态功能区县城GDP、投资、财政收入分别同比增长8.2%、9.7%和16.3%。

六、以制度可复制可推广为要求，各类改革试点先行先试

一批改革试点已向全省推广实施。启动相对比较早，成效已经初步显现的试点，主要是富阳权力清单制度、海宁要素市场化配置、柯桥高效审批、丽水农村金融改革、农村综合改革试验等试点，目前已形成制度化、可操作的经验模板，并在全省面上推广实施。

一批改革试点获批设立。国家层面，杭州都市经济圈转型升级、开化等6县国家主体功能区等试点获国家部委批复设立，宁波市、嘉兴市、义乌市和龙港镇成为国家新型城镇化综合试点地区，嘉兴、德清、开化列为国家“多规合一”试点。省级层面，省政府先后批复了上虞防范企业融资风险、新昌科技体制创新等试点。试点地区按照批复要求，正抓紧制定配套实施政策，加快改革进度，力争尽早取得实质性突破。

一批新的改革试点正在谋划实施。为适应发展需求和基层实际，一批具有针对性、典型性、示范性的改革试点正抓紧谋划。台州民间投资改革创新、国家中小城市综合改革试点方案上报国家发改委，海盐基本公共服务均等化、嵊新区域融合发展、青田社会事业综合改革、嘉善大众创业驱动等改革方案抓紧研究，各区域、各领域改革全面播种、次第生花的局面正在形成。

（浙江省发展和改革委员会综合体改处供稿）

社会发展报告

一、2014年浙江省社会发展新进展

面对严峻复杂的外部环境和经济下行压力，坚持稳中求进的工作总基调，发挥社会政策的托底作用，提升社会产业的拉动效应，释放社会改革的创新活力，社会体制、社会事业、社会保障、社会管理、社会服务业等领域改革发展进展显著。

（一）围绕建机制、抓重点、强动力，社会领域改革创新更加稳健

——“四张清单一张网”建设取得突破。率先公布全国首张省级部门责任清单，大力推进“四张清单一张网”建设，以政府自身改革进一步激发市场和社会的主体活力。制定实施权力清单、负面清单、责任清单、资金管理清单，省级部门行政权力从1.23万项减少至4236项，明确省级部门主要职责543项，省级财政转移支付专项由235个整合为54个，出台省级政府部门一般不再直接向企业收取行政事业性收费的具体办法。深入推进政务公开，开通浙江政务服务网，将省市县三级政府9000多项在线服务纳入政务服务网。教育、卫生、文化、旅游等多个社会领域行政审批事项全面减少或者下放，政府在公共服务、社会管理、环境保护等方面的职责更加明确。

——教育综合改革试点深入实施。被国家确定为全国高考综合改革试点省市之一，省高考招生改革试点方案向社会公布，相关配套文件印发实施，进一步扩大考生和高校的双向选择权。各项招生改革有序推进，新增16所院校参与“三位一体”综合评价招生；首次实行面向重点欠发达县人才培养和定向招生试点，安排浙江工业大学等16所省属本科院校面向浙江省文成等12个重点欠发达县（市、区）定向招生，录取新生288名；启动9个类别的高校招生职业技能考试；开展自学考试综合改革实验区国家试点。中职教育课程改革有效推进，制订出台《浙江省中等职业教育课程改革方案》，首批34所中职课改试点学校

“出炉”，切实增加职业教育的选择性。着力推进义务教育均衡优质发展，义务教育公办学校校长教师交流工作深入实施，共有11732名校长、教师参加交流，其中校长1379人，骨干教师2091人，力度历年最大。教育国际交流合作继续深化，新增自行审批本科及以上中外合作办学项目5个、高职高专项目10个，获准正式建立温州肯恩大学、浙江科技学院中德工程师学院。随着教育改革的持续深入推进，浙江省教育发展持续走在全国前列。

——医药卫生体制改革纵深推进。“两下沉、双提升”工程持续深化，城市医院、医学人才下沉加速，截至2014年底，省、市医院累计与69家县级医院建立紧密型合作关系，选派800余名经过住院医师规范化培训合格的年轻医生进驻到县、乡；基层医疗卫生机构的管理水平和服务能力有效提升，实行托管的县域门急诊人数、出院人次、手术台次明显增长。基层卫生综合改革纵深推进，基本完成了每个建制乡镇（街道）有一所政府办卫生院任务，标准化建设达标率为98%，村级建设达标率为95.8%，“20分钟医疗服务圈”比例达到93.3%。省级公立医院和杭州市级公立医院综合改革正式启动，全省所有公立医院实行药品零差率销售，成为全国首个实现公立医院改革全覆盖的省份。基本药物制度进一步健全，95%以上村卫生室纳入基本药物制度实施范围并对其运行经费予以合理补偿。率先实施“单独两孩”政策，当年新增二孩出生2.69万人。随着浙江省医药卫生体制改革的深入推进，越来越多的城乡居民享受到医改带来的实惠。

——文化体制改革亮点纷呈。新一轮文化体制改革全面部署，深化文化体制改革方案制定实施，明确了浙江省2014—2017年文化体制改革8个方面30个项目的重点举措及工作。年度改革工作基本完成，重点突破改革项目进展较快，省级重点改革项目全面推进，各市重点改革项目亮点纷呈。浙报集团、浙江广电集团、浙江出版联合集团等传统媒体与新兴媒体融合发展取得实效，完成广电网络“一省一网”整合，实现“五统一”的一体化运营。文化事业单位法人治理机构改革积极推进，6家试点单位改革任务进展顺利。文艺院团改革继续深化，指导保留事业体制的文艺院团探索社会化改革和企业化管理，支持浙江小百花越剧团吸引社会力量参与组建“百越文化创意有限公司”的改革尝试。多项公共文化服务工作成为全国试点，被文化部确定为全国公共文化服务标准化、基层综合性文化服务中心建设、公共文化机构法人治理结构改革试点省份。

——社会治理创新稳步推进。稳妥推进户籍制度改革，抓好德清、平阳等地城乡统一户口登记制度试点工作，探索推进农村产权制度、城乡社会保障制度等改革，努力破解城乡二元户籍管理体制及附属利益调整等难题。创新流动人口管理服务，探索建立“全员登记、依规领证、凭证服务、积分量化”的新型居住证制度，推出户籍管理十二项便民服务措施，实行差异化保障。创新有效化解社会矛盾纠纷体制机制，建立人民调解协议司法确认机制，推进行业性、专业性人民调解组织建设，全省医疗、交通、劳动、保险等15个行业或领域建立人民调解组织1062个。深化“网格化管理、组团式服务”，健全基层综合管理服务平台，探索建立社会治理信息采集上报“以奖代补”机制。加大诚信体系建设力度，完善全省统一的公共信用信息平台，建立全省统一的失信“黑名单”发布制度，实施企业信用联合奖惩。推进食品药品监管体制改革，整合市县乡食品药品、工商部门执法队伍，基本构建统一的市场监管体系。

（二）围绕抓统筹、强协调、促公平，社会事业发展更加全面

——各级各类教育协调发展。义务教育基本实现全覆盖，小学学龄儿童入学率为99.99%，初中入学率为99.95%。进城务工人员随迁子女教育更为便捷，义务教育中小学进城务工人员随迁子女在校生143.9万人，比上年增长2.9%。组织实施义务教育薄弱学校基本办学条件改善工程，实施项目93个，投资8.81亿元，新建（改扩建）校舍建筑面积298282平方米，购置设备22012台（套）。启动实施第二轮学前教育三年行动计划，全省幼儿园教师持有教师资格证比率同比提高8.2个百分点，无证幼儿园减少928所，幼儿园等级评定办法和标准修订实施。高等教育进一步优化提升，高等教育毛入学率同比提高2.3个百分点。各类教育师资力量配备进一步加强，幼儿教师学历合格率、义务教育中小学专任教师数、中等职业教育双师型教师占专任教师和专业课教师的比例、普通高等学校专任教师中具有硕士以上学位教师比例同比均有所提高。

——公共卫生保障持续加强。公共卫生服务能力稳步提升，年末全省共有卫生机构3万个，各类医院床位数、卫生技术人员数、总诊疗人次、年出院病人数同比分别增长10.38%、6.57%、6.38%、9.63%。基本和重大公共卫生服务项目全面落实，全省人均基本公共卫生服务经费补助标准提高到37.6元。智慧医疗较快发展，省级预约平台全年新增注册用户125.4万人，预约成功率73.3%。人群主要健康指标位居全国前列，人均期望寿命达到78.09岁，提前一年完成“十二五”规划目标，孕产妇死亡率5.52/10万，5岁以下儿童死亡率5.29‰。

——公共文体服务体系加快提升。建立公共文化服务政府采购和资助目录，全省新建农村文化礼堂1683个，超额完成年度计划目标，农村文化礼堂建设对推动城乡基本公共文化服务体系建设发挥了积极作用。第三届中国越剧艺术节、浙江省第九届音乐舞蹈节等重大艺术活动成功举办，一批优秀文艺作品获得重大奖项。积极探索公共文化供需对接机制，全省组织送戏下乡1.81万余场次，送书下乡214万余册次，送展览讲座5800余场次，开展“文化走亲”活动1150场次，送公益电影下乡28.86万场。推进公共图书馆城乡一体化建设，全省共有省、市、县级公共图书馆98个，建成乡镇（街道）分馆388个，村图书室基本实现全覆盖。进一步加强公共数字文化建设，加快推进数字图书馆推广工程，县级多厅数字影院基本实现全覆盖。大运河浙江段成为浙江省第二处世界文化遗产。国务院公布的第四批国家级非遗代表性项目名录项目中，浙江省入选30项，连续4年位列各省（区、市）第一。成功举办省第十五届运动会，全民体育节等一批群众性体育活动纷纷开展。加大体育设施投入，全省新增体育场地360万平方米，人均体育场地面积达到1.48平方米。积极推进公共体育设施向社会开放，各级体育部门场馆和学校体育设施向社会开放率分别达到100%和75%。

（三）围绕稳增长、促转型、增活力，社会领域服务业发展更加迅速

——健康服务业发展势头强劲。出台促进健康服务业发展的实施意见，确定“打造万亿产业，力争走在全国前列”的发展目标，健康产业列入浙江省重点培育的七大万亿产业之一。多措并举促进健康服务业发展，医师多点执业、中医药健康服务业发展、健康信息服务业发展等配套扶持政策制定实施。健康服务业重点项目加快落地，全省健康服务业项目推介会现场签约项目30个，涉及社会办医、健康旅游和文化、健康养老服务、健康管理服务和健康相关支撑产业5大领域，投资额达512亿元，其中，社会办医项目11个，投资额达到156亿元，社会资本进入健康服务业领域热情高涨。

——文化体育休闲产业发展壮大。2014年文化产业增加值占全省生产总值比重已经超5%，成为国民经济支柱性产业。文化产业发展的基础不断夯实。目前，浙江已经有15家文化类上市企业，全国文化企业30强中，浙江占据 4 席，数量位居全国第二。杭州国际动漫节、义乌文交会等四大全省性文化产业交易平台市场化、专业化、国际化程度不断提升，品牌效应逐步显现。国家级示范园区、基地建设步伐加快，衢州儒学文化产业园入选国家级文化产业示范（试验）园区，一批企业入选国家文化产业示范基地，龙泉青瓷文化创意基地等2个项目被列为文化部特色重点项目。培育打造文化创意小镇的实施意见制定出台，文化创意小镇建设全面启动。体育产业加快成长，体育产业产值居全国第四位。省体育彩票销售首次突破百亿元，达到107.17亿元。体育产业融合发展成效明显，省第三届运动休闲旅游节、第五届中国长三角体育休闲用品博览会、中国（宁海）运动休闲大会等影响力逐步提升。全省拥有国家级体育产业基地1个、国家级运动休闲示范区1个，省级运动休闲基地5个、体育服务业示范企业13个、体育用品制造业示范企业20个。

——养老服务业总体格局建立完善。在全国率先出台加快社会养老服务业发展和促进民办养老产业的新政，明确了“9643”养老服务总体格局。启动《浙江省社会养老服务促进条例》立法工作，制订《浙江省养老机构服务与管理规范》省级地方标准，进一步加强养老服务设施建设与管理。加快养老服务体系建设，各级政府投入财政资金23亿元，新增各类养老机构床位数3.7万张，新建成社区居家养老服务照料中心8147个，居家养老服务设施基本覆盖城市社区和75%以上的农村社区。鼓励支持民办养老发展，全省共有民办养老机构1192家，床位15.9万张，床位占比超过50%。出台加强养老护理人员教育培训的实施意见，完成2.1万名养老护理员职业技能培训，新增初级以上职业资格证书1.32万人。

(四) 围绕保基本、全覆盖、多层次，社会保障体系更加健全

——就业形势总体平稳。全年新增城镇就业人数107.4万人，41.8万失业人员实现再就业，“零就业家庭”实现动态归零、基数归零，年末城镇登记失业率下降至2.96%的较低水平。重点群体就业形势良好，制定出台高校毕业生就业创业政策，高校毕业生就业创业比例实现“双提高”；省内劳动力余缺调剂工程继续深化，2万余名欠发达地区农村劳动力转移就业。最低工资标准继续提高，四档最低工资标准调整至1650元、1470元、1350元、1220元，平均提高12.5%。继续推进“无欠薪浙江”建设，全省共处理各类欠薪案件2.63万件，为劳动者追讨工资16.77亿元。

——社会保障水平持续提升。社会保险参保形势持续向好，养老保险、医疗保险、失业保险、工伤保险、生育保险参保人数持续增加，全民参保登记率达到58%以上，社会保障卡持卡人数超过3900万人，均超额完成全年指标。社保待遇水平进一步提高，企业正常缴费退休人员基本养老金月均水平超过2500元，城乡居民基础养老金最低标准提高至每月100元，失业保险金月平均标准达到1097元。全面建立大病保险制度，覆盖5000多万城乡参保人员。积极落实“个转企”、“小升规”社保扶持政策，对部分工业企业临时性下浮缴费比例，累计减轻企业负担83亿元。新开工建设城镇保障性安居工程住房20.6万套，竣工13.3万套，超额完成年度目标任务。

——社会救助体系日趋完善。率先颁布实施《浙江省社会救助条例》，将社会救助整体纳入法治化、规范化轨道，以最低生活保障为基础，临时救助和医疗、住房、教育等专项救助为补充的社会救助体系基本形成。进一步规范最低生活保障制度，城乡低保平均标准分别为每人每月587元和487元，比上年增长11.6%和20%，救助标准、补差力度、城乡均衡水平继续走在全国省区前列。加强对弱势群体的最低生活保障，获得生活补助的城乡低收入家庭持证重度残疾人9.6万名，发放补助金额4.8亿元，分别增长7.8%和20%。

(五) 围绕调结构、拓渠道、惠民生，社会领域投资更加有效

——公共支出结构更加优化。坚持民生为先，努力调整支出结构，严格“控一般”，突出“保民生”。全省新增财力用于民生支出的比重达76.1%，继续保持在三分之二以上，同比提高5.8个百分点。全省一般公共服务支出527.90亿元，下降2.0%；公共安全、教育、科学技术、文化体育与传媒、社会保障和就业、医疗卫生与计划生育、节能环保、城乡社区、农林水、住房保障等支出3727.86亿元，增长9.6%，占总支出比重72.3%。

——重大社会项目强势推进。强化项目带动有效投入，切实发展重大社会项目在稳增长、调结构、惠民生当中的重要促进作用。2014年列入浙江省扩大有效投资“411”社会产业类和公共服务提升类项目共236个，全年完成社会产业类投资277.1亿元，完成年度计划的117%；完成公共服务提升类项目投资1311.8亿元，为年度计划的146%，其中完成全社会文教卫体设施投资188.1亿元、环境保护与生态建设投资185.8亿元、养老及社会福利设施投资77.1亿元、防灾减灾设施投资230.8亿元、保障性住房建设项目投资630亿元。积极争取中央资金补助浙江省重点社会发展项目，全年获得教育、卫生、文化旅游等12个专项5.252亿元中央专项资金补助，有效促进了基本公共服务体系提升。开展社会发展重大项目“强服务、促投资”活动，协调推进浙江大学紫金港校区西区、浙江音乐学院（筹）、省之江文化中心、省残疾人康复指导中心、温州肯恩大学等项目建设。

——社会资本参与建设运营示范项目扎实推进。进一步放宽社会资本特别是民间资本准入，出台《关于做好鼓励社会资本参与建设运营示范项目工作的通知》，明确从2014年起每年将公开推出一批社会资本参与建设运营示范项目。2014年推出民间资本参与建设运营的示范项目包括46个推进类项目和24个推介类项目，总投资约3625.7亿元，涵盖城镇市政设施、社会发展等领域。继续加快社会力量办学办医步伐，梳理编制社会力量办学办医重点推荐项目，鼓励引导民间资本投资社会事业发展。温州市被确定为社会办医（国家）联系点，2014年新引进社会办医项目13个，总投资1亿元以上开工项目达7个。诸暨市开展扩大民间资本进入社会领域改革试点，当年新增民间投资突破30亿元。

(六) 围绕抓系统、重源头、可持续，社会环境治理更加积极

——“治水”、“治气”强势推进。“十百千万治水大行动”进展良好，建立健全五级“河长制”，提前半年完成6496公里垃圾河清理任务，整治黑臭河4660公里，新建污水管网3130公里。城市防洪排涝、城乡供水等水利设施建设全面推进。大气环境治理持续加强，全面实施大气污染防治行动计划和6大专项行动，制定大气重污染应急预案，淘汰黄标车及老旧车38.1万辆，淘汰高污染燃料锅炉3353台，全省PM2.5平均浓度下降13%，雾霾天数下降17%，设区城市日空气质量达标天数比例达到75.5%，同比提高7.1个百分点。

——城乡环境治理成效明显。“三改一拆”强力推进，改造旧住宅区、城中村、旧厂区1.84亿平方米，拆除违法建筑1.66亿平方米，“无违建县（市、区）”创建工作加快开展，宗教领域违法乱建现象得到遏制。“四边三化”第一轮行动完成考核验收，出台深化行动方案，城乡面貌得到有效改观。深入推进城市治堵，新增专用和公共停车位16.9万个，设区市城市公共交通分担率平均提高2个百分点；新建改造城市道路183.3公里，改善拥堵点81处；新建过街设施27处，减少影响通行的路面停车位16022个，全省城市交通拥堵状况有效改善。切实加强农业农村环境保护和治理，组织实施农村环境综合整治项目，全面启动并加快推进农村生活污水治理，完成6120个村的治理，新增受益农户150万户。湖州、杭州、丽水被列入国家第一批生态文明先行示范区。

——公共安全形势总体平稳。不断深化平安浙江和法治浙江建设，深入推进立体化社会治安防控体系建设，严密防范和严厉打击各类违法犯罪活动，全省共立刑事案件429749起，同比下降2%；共立治安案件668686起，同比下降6.98%。安全生产形势持续保持稳定好转的态势，全年共发生各类事故17752起、死亡5023人，同比分别下降6.2%、9.0%。切实加大食品药品和农产品监管力度，组织开展食品安全“百日严打”、医疗器械“五整治”、农村食品市场“四打击四规范”等专项行动，整治行业性、区域性、系统性风险隐患。制定《浙江省食品安全黑名单管理办法》，探索食品安全责任保险机制，引导各方力量主动参与监管。

——社会组织活力进一步激发。率先发布全国首个社会组织建设省级地方标准，加快社会组织评估和信用体系建设，推动社会组织完善法人治理结构。率先取消全省性社会团体、基金会部分审批项目，下放基金会、异地商会登记管理权限至县（市、区）民政部门。全面开展四类社会组织直接登记工作，全省累计直接登记社会组织2100余个。社会组织数量较快增长，全省各级登记备案的社会组织数量突破12万个，正式登记的社会组织40201个，每万人拥有社会组织数达到7.3个。着力优化社会组织培育发展环境，推动政府向社会力量购买服务，编制出台全省性社会组织承接政府转移职能和购买服务指导目录。

二、新常态下浙江省社会发展面临的新形势

“十二五”以来，浙江省经济社会发展总体平稳，前四年GDP年均增长8.2%，人均GDP年均增长7.5%。预计到2015年底，浙江省“十二五”规划确定的主要目标大多能如期完成，为“两美”浙江建设打下更为坚实的基础。在肯定成绩的同时，需要看到浙江省社会发展面临的新形势和常态化特征，主要表现在：

——新常态下经济增速换档，对民生支出带来新压力。新常态意味着经济增长从高速增长向中高速平稳增长过渡，预计“十三五”时期浙江GDP年均增速将回落到7%左右。经济增长速度放缓、财政增收难度加大，对民生支出带来了新的压力。表现在两个方面：一是民生支出刚性增长与财政收入增幅下降之间的矛盾，对继续提升民生支出标准带来压力，部分民生问题的解决可能会面临更大困难。二是民生需求多面与政府财力有限的矛盾，对优化民生支出结构提出新课题，民生支出要更加注重保基本，更加关注低收入群

体，更加重视就业和扶贫工作，加快与当前经济社会发展的转型相适应。

——新常态下需求结构升级，对公共产品和公共服务供给提出新任务。预计未来5年，浙江省人均GDP将从1.2万美元向2万美元迈进。按照世界银行标准，浙江省正迈向高收入国家（或地区）行列，消费结构加速升级。一方面，城乡居民需求加快从私人产品向公共产品升级，教育、医疗、环境、社会保障、文化体育等领域的公共服务需求将显著增加，对公共服务供给总量提出了更高要求。另一方面，居民对公共服务的认识和标准普遍提高，但个体需求之间多样化、个性化的差别更为明显，对公共服务供给的质量、结构优化升级提出了更高要求。浙江省自2008年来，率先实施基本公共服务均等化行动计划，但与日益提高的公共服务需求相比，公共服务在供给总量、供给渠道、资源配置、体制创新等方面还有待进一步提升。尤其值得关注的是，随着新型城市化的加速推进，基本公共服务覆盖进城务工农民、优质公共服务资源覆盖农村地区的要求更加紧迫。

——新常态下资源要素趋紧，对社会转型发展提出新课题。当前，资源环境约束不断强化，加快经济社会转型发展比以往任何时候都要更迫切，破解新难题、改善要素供给质量成为新常态下的关键。以劳动力要素为例，人口数量红利正在逐步消失，人口老龄化、劳动力数量减少等问题日益凸显。浙江省是全国人口老龄化问题最突出的省份之一，2013年全省65岁及以上老年人口占总人口比重的12.4%，高出全国平均水平3个点左右，预测到2022年前后进入快速老龄化时期；劳动年龄人口规模呈现持续下降态势，在不考虑迁移流动的前提下，将从2013年的3900万人减少至2020年的3720万人左右。“未富先老”、青壮年劳动力短缺，将给医疗卫生、养老体系、社会保障等带来巨大压力。未来经济社会转型发展将从依赖人口红利向依靠人力资本红利方面转换，人口结构、劳动力素质与转型升级、结构调整的要求相比，还有很大差距。

——新常态下各种利益深刻调整，对社会治理带来新挑战。在增长速度换档期、结构调整阵痛期、前期刺激政策消化期“三期叠加”的新时期，结构性就业矛盾、生态环境治理等社会问题日益突出。未来一段时期，随着经济规模增大、社会流动性增加、体制改革深化，社会利益、社会思想将更趋多元，社会矛盾将更为交织复杂。尤其是以互联网为代表的信息技术快速发展，舆论传播和社会交流方式发生巨大变化，社会治理的难度将进一步加大，社会矛盾、社会风险将处于凸显期和高发期。正确处理和化解日益复杂的社会矛盾，维护安全稳定的社会秩序任务更加突出。这给社会治理带来了新的挑战，需要更加注重社会公平正义，加快提升社会治理的能力和水平。

——新常态下发展动力转换，对社会发展整体推进带来新机遇。新常态下发展动力正在从传统增长点转向新增长点，这也意味着经济社会的韧性更好、潜力更足、回旋空间更大，将为社会事业和社会产业发展创造了更大需求空间和有利环境。第一，催生经济社会发展新动力的要求为社会发展提供了新的机遇。李克强总理在2015年政府工作报告提出，要把“增加公共产品和服务供给”、“推动大众创业、万众创新”作为增长的“新引擎”，社会发展的战略地位将更加突出。第二，培育消费新增长点的要求为社会产业发展提供了新的空间。以民生改善为重点的消费需求拉动投资需求是发展动力转换的新常态，促进养老家政健康消费，提升旅游休闲消费，扩大教育文化体育消费等新要求，为健康、文化、体育、娱乐休闲等社会领域产业发展创造了新的空间。

——新常态下政府职能加快转变，对社会改革发展提出新要求。经济新常态下政府考核机制将发生重大改变，社会发展、民生改善、环境治理和生态保护等领域的重要性更加突出，这对浙江省社会发展提出了更新更高的要求。近年来浙江省政府自身改革加快推进，一方面，建立了“四张清单一张网”，以简政放权减少政府对微观事务的管理；另一方面，强化了政府在公共服务、社会管理、环境保护等方面的职责。可以预见，“十三五”时期社会体制改革、公共服务供给、创新社会治理等社会领域改革创新任务将更加繁重，各级政府职能将更加注重社会发展领域。

三、关于下一步工作的建议

浙江省经济发展进入新常态，正处于创新驱动、转型升级的关键时期，经济增长的传统动力在减弱，新的成长动力正在缓慢形成之中，切实需要我们主动适应和引领经济发展新常态，统筹经济建设和社会建设，创造经济社会发展新模式，紧紧围绕习近平总书记提出的“四个全面”和省委全会精神，落实“八八战略”总纲，积极推进社会事业发展和改革创新，全面完成“十二五”规划确定的社会发展目标和主要任务，争取在推进社会领域重点改革、基本公共服务提升、重大产业培育发展等方面取得扎实成果。

——着力谋划“十三五”社会发展思路。适应新形势、新常态对“十三五”经济社会发展提出的新要求、新任务，深入研究社会发展重大战略和主攻方向，重点是突出人口发展战略谋划，促进人的全面发展；突出推动产业转型升级，加快教育及人才培养体系建设，形成人力资本竞争新优势；突出提高自主创新能力，研究探索构建社会化、多元化创新投入体系，进一步完善人才服务和激励机制，营造有利于创新创业的发展环境。科学编制好社会发展、基本公共服务体系、教育人才等“十三五”重点专项规划，为全省社会发展谋篇布局。积极谋划社会发展重大项目、重大工程和重大政策方案，把各项部署落到实处。探索浙江省社会发展指数的编制与发布，及时、准确地监测社会发展趋势。

——着力推进社会领域重点改革。坚持目标导向、问题导向、需求导向，更加注重改革的系统性、整体性和协同性，更加注重顶层设计，更加注重任务落实，坚决破除各方面体制机制弊端，围绕加快政府自身改革，深入推进“四张清单一张网”和行政审批制度改革；围绕基层社会治理机制创新，深入推进平安建设信息系统与“网格化管理、组团式服务”两网融合，建立健全县（市、区）、乡镇（街道）两级事件处理网上网下联动工作体系；围绕着力破除城乡二元体制，深入推进统筹城乡和新型城市化改革；围绕鼓励先行先试，分层分类推进各类改革试点，力争在文化体制改革试点、基本公共服务均等化改革试点、加快发展地区社会事业试点、大众创业驱动体制机制创新试点等重点领域和关键环节改革上取得新突破，努力再创社会体制机制新优势。

——着力提升基本公共服务体系。从扩大供给、优化结构、提高水平、创新机制等角度综合施策施力，建立健全与地方财力挂钩、与居民贡献程度相匹配、以居住证制度为基础的基本公共服务供给制度，逐步实现基本公共服务向全体常住人口覆盖。打破城乡区域分割，加快健全覆盖城乡、普惠可及、差异缩小、可持续的基本公共服务体系，谋划实施“基本公共服务均等化提升工程”，着力提高基本公共服务有效供给水平。加大政府购买公共服务力度，完善培育扶持社会组织工作机制，积极发挥社会组织作用，努力为社会提供更好更多的公共服务。

——着力发展社会领域重点产业。积极发挥社会领域产业在扩大居民消费、拉动经济增长中的作用，按照短期效益和长远发展、单项调控和组合出击相结合的原则，在提高居民收入、完善社会保障和公共服务、增加消费热点、培育消费潜力、优化消费政策等方面形成系统合力；落实产业扶持政策，进一步丰富文化、旅游、健康、医疗、体育、养老等产品和服务，推动相关产业融合发展。拓宽准入渠道，鼓励引导民间资本以兼并、收购、参股、合作等多种形式参与社会建设，激活社会领域产业发展动力。

（浙江省发展和改革委员会社会处供稿）

嘉善县域科学发展示范点建设进展情况及2015年重点工作的安排

2013年2月国家批复的《浙江嘉善县域科学发展示范点建设方案》（以下简称《建设方案》）明确要求“到2015年示范点建设任务基本完成”。围绕这一阶段目标，我们会同嘉善县对《建设方案》确定的主要任务，逐一进行了总结梳理。总体上看，经过近两年的实施推进，示范点建设已经取得重要成效，预计主要目标任务将如期完成；同时，要确保实现“示范点建设任务基本完成”的目标，需要在巩固成效的基础上，进一步加大整体推进力度，突破薄弱环节。

一、到2014年底，《建设方案》确定的目标大部分按计划推进，2项指标提前完成

《建设方案》提出：到2015年，示范点建设任务基本完成，在全国各县中率先建成更高水平的小康社会；实现“人均地区生产总值达到12万元”等6项规划指标。经对照核查，到2014年年底，嘉善县经济社会发展基本符合预期目标，“三区一园”建设初步成型，重点改革领域有所突破，方案确定的目标任务基本上能够如期完成；经过今年努力，到年底示范点建设任务可基本完成。

（一）2014年的进展情况与《建设方案》的要求相比，6项主要指标中4项完成较好、2项尚有差距

1.城镇化水平等4项指标预计能够达到或超过《建设方案》要求

——城镇化水平：2014年超过64%，比2012年增加2个百分点；预计2015年能实现《建设方案》提出的65%目标。

——研究与试验发展经费支出占比：2014年达到2.6%，比2012年增加0.2个百分点，

只要维持2014年的水平就能实现《建设方案》提出的2.6%目标。

——城镇居民人均可支配收入：2014年达到4.3万元，比2012年增长20%。若2015年达到8.5%左右的增速，就能达到或接近《建设方案》提出的4.7万元目标；

——农村居民人均可支配收入：2014年达到2.5万元，2015年预计能达到2.7万元，将超过《建设方案》提出的2.5万元目标。

2.人均地区生产总值和服务业增加值占比与目标相比还有部分差距，通过努力预计能够接近《建设方案》要求

——人均地区生产总值：2014年实现10.39万元，比2012年增长16%。2015年将力争8.5%左右的增速，争取提高到11.3万元，较《建设方案》提出的12万元目标仍有一定差距。

——服务业增加值占比：2014年达到36.6%，比2012年增加1.1个百分点，2015年进一步加大服务业发展力度，同时合理规范服务业统计范围（将制造业中的研发设计、工程服务、营销物流等纳入统计口径），努力接近《建设方案》提出的40%目标。

（二）2014年嘉善县域科学发展总体水平明显提升

2014年嘉善县实现地区生产总值402亿元，同比增长9%，增速列嘉兴市第一；财政总收入和地方公共预算收入分别突破60亿元和30亿元，分别同比增长9.7%和8.0%；进出口总额达到36亿美元；提前完成“十二五”节能减排任务。成功创建国家生态文明示范区，入选全省全面小康十大示范县，统筹城乡发展综合水平列全省第七，继续保持全省利用外资十强县行列。习近平总书记在近年的几次讲话中，充分肯定了嘉善县“坚持工作高标准，追求工作高质量”等做法。《人民日报》以“县域善治”为题对示范点建设予以头版报道宣传。

二、到2014年底，“三区一园”建设和综合配套改革大部分任务顺利推进，已经取得阶段性成效

《建设方案》获批后，嘉善县对照《建设方案》的“三区一园”建设要求梳理了110项重点任务。到2014年底，已基本完成的有“嘉善科技创业服务中心二期建设”等84项，完成率76.4%；正在推进的、预计2015年能基本完成的有“创建全国统筹城乡交通发展示范县”等21项，占比19.1%；目前推进困难、预计2020年前完成的有“建设新型工业化产业示范基地”等5项，占比4.5%。同时，嘉善县对照《嘉善县域科学发展综合配套改革总体方案》梳理了 100项改革项目，至2014年底已启动76项。从上述这些任务的实施情况看，示范点“三区一园”建设和综合配套改革已经取得了阶段性成效。

(一) 产业转型升级引领区全面推进

一是制造业转型升级步伐加快。电子信息、高端装备制造、新能源等新兴产业产值占规上工业比重已达47.6%；全面实施亩均绩效评价分类管理，单位建设用地GDP比2012年提高近15%；形成归谷科技园、科创中心、高铁新城三大科技创新服务平台。

二是现代服务业稳步发展。加快发展信息科技、商贸物流、旅游商务等现代服务业，全面建设长三角嘉善科技商务省级服务业集聚区；推动西塘景区通过国家5A级景区景观质量评审，大云获批省级旅游度假区，斯麦乐巧克力文化园正式开园。

三是现代农业水平保持领先。提前完成高标准基本农田示范县建设任务，两年新建粮食生产功能区4.14万亩；获评省级生态循环农业示范县、省级农业“两区”十佳示范区，农业现代化发展水平列全省第四。

(二) 城乡统筹先行区基本成型

一是城乡空间布局逐步融合。嘉善县已提前进入城乡发展全面融合阶段，姚庄获得省级小城市培育试点考核优秀，基本建成城乡一体示范片区。西塘、天凝中心镇综合服务功能明显提升，大云、姚庄入选全国首批美丽乡村试点。

二是城乡基础设施日趋完善。城乡基础设施共建共享水平进一步提高。农村公路品质提升工程获习总书记批示肯定，新建生活垃圾焚烧、幽澜水厂四期等一批城乡一体化基础设施项目。

三是城乡公共服务全面优化。在社保、教育、医疗、养老等领域基本形成城乡均等、全民普惠的公共服务体系；获评全国首批义务教育发展基本均衡县，城乡居民养老医疗保险覆盖率99.93%。

(三) 开放合作先导区加快建设

一是开放合作水平得到提升。形成了以嘉善国家级经济开发区、嘉兴出口加工区B区、姚庄省级经济开发区为核心的开放发展平台。初步设立了上海自贸区嘉善项目协作区，成功引进特易购、IBM、喜力啤酒等多个世界500强企业。

二是开放合作领域积极拓展。积极与上海虹桥商务区对接，争取设立中博会嘉善分会场。嘉善县一院、中医院、康慈医院分别与上海市中山医院、龙华集团、精神卫生中心开展医疗合作。嘉善中专、嘉善信息学校分别与上海6所职业院校合作办学。

三是开放合作环境逐步优化。嘉兴出口加工区B区推行分送集报等自贸区创新制度。开通全省首条浙沪省际公交线路，正式发行上海都市卡（嘉善旅游主题卡），2014年全县实际利用外资超过4亿美元，比2012年增长18%。

(四) 民生幸福新家园形象初显

一是富民增收成效明显。设立2家科技银行，启动建立民间投融资服务中心。大力推进就业帮扶、社会保险扩面征缴工作，城乡居民收入连续多年保持10%左右增长，农村低保标准提高54.7%，村均常规稳定性年收入突破140万元。

二是“善文化”全民践行。“善文化”建设被中央文明办列入培育和践行社会主义核心价值观重点工程。获评省文化礼堂建设先进县，完成吴镇书画院主体工程和县级图书馆、博物馆前期工作。顺利推进西塘古镇“申遗”工作。

三是生态环境明显改善。获评省“五水共治”优秀县，“三改一拆”共拆除违法建筑169万平方米，交接断面水质考核保持月月良好以上，农村生活污水处理行政村覆盖率达到98%。在全省率先实现省级以上生态镇全覆盖。

(五) 综合配套改革有所突破

嘉善县全面贯彻实施省政府批复的《嘉善县域科学发展综合配套改革总体方案》，成立了改革领导小组和改革办，制定了改革三年行动计划和年度实施方案，建立了改革项目审议审批、督查考核、月报总结等制度。已启动的76项改革项目中，有7项列为省（部）级试点；核准目录外工业企业投资项目不再审批改革（“零审批”）被收录为中宣部《改革热点面对面》典型案例；农村产权 “三权三抵押”改革，成功激活农村上百亿沉睡资产；综合行政执法改革集中了17个职能部门1073项行政处罚职权，率先实现了综合执法城乡一体区域全覆盖。

三、2014年示范点建设取得阶段成效，主要归结于五方面工作的努力推进

2014年，示范点建设取得重要成效，既得益于各级领导的高度重视和国家部委、省市部门的大力支持，同时，也取决于我们在整体谋划、机制完善、政策支持、借力发展、氛围营造等方面初步探索形成了一些行之有效的做法。

(一) 以整体谋划引领示范点建设

一是做好省级层面的统筹部署。省领导十分重视嘉善示范点建设，多次对有关工作作出重要批示。袁家军常务副省长亲自主持召开了省协调小组第二次会议，并专题赴嘉善开展调研，就重大事项和重点问题进行研究协调，并作出明确部署要求。

二是加强上海方面的共谋共建。省发改委积极与上海市发改委加强对接，推动示范点临沪合作园区等相关事项纳入长三角年度合作计划，积极加快联动实施。嘉善县在省级有关部门的协调下，也主动与上海外高桥保税区、沪浙民盟等签订合作协议，建立合作机制。

三是争取国家发改委的谋划指导。2014年，省发改委领导2次带队赴国家发改委，向委领导、司领导作专题汇报，得到了充分肯定。地区司已明确将嘉善列入“基层调查研究工作”长期联系点加以支持推动，并已初步明确了2015年开展专项调研和中期评估等工作计划。

(二) 以机制完善推进示范点建设

一是建立省县联动推进工作机制。省协调办牵头制定了省县联动推进示范点建设工作机制，进一步明确省、县两级协调机构的工作职责，以及定期汇报交流、任务联动推进和工作督查评估机制等合作机制，进一步形成了省、县共建示范点的整体合力。

二是完善示范点督查考核机制。嘉善县深化完善督查考核常态化机制。成立专项督查组，每两月定期对县级各单位机制建立、任务推进和工作实效等进行督查。开展示范点年度专项考核，纳入年度目标责任制考核内容，并对示范点建设优秀单位和优秀个人进行表彰。

(三) 以任务落实抓好示范点建设

一是国家和省级有关部门不断加大助推力度。国家和省级各有关部门积极指导支持示范点建设，今年共有31位省部级领导、17个国家部委、45个省级部门到嘉善调研指导，落实助推政策。我委领导带队赴嘉善调研5次，就示范点建设的关键问题作了充分对接和及时梳理。嘉兴市召开了市协调办会议部署助推工作。

二是嘉善县全力抓好重点工作落实。嘉善县全面启动示范点建设任务管理系统，对示范点建设年度重点任务、展示点培育、先行先试改革试点、经验点打造、重大项目建设等“五库”实施月度上报和动态管理，及时掌握各项工作的推进情况，并逐项逐级地作好督促落实工作。

三是省协调办积极督促年度计划实施。省协调办牵头制订省级成员单位《年度工作计划》和《重大项目计划》，细化明确省级责任部门在政策支持、改革试点、资金项目等方面的牵头工作及时间进度。同时，加强与省级部门和市、县的沟通对接，就相关重点关键问题，及时提交省协调小组予以协调落实。

(四) 以政策支持保障示范点建设

一是推进重大项目建设。2014年省发改委将19个项目列入省重点建设项目，7个项目列入省重大产业项目，4个项目列入省重大服务业项目。同时，省级相关部门将嘉善县“千人计划”项目转化中心、中华两岸文化创意产业园、嘉善主导产业关键技术项目、嘉善精品农业项目、汾湖生态休闲度假项目等一批项目，列为省级部门牵头的重点项目计划加以全力推进。

二是加大资金支持力度。省级各部门在争取中央资金和安排省级专项时，对示范点予以倾斜支持。2014年嘉善共获得各类中央专项资金、省示范点专项补助资金，以及省公建资金、农村环境整治、污水垃圾设施建设，小城市培育等各类资金补助共11.62亿元。

三是加强土地要素保障。2014年嘉善县新增建设用地计划指标2160亩，包括年度土地利用计划指标788亩，产业用地奖励指标363亩，其余为重特大项目预支奖励指标等。

（五）以氛围营造助推示范点建设

一是打造一批展示窗口和经验亮点。按照“可看可学可示范”的要求，积极打造了“姚庄城乡一体示范片区”、“中国归谷科技产业园”等一批展示窗口，初步培育了“义务教育教师流动试点”、“以县带镇打造乡村艺术团模式”等一批试点经验。

二是开展一批示范点建设课题研究。省委政研室、省发改委、省统计局指导开展了嘉善县域科学发展评价指标研究，初步形成了由经济建设、社会建设、文化建设、生态文明建设和民主法制建设5大类32项指标构成的县域科学发展评价指标体系。同时，在“县域科学发展比较研究”等方面形成一批课题研究成果。

三是开展系列主题宣传活动。由省委宣传部、人民日报理论部共同举办、嘉善县具体承办了全面深化改革与县域科学发展理论研讨会。中央和省级主流媒体密集开展了“走进示范点”系列主题宣传活动。嘉善县全面启用了县域科学发展主题馆和示范点门户网站。通过形式多样、内容丰富的宣传报道活动，营造了全社会共同参与示范点建设的浓厚氛围。

四、2015年要按照“示范点建设任务基本完成”的要求，围绕三个“聚焦”抓好各项工作

示范点建设虽然取得了阶段性成效，但对照《建设方案》的目标任务，还有一些差距。如：在建设产业转型升级引领区方面，现代服务业比重偏低，科技创新成果的产业化和规模化步伐有待加快等；在建设城乡统筹先行区和民生幸福新家园方面，城市品位和形象还不够高，城乡环境脏、乱、差的现象在部分区域依然存在；在建设开放合作先导区方面，跨区域合作机制尚未有实质性突破，还缺少一些有影响力、有带动力的合作项目；在综合配套改革方面，重点领域改革还未有明显突破，改革创新需进一步提效提炼。

2015年，我们将紧紧围绕“示范点建设任务基本完成”的目标，积极巩固示范点建设重要成效，重点聚集三个方面的薄弱环节和难点问题，继续深化“三区一园”建设和先行先试改革，确保高质量地完成第一阶段建设任务。

（一）聚焦重点指标，确保实现阶段性建设目标

一是对人均地区生产总值、服务业增加值占比等 2 项还有一定差距的指标，要抓紧分析梳理，努力挖掘潜力，争取通过大项目、大平台的建设带动，推动指标实现明显提升。

二是对现在还没有完成或刚刚启动的重点任务，要倒排工作节点，明确责任和计划。特别是对“创建高新技术产业园”等推进有难度的任务要逐项制定处置方案，2015年底前要确保全部启动。同时，对“规划建设浙江临沪产业合作园区”等正在推进的任务也要加大建设力度，确保2015年底完成。

（二）聚焦重点任务，确保基本建成“三区一园”

一是在建设产业转型升级引领区方面，深入实施“双均”产出战略和“机器换人”双百行动，整合提升现有各级产业发展平台，新建新型工业化产业示范基地，进一步推动县域产业的结构布局优化和层次水平提升。

二是在建设城乡统筹先行区方面，以小城市试点、中心镇和“美丽乡村”为载体，优化城乡规划布局和品位形象；以城乡一体化交通、供水、污水垃圾处理项目等为重点，完善城乡基础设施网络。

三是在建设开放合作先导区方面，争取推动上海自贸区嘉善项目协作区纳入2015年长三角重点工作计划，提升到政府合作层面；推动嘉兴出口加工 B 区申报综合保税区，并启动无水港和虚拟空港设立工作。

四是在民生幸福新家园方面，以“五水共治”和“三改一拆”为抓手，改善城乡环境和城市面貌；以教师人事管理制度综合改革、养老服务示范区、“阳光医保”试点为关键，提升城乡公共服务水平。

（三）聚焦重点改革，确保形成若干“可复制可推广”的改革经验

一是加快推进十大重点改革项目，在全面推进综合配套改革任务的基础上，2015年重点深化“大众创业、万众创新”驱动机制改革、“多规合一”规划管理体制改革、县域治理体系创新等十大重点改革项目。

二是加快提炼重点领域改革经验，结合嘉善综合改革的全面实施，围绕县域发展的一些关键、共性问题，及时总结提炼若干可看、可学的嘉善模式，及可复制、可借鉴的嘉善经验，争取能在全省乃至全国层面予以宣传推广。

五、几点建议

为确保2015年示范点建设各项工作顺利推进，现就几项重点工作建议如下：

(一) 印发《2015年重点工作计划》

为充分发挥省协调小组成员单位的重要作用，我委在嘉善县正式上报、及与省级部门反复对接的基础上，制定完善了《嘉善县域科学发展示范点建设2015年重点工作计划》(另文报审)，明确了需要省级部门加大推进的改革试点、平台项目、政策资金等重点工作，建议经省政府同意后，由省协调小组印发实施。

(二) 加大重点任务实施的协调推进力度

为推动工作计划顺利实施，省协调办将继续做好协调推进，及时督促和落实年度重点任务。同时，建议省政府于年中召开协调小组会议或专题会议，协调解决示范点建设的重点、难点问题。

(三) 及时开展示范点建设中期评估工作

国家发改委计划于二、三季度开展示范点建设中期评估。我们将积极配合参与，争取在全面总结示范点建设成效和经验的基础上，由国家发改委向国务院呈报关于嘉善示范点建设的专报，为下步宣传推广示范点建设经验奠定基础。

(浙江省发展和改革委员会地区处供稿)

附表1　建设方案6项规划指标完成情况表

规划指标	人均GDP(万元)	服务业增加值占GDP比重(%)	R&D经费占GDP比重(%)	城镇化率(%)	城镇人均可支配收入(万元)	农村人均可支配收入(万元)
2015年目标值	12	40	2.6	65	4.7	2.5
2012年完成值	8.96	35.5	2.4	62	3.6	1.8
2013年完成值	9.69	36.3	2.5	63	4	2
2014年完成值	10.39	36.6	2.6	64	4.32	2.5
2015年预计值	11.3	37.5	2.6	65	4.7	2.7

注：2015年目标值和2012、2013年完成值为“农村人均纯收入”统计口径

附表2　建设方案110项重点任务推进情况表

类　别	总任务数	2014年基本完成数	预计2015年基本完成数	预计2020年完成数
产业转型升级引领区	23	19	1	3
城乡统筹先行区	26	16	10	/
开放合作先导区	17	12	5	/
民生幸福新家园	27	26	/	1
保障措施	17	11	5	1
总　计	110	84	21	5

建设方案110项重点任务推进情况说明：

1.已基本完成的任务：主要是建立完善地方工业项目准入评价和项目跟踪评价制度，引导光伏产业链向研发、应用两端延伸，嘉善科技创业服务中心二期建设，国际木雕城建设，两大省级现代农业综合区创建，在姚庄镇开展统筹城乡改革试验工作，构建方便、快捷的城乡交通圈，水源地保护工程建设，创建国家生态县等84项任务取得初步成效。

2.正在推进、预计2015年完成的任务：主要是打造文化产业示范基地，推进丁栅至天凝等公路建设，创建全国统筹城乡交通发展示范县，推进三网融合，创建全国社区教育实验区，支持在条件成熟时整合现有海关特殊监管区域设立综合保税区，深化行政管理体制改革等21项任务，预计2015年能基本完成目标任务。

3.目前推进困难、预计2020年前完成的任务：建设新型工业化产业示范基地，创建高新技术产业园区，大云温泉生态旅游5A级景区，创建国家绿色能源示范县，支持具备条件的开发区按程序申报扩区5项任务将有所调整或预计到2020年前完成。

省中央投资项目稽察监管信息系统运行报告

2012年以来，稽察办抓住中央投资补助项目这个监管重点，全力打造了浙江省中央投资项目稽察监管信息系统。截止目前，已将全省（宁波除外）2012—2014年3224个中央投资项目纳入稽察监管信息系统，初步实现了对全省中央投资项目的全覆盖、全过程监管，有效提升了中央投资项目监管水平，得到了国家发改委的充分肯定。

一、信息系统的建设思路和目标

1．坚持目标引领，实现全面全程的动态监管。建设中央投资项目稽察监管信息系统总体目标是：依托“6+1”即六项制度（事前告知制度、业务培训制度、数据报送制度、监测评估制度、稽察约谈制度、信息反馈制度）、一个平台（信息系统），形成“事前告知、事中管控、事后反馈”的稽察监管工作机制，达到“项目全覆盖、监管全过程、责任全系统”的工作目标。项目全覆盖即通过建设“浙江省中央投资项目稽察监管信息系统”，使监管范围覆盖浙江省所有中央投资项目，做到“一网打尽”。监管全过程即通过稽察监管信息系统的使用，实现浙江省中央投资项目从计划下达到项目竣工验收结束为止的全过程动态监管。责任全系统即加强省市县三级发改部门之间、发改系统内部处（科）室之间、省发改委与省级项目主管部门之间的联动，共同做好中央投资项目的管理、指导和服务工作。

2．坚持应用导向，建设用户喜欢的信息系统。应用是信息系统的生命，坚持以应用为导向建设全省中央投资项目稽察监管信息系统，力求做到“管用、好用、共用”。管用是信息系统存在的前提，要结合中央投资项目的实施规律和信息系统的技术特征，做到务实有效，切实加强项目管理。好用是信息系统建设的关键，数据报送要简便，数据监测要高效，人机对话要友好。共用是信息系统追求的目标，项目单位可以通过互联网方便地报送项目进展情况，并了解信息、咨询政策；市县发改部门、委内专业处室和行业主管部门利用信息系统可以及时掌握项目进展情况，做到心中有数、及时应对；各级稽察办应用信息系统实现全程稽察服务和全面监管项目；所有用户都可以方便地通过稽察监管信息系统满足各自的需求。

3．坚持权责对应，建立合作共赢的管理机制。落实责任是建立机制的关键，要根据权责对应原则制订管理制度，形成多方协调、合作共赢的体制机制。项目单位是项目实施、资金使用、数据报送的主体，承担规范实施项目、依法使用资金和及时报送真实数据的责任。市县发改部门、委内专业处室和行业主管部门是组织申报、内容审核、实施管理的主体，承担项目管理和项目服务的责任。稽察办是稽察监督的主体，承担告知、培训、约谈、督促整改等稽察监管责任。通过建立分工明确、责任落实、协调有力、合作共赢的管理机制，确保浙江省中央投资项目稽察监管体系有序、有力、有效运行，切实形成监管合力。

4．坚持与时俱进，打造全国一流的监管体系。总体考虑、顶层设计、分期实施，是全省重大项目稽察监管信息系统的总体建设思路，而建设中央投资项目稽察监管信息系统是第一步，也是关键一步。根据建设目标和计划，浙江省重大项目稽察监管信息系统建设将分五个阶段实施。第一阶段，将中央投资非涉密项目（宁波除外）纳入监管信息系统；第二阶段，将中央投资涉密项目纳入监管信息系统；第三阶段，将宁波市中央投资项目纳入监管信息系统；第四阶段，将省级财政资金补助项目纳入监管信息系统，不断拓展和丰富稽察监管体系；第五阶段，也是远期目标，实现对省级政府投资项目的全覆盖。稽察监管信息系统将坚持与时俱进、持续完善，不断增强生命力，争创全国一流、成为典型示范。

二、信息系统运行情况及成效

截至2014年底，浙江省重大项目稽察监管信息系统已经完成第一、二阶段目标，中央投资项目稽察监管信息系统顺利运转；第三阶段任务（宁波中央投资项目系统）正在实施中，将于2015年6月实现与全省系统联网。第四阶段任务已完成总体建设方案的论证，其中省级补助资环项目稽察监管信息系统部分将于2015年6月前上线试运行，信息系统建设任务稳步推进。

中央投资项目稽察监管信息系统自2012年底上线以来，总体运行情况良好，成效较为明显。

1．系统联动，初步实现项目动态监管。全省发改系统和有关单位上下联动，形成推进信息系统顺畅运行的合力。一是项目“一网打尽”。截止2014年12月底，2012—2014年除宁波市项目之外的3224个中央投资项目全部纳入信息系统，实现了全省中央投资项目的“一网打尽”（资环处中央投资补助项目已拓展至2006—2014年的全部项目）。二是数据动态更新。项目单位即时上报项目形象进度节点信息，每个季度上报完成投资、资金到位支出、招投标和合同等关键信息；市县发改部门、省级项目主管部门和委内专业处室及时做好数据的初审和终审工作，把好质量关；形成了完整的动态数据链。三是进度跟踪监测。依托信息系统，对项目的开工、完工、竣工、停工、撤销和投资完成等情况进行跟踪，动态掌握每个中央投资项目的实施情况和中央预算内投资计划进展执行情况，实现了“足不出户，心中有数”。

2．多向互动，显著提高项目管理水平。突出稽察监管信息系统的服务功能，多管齐下提高建设单位项目管理水平。一是注重事前告知。在下达投资计划时明确告知列入浙江省中央投资项目稽察监管体系范围，并下发《浙江省中央投资项目稽察监管告知书》3000余份，项目管理人员的规范管理意识得到显著提升。二是注重培训指导。会同经济信息中心、培训中心和相关业务处室，组织中央投资项目管理业务培训13次，培训项目2500个，培训项目单位人员2800多人，主要涉及工程、财务、资金和档案等业务管理工作，有效提升了项目管理水平。三是注重答疑解难。通过建立中央投资项目交流QQ群、信息系统答疑专区、网络邮件、电话互动等方式，及时答复项目单位问题咨询880余条，指导和推进了项目建设管理。

3．问题驱动，有效规范项目建设。坚持以问题为导向，不断发现和纠正项目实施中的问题，规范项目建设。一是实时预警。通过设置预警条件，对项目建设进度、资金管理、招投标管理等方面存在的问题进行预警，通过系统预警发现了2500多个问题，采取短信提醒、在线交流等方式帮助项目单位及时纠正各类问题近1500个。二是定期监测。定期对项目开工率、建设进度、资金到位、投资完成等情况进行监测分析，及时指出带有倾向性和苗头性的现象和问题，已形成了9份季度监测分析报告，获得了谢力群主任的充分肯定。三是适时督查。2013年5月和2014年5月，针对信息系统预警和监测分析情况，分别组织对2012年250个未开工、2013年168个未开工中央投资项目开展了专项督查，推动了近200个项目的及早开工，取得了显著的成效。2014年专项督查形成的《浙江省中央投资项目未开工情况督查报告》经省政府以专报形式上报国务院，得到了李克强总理、张高丽副总理的批示，推动了全国面上的中央投资项目建设。

4．需求带动，持续完善信息系统建设。以监管需求为依托，在运行实践中不断完善信息系统建设，让信息系统更趋“好用、管用、共用”。一是起草了信息系统运行管理办法。结合稽察监管信息系统的完善，起草了《浙江省中央投资项目稽察监管信息系统运行管理办法》，以我委规范性文件形式印发，有效保障了系统顺利运行。二是做好信息系统改版升级工作。针对系统应用需要，研究并实施了信息系统改版工作，从用户友好和功能应用角度，调整了功能设计、优化了页面布局、提升了展现效果、拓展了系统功能。三是建立了项目评价功能。通过指标设置，由信息系统根据指标完成情况自动生成每个项目建设实施管理情况的量化考核得分，对项目实施情况进行科学评价，并逐步探索把评价结果应用于项目申报、资金分配、诚信记录等方面。经过修改完善，信息系统设计更加科学、功能更加强大、用户体验更加舒适。

5．宣传推动，日渐打响浙江品牌。浙江省中央投资项目稽察监管信息系统运行以来，受到了国家发改委和兄弟省市的广泛关注和认可，打响了浙江品牌。一是得到了国家发改委的充分肯定。国家发改委徐绍史主任、穆虹副主任也对浙江省中央投资项目稽察监管信息系统给予肯定。国家发改委稽察办主任任树本多次到浙江省考察调研，认为“思路清晰，考虑全面，具有较强可操作性，走在了全国前列”；二是多个兄弟省市来浙学习考察。2013年以来，辽宁省、湖南省、江苏省、四川省、广东省，以及沈阳市、广州市、深圳市等兄弟省市稽察办先后来浙就稽察监管信息系统进行调研和学习，并提出合作意向。2013年12月，首个购买浙江省中央投资项目稽察监管信息系统版权的山西省发改委举办了信息系统开通仪式，信息系统成功走出了浙江。三是成为全国信息化监管工作的典型。2013年1月，浙江省在安徽合肥召开的全国项目稽察工作会议上作了典型发言；4月，国家发改委在杭州召开了全国项目监管信息系统现场观摩会；11月，国家发改委将浙江省确定为全国中央投资项目稽察监管信息系统建设试点单位；12月，在四川成都召开的全国重大项目稽察工作座谈会上，决定在全国推广浙江省中央投资项目稽察监管信息系统，并改版升级为全国稽察监管信息系统。2014年11月，应国家发改委要求，周华富副主任带队，赴北京就浙江省中央投资项目稽察监管信息系统建设运行和推广前期工作向国家发改委办公厅和稽察办领导专题作了演示和汇报。

下一步，将按照顶层设计要求，一手抓中央投资项目信息系统的推广应用，一手抓省级财政资金补助项目信息系统的建成运行，充分运用“制度+技术”，不断推进浙江省重大项目稽察监管信息系统建设，不断完善政府投资项目监管体系。

（浙江省发展和改革委员会稽察办供稿）

社会信用体系建设报告

一、对浙江省社会信用体系建设发展形势的基本判断

2014年，是我国推进社会信用体系建设具有历史意义的一年。党中央国务院的高度重视和社会信用体系建设部际联席会议的强力推动为各地各部门加快社会信用体系建设创造了前所未有的历史性机遇。

11月，党的十八届四中全会通过的《中共中央关于全面推进依法治国若干重大问题的决定》提出，要“加强社会诚信建设，健全公民和组织守法信用记录，完善守法诚信褒奖机制和违法失信行为惩戒机制，使尊法守法成为全体人民共同追求和自觉行动”。6月，国务院印发出台我国首部国家级信用专项规划——《社会信用体系建设规划纲要（2014—2020年）》（以下简称《规划纲要》），《规划纲要》描绘了我国社会信用体系建设的发展蓝图，全面系统提出了我国社会信用体系建设的指导思想、基本原则、发展目标和主要任务，标志着我国社会信用体系建设正式迈入新的阶段。9月，国务院社会信用体系建设部际联席会议组织召开的全国社会信用体系建设工作会议，会议就贯彻落实《规划纲要》作出进一步部署，要求各地、各部门以主动作为的姿态、务实创新的作风和具体管用的方法推动社会信用体系建设。12月，国家发改委、中国人民银行联合印发《社会信用体系建设规划纲要（2014—2020年）任务分工》和《社会信用体系建设三年重点工作任务（2014—2016年）》，进一步明确了各地、各部门推进社会信用体系建设的主要任务和责任分工。

浙江省委、省政府高度重视全省社会信用体系建设，省委《关于全面深化法治浙江建设的决定》强调要“加强社会诚信建设。发挥政府诚信在社会诚信建设中的导向作用。强化社会公众诚信教育，完善守法诚信褒奖机制和违法失信行为惩戒机制，营造诚信光荣、失信可耻的社会氛围。依法建立自然人、法人和其他组织共同参与的社会信用体系。建立

以公民身份号码为基础的公民统一社会信用代码制度。建立社会信用评价体系，构建全省统一的‘失信名单’制度。规范信用服务行业发展”。“完善社会信用体系”作为五个经济体制改革重点突破项目之一，纳入省委、省政府《浙江省2014年重点突破改革项目》强势推进。省长李强、常务副省长袁家军多次就“信用浙江”建设有关工作作出重要批示。

一年来，浙江省社会信用体系建设按照国家《规划纲要》和改革要求，在失信黑名单制度建设、信用规制建设、公共信用信息服务平台提升完善、信用记录和信用报告应用、守信激励和失信惩戒机制建设等方面积极谋划，狠抓落实，各项工作取得实质性进展。

二、全省社会信用体系建设取得的主要成效

（一）注重规范发展，组织保障和规制建设得到进一步强化

组织领导继续加强。调整了“信用浙江”建设领导小组办公室，进一步明确了办公室主要职责，成员增至13人。继“平安浙江”、“法治浙江”和文明城市考核之后，信用建设纳入法治政府建设（依法行政）考评体系，进一步强化了对各地、各部门信用建设工作的考核约束。

制度建设步伐加快。《浙江省公共信用信息征集使用条例》纳入省人大2015年立法计划二类项目。2月，省发改委、人行杭州中心支行、省编办联合印发《关于在行政管理事项中应用信用记录和信用报告的实施意见》。6月，省政府办公厅印发《浙江省企业信用联合奖惩实施办法（试行）》。7月，省信用浙江领导小组印发《浙江省公共信用信息指导目录（2014年版）》。

（二）注重夯实基础，省公共信用信息服务平台得到进一步提升

平台服务功能不断强化。“信用浙江”网站改版上线运行。开发完成“信用浙江”应用客户端，全省共有27个省级部门和9个设区市已开通客户端，有效满足了全省各级行政机关在行政管理事项中查询相关市场主体信用记录，加强事中事后监管的需要。

信息征集范围不断扩大。全年新增省财政厅、浙江海事局、上海铁路局、省气象局4家数据报送单位，新增13类信息，法人信用信息报送单位扩大到43家。政府采购处罚信息、水电气公共事业信用信息首次在“信用浙江”网发布。截止2014年底，入库企业等法人数224.5万家，数据库指标项达239类2656项，比2013年新增指标17类100项。个人信用信息归集取得新突破，户籍和流动人口数从2013年的4950万提升至5620万、基础信息指标项从5项提升至12项，信息大类从22类提升至30类，数据总量从8169万条增加到12358万条。

（三）注重以用促建，信用记录和信用报告应用取得新进展

政府部门应用不断拓宽。积极推进在政府采购、发债审批、公积金缴存、诚信守法企

业评比、劳模评比、浙江省文明村镇（街道、社区）和文明单位命名表彰等方面核查相关主体的信用信息。继续推进在省重点建设工程招标投标领域应用第三方企业信用报告，全年上网公示企业信用报告1892份。

金融商务领域应用进程加快。全年省公共信用信息服务平台接受全省各类银行机构查询达17.8万次。继续推进与阿里巴巴在电子商务领域的信用合作，截止2014年底，“信用浙江”网已转载阿里巴巴拒绝服务客户名单信息和恶意拖欠贷款客户信息842条。

社会领域应用有新进展。与上海铁路局签署《铁路违章乘车信息记入信用档案协议书》，推动将浙江和长三角地区户籍的旅客主观故意违章乘车行为信息记入个人信用档案，已有75条不良记录信息入库。全年，“信用浙江”网企业信用档案信息的查询量为1840万次。

司法领域应用成效显著。省法院继续推进在“信用浙江”网上公开发布全省各级法院3—6个月判决未执行的案件信息，2009年至今累计执结37万件，执行总额高达6798.5亿元。省检察院启动全省行贿犯罪档案网上查询工作，积极推进行贿犯罪档案信息应用。

(四) 注重协调发展，行业和地方信用建设全面推进

行业信用建设有序推进。省委宣传部、省文明办积极推进诚信制度化建设，制定印发了《浙江省“诚实立身、信誉兴业”主题活动实施方案》，围绕践行核心价值观加强诚信主题宣传。人行杭州中支推动将全省3500万自然人、119万户企业信贷信用信息纳入总行信贷征信系统，累计为20.4万户中小企业和777万农户建立信用档案。省公安厅积极参与省公共信用信息服务平台联建共享工作，有力提升了省公共信用信息服务平台个人信用信息归集的及时性和准确性。省司法厅将诚信信息设计为单独模块，纳入2014年新开发的全省公证系统。省人社厅建立人事考试信用机制，将违规考生信息纳入人事考试信用体系。省环保厅为数千家企业进行环境信用评级，同时与浙江银监局合作开展绿色信贷工作，规范企业环境行为。省民政厅组织第三方信用机构对170家社会组织开展信用评价。省水利厅印发《浙江省水利建设市场主体不良行为记录公告实施办法（试行）》，建立水利施工企业、勘测设计企业、监理单位和咨询机构等企业信用档案，施行水利建设市场主体不良行为查询制度。省卫计委在2014年全省药品集中采购中，对具有人民检察院行贿犯罪档案记录、浙江省药品集中采购不良记录、医药购销领域商业贿赂不良记录的企业采取市场禁入措施。省地税局、国税局深入推进纳税信用等级评定工作。省质监局积极开展千家工业产品生产许可证获证企业产品质量安全诚信承诺活动。省工商局积极推进企业信用信息公示系统建设，建立企业经营异常名录和严重违法企业名单。省旅游局在全省范围内开展2014年旅游诚信经营（服务）案例征集、审核和整理工作。省食药局构建信用管理信息化平台，目前已建立23个信用管理和业务系统；针对掺杂掺假、夸大宣传、非法添加等食品药品领域突出问题开展专项整治行动，严格遏制食品药品失信行为。

地方信用建设各具特色。杭州市将市民卡打造成“诚信卡”，积极推进在医疗卫生、公共交通、公园年卡等领域的信用便民服务应用。宁波市积极推进县（市、区）信用试点，在“道德银行”信贷、旅游、汽车销售和维修等领域作出有益探索。温州市按照金融综合改革要求，将“诚信”视作“一座城市的生命”，将构建完善的社会信用体系视为金融综合改革的基础性、关键性工作，成立专门机构推进此项工作。绍兴市以创建文明城市为契机，充实调整了信用绍兴建设领导小组，并启动“信用绍兴”网站的建设。舟山市开展“守合同、重信用”企业、“舟山市信用管理示范企业”、“消费者信得过单位”、“信用商户”等诚信企业认定工作，推动发挥诚信企业的典型示范作用。台州市在服务业重点企业认定中查询省公共信用信息服务平台，推动各部门加强信用信息征集。嘉兴市在环保、食品安全等领域建立了“红黑榜”制度。金华市积极试行推进在工程建设招标投标领域应用企业信用报告。丽水市大力推进农村信用体系建设、社区居民信用体系建设、中小企业信用体系建设，取得良好成效。义乌市向国务院社会信用体系建设部际联席会议积极申报创建全国社会信用体系建设示范城市，小商品城市场诚信建设被省委宣传部和省文明办选作诚信建设制度化的典型案例，进行专题研讨。

（五）注重规范市场，信用服务机构得到有序发展

信用服务市场规范管理。2014年，全省备案信用服务机构共37家，从业人员1000余人。其中，具备省重点建设工程招标投标领域企业信用报告制作资格的服务机构20家。2014年，省信用办切实加强对信用服务机构的规范性检查，对于查实确有弄虚作假、不正当竞争等行为的信用服务机构，一律取消其制作招标投标领域企业信用报告的资格。全年暂停两家信用服务机构制作招投标领域企业信用报告的资格，形成了良性的退出机制。

（六）注重合作交流，区域间信用联动机制建设聚焦新载体

长三角信用联动奖惩机制建设试点工作正式启动。参与信用长三角合作，共商长三角区域信用联动奖惩机制建设试点工作。以环保领域的国控重点企业和旅游领域的旅行社、导游为重点，推进跨区域信用联合奖惩试点工作。

三、全省社会信用体系建设的亮点与不足

（一）社会信用体系建设的亮点

失信黑名单制度建设全面启动。为切实加大对严重失信行为主体的惩戒力度，制定出台了《浙江省失信黑名单制度建设工作方案》，明确了浙江省失信黑名单制度建设的总体

要求、主要任务、实施步骤和保障措施，计划到2015年6月底前，建立各行业领域失信黑名单，形成全省统一的失信黑名单数据库，初步实现失信黑名单信息的共建、共享、共用。截止2014年底，已建立消防领域和重点建设工程招标投标领域的失信黑名单。

信用信息查询渠道进一步拓宽。2014年8月，省公共信用信息服务平台与“浙江政务服务网”对接，“浙江政务服务网”的“我要查”栏目正式开通信用信息查询服务。设立了省公共信用信息服务平台现场查询窗口，方便社会公众查询。

《浙江省企业信用联合奖惩实施办法（试行）》正式出台。按照《浙江省企业信用联合奖惩实施办法（试行）》，对企业信用实施分类管理，对不诚信的企业，在财政预算和扶持性资金安排、参与公共资源交易活动、核准或审核企业新增项目、企业融资等方面予以限制；对诚信守法的企业，在市场监管和公共服务等领域予以政策支持或倾斜。

（二）社会信用体系建设存在的不足

虽然浙江省社会信用体系建设取得了一定成绩，但距离党中央、国务院的新要求，全省人民的新期待仍有一定差距。一是信息归集不够。从归集范围看，对照《浙江省公共信用信息指导目录（2014版）》，省公共信用信息服务平台归集的信用信息距离目录要求仍有较大差距；从更新频度看，一些部门的信息更新频度超过1个季度，与实际应用需求有较大差距。二是查询应用不够。2014年，信用记录查询应用的目标是覆盖70%的行政管理事项，对照法治政府建设有关信用建设考核的自查情况，实际查询应用距离70%的目标还有较大差距。三是奖惩联动不够。许多部门尚未制定实施信用奖惩的制度细则，部门间实施奖惩联动的实质性做法不多，守信者处处受益、失信者处处受限的良性局面难以有效形成。

2015年是全面贯彻党的十八届四中全会精神、深入落实《规划纲要》的一年，浙江省将着重抓好信用立法和失信黑名单制度建设，全面提高信用信息归集的及时性和有效性，大力推进信用信息应用，切实发挥信用联合奖惩的作用，努力推动“信用浙江”建设迈上一个新的台阶！

（浙江省发展和改革委员会法规处、省信用中心供稿）

第4部分

Report on National Economic and Social Development of Zhejiang for 2014

地区篇 >>>

District Part

杭州市国民经济和社会发展报告

一、2014年国民经济和社会发展计划执行情况

2014年，面对错综复杂的内外部环境，全市上下认真贯彻落实中央、省和市委、市政府各项决策部署，始终坚持“稳中求进”的工作总基调，以“改革创新年、项目推进年、优化服务年”活动为载体，实现经济平稳增长，结构持续优化，改革稳步推进，民生不断改善，经济社会发展总体呈现“运行平稳、质效齐升”的良好态势。

(一) 经济运行的稳定性进一步增强

实现地区生产总值9201.16亿元，增长8.2%。三次产业比例调整为3.0:41.9:55.1。现代农业稳定发展。实现农业增加值274.36亿元，增长1.8%。粮食生产功能区、现代农业功能区加快建设，主要农产品自给率稳步提高。智慧农业、生态农业、观光农业、设施农业全面推进。工业经济有所回升。实施信息经济“一号工程”，大力推进现代制造业、高新技术产业和战略性新兴产业发展。积极实施“两化融合”、“四换三名”工程，传统产业优势和竞争力进一步提升。实现规模以上工业增加值2805.25亿元，增长8.9%。服务业发展稳中提效。深化国家服务业综合改革试点，推动上城、滨江、桐庐等服务业集聚区提质发展。加快实施旅游国际化和旅游全域化战略，成功争取72小时过境免签证政策。实现服务业增加值5067.90亿元，增长8.5%。服务业税收占地方一般预算收入的比重达59.1%，对地方一般预算收入增长的贡献达59.6%。电子商务、信息软件、文化创意、旅游休闲、金融服务等产业增加值分别增长30.1%、18.2%、15.9%、12.0%和9.8%。有效投资较快增长。实现固定资产投资4952.7亿元，增长16.2%。其中重点项目投资1618亿元，增长36.0%。民间投资2851.41亿元，增长26.5%。外贸出口增势良好。实现出口总额491.66亿美元，增长9.8%。出口结构持续改善，实现机电产品出口193.52亿美元，增长13.6%；实现高新技术产品出口59.87亿美元，增长19.2%。消费保持平稳增长。实现社会消费品零售总额3838.73亿元，增长8.7%。网络消费迅猛发展，实现网络零售额2088.45亿元，增长37.0%。

(二) 经济增长质量效益进一步提高

科技创新能力加强。研究与试验发展支出投入占地区生产总值比重达到3%，发明专利授权达到5559件。高新技术产业实现增加值1096.63亿元，增长10.5%；战略性新兴产业实现增加值813.12亿元，增长13.0%。对外开放步伐加快。成功举办2014中国全球投资峰会和世界杭商大会。新引进世界500强项目12个，实际到位外资63.35亿美元；实际到位内资1054.07亿元。企业效益提升明显。全市规模以上企业实现利润总额876.28亿元，增长10.5%，较上年提高了2.6个百分点。“个转企、小升规、规改股”工作推进有力，“个转企”12756家；新增企业登记5.36万家；新增上市企业7家，总数达到109家。财政收入保持稳定。财政总收入1920.11亿元，增长10.7%，国税收入居全国副省级城市第三位。地方一般公共预算收入跨越千亿大关，实现1027.32亿元，增长8.7%。金融支撑力度加大。制定实施“1+X”金融政策。网商银行获批筹建。年末金融机构本外币各项存款余额24450.51亿元，增长10.3%；本外币各项贷款余额21316.83亿元，增长10.2%。

(三) 体制改革和重大战略进一步推进

“四张清单一张网”全面推进。实施权力清单，市级部门职权清减率达到70.8%；公布实施市级部门责任清单和企业投资“负面清单”；出台《杭州市本级财政专项资金管理办法》，形成资金管理清单；建成浙江政务服务网杭州平台。市域一体化改革破题前行。大江东产业集聚区管理体制实体运作，城西科创产业集聚区管理体制架构进一步完善。萧山、余杭与主城区融合进一步加快。富阳撤市设区获得国务院批复。区县协作、联乡结村工作深入推进。小城市、中心镇（村）和美丽乡村建设全面深化。重大战略实施步伐加快。中国（杭州）跨境电子商务综合试验区和国家自主创新示范区创建工作取得突破。杭州都市经济圈转型升级综合改革试点获国家发改委批复。“信用杭州”建设取得突破。编制《“信用杭州”建设三年专项行动计划》，实现27个部门6亿多条法人和自然人信用信息的实时归集，市公共信用信息发布平台上线运行，联合监管机制不断完善，公共信用信息社会应用杭州模式初步形成。

(四) “美丽杭州”建设进一步强化

全力推进生态市创建。深入推进“美丽杭州”建设三年行动计划，扎实开展“四边三化”行动，加快实施“三江两岸”生态化改造提升工程。大力推进“五水共治”。全面落实河长制，开展清除“黑河、臭河、垃圾河”行动，全市主要水系监测断面水质三类以上比例达到80.9%，消灭垃圾河71条460公里，整治黑臭河193条665公里。组织实施378项防汛排涝工程项目。清疏养护雨水管渠2688公里。全面开展大气污染防治。全面启动11个重点行业挥发性有机物治理。加大机动车淘汰力度，全年共淘汰黄标车及老旧车辆9.5万辆。

推进"油改气"项目实施，新增油气两用出租车1903辆，液化天然气公交车816辆。PM2.5年均浓度较上年下降7.7%。积极推进垃圾治理。出台《关于深入推进市区生活垃圾"三化四分"工作的实施意见》，实施"定点定时垃圾不落地投放"试点。全面落实"三改一拆"。全面抓好"三改一拆"工作，全市共完成"三改"2098万平方米，完成拆违2902万平方米。深入实施节能减排。全面开展合同能源管理和社会节能工作，全市单位生产总值能耗下降6.4%以上。制定实施更严格的重污染高耗能产业关停淘汰政策，全市化学需氧量、氨氮、二氧化硫、氮氧化物排放量均顺利实现年度目标任务。

（五）社会民生保障进一步改善

社会事业不断发展。杭州市社会发展综合水平连续第四年位居全国15个副省级城市榜首。出台《杭州市基本公共服务体系建设三年行动计划》。推进市属高中优质教育资源向两区五县市扩展。举办2014杭州国际马拉松赛，成功申办2018年世界短池游泳锦标赛。全力推进智慧医疗服务和医养护一体化。大运河申遗获得成功，杭州市成为"双世界遗产"城市。社会保障持续加强。年末社会基本养老保险、基本医疗保险、失业保险参保人数较上年新增26.35、17.93、15.47万人。居民收入增长较快。城镇居民人均可支配收入44632元，增长9.1%；农村居民人均可支配收入23555元，增长11.1%。就业形势稳定向好。新增城镇就业24.82万人，超额完成年度目标。年末城镇登记失业率1.84%。价格水平保持平稳。完善市场价格管理，物价调控成效明显。居民消费价格指数为102。

二、2015年国民经济和社会发展预期目标和工作重点

根据市委全委会精神，2015年地区生产总值增长8%左右，其他指标安排如下：

固定资产投资增长12%左右，重点建设项目年度投资1500亿元。重点建设项目安排548个，其中实施项目429个、预备项目119个，实施项目中计划新开工项目70个，建成项目60个，续建项目299个，围绕发展平台、基础设施、转型升级、城乡统筹、生态文明、社会民生六大板块，重点投向基础性、战略性领域，投向增后劲、补短板、惠民生项目。为实现上述目标，做好项目库建设工作。抢抓国家七大投资工程包的新机遇，争取更多重大项目进入国家、省项目库。深化项目前期。完善项目评估、论证、公示、决策程序。优化投资结构。力争重大基础设施、重大产业项目、重大工业技改、重大生态环境保护项目四大领域投资增长20%以上。推进项目攻坚。坚持重大项目领导联系制、拆迁责任制、亮灯公示制、督查考核制，充分发挥三级协调和重大项目联席会议制度的优势，确保重点项目年度投资完成1500亿元。加快"机器换人"步伐，重点实施450个"机器换人"项目；推进100个特色小镇建设，形成投资新亮点。强化要素保障。坚持以"亩产论英雄"的土地使用政

策，倒逼低效开发用地“腾笼换凤”。加大盘活存量力度，盘活城镇低效用地2.8万亩，力争全年消化批而未供、供而未用土地4万亩。继续加大政、企、银对接力度。做好企业上市培育工作。

社会消费品零售总额增长11%左右。为实现上述目标，一是培育新兴消费。积极实施养老健康家政、信息、节能环保、旅游休闲、住房、文化教育等六大消费工程。推进全国信息消费试点城市建设，推动养老健康消费。二是稳定传统商贸消费。继续开展“购物天堂、美食之都”系列活动，抓好传统市场改造提升，挖掘“老字号”品牌消费。三是提升旅游消费。推进旅商消费互动，加大旅游商品、旅游纪念品开发、营销、推广的扶持力度。四是提振房地产消费。研究进一步稳定房地产市场的相关政策，加大去库存化力度，加快形成以“公租房”和“货币补贴为主、实物配租为辅”的住房保障新格局。

出口总额增长8%左右。为实现上述目标，加大融入国家战略的力度，抓住“一带一路”和“网上丝绸之路”发展机遇，培育杭州市出口新优势。全力推进中国（杭州）跨境电子商务综合试验区建设，加强与国家有关部委对接协调，抓紧编制规划和“分步走”行动计划。深化质量强市、标准强市、品牌强市战略，形成一批杭州市具有国际竞争力的出口产品。扩大一达通、融易通等综合性服务平台的覆盖和应用，服务中小微企业扩大出口。发挥长三角地区通关一体化等政策效应，推进贸易便利化发展。

服务业增加值增长8%左右；规上工业增加值增长8%左右；农业增加值增长1.5%左右。为实现上述目标，一是推进“一号工程”。实施“六大中心”和智慧应用三年行动计划，开展工业与信息化融合八大专项行动。深化与阿里巴巴、中国电信等战略合作，推进第一批300多个智慧经济发展项目实施。加快新一代信息技术、移动互联网、物联网、智能终端产业发展。二是促进产业融合。推进工业与服务业、文化创意产业与其他产业、农业与智慧产业融合。通过先进技术应用和管理模式创新，提升改造纺织化纤、食品饮料、机械制造等优势传统产业。三是加快新兴产业发展。对接国家重点产业七大领域和省万亿级新兴产业，制定重大产业“产业图”和“招商图”。在可穿戴设备、高端医疗装备、生物医药、节能环保、机器人、工业设计、3D打印等领域，梳理出一批培育和引进的产业项目，加强推进力度。四是加强平台载体建设。实施各类开发区（园区）整合提升计划。依托国家级开发区和省级开发区，实施“多区合一”、“一区多园”。加快大江东产业集聚区内中科院产业园、空港物流园、汽车零部件产业园等特色产业园区建设。推进城西科创产业集聚区北京大学浙江研究院、香港大学浙江科学技术研究院等项目建设。抓好工业功能区特色发展、错位发展。

研究与试验发展支出投入占地区生产总值比重达到3%以上。为实现上述目标，一是进一步加大争创国家自主创新示范区力度。完善国家自主创新示范区创建方案，加强与国家部委对接，争取国家尽快启动批复的相关工作。推动滨江（高新）区、大江东产业集聚区、城西科创产业集聚区、浙大国家科技园等平台的创新资源互联互通。二是进一步做实各类创新载体。组织实施重大科技创新项目，力争新增国家级高新技术企业100家以上、省级企业技术中心10家以上、省级高新技术研发中心30家以上、发明专利申请量突破2.5万件。三是进一步构建创新创业机制。完善“人才+资本”、“科技+金融”、“教授+团队”的创新模式。落实“人才政策27条”，继续实施“全球引才”计划、“131”中青年人才培养计划。抓好传化科技城等网上技术市场建设。推进科技金融紧密结合。深化与高校院所的战略合作，构建专家教授与企业的对接平台。四是进一步优化创新扶持政策。转变政策扶持方式，财政扶持资金采用“后补助”或与金融结合的间接补助方式。制定《关于深入实施一号工程加快国家自主创新示范区建设的若干意见》等扶持政策。

城镇居民人均可支配收入、农村居民人均可支配收入分别增长8.5%左右、9.5%左右；居民消费价格涨幅控制在3%左右；城镇新增就业人数22.91万人，城镇登记失业率控制在4%以内；人口自然增长率控制在7‰以内。为实现上述目标，一是提高就业质量。深入实施就业促进专项行动，推进创业带动就业，促进以高校为重点的四类群体充分就业，力争全年新增大学生创业企业1200家，带动就业6000人以上。二是完善社保体系。巩固和完善“2+2”城乡统筹社保杭州模式。力争实现全市城乡居民基本养老和医疗保险参保率分别达97%和98%以上。三是加强物价调控。调整物价补贴“两个联动”机制和价格调节基金使用、管理体制，完善民生价格收费管理。四是促进优质教育均衡发展。推进主城区优质教育资源向两区五县市延伸，继续推进省义务教育标准化学校建设。五是提升医疗卫生服务水平。推动“养医融合”制度创新，推进养老服务设施建设，力争全市新增机构养老床位数5000张。加快医院等医疗设施建设，抓好艾滋病等重大传染病防治工作。六是缓解交通“两难”问题。推进轨道交通、城市快速路、城际铁路等项目建设；继续做好小客车总量调控管理工作，加大公共交通建设力度，完善地铁公交接驳，加快停车场库建设，全年新增公共停车位6000个，提高城市交通治理的智慧化水平。

单位生产总值能耗及化学需氧量、二氧化硫、氨氮、氮氧化物排放量下降均按国家、省确定的目标要求安排。为实现上述目标，一是深化生态市创建。深入落实“美丽杭州”建设三年行动计划，深化国家生态市创建和生态文明先行示范区建设试点，大力推进淳安县“美丽杭州”实验区建设。落实主体功能区制度，健全跨区域跨流域的生态补偿机制。二是加强节能减排。制定出台《杭州市结构性节能减排工作指导意见》，制定淘汰落后生产能力指导目录，继续实施重点节能工程，推进刷卡排污平台系统建设。加强应对气候变化能力建设，推进重点企事业单位碳盘查工作。三是加大环境治理。着力推进治水工程，巩固深化“河长制”工作，推广规范“阳光排口”。进一步推进污水处理厂提标改造和农村生活污水处理工程。深化“四边三化”行动，深入实施“三江两岸”生态环境整治提升工程。着力推进治气工程，加快全市无燃煤区建设。

为实现2015年经济社会发展主要目标，要着力先行先试、重点突破，全面推进各项改革落地。一是深化完善一批改革项目。完善市域产业发展协调机制，统筹市域产业布局、基础设施建设和重大项目招商。深化行政审批制度改革，继续加强“四张清单一张网”建设。进一步简政放权、优化审批流程，推进工业园区审批“化零为整”试点。深化财政管理体制改革、城市管理体制改革、重大项目分级分类分层建设管理体制改革。完善市场主体“非禁即入”机制，引导社会资本进入基础设施等领域。二是重点突破一批改革项目。深化投融资体制改革，加强全市政府性债务管理，规范政府举债融资机制。推进市级统贷平台建设，稳步推行特许经营、政府购买服务、PPP等模式。稳步推进国有企业改革。推动大江东管理新体制有效运转，进一步优化城西科创产业集聚区管理体制。加快以居住证、积分制为重点的户籍制度改革。三是试点推广一批改革项目。推广富阳权力清单经验，深化滨江工商登记制度改革，推进要素市场化配置综合改革，加大工业差别化用地制度执行力度。四是引领示范一批改革项目。深化杭州都市经济圈转型升级综合改革试点，加快“信用杭州”建设步伐，加快培育信用中介机构，完善社会信用建设保障制度。五是探索研究一批改革项目。探索农村宅基地有偿使用、退出机制。探索实施大交通管理体制改革、出租车行业管理体制改革。认真研究制定“十三五”规划及相关专项规划。

（杭州市发展和改革委员会供稿）

宁波市国民经济和社会发展报告

一、2014年国民经济和社会发展计划执行情况

2014年，面对错综复杂的内外发展环境，宁波市上下紧紧围绕市委“双驱动四治理”决策部署，全面实施“经济社会转型发展三年行动计划”，加快重点领域改革和创新转型步伐，生态环境治理持续深入，社会民生继续改善，经济增速实现平稳缓升，发展质量得到稳步提高。全年实现地区生产总值7602.51亿元，增长7.6%，一般公共预算收入860.6亿元，增长8.6%，多数指标完成年度目标任务。

（一）产业增速低开缓升，运行基本平稳

农业呈现恢复性增长。全年第一产业增加值275.18亿元，增长1.9%。实现粮食总产量76万吨，渔业总产值150.2亿元，分别增长7.1%和1.7%。新增市级农业龙头企业17家、农民专业合作社147家、家庭农场539家。政策性农业保险基本覆盖农、林、牧、渔等主要农产品。工业产销持续回升。第二产业增加值3935.57亿元，增长7.9%，规模以上工业增加值2540.2亿元，增长7.4%。规模以上工业总产值13789.3亿元，增长6.2%，产销率为97.1%，出口交货值3021.1亿元，增长5.5%。服务业实现缓中有升。第三产业增加值3391.76亿元，增长7.6%。集装箱吞吐量1870万标箱，增长11.5%，跃居世界第五位。实现商品销售总额14414.7亿元，增长18.1%。全市商品房销售面积降幅逐季收窄，全年下降0.5%。金融机构本外币存款余额13890.1亿元、贷款余额14569.8亿元，增幅分别为5.5%和9.4%。旅游业实现总收入1068.1亿元，增长12%。

（二）“三年行动计划”有序推进，投资保持较快增长

全市上下多措并举，全面推进“经济社会转型发展三年行动计划”实施。“三年行动计划”419个项目完成投资1362.4亿元，157个市本级资金投入项目完成投资486.8亿元，均超额完成年度目标。全年完成固定资产投资3989.5亿元，增长16.6%。投资结构不断优化，工业投资1263.2亿元，增长19%，其中技改投资940.7亿元，增长23.9%，均高于投资平均

增速；完成民间投资1955亿元，占比达到49%。重点工程实现投资1349亿元，轨道交通3号线一期、上海大众宁波基地扩建等124个重大项目开工建设，轨道交通1号线一期、海越新材料等81个项目陆续建成。

（三）创新转型呈现亮点，重点区域提升发展

创新成效继续显现。预计研究与试验发展经费支出占地区生产总值比重达到2.35%；创新主体不断增加，规模以上工业新产品产值、规模以上工业企业全员劳动生产率、授权发明专利分别增长25%、9.9%和26.1%；战略性新兴产业项目加快推进，南车宁波产业基地、中科莱恩机器人等重大产业项目进展顺利，茶山风电场等40个项目竣工投产。新型业态发展良好。港航服务业发展较快，海铁联运增长28.4%，宁波大宗商品交易所成交量、交易额分别增长175.6%和114.9%，甬易第三方支付平台实现支付结算业务545.3亿元；电子商务产业加快发展，实现网络零售额489.7亿元，增长82.1%，跨境贸易电子商务进口业务签约企业117家，申报单144万票，跨境贷款试点全年累计发放48亿美元；信息产业发展环境进一步改善，成为首批信息惠民国家试点城市，光网覆盖能力达335万户，政府免费WIFI覆盖市六区主要公共场所。一批产业集聚区、重点园区得到提升。杭州湾新区千亿级汽车产业园初具规模，梅山产业集聚区特色进口贸易加速发展；慈溪滨海经济开发区、鄞州经济开发区等升格为省级开发区，中意宁波生态园正式开园。

（四）内外需求增长平稳，开放合作步伐加快

居民消费增长势头不减，实现社会消费品零售总额2992亿元，增长13.5%。对外贸易进一步好转，完成外贸进出口总额1047亿美元，增长4.4%，其中出口731.1亿美元，增长11.3%，进口315.9亿美元，下降8.7%。内外交流合作不断加强。新批外商投资项目468个，实际利用外资40.3亿美元；新批境外企业和机构208家，核准中方投资18.4亿美元，首批12家基地企业获得认定。浙商甬商回归项目889个，实际到位资金657.9亿元，超额完成年度目标。

（五）体制改革统筹推进，试点谋划力度加大

政府自身改革全面深化。“四张清单一张网”建设加快，市级部门行政权力事项精简幅度达到59%；政府机构改革稳妥开展；简政放权深入推进，下放市级行政审批权限43项，按审批链放权等一批试点改革成效初显；政府性债务管理暂行办法制定实施。市场化改革取得重点突破。商事登记制度改革稳步推开；投融资体制改革扎实推进，制定实施城镇基础设施特许经营管理、政府向社会力量购买服务等政策；厨余垃圾处理PPP模式特许经营试点启动；社会信用体系“一网二库”平台搭建完成。金融创新力度加大。出台《关于加快金融改革创新建设金融生态示范区的若干意见》；获批全国首个保险创新综合示范区和第一批巨灾保险试点城市；入围国家移动电子商务金融科技服务创新试点城市，开展农村资金互助会建设试点工作。重大试点示范谋划推进。出台关于深入推进新型城市化提升城乡治理水平的决定，成为全国“2+62”个新型城镇化综合试点地区之一；着力打造港口经济圈，积极融入国家“一带一路”建设，研究制定“1+4”实施方案。

(六) 生态文明建设加快，人居环境得到优化

节能降耗工作进展良好。强化能耗“双控”，全市规模以上工业单位增加值能耗同比下降8.1%。出台铸造业差别电价政策，对130家企业实施差别电价政策，开展工业企业单位资源占用产出绩效评价。全年累计淘汰改造落后产能（设备）企业505家，其中整体关停232家，市本级实施节能技改项目870个。环境综合治理加快推进。预计年度主要污染物减排目标可以实现。全市67台燃煤发电机组减排除尘任务全部完成，新增污水处理能力8万吨。全面实施排污权有偿使用和交易，累计征收排污权有偿使用费约2亿元。大气、水、土壤治理进展明显，实施大气污染防治行动计划，推进“禁燃区”建设，淘汰黄标车6.5万辆，中心城区空气优良率达到83%，比上年提高7.7个百分点；“五水共治”全面推进，完成垃圾河清理174条，黑臭河治理598条，1929条河道实现“河长制”管理全覆盖；加快固体废物污染防治设施建设，危险废物处置能力达24万吨/年、污泥处置能力达70万吨/年。开展低碳城市试点工作。低碳交通、低碳建筑等示范行动扎实推进，经济技术开发区获批国家低碳园区试点；能源结构加快调整，全年天然气用气量20.5亿方，增长7.6%；大力推进汽车“油改气”，市区累计建成各类加气站26座，油气双燃料出租车、天然气公交车、港区LNG集卡占比分别达到64.8%、38.8%和29.4%。

(七) 社会事业进展良好，民生保障得到提升

十方面42项民生实事项目全面完成。民生保障不断加强。城乡居民人均可支配收入分别达到44155元和24283元，分别增长9.2%和11%；城镇新增就业17.5万人，城镇登记失业率为1.95%；居民消费价格指数101.9%。五大保险参保职工人数持续增加；正式实施城乡养老保险制度衔接暂行办法、城乡居民大病保险制度；最低工资、失业保险金标准继续提升，最低生活保障工作不断巩固。住房保障完成较好，全年开工建设保障性安居工程39960套、建成24757套。社会事业实现稳步发展。民资进入社会事业领域“1+X”政策体系加快构建，民资办医疗机构、投资养老服务业等政策意见出台实施。教育、文化、卫生等工作不断加强，国家职业教育与产业协同创新试验区建设加快，成功跻身世界文化遗产城市行列，中国港口博物馆暨国家水下文化遗产保护宁波基地落成开放，启动全国首家“云医院”。

但在内外市场需求不旺、产能过剩、重点领域风险凸显等宏观背景下，多方面矛盾和问题进一步显现。一是临港工业、传统制造业面临较大压力。临港工业产品价格下滑、开工不足等现象突出，石油加工、化工等行业产值低位增长。多方面成本持续上涨势头仍未得到有效遏止，企业效益低位徘徊，特别是中小企业经营困难较为突出。二是重点领域风险仍在积累和显现。全市金融机构不良贷款率达2.01%，房地产库存压力依然较大，部分中小房地产企业资金周转困难。三是企业投资意愿和要素需求下降明显，商服、住宅和工矿仓储用地面积明显减少，工业生产者价格指数连续36个月低于100%。四是新增长点培育尚未有大的起色。战略性新兴产业缺乏上规模的产业链支撑，生产性服务业发展基础相对薄弱，对工业转型升级的带动作用还未充分发挥。

二、2015年国民经济和社会发展目标与主要任务

根据“十二五”宁波市确定的各项目标，结合当前的发展实际，初步安排2015年国民经济和社会发展主要指标如下：地区生产总值增长7.5%左右，其中一产增长2%，二产增长8%，三产增长7.5%；一般公共预算收入同口径增长8%；城乡居民人均可支配收入分别增长9%和10%；居民消费价格指数103%左右；城镇新增就业人数14.5万，城镇登记失业率控制在3.5%以内；固定资产投资增长12%以上；社会消费品零售总额增长12%；外贸自营出口总额增长7.5%以上；实际利用外资42亿美元；集装箱吞吐量增长6%；研究与试验发展经费支出占地区生产总值比重2.5%；节能减排完成国家和省下达的目标任务。

按照上述目标，2015年要着力做好以下几方面工作：

(一) 多管齐下拓展有效需求，保持经济平稳增长

保持投资持续较快增长。一是抓好“三年行动计划”实施。做好项目的前期协调和实施推进，加强对重点工程项目综合监管，全年计划完成投资1600亿元以上。二是强化投融资机制创新。加快社会事业、基础设施特许经营等重点领域放开步伐，积极开展PPP项目试点。三是深入开展投资谋划工作。围绕国家新发布的“七大类重大投资工程包”和宁波市重点战略方向，谋划申报一批规划项目和实体项目，争取国家在审批、资金、土地等方面的具体支持。四是促进招商引资工作。强化专业化招商队伍建设，推动环境招商、错位招商，开展定向招商，促进浙商甬商回归。五是强化重点项目要素保障。调整优化土地新增指标投放，提升产业用地开发投资强度。继续推进“三改一拆”和“批而未供、供而未用”等存量土地消化利用专项行动。

优化商贸环境，积极培育新型消费。加强城市商贸基础设施建设，优化特色商业网点布局。鼓励重点商贸流通企业发展营销网络，支持大型超市与农业龙头企业搭建产销对接

平台，办好中国食博会、宁波美食节等节庆展会活动。加快培育新型消费热点，围绕国家六大领域消费工程实施，推动商、旅、文、体融合发展，鼓励个性化、多样化消费，加大促进信息消费力度。加强商银合作，拓展城乡金融便民服务网络，扩大信用消费。积极引导民间资本进入养老、医疗、旅游等消费领域。

拓展对外贸易空间，提升外贸发展水平。加强外贸扶优扶强工作，抓好八大国家外贸转型升级示范基地建设。全面对接上海自贸区，重点复制承接投资开放、贸易便利、金融创新、产业合作等方面政策，推进保税区等海关特殊监管区、高新区等重点开发区建设。办好新加坡展、墨西哥展等宁波市重点境外展会，积极拓展新市场和新领域。加快企业“走出去”步伐，搭建宁波市对外投资合作服务平台，培育生产制造、贸易营销和资源开发三大基地，鼓励企业境外并购。

强化经济运行分析及风险防控。着力提高宏观调控水平，落实国家扶持中小微企业发展的税收优惠等各项政策，切实做好清费减负及企业帮扶工作。加强对房地产等重点领域的风险监测和排查，着力化解区域金融风险。

（二）加快产业转型升级，培育现代产业体系

加快实施创新驱动战略。聚焦发展战略性新兴产业，对接国家增强制造业核心竞争力六大重点领域，着重扶持新材料、新装备产业，聚焦石墨烯、伺服电机、诊断试剂、机器人、新能源汽车等细分领域。培育引进高端科研院所，积极搭建重大公共创新平台，推进新材料科技城、“千人计划”余姚产业园等建设，规划建设国际海洋生态科技城，加快培育建设一批专业园，促进共性技术研究和重点应用示范。整合优化政策性资金使用，设立工业与信息、海洋经济、电子商务和旅游等四个产业发展基金，支持更多创新项目。

推进临港和传统工业转型发展。优化重大临港产业整体布局，在符合扩产增效、环境容量、能耗水平等前提下，推进国家重大产业项目落地。加快临港产业链补链和延伸，持续推进宁波经济技术开发区、石化经济技术开发区等国家园区循环化改造示范试点。促进传统制造业“两化”融合，开展“四换三名”专项行动。整合提升产业平台，加快传统产业集群化发展。推进小微企业上规升级，完善中小企业公共服务平台网络。

促进服务业和制造业融合发展，推动产业由生产制造型向生产服务型转变。出台《关于加快发展生产性服务业促进产业结构调整升级的实施意见》，加大对研发设计、城市物流、电子商务、节能环保等八大生产性服务业扶持力度，发展大数据、物联网、移动互联、数字化服务等新型服务业态，促进临港产业更多地将贸易、研发、服务等环节落户宁波，将生产性服务业实体注册到宁波。强化“三位一体”港航物流服务体系建设，做大做强大宗商品贸易、港口物流等优势产业，支持宁波大宗商品交易所、航运交易所、甬易第三方支付等平台发展。推进电子商务“一城两区一中心”建设，推动京东、网盛科技、圆通等一批知名电商企业签约项目落地，提升发展“世贸通”等电商平台。加快市级现代服务业基地和省级服务业集聚区建设，推进实施楼宇经济提升工程。

构建现代农业经营体系。继续推进农业“两区”建设，新建标准化粮食生产功能区10万亩，现代农业园区30个。推进一批农业信息化、种畜禽育种等关键平台建设。加快培育龙头企业、农民专业合作社、家庭农场、社会化服务组织等新型经营主体，促进农产品仓储、冷链物流、农业观光、农家乐等产业发展。

（三）着力打造港口经济圈，加快提升开放优势

积极参与国家“一带一路”、长江经济带建设，着力打造港口经济圈。一是全面融入江海联运服务中心的国家级平台，制定完善宁波市建设江海联运服务中心的具体方案，加快推进宁波—舟山港一体化建设。二是完善集疏运网络体系。加快港区海铁联运设施建设，推进交通基础设施互联互通，完善放射型、立体式的港口集疏运网络，深化“无水港”战略合作。谋划并争取国家海铁联运综合试验区建设。三是促进跨境贸易电子商务发展和进口商品交易。积极融入浙江跨境贸易电子商务综合试验区布局，加快梅山保税港区跨境贸易电子商务试点申报。继续推进长江经济带区域通关一体化，不断完善进口商品内销体系，着力抓好原油、成品油等重要商品自营进口。办好2015年中国—中东欧国家投资贸易博览会，推进与中东欧沿线国家的合作交流。

（四）深化体制机制改革，推进重点领域改革落地

对接国家重大战略和改革试点，围绕宁波市当前和长远发展存在的突出问题和关键制约，梳理排摸年度重大改革任务，强化责任落实。一是深化政府自身改革。落实“权力清单”和“责任清单”制度，推进行政审批制度改革；推行预算管理制度改革，健全绩效管理机制；修订政府性债务管理办法，建立完善相关配套管理制度，严控政府性债务规模。二是加快资源配置市场化改革。实施国有企业分类管理和改革，推进混合所有制改革；进一步下放价格管理权限，缩减政府定价管理范围，完善土地、水、电、气等资源要素供给差别化定价机制；加大金融改革创新，推进保险创新综合示范区和移动电子商务金融科技服务创新试点建设，完善小微企业贷款风险补偿机制；积极稳妥开展农村土地经营权流转，基本完成农村经济合作社股份制改革。三是开展新型城镇化综合试点。围绕城镇化投融资机制、城乡一体化发展机制和“多规融合”等重点领域，研究编制试点实施方案。着力培育卫星城、中心镇及“特色小镇”发展。四是加强社会信用体系建设。推进统一的社会信用代码和信用应用规范，推动地方、行业信息系统建设及互通互联，逐步构建“宁波市公共信用信息服务平台”。

（五）强化生态文明建设，加大环境整治力度

深化落实市委《关于加快发展生态文明努力建设美丽宁波的决定》，全面完成“十二五”节能减排约束性目标。一是深入推进能耗“双控”。实施“十百千万”专项行动，推动节能技术和产品推广应用。总结推广不锈钢、铸造行业的差别电价政策实施经验，推进实施工业企业单位资源占用产出绩效评价政策。加快淘汰落后产能，做好“腾笼换鸟”工作，完成“十二五”期间腾出150万吨标准煤的目标。二是开展生态环境综合整治。深入实施大气、水和土壤治理。继续推进机动车排气及扬尘防治等系列工程；推行烟气清洁化改造，完成6台60万千瓦及以上火电机组治理达到燃气轮机组排放标准；完成县（市）区中心区域“禁燃区”全覆盖，基本淘汰黄标车。加快推进四明山等重点区域的生态治理与修复。做好“五水共治”各项工作，继续实施江河堤防工程，加强河道综合治理，力争做到黑臭河治理“三年任务两年完成”。推进城镇污水处理设施建设和提标改造，加快配套管网建设和完善。开展印染、造纸、化工、电镀等重点行业的整治行动。推进世行城镇居民生活废弃物分类处理项目，加快固废物处理设施建设，提高固废物无害化处理水平。三是促进清洁能源发展。加快建设国家新能源示范城市，不断提升光伏、风电等可再生能源的利用总量和水平。培育发展多元化市场主体，扩大天然气应用，继续做好各类加气站建设及天然气汽车投放。四是围绕峰值目标强化低碳城市试点建设。完善宁波市低碳工作体系，推进低碳示范项目谋划和建设，培育相关产业链。

（六）全面推进社会事业建设，不断提升民生福祉

一是合理安排2015年政府民生实事项目，确保十方面民生实事项目全面顺利完成。二是加强价格调控和服务。强化价格监管，从严适时出台政府调价政策，完善物价补贴联动机制，切实缓解物价上涨对困难群众生活的影响。三是促进就业和社会保障。出台城乡统筹就业失业登记办法，加强高校毕业生就业服务。整合城乡医疗保险制度，落实区域医疗机构联合体试点、契约式家庭医生制服务，实现市区定点医院全覆盖。四是完善吸引民资进入社会事业领域的“1+X”政策体系。推进教育、卫生、养老等社会事业项目向社会招商，加快省级养老服务综合改革试点创建，启动实施“智慧养老”项目。五是加快发展科、教、文、卫等社会事业。推进义务教育优质均衡，推动国家职业教育与产业协同创新试验区建设，支持高校协同创新中心和企业研究院建设，全面加强智慧教育应用。推进国有文化资产资源整合，抓好奥体中心、市图书馆新馆等项目建设。加快新十大医疗卫生基础设施建设。

（宁波市发展和改革委员会供稿）

温州市国民经济和社会发展报告

一、2014年国民经济和社会发展情况

2014年以来，温州市坚持以科学发展观为指导，认真贯彻中央决策部署，全面落实省委、市委全会精神，主动适应经济新常态，以改革创新统领全局，全面实施“十大举措”，大力推进“三十项发展重点”和“四十项改革项目”，经济运行呈现“低开稳走缓升向好”态势。

（一）经济运行总体平稳

全市实现地区生产总值4302.8亿元，同比增长7.2%，三次产业增加值分别增长2.1%、8.4%和6.2%，三次产业结构调整为2.7:47.6:49.7。工业经济平稳增长，完成规上工业增加值976.6亿元，增长6.2%，实现工业利润248.4亿元，增长13.2%，分别比上年提高0.4和4.2个百分点。服务业增长放缓，但消费有所回暖，电子商务等行业发展较好。全年实现社会消费品零售总额2410.4亿元，增长12.8%，比上年提高1.6个百分点；实现网络零售总额

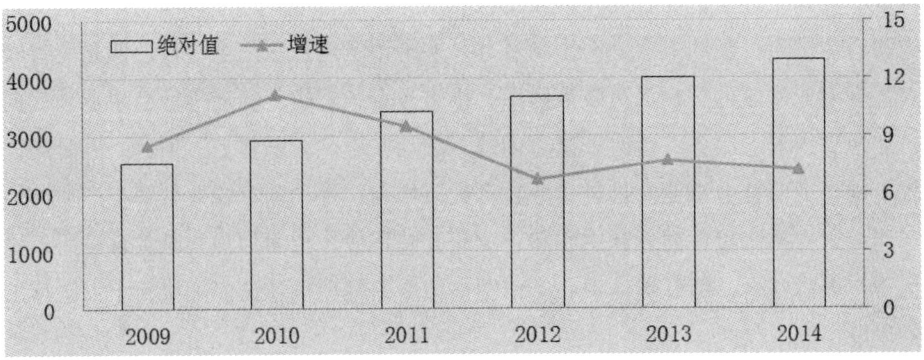

2009—2014年温州市地区生产总值

660.5亿元，增长69%，网络零售顺差222亿元。农业“两区”建设提速提效，全年实现农业增加值119.9亿元，增长2.2%，建成粮食生产功能区456个44万亩，现代农业园区251个52万亩。

（二）有效投资不断扩大

全年完成限上固定资产投资3052.8亿元，同比增长16.6%,其中民间投资1911.9亿元，增长25.4%，工业投资750.9亿元，增长24%，分别占固定资产投资的62.6%和24.6%；基础设施投资922亿元，增长11.6%；生产性服务业投资443.4亿元，增长23%。312个重点建设实施项目完成投资541.5亿元，完成年度计划的104.9%；85个列入省“411”重大项目计划实施类项目，完成投资412.7亿元，为省计划目标的139.4%；完成市级政府项目投资478.4亿元，为年度计划的86.1%。诸永高速温州段延伸工程、乐清湾港区A区一期、苍南华润电厂一期、平阳县顺溪水利枢纽工程等项目建成投用，大门大桥主跨合龙，绕城高速西南线、甬台温高速复线、市域铁路S1线、瓯飞围垦一期等项目建设加快，温州南车灵昆车辆修造基地、龙丽温（泰）高速瑞文段、BRT一号线等项目顺利开工，瓯江北口大桥等项目前期谋划加快。

（三）产业提升发展加快

深入实施“五一〇产业培育提升工程”，编制完成五大支柱产业和十大新兴产业发展规划、三年行动计划及配套政策，出台实施发展时尚产业建设时尚之都的决定。积极推进“四换三名”，全年淘汰落后产能涉及企业107家，完成工业技改投资541.8亿元，增长56.1%。“三转一市”扎实推进，完成个转企1.85万家、小升规958家、股改230家，新增上市企业2家，区域性股权交易平台挂牌企业110家。创新驱动进一步增强，全市新建科技企业孵化器2家，新增高新技术企业113家，授权发明专利954件。华盖医药健康产业创业投资基金获批设立。人才队伍不断优化，引进外国专家312名，申报“国千”人才60人，入选“省千”人才21人。产业平台建设取得新进展，浙南沿海先进装备产业集聚区发展规划、瓯江口产业集聚区提升发展方案获省批复；小微企业创业园建设全面启动，开工建设61个、建筑面积812万平方米；开发区（园区）整合提升和服务业集聚区建设加快。

（四）改革开放继续深化

全市获批信息惠民国家试点城市、龙港镇国家新型城镇化综合试点等22个国家级改革试点，及小城市培育、双屿工业区减员增效综合整治等23个省级改革试点。“四单一网”改革率先完成，市级部门行政权力减少8555项，精简幅度达67.2%；明确市级部门主要职责501项；向社会转移政府职能167项、推出政府购买服务事项170项。金融改革试点深入推进，《温州市民间融资管理条例》正式施行，温州民商银行获批筹建，全国首单地级市保障房私募债、“蓝海股份”一期、“幸福股份”三期等成功发行。城乡统筹综合配套改革、民办教育改革、社会资本办医改革、民政综合改革等一批改革试点全面推进。要素市场化配置改革深入实施，瑞安、乐清列入省级扩面试点。开放合作持续深化，温州港口岸扩大开放通过国家验收，乐清湾港区实现水陆域开放；保税物流中心（B型）和大陆居民赴台“个人游”获批，苍南霞关港对台小额贸易点试行更开放管理措施；高层次开展对韩开放合作，签署温州韩国产业园合作建设框架协议。全市完成出口总额185.5亿美元，增长2.2%。招商引资取得新进展，全年实际到位内资968.8亿元，增长31.8%，完成年度计划的108.1%；实际利用外资5.3亿美元，增长6.2%。

（五）城乡统筹扎实推进

深入实施大都市区建设，城市有机更新有序推进。城市中央绿轴建设和双屿综合整治大力推进，滨江商务区18幢楼宇结顶或交付，龙湾中心区、瓯海新城、瓯江口新区等重点区块的功能日趋完善。美丽县城和美丽乡村建设加快，文成、泰顺获批国家主体功能区建设试点，文成培头等4村入选全国“美丽乡村”创建试点。实施“收入倍增计划”，城乡居民收入分别增长8.7%和10.5%，收入比进一步缩小至2.09。山区、海岛帮扶力度不断加大，探索生态建设、区域统筹新路子，创新建立文泰“工业飞地”机制。城乡一体化基础设施建设加快，温瑞大道（一期）、平阳县昆阳至宋埠公路等基本建成。

（六）生态环境持续优化

“六城联创”和低碳城市建设进展良好，成功获批国家森林城市和国家卫生城市。“五水共治建设美丽浙南水乡”深入推进，完成投资247.6亿元，完成整治垃圾河344条666公里、整治黑臭河398条530公里，温瑞塘河百里文化长廊等40多个水乡文化提升工程进展顺利。“三改一拆”、“四边三化”深入开展，完成城中村、旧住宅区、旧厂区改造5659万平方米，拆除违建1341万平方米，新增城市绿地515公顷，建成滨水公园178个。节能减排目标任务超额完成，预计万元生产总值能耗下降5%，预计化学需氧量、氨氮、二氧化硫、氮氧化物排放量分别下降2.3%、2.3%、1.5%、5%。市区空气质量优良率达82.2%，比上年提高13.4个百分点。

（七）社会民生进一步改善

民生类一般公共预算支出364.7亿元，占一般公共预算支出的74.7%，增长10.2%。全面推进义务教育均衡发展，6个县（市、区）通过国家级评估，加快职业教育和特殊教育发展，温州八高瑶溪新校园、浙江安防学院（筹）一期投入使用。公共文化设施网络体系不断完善，建成文化礼堂290个、乡镇文化中心15个、社区文化中心306个。群众体育、竞技体育、体育产业协调发展，温州奥体中心主体育场工程扎实推进。公共卫生服务水平不断提高，市六医、市中医院新院区一期投入使用，城乡居民大病保险制度实现全覆盖。启动分级诊疗试点工作，城乡居民社区门诊比例达51%。就业态势保持平稳，新增城镇就业12.18万人，完成2.5万农村劳动力转移就业培训，城镇登记失业率为1.91%。市区城乡居民基本养老保险基础养老金月标准提高至130元。开工建设保障房2.39万套，竣工7944套。深化城市治堵，打通市区惠民南路等11个卡口和10条断头路，新增专用停车位1.8万个。社会治安环境不断优化，全市治安、“两抢”、盗窃案件和刑事案件同比分别下降10.3%、48.4%、7.6%和6.2%。

在充分肯定成绩的同时，也要清醒地看到温州市经济社会发展还存在一些矛盾和问题，如部分指标增长放缓，地区生产总值、金融、进出口等与全省平均水平仍有差距；“两链”、“三险”一时难以根除，将在较长时期内存在并影响经济社会发展；市场需求不足、经营成本上升，经济下行压力持续存在；要素保障和政策处理难度加大，有效投资后劲不足，基础设施仍需进一步完善；惠民生、保稳定等任务繁重，需要我们高度重视，采取有力措施加以解决。

二、2015年经济形势分析及展望

当前，全球经济复苏还在继续，但潜在风险依然较大。从国内看，2015年我国坚持稳中求进工作总基调，把转方式调结构放到更加重要位置，狠抓改革攻坚，突出创新驱动，强化风险防控，加强民生保障，促进经济平稳健康发展和社会和谐稳定。从温州市自身看，市委市政府深入实施“十大举措”，着力解决经济运行中的突出矛盾和重点问题，经济增长呈现出新的阶段性特点：一是经济增长动力结构发生新的转变，创新引领作用有所增强，环境、市场、要素倒逼机制产生重要作用；二是全面深化改革释放新的红利，以审批制度改革为突破口，撬动政府和经济社会各领域改革，改革效应持续显现；三是“两美”温州建设取得新进展，发展可持续性、协调性、普惠性进一步增强。预期2015年温州市国民经济和社会发展主要指标如下：

三、2015年经济社会发展主要任务

2015年是“十二五”规划的收官之年，也是加快全面深化改革、落实省委“干好一三五，实现四翻番”等系列战略决策的关键一年。做好今年经济社会发展工作，对于温州市走出困境，谋划“十三五”规划，实现赶超发展具有重要意义。重点做好以下八方面工作：

2015年温州市国民经济和社会发展主要指标预期表

指标名称	计算单位	2015年	
		绝对值	增速（%）
地区生产总值	亿元	4620	7以上
限上固定资产投资	亿元	3420	12以上
社会消费品零售总额	亿元	2680	11以上
一般公共预算收入	亿元	397	7以上
出口总额	亿美元	195	5左右
居民消费价格指数	上年=100	103左右	—
R&D经费占GDP比重	%	2左右	—
城镇常住居民人均可支配收入	元	43760	8以上
农村常住居民人均可支配收入	元	21140	9以上
人口自然增长率	‰	<8	—
城镇登记失业率	%	<4	—
城镇新增就业人数	万人	8.5	—

注：以上方案中除GDP为可比价增速外，其余指标均为现价增速。

（一）着力扩大有效投资，进一步加快项目推进

1.深入实施投资计划。贯彻落实“温州赶超发展三年（2014—2016）超万亿投资计划”，完成限上固定资产投资3420亿元，增长12%以上。安排市重点建设实施项目288个，投资497亿元，其中开工项目48个，建成项目44个，续建项目196个；安排市级政府投资项目462个，投资462亿元；列入省扩大有效投资“411”重大项目计划68个，投资260亿元。突出“五水共治”、重大基础设施、产业转型升级和民生投资，开工建设中石化温州液化天然气（LNG）项目、温州市中心片污水厂迁建工程（一期）、瓯江绕城高速至卧旗山段海塘工程等项目及市域铁路S2线控制性工程，加快龙丽温（泰）高速文成至瑞安段、甬台温高速复线、绕城高速西南线和北线二期、市域铁路S1线等项目建设，建成浙能温州发电厂四期“上大压小”扩建工程、甬台温天然气管道工程温州段等项目。进一步优化投资结构，实施“机器换人”百项百亿工程，切实增加工业技改投入，不断提高工业投资比重，确保德力西智能电网变电站自动化系统、人民电器新型电机系列、奔腾激光生产基地等重大产业项目建设顺利进行。

2.完善投资推进举措。一是加大重大项目土地保障力度，推进“三年实施20万亩围垦工程”，抓好瓯飞围垦工程等重大围垦项目；加大已批未供、已供未用土地的清理力度，

全面推进城镇低效利用建设用地再开发，争取盘活低效土地9000亩。二是进一步拓宽融资渠道，确保全年引进内资1000亿元，实际利用外资3亿美元。鼓励和吸引社会资本参与市政公用事业、社会事业、金融服务等领域项目建设和营运，提高民间投资占比。创新推进城投债发行和银项合作，引导金融战略资本加大重大项目股权投资。三是健全完善投资及项目建设推进“周督查月协调”机制、重大项目领导挂钩服务制、温商回归重点项目服务员制度等机制，提高项目落地率、进场率、开工率和竣工率。四是加快项目前期谋划，抓好项目储备，启动“十三五”规划编制，研究谋划一批重大项目、重大工程、重大政策；加快市域铁路S3线、通用航空基地工程、苍南核电等项目前期审批，确保龙丽温（泰）高速泰顺支线工可获国家批准。

（二）大力实施创新驱动，进一步促进工业转型升级

1.加快工业强市建设。深入实施“五一〇产业培育提升工程”，推动电气、泵阀等支柱产业向智能产业、系统装备制造业等方向提升发展，突出龙头企业带动引领，形成全产业链发展模式。大力发展高新技术产业，加快临港石化、通用航空、激光与光电、新材料等产业培育发展，争取中电温州电子信息产业园落户经开区、大型石化项目落户大小门岛，力争全市规上工业增加值增长7%以上。促进各县（市、区）在全省工业强县综合评价中进等升位，支持瑞安、龙湾（含经开区）创建省级工业强县，力争瓯海、永嘉工业产值超500亿元；建成工业产值超百亿工业强镇12个。

2.增强科技创新能力。构建产业大平台，加快瓯江口产业集聚区提升发展，推进浙南沿海先进装备产业集聚区、温州经济技术开发区和瓯飞工程区域“三区合一”建设，加快国家级高新区、大学科技园、浙南科技城等平台建设。深化产学研合作，支持在温高校发展科研事业，提升发展激光与光电、泵阀等产业研究院，办好大院名校联合研究院、北航温州研究院、中津先进科技研究院等创新平台，加快中科院温州生材所落地建设。积极培育电子信息制造、软件等产业，促进信息化与工业化融合发展。鼓励有条件的开发区申报国家级经济技术开发区，加快空港新区等示范性小微园项目建设。突出企业创新主体地位，培育省级企业技术中心、省级产业技术联盟5家，培育认定市级企业技术中心40家，实现产值亿元以上企业的技术中心覆盖面达50%。强化招才引智，大力培育引进科技创新领军人才，争取新入选“国千”、“省千”人才15人，培养高技能人才2万人。深化国家质量强市示范城市建设。

（三）加快培育时尚产业，进一步推进服务业提质提速

加快发展时尚经济，推进环五马商业区、滨江商务区等城市时尚商圈建设，实施“月光经济”发展三年行动计划，培育一批品质夜市街区和精品夜市品牌。做大做强会展经济，办好时尚消费博览会、汽车展和2015中国食博会温州馆等一批重点展会。积极培育总部经济、楼宇经济，推进青山控股集团总部大楼、乐清市总部经济园等项目建设。加快发展网络经济和现代物流业，推动“电商换市”，促进温州国智、金州等电商园发展，积极培育一批电商平台以及电商服务企业。促进涉旅产业融合发展，引导洞头、永嘉等地发挥生态资源优势，加快雁楠景区一体化发展，推进洞头国家级海洋公园建设，提升旅游服务品质，打造特色时尚旅游区。稳定房地产市场，扶持养生养老地产建设。积极推动工业设计、文化创意、金融、商务、信息等生产性服务业加快发展，打造国家电子商务示范城市和国家智慧城市。有序发展商贸综合体、城市商业广场，开展节假日促销活动，巩固和扩大汽车、家电等传统商品消费，加快形成文化、休闲运动、健康保健等新的消费热点。抓好农村消费的拓展，提升县城、中心镇商贸业态和消费环境，推进农产品流通和农村市场体系建设，开拓农村消费市场。

（四）积极对接国家战略，进一步深化开放合作

进一步扩大开放，对接“一带一路”、长江经济带等国家战略，加快研究温（州）义（乌）合（肥）高铁（杭温客专）、温（州）武（夷山）铁路，力争乌兹别克斯坦鹏盛工业园、塞尔维亚贝尔麦克商贸物流园区创建国家级经贸合作区；对接义新欧国际货运班列，加快推进金温铁路扩能改造，联动温州港，加快三大核心港区铁路支线建设及前期研究。加速推进状元岙港区及配套设施、龙湾国际机场T2航站楼等项目建设。积极申报综合保税区，确保保税物流中心(B型)通过验收，加快电子口岸建设。加快建设提升电子商务平台与大宗商品交易平台，启动温州跨境贸易电商产业园区建设。完善温州进口市场体系，积极培育服装、箱包、葡萄酒等进口名品市场。进一步开展经贸合作交流，深化对韩开放，争取温州到韩国直航航班正班化，推进温州韩国产业园建设，加快“韩国时尚新天地”、“医乐园”等项目在瓯江口新区、经开区落地。加强对台经贸合作，推动海峡两岸（温州）民营经济创新发展示范区建设。

（五）全面深化改革，进一步增强发展动力

深化“四张清单一张网”改革，再削减一批行政权力，再清理和下放一批市级行政审批事项。实施新一轮政府机构改革，深化政府职能转变，加大政府向社会力量购买服务力度。逐步扩大部门预算公开范围，深化市级财政专项资金改革，防范政府性债务风险。进一步支持发展民营银行、保险、证券机构等地方金融机构，做大做强国有担保公司和再担保中心。深化农村资产确权赋权活权改革，提升土地经营权流转水平。大力推进民政综合改革、民办教育综合改革、社会资本办医综合改革等国家级改革试点项目，引导更多社会资本进入教育、医疗、养老等领域，努力打造全国样板。深化土地、资金、用能、科技人才等资源要素市场化配置改革。推进新一轮价格改革，创新政府管理价格体制机制。健全现代企业制度，推进国资国企改革，探索国资公司投融资新模式，推动国企上市。推广发展政府与社会资本合作（PPP）模式，鼓励和引导民间资本参与城市基础设施、能源等领域。

(六) 统筹城乡发展，进一步提升城市能级

按照“一主两副三极多点”的大都市区空间布局，加快构建现代城市集群，积极推进“多规合一”，加快推进滨江商务区、城市中央绿轴和三垟湿地等城市亮点区块和双屿城市有机更新示范区建设。加快三江商务区建设，统筹瓯江两岸协调发展。积极构建现代基础设施网络，加快104国道西过境、七都大桥北汊桥、大门大桥等重大交通基础项目，打通县际边界道路。加快新型城镇化建设步伐，推进龙港国家新型城镇化综合试点和柳市、鳌江等6个省级小城市培育试点工作，支持苍南打造“浙江美丽南大门”。加快新农村建设，加大特色小镇（街区）培育，建成美丽乡村精品线10条，精品村100个，着力改善农村生活居住环境。进一步夯实“三位一体”农村合作体系发展基础，完善现代农业生产经营体制，创新农业发展方式。加快农业“两区”建设，稳定粮食生产，建成粮食生产功能区10万亩。深入实施“低收入农户收入倍增计划”，统筹推进山区、海岛和少数民族地区经济发展，帮助库区群众转产转业。落实文泰“工业飞地”机制，推进文成、泰顺国家主体功能区建设试点。加快基础设施和公共服务向农村延伸，推进农村公路建设和桥隧改造维修。启动文泰抗震安居建设，加强震后重建。

(七) 加快环境治理，进一步优化发展环境

1.狠抓两链化解，加快修复社会信用环境。组织开展防控和化解企业金融风险攻坚战，坚持省市县镇“四级联动”、政银企法“四方联手”，围绕重点风险企业开展处置，强力化解“两链”风险。积极向上争取资金支持和政策帮扶，积极筹建温州金融资产管理公司，加快不良资产化解，实现不良贷款余额和不良贷款率持续“双降”。健全地方金融监管，加大逃废债联合打击力度，搭建信用信息共享平台，加快推进社会信用体系建设，争创全国示范城市。

2.以“五水共治”为抓手，推进生态环境建设。坚持“水岸同治”，继续推进“三改一拆”、“四边三化”等专项行动，大力开展黑臭河整治提升工作，消除10个劣五类水质断面。推进城乡污水处理设施和防洪排涝能力建设，重点推进温州南片污水处理厂、灵昆南线标准堤及环岛南河工程等项目建设，推进截污纳管，新增一、二级污水收集管网290千米。抓好饮用水源地保护区管理，大力推进工业、农业和城镇节水，推进农村饮用水安全工程。全面推进城区环境综合整治，加快西向生态垃圾填埋场一期等垃圾处理设施建设。

推进城市能源结构调整，加快淘汰高污染燃料锅炉，加强机动车尾气污染防治，全面淘汰黄标车，确保空气质量优良率达80%以上。加快推进国家低碳示范城市和新能源示范城市创建，争创1—2家省级循环化改造示范园区。深入开展“绿满温州”行动，加强大罗山保护管理开发，新增城市绿地330公顷，力争创成全国文明城市、国家园林城市、国家环保模范城市和国家历史文化名城。

（八）优化公共服务，进一步改善民生

1.加快社会民生事业发展。推进市级公立医院改革，落实对民营医疗机构的扶持政策，进一步提高城乡居民医保筹资和补助标准，加快附二医瑶溪医院、市人民医院新院区、市七医等在建工程建设。深化教育体制综合改革，优化调整教育布局，启动实施学前教育第二轮三年行动计划。实施薄弱学校改造提升工程，加快义务教育学校标准化，推进普通高中多样化和普职教育协调发展，加快温州肯恩大学、浙江安防学院（筹）建设以及温州医科大学仁济学院等整体迁建。推进公共文化服务标准化、均等化，建成城市“文化驿站”、24小时图书馆各10个，建成乐清、永嘉、文成文化中心和瓯海、苍南博物馆并对外开放。深入开展全民健身活动，建成温州奥体中心主体育场一期，推进体育强市创建。继续稳定低生育水平，促进人口均衡发展。继续实施积极的创业就业政策，落实城镇职工基本养老保险、城乡居民基本养老保险和被征地农民基本生活保障等养老保险制度之间的衔接转换政策。完善相关政策，推动健康养老、殡葬服务业发展。加大交通治堵力度，规划建设一批立体停车库。

2.维护社会公共安全。深化法治温州建设，推进各领域法治建设。加强食品药品安全监管，健全食品药品安全风险监测和预警体系。改进基层事权管理方式，实现安全生产、流口管理、食品监督、驻企服务等工作统一“进网入格”。完善和创新人口管理服务机制，逐步调整和优化外来人力资源结构。深化“平安大市”创建，不断健全以“六防工程”为核心的社会治安防控体系，严厉打击和有效防范各类违法犯罪活动，强力推进物联网治安管控工作。健全社会稳定形势分析和重大决策社会稳定风险评估机制，着力化解社会矛盾。加强国防动员宣传教育，完善应急救援体系和防灾减灾工作规范化建设，提高突发公共事件应急处置水平。

（温州市发展和改革委员会供稿）

嘉兴市国民经济和社会发展报告

一、2014年嘉兴市国民经济和社会发展主要指标完成情况

面对复杂严峻的国内外发展环境和经济社会发展中出现的各种新情况新挑战，全市上下认真贯彻落实党的十八大和十八届三中、四中全会精神，牢牢把握稳中求进的工作总基调，着力抓改革、稳增长、促转型、治环境、惠民生，全面推进转型升级、项目攻坚、深化改革、治水治气等各项工作，全市经济社会平稳健康发展，增长速度保持在合理区间。经过努力，除地区生产总值和城镇居民人均可支配收入外，市七届人大四次会议所确定的其他年度国民经济和社会发展主要预期目标有望完成。

1.*经济增长稳中求进*。积极克服国内外复杂多变的宏观环境和实体经济困难增多、经济下行压力增大等诸多不利因素影响，经济增长保持在合理区间，全市生产总值3352.8亿元，增长7.5%。工业经济缓中趋稳，工业增加值增长7.9%。服务业领先增长，服务业增加值1396.3亿元，增长8.0%。投资保持较高增速，固定资产投资额2221.2亿元，增长16.3%。对外贸易增速回升，实现进出口337.34亿美元，出口236.51亿美元，分别增长6.2%和10.0%。引进超亿美元、世界500强和国际行业领先企业项目32个，实际利用外资24.96亿美元。消费平稳增长，社会消费品零售总额1347亿元，增长12.5%。物价涨幅平稳，全年居民消费价格总水平上涨2.0%。财政运行平稳，一般公共预算收入307.1亿元，增长8.8%。

全市城镇居民人均可支配收入42143元，增长9.0%，增速高于全省平均，但仍有所回落，主要是受经济增速放缓和财产性收入增长回落影响。农村居民收入稳步提高，农村居民人均可支配收入24676元，增长10.2%。

2.*转型升级积极推进*。农业转型积极主动。拆除违建猪舍931万平方米，生猪总存栏减少至90万头，渔业养殖污染治理取得积极成效，农业增加值增幅回落但结构趋于优化。第三产业占比上升，服务业增加值占生产总值比重达到41.6%，比上年提高0.3个百分点。

工业内部结构优化，规模以上战略性新兴产业、高新技术产业和装备制造业增加值增速分别快于面上工业5.1个、4个和8个百分点。大力实施“四换三名”，实施“机器换人”企业1400家，全市腾退低效用地1.2万亩，再利用面积4038亩，全市网络零售额678.9亿元，增长37.4%，成功承办首届世界互联网大会。

3.改革创新不断深化。深化行政审批层级一体化改革， 428项省、市审批事项下放至县一级，推动政府职能由注重事前审批向加强事中事后监管转变。积极推行权力清单和责任清单制度，市级政府部门的行政权力减少66%。率先开展综合行政执法改革试点，综合行政执法机构完成组建。全面推进要素市场化配置改革，在全省率先实现要素市场化配置改革全市全覆盖。同时，积极推进一批国家、省级改革试点，嘉兴改革的集成优势初步形成。创新驱动加快推进，全社会研究与试验发展经费支出占生产总值比重达到2.65%，比上年提高0.25个百分点。科技成果加快增长，全市专利授权量1.7万件，其中发明专利546件，同比分别增长16.8%和34.2%。

4.环境治理成效显现。“五水共治”初显成效，共清理垃圾河1806条，1066.2公里，治理黑臭河1338条，847.8公里，水环境得到明显改善，全市跨行政区域河流交界断面考核首次被评为优秀。严格控制大气污染物排放，市区空气累积优良率为70.3%。万元生产总值综合能耗下降率和减排4项指标削减率预计完成省下达目标。加大“三改一拆”推进力度，全市“三改”开工1722.8万平方米，拆除各类违法建筑2013.8万平方米；启动有机更新10097亩，其中市本级6027亩。加快实施“四边三化”，新增改造绿化面积4.6万亩，完成生态绿道建设108公里，积极倡导“258”绿色出行，舒适安全、通达便捷的城市慢行系统形成。

5.城乡区域协调发展。成功列入国家“多规合一”试点，推进市域统筹管理、基础数据、共享平台建设。全面深化统筹城乡综合配套改革，积极推进农村产权交易平台建设。认真落实促进市本级经济发展18条意见，调整优化规划管理等体制，积极推进科技城等重点区块扩容提质。大力推进滨海港产城统筹发展试验区建设，大力推动海洋经济发展和海洋资源开发政策创新，嘉兴港口岸扩大开放获国务院批复同意，实现全港域对外开放。深入实施接轨上海扩大开放，积极推进上海自贸区协作配套园区建设，加强基础设施、平台、产业、高端要素等合作共建，探索在更高层面建立接轨上海的沟通合作机制。积极参与杭州都市圈共建，启动嘉兴市杭州都市经济圈转型升级综合改革试点。

6.社会民生和谐稳定。民生投入重点保障，全市民生事业支出255.2亿元，增长10.9%，占公共财政预算支出76.2%，同比提高0.4个百分点。就业基本稳定，城镇新增就业10.7万人，城镇登记失业率2.9%。社会保障扩面提质，基本养老、基本医疗、失业保险参保人数分别为219.2万人、193万人和110.4万人，城乡居民社会养老保险和医疗保险覆盖率均超过98%。适应人口形势新变化，积极鼓励依法多生，人口自然增长率3.1‰。大力实施基本公共服务均等化，积极推进信息惠民工程，文教卫体全面发展，大运河嘉兴段6段河道和2个遗产点成功列入世界文化遗产名录。加快建立以货币补贴为主的住房保障新模式，全市新开工保障性住房5485套，竣工22713套。“平安嘉兴”建设深入推进，荣获全省平安建设银鼎。

在肯定成绩的同时，也要清醒地看到，企业生产经营困难仍未有效缓解，经济稳定向好的基础仍需巩固。与年初预期目标相比，生产总值增速和城镇居民人均可支配收入尚存一定差距。同时，发展动力不足、创新能力不强、要素制约加剧等问题依然突出，生态环境治理任务艰巨，社会管理水平有待进一步提升等。对此，应切实采取有效措施，努力加以解决。

二、2015年嘉兴市国民经济和社会发展主要预期目标

2015年，发展环境仍充满不确定性和复杂性。从国际看，全球经济总体呈现弱复苏态势，国家、地区之间的分化进一步加剧，经济增长的下行风险依然较大。从国内看，在“三期叠加”的压力和结构调整的阵痛下，受工业增速回落、投资增长动力减弱、房地产市场调整等综合因素影响，预计经济增速将换挡回落。从嘉兴市来看，“十二五”以来，经济增速总体呈现稳中趋缓的态势，虽然面临着较多机遇，但内生动力不足和外部市场竞争加剧的双重制约依旧存在，经济将在较长时期处于平稳增长区间。因此，确定2015年嘉兴市经济社会发展主要预期目标，要兼顾需要与可能，在确保经济平稳增长的同时，更加突出转型升级和结构调整，更加突出改革创新和环境优化，切实提高经济社会发展质量和水平。全年经济社会发展的主要指标安排见表1。

三、2015年嘉兴市经济社会发展主要任务

为确保顺利实现2015年国民经济和社会发展各项指标，嘉兴市将认真贯彻党的十八大和十八届三中、四中全会和中央有关会议精神，深入实施省委“八八战略”和“干好一三五、实现四翻番”的决策部署，准确把握新常态下嘉兴经济社会发展的新特征，坚持稳中求进的发展总基调，着力转型升级提质、改革创新突破，加快推进“三城一市”和“两美”嘉兴建设，不断提高经济发展的质量和效益，推动经济、社会、生态的全面发展，为“十三五”发展奠定更加坚实的基础。重点抓好以下几方面工作：

1.打好经济稳增长基础。一要积极发挥投资关键作用。以深入开展扩大有效投资“项

表1　2015年嘉兴市国民经济和社会发展计划主要预期目标

指标名称	计量单位	2015年计划	
		预期	±%
1. 地区生产总值	亿元		7.5左右
2. 一般公共预算收入	亿元		7.5左右
3. 固定资产投资额	亿元		12以上
4. 社会消费品零售总额	亿元		11
5. 进出口总额	亿美元		7
其中：出口总额	亿美元		7
6. 全社会研究与试验发展经费支出占生产总值比重	%	2.6	
7. 实际利用外资	亿美元	24以上	
8. 居民消费价格总水平涨幅	%		与省价格预期目标保持衔接
9. 城镇居民人均可支配收入	元		8.5
农村居民人均可支配收入	元		9
10. 人口自然增长率	‰	2.5左右	
11. 城镇登记失业率	%	4以内	
12. 城镇新增就业人数	万人	6.5	
13. 职工基本养老保险参保人数	万人	221	
14. 职工基本医疗保险参保人数（含大病统筹）	万人	195	
15. 城乡居民合作医疗参保率	%	98以上	
16. 职工失业保险参保人数	万人	114.5	
17. 万元生产总值综合能耗	吨标准煤		按省计划安排
18. 化学需氧量排放量	万吨		
19. 氨氮排放量	万吨		
20. 二氧化硫排放量	万吨		
21. 氮氧化物排放量	万吨		

目大推进、招商大引进、服务大跟进”专项行动为载体，着力推动投资总量、结构和效益的稳步提升和优化，确保投资持续快速健康增长。要创新投融资体制，提振民营经济投资信心，完善投资、建设与运营的市场化体系，鼓励社会资本以参股、BOT、PPP等多种方式参与重大项目建设。要强化招商选资，围绕重点产业加大招大引强选优，加大精准招商力度，实际利用外资24亿美元以上。二要积极扩大内外贸易。加大外贸政策扶持力度，进

一步提高通关、报检、退税等贸易便利化水平。以“三新、三品”建设为载体，培育外贸竞争新优势。进一步释放消费潜能，落实扩大消费相关政策措施，培育新的消费热点，拉动消费较快增长。大力推动电子商务快速发展，加快国家信息消费试点城市建设，带动内外贸协同增长。

2.增强转型发展驱动力。一要不断深化改革。全市域推开要素市场化配置改革，进一步完善竞争性的要素市场配置体系。围绕市级部门权力清单，深化行政审批改革加强事中事后监管，努力构建与简政放权要求相适应的监管体制机制。继续抓好一批区域、县市改革试点。以省公务用车制度改革总体方案为基础，着力抓好嘉兴市公务用车制度改革落实到位。二要不断提升对内对外开放水平。把握国家“一带一路”、长江经济带、上海自贸区建设等重大战略机遇，加强长三角地区联动与发展。加大深化接轨沪杭，加强对接合作与互联互通。进一步强化“走出去”和“引进来”联动，实现互促共赢。三要不断增强创新动力。深化科技体制改革，加快省科技金融改革创新试验区建设，深入实施“创新嘉兴·精英引领计划”，不断集聚创新要素。以平台为载体加强与沪杭科研院所、技术产权交易机构的全面合作。促进科技成果转化，推动行业组织建立产业创新技术联盟，鼓励高校、科研院所和企业建立健全联合开发、优势互补、成果共享、风险共担的产学研用合作新机制。

3.加快结构调整步伐。一要推动空间结构优化布局。落实市本级产业发展规划，探索开展全市域范围的产业发展规划研究，在更大区域内统筹产业发展。突出重要载体，高标准推进嘉兴滨海港产城统筹发展试验区、嘉兴现代服务业集聚区、科技城等重点平台建设，实现高质量发展。二要不断优化产业结构。突出服务业转型发展重要作用，以倍增计划为目标，针对薄弱环节制定对策措施。引导工业优化发展，重点围绕主导产业、特色优势产业等领域做强“十大产业链”，促进高端装备制造、新材料、新能源等产业形成更高水平的集群优势，加大机器换人力度，推动工业经济转型升级。大力支持互联网条件下的商业模式创新，支持制造业企业发展符合自身特点的商业模式。继续深入实施现代农业发展三年行动计划，加快都市型生态农业建设。三要积极优化投资结构。以投资结构优化带动投入产出效益提升，力争全市项目投资（扣除房地产开发投资）占全部投资比重等均有所提高。

4.稳步推进新型城镇化。一要着力推进国家新型城镇化综合试点。出台新型城镇化综合试点实施意见及“1+X”配套政策，以人的城镇化为核心，不断提高新型城镇化的质量和水平，着力在重大领域取得突破。二要借助长三角城市群推动新型城镇化。积极促成“长三角一体化发展核心区”谋划的实现，借势借力，加快由区域“中间城市”向区域

“关键节点城市”转变。三要优化城市发展总体布局。突出中心城市的发展壮大，积极打造副中心城市以特色产业为主导的区域性特质城市，创新40个新市镇的城乡一体新模式。四要积极推动全市基础设施和公共服务共建共享。建立市域各类公用设施的共建共享机制，优化市域教育、医疗、文化体育等资源的空间布局，逐步统一市域范围内社会保障、住房等政策体系，加快城市有机更新，推动城市能级的全面升级。

5.提升生态文明建设水平。一要加强水、大气等环境突出问题治理。大力实施“五水共治”。开展“消灭黑臭河、劣Ⅴ类水三年行动计划”。坚持生猪养殖业转型升级和工业企业污水全入网，2015年底前污水未入网企业一律关停。抓好大气环境治理。加强机动车尾气监测管理，加快实施热电企业脱硫脱硝提标改造，全面深化有机废气治理。二要积极推进节能减排。严格落实节能减排措施，继续实施燃煤总量定额控制制度，严禁新上高能耗、高污染项目。大力发展清洁能源，加快推进国家分布式光伏应用示范区建设，进一步扩大天然气利用规模，加快风能、生物质能等新型能源项目建设，进一步提高清洁能源在全市能源消费中的占比。三要拓展城乡绿色生态空间。树立城市的含绿量就是含金量的理念，依托城市空间布局，加快构建城市绿地结构体系，打造集“水乡—园林—绿岸”为一体的花园城市。

6.加强社会事业建设。一要推进城乡区域公共服务均等化。全面推进基本公共服务均等化，把解决就业问题和提高城乡居民收入、加快和深化社会建设、建立与经济政策协调的社会政策体系放在突出位置。积极推进民生项目建设，抓好市文化艺术中心、市民服务中心等项目前期工作，推进市妇保院二期等项目建设。二要进一步加大改善民生的力度。健全扩大就业与经济发展的联动机制，实施更加积极的就业政策。深入实施“五大创业行动”，综合运用创业扶持政策，鼓励劳动者自主创业。夯实社会保险缴费，推行社会保险扩面提标，全市净增养老、失业保险参保人数各3万人，医疗保险参保人数2万人，社会医疗保险覆盖率保持在98%以上。启动机关事业单位养老保险制度改革，推行居民医保与职工医保制度的衔接融合。全面落实住房保障任务，大力推进公共租赁住房与廉租房并轨。三要创新扩大公共服务领域开放体制。民间投资实行核准制，鼓励民间资本参与发展社会事业。以服务民生的信息应用为重点，完成智慧电网和智慧交通示范试点项目建设，实现4G信息通信网络的全市域覆盖。

7.认真谋划“十三五”规划。一要科学编制“十三五”规划。准确把握规划的功能定位和编制范围，聚焦转型发展的主题，突出创新、改革、开放等三大动力，合理设置目标指标体系。制定“十三五”规划编制目录，市场能发挥决定性作用的领域减少规划编制数量，提高专项规划深度和水平。二要深化“三个重大”研究。在全国、全省发展战略和区域规划中找准方位、准确定位，深入谋划并争取将一批重大项目、工程和政策列入国家、省“十三五”规划。三要积极推进“多规合一”，调整国民经济和社会发展规划纲要规划期限，完善相关空间属性，强化经济社会发展规划、城乡规划、土地利用规划、环境功能区划等相互衔接，从规划内容、信息平台、技术标准、管理机制等方面理顺关系，真正实现“一本规划、一张蓝图”，切实增强规划统一性、系统性和权威性。

（嘉兴市发展和改革委员会供稿）

湖州市国民经济和社会发展报告

一、2014年全市经济和社会发展总体回顾

2014年，全市上下认真贯彻党的十八届三中、四中全会和习近平总书记系列重要讲话精神，突出聚力发展主题，把握稳中求进基调，统筹稳增长、抓改革、调结构、惠民生，经济社会发展稳中有进。

（一）经济保持平稳健康发展

全年实现地区生产总值1955.96亿元，增长8.4%，三次产业结构优化为6.2：51.2：42.6。扩大有效投资成效明显，固定资产投资达1242.92亿元，增长16.2%，其中工业、服务业投资分别为569.61亿元、666.51亿元，增长7.8%和24.8%；基础设施投资260.73亿元，增长18.8%；民间投资947.36亿元，增长16.4%。引资融资有效开展，引进省外浙商回归到位资金184.2亿元，央企合作实到资金58.6亿元，实到外资9.84亿美元；新增资本市场挂牌、上市企业16家，8家企业发行债券，直接融资达168亿元。消费保持稳步增长，社会消费品零售总额达871.20亿元，增长13.7%，其中批零贸易业、住宿餐饮业分别达783.27亿元和87.93亿元，增长14.1%和10.0%；网络零售额达135.01亿元，增长57.9%，居民网络消费额117.38亿元，增长47.0%。运行质量效益继续提升，财政总收入和地方财政收入达295.71亿元和167.84亿元，分别增长8.9%和8.5%；规上工业企业利税361.13亿元，增长11.5%；城镇、农村居民人均可支配收入达38959元和22404元，分别增长9.0%和10.6%。物价涨幅较为平稳，居民消费价格总水平上涨2.3%。

（二）转型升级取得积极成效

工业结构不断优化，完成规上工业增加值700.63亿元，增长9.2%，其中六大重点特色产业增加值达380.81亿元，增长11.4%；战略性新兴产业、高新技术产业和装备制造业增加值分别达162.18亿元、243.44亿元和177.52亿元，增长11.4%、12.4%和12.4%，增幅居全省第3位、第1位和第2位；金属材料、绿色家居产值双双突破500亿元；造纸、制革、

印染、化工四大行业整治提升加快推进。服务业量质齐升，国内旅游人数达5896.47万人次，增长20.3%，入境旅游人数达60.28万人次，增长13.1%，旅游总收入达503.24亿元，增长27.9%，金融机构本外币存贷款余额分别达2813.71亿元和2363.04亿元，增长9.1%和10.1%，10家省级服务业集聚示范区营业收入均超亿元。农业稳步发展，完成农业增加值120.96亿元，增长0.9%，新建成粮食生产功能区面积11.0万亩、现代农业园区7.5万亩，新认定省级现代农业综合区4个、主导产业示范区5个、特色农业精品园13个。创新能力不断增强，新增国家重点扶持高新技术企业91家、省级企业技术中心11家，新引进“南太湖精英计划”创业创新团队96个，新入选“国千”人才7名、“省千”人才19名，入选国家火炬计划项目38个。

(三) 重点项目建设扎实有力

重点项目投资达601.3亿元，完成年度计划的121.5%，新建项目开工率达95.1%。其中产业、城乡建设、公共服务和基础设施类分别为298.0亿元、111.1亿元、63.6亿元和128.6亿元，完成年度计划的133.1% 、105.1% 、128.3%和111.1%。全年列入省重点建设项目60项，省扩大有效投资“411”重大项目103个，项目数分别居全省第1位和第2位。商合杭高铁安徽局部路段开工，湖苏沪铁路预可研报告编制完成，申嘉湖高速公路西延通过工可评审，东吴国际、浙北—福州特高压输变电工程、中德工程师学院等45个项目竣工或基本完工，苕溪清水入湖河道整治工程、杭嘉湖地区环湖河道整治工程、104国道湖州五一大桥改建工程、恩驰汽车客车专用车、永兴特钢特种不锈钢深加工、安吉中华白茶城、湖州现代物流设备研发创业中心等项目开工建设。

(四) 改革开放水平全面提升

重点改革取得新突破。政府权力清单、责任清单、专项资金管理清单和企业投资项目核准目录清单有效实施，政府服务网开通运行。推进农村“三权”确权工作，村级集体资产股份合作制改革全面完成，流转土地经营权登记发证试点稳步实施，宅基地确权登记发证率达到69.9%。德清县城乡体制改革走在全省前列。市级公立医院改革正式启动，长兴县、南浔区乡村卫生一体化综合管理改革试点深入推进，大病保险制度实现全市覆盖，农房保险和政策性农业保险扎实开展。对外开放全面深化。实现出口总额88.06亿美元，增长8.9%，批准境外投资项目30个，完成投资3.81亿美元，增长59%。海河联运纵深推进，川达物流码头成为国际航运启运港，全市集装箱吞吐量达12.11万标箱，增长39.9%。对接上海自贸区、融入杭州都市圈、对口支援和山海协作等工作扎实开展。

(五) 生态文明建设深入开展

湖州市成为全国地级市中首个生态文明先行示范区，十大示范工程全面启动实施。省级生态市通过现场验收，德清、长兴被授牌为国家生态县，吴兴、南浔创建国家生态区分别通过现场验收和技术评估。节能降耗工作深入开展，淘汰428家企业的落后产能，天马轴承、华能等一批光伏发电工程并网发电，发电装机容量新增52兆瓦。“五水共治”全面推进，301.45万平方米生猪养殖场和79.14万平方米温室龟鳖养殖场顺利拆除，245.2公里垃圾河和258.9公里黑臭河得到清理整治，281个行政村生活污水治理项目建设完成，313公里城镇截污管网建成，27处城镇内涝点得到有效治理。治霾“318”攻坚行动全面开展，671台小锅炉被淘汰，建筑扬尘、道路扬尘和车船尾气治理，重点行业脱硫脱硝，秸秆露天禁焚和综合利用等工作扎实推进，市区PM2.5日均浓度同比下降13.5%。矿山治理成果有效巩固，建筑石料开采量减少到4505万吨，在产矿山全部达到绿色标准。平原绿化和生态公益林建设不断加强，造林更新完成4.97万亩。

（六）城乡一体发展加快推进

318国道南浔至吴兴段改线、太湖水厂、奥体中心、市民服务中心等项目加快推进，湖州开发区、太湖度假区、吴兴东部新区、南浔中心城区产城融合加快，中心城市集聚能力不断增强。德清、长兴、安吉三县城市化水平加快提升，织里镇、新市镇小城市培育试点深入推进，练市镇列入全省第二批小城市培育试点。16个中心镇完成投资143亿元。52个美丽乡村创建通过验收，6条示范带建设加快推进，乡村旅游富民成效明显。着力推进公交优先发展，加快公交站场设施、城市道路和停车位建设，强化交通智能管理，拥堵治理取得明显成效，主城区公交分担率提高到18%。“三改一拆”扎实推进，旧住宅区、旧厂区和城中村改造完成1081.77万平方米，拆除违法建筑766.92万平方米。开展危旧房排查和鉴定处置，排查城镇住宅约2.83万幢，疑似危房1809幢，完成农房改造建设11320户，其中农村困难群众危旧房改造1046户。积极推进渔民陆上安居，建成渔民安居房1080套。

（七）民生保障措施更加有力

基本公共服务均等化年度计划和十大民生实事项目全面完成，民生改善支出达165.53亿元，同比增长17.0%，占全市财政支出比重的73.7%。认真落实促进就业各项政策，全力加强新一轮普通高校毕业生就业创业，新增城镇就业人数6.26万人，城镇登记失业率控制在2.98%。统筹推进城乡社保体系建设，启动全民参保登记，建立完善统一的城乡居民基本养老保险制度，出台市区被征地农民基本生活保障制度与职工基本养老保险制度衔接、城乡居民基本医疗保险制度整合办法。社会保险覆盖面不断扩大，全市职工基本养老保险参保人数达119.15万人，城乡居民基本养老保险参保人数达64.90万人；职工基本医疗保险参保人数达104.14万人，城乡居民基本医疗保险参保人数达160.32万人。社会保险待遇稳步提高，全市企业退休人员人均养老金提高至每月2156元，城乡居民基本养老保险基础养老金提高至每月115元。社会保障卡建设扎实推进，全市社保卡异地就医60.4万人次，结算医疗费用8.8亿元。新开工保障房16008套，达省定目标的103.9%；竣工17994套，达省定目标的123.8%。

（八）各项社会事业蓬勃发展

国家历史文化名城获批，大运河湖州段列入世界文化遗产名录，“文化走亲”、“文化街景”等特色文化品牌打造深入推进，湖笔文化节系列活动成功举办，农村文化礼堂新建114个，开展“文化走亲”活动320场、“送戏下基层”2402场、“送展览讲座下乡”1016场、“送电影”12500余场，“送书下乡”达12万余册。实施新一轮发展学前教育三年行动计划和中职教育六项行动计划，完善义务教育学校集团化办学模式，各级各类教育事业均衡发展。新三院投入使用，基层医疗卫生服务体系建设深入推进，“15分钟医疗卫生服务圈”不断完善，城乡医疗卫生服务一体化管理水平有效提升。出台促进养老服务业加快发展政策措施，养老服务体系建设扎实推进。“单独两孩”生育政策平稳实施，带来新增出生人口1651人。举办（承办）了环太湖国际公路自行车赛（湖州赛段）、中国乒超联赛等大型赛事。社会治安防控体系、社会应急联动体系不断完善，慈善、残疾、红十字等公益事业取得新成效。

二、2015年国民经济和社会发展主要预期目标

在2015年预期目标安排上，努力做到“四个统筹”：一是积极有为与稳妥可行的统筹；二是年度目标与“十二五”目标的统筹；三是省市指标与县区指标的统筹；四是约束性指标与预期性指标的统筹。主要预期目标安排如下：地区生产总值增长8%左右；固定资产投资增长12%；社会消费品零售总额增长12%左右；外贸进出口增长6%，出口增长7.5%；财政总收入、地方财政收入均增长8%左右；城镇居民人均可支配收入增长8.5%以上、农村居民人均可支配收入增长9%以上；新增城镇就业人数4.8万人，城镇登记失业率控制在4%以内；全社会研究与试验发展经费支出占生产总值比例达到2.5%以上；万元生产总值综合能耗、化学需氧量、二氧化硫、氨氮和氮氧化物等五项节能减排指标按省下达任务执行；居民消费价格总水平涨幅控制在3.0%左右；人口自然增长率控制在2.5‰以内。

三、2015年经济社会发展的主要任务和措施

一是扩内需稳外需，保持经济稳定增长。强化投资拉动作用。以商合杭高铁湖州段、奥体公园、太湖水厂等为重点，加快一批重大基础设施和民生类项目建设。深化项目前期，力争湖苏沪铁路和杭宁高速改扩建工程开工建设。进一步完善“大好高”项目引进推

进工作机制，扎实开展浙商回归、央企对接、外资引进等活动，绘制“产业图”、“招商图”、“乡情图”，按图索骥，加大高端项目的引进，力求在百亿级项目引进上取得突破。强化“十三五”重大项目谋划。积极扩大消费需求。贯彻落实国家扩大信息消费、促进绿色消费、升级旅游休闲消费等政策意见，完善支持商贸流通健康发展政策体系。加快研究实施信用消费促进政策，重点带动家电、家居、汽车等耐用品消费。加快农村消费市场培育。加强行业引导和扶持，不断规范市场行为，促进房地产业健康发展。稳步拓展出口贸易。深入开拓“四位一体”市场模式，大力发展外贸新兴业态，加快推进外贸综合服务平台和跨境电子商务发展平台建设，加快培育物流装备、童装、新能源、电梯等出口增长点。

二是强创新调结构，推进产业转型升级。强化产业创新驱动力。围绕国家创新型试点城市和知识产权试点城市建设，深入推进新一轮“南太湖精英计划”，新实施一批重大科技项目，新培育一批科技型创新企业，新引进一批高层次领军人才和创新团队。坚持“政产学研金介用”融合互动，积极引进大院名校、科研院所共建创新载体，加快科技成果转化运用，力争新引进创新载体15家，新组织实施科技成果产业化项目100项。实施“三强”培育计划，加快企业质量、标准和品牌升级。抓好产业升级关键点。打破传统的单一产业发展模式，促进三次产业互动发展，重点在装备制造、节能环保、新能源汽车、信息经济、电子商务、健康养老、乡村和滨湖旅游、休闲观光农业等产业发展上取得新突破。强化重点平台建设，提升南太湖产业集聚区、省际承接产业转移示范区、临沪临杭工业区、各类服务业集聚区和特色产业园区的集聚发展水平。全力推进“金象金牛”和“高技术、高成长”企业培育，鼓励企业通过兼并重组、股改、挂牌和上市、上市公司再融资等途径进一步做大做强，力争新增挂牌、上市企业18家，继续做好“个转企、小升规、下转上”工作。力推“四换三名”工程。深入推进“腾笼换鸟”，加强城镇低效用地再开发。推进“机器换人”，加大技术改造力度，提高企业技术装备水平。推进“空间换地”，大力实施旧厂区改造。推进“电商换市”，努力实现电子商务在规上工业企业全覆盖。抓好“三名”工作，力争新增市级“三名”培育试点企业12家。

三是重统筹促融合，加快城乡一体发展。提升中心城市集聚发展水平。完成南太湖65公里岸线区域概念性规划编制，加强弁山景区和南郊风景区保护性开发，加快长兴第二通道、外环北路东延等重大项目的规划研究，促进基础设施互联互通，推进主城区与织里、南浔及长兴的互动融合，推进滨湖一体化发展。加快外环线南段、勤劳街历史文化街区、浙北医学中心等项目规划建设，形成“开工一批、建设一批、竣工一批”的中心城市建设梯次推进格局。切实抓好苕溪东路中段、一字桥东北埯、原北门供电公司、中心农贸市场等区块的房屋征收，进一步做好危旧房改造、测绘与地理信息等工作。加快小城市和中心镇建设。推动实施强镇扩权改革，推进土地承包经营权、宅基地用益物权和农村集体资产股权等改革。完善中心镇发展改革评价办法，深化城镇公共服务制度改革、户籍制度改革和城镇建设投融资体制改革。全面实施小城市培育试点新三年行动计划。进一步加大中心镇有效投入力度，加快“特色小镇”的申报工作，推进形成一批“精致小镇”和“风情小镇”。深入推进美丽乡村建设。深入实施“新1381行动计划”，积极推进美丽乡村创建、农房改造建设、农村“三权”改革和农村产权交易平台建设等工作，创建市级美丽乡村35个，基本建成22条美丽乡村示范带。完善新一轮村庄布局规划，高质量推进省级历史文化重点村建设，打造一批中心村、精品村和特色村。狠抓农村生活污水治理，进一步优化农村环境。

四是抓重点破难点，全面持续深化改革。深化政府自身改革。进一步深化完善权力清单、责任清单，厘清政府职责边界、建立健全事中事后监管制度，推进部门履职规范化。积极推进行业管理、社会事务管理、市场管理等职能向社会组织转移。完善法治政府建设考核评价体系，推进纪检监察、司法、综合行政执法等体制改革。深化经济体制改革。有序承接国家和省下放的行政审批事项，推进核准目录外企业投资项目不再审批试点，全面实行企业“零地”投资项目不再审批，深化审批服务“三联动、全流程”和代办制改革。完善资源要素产出效益综合评价体系，全面推进市场化配置改革，加快建立健全“腾笼换鸟”激励倒逼机制。进一步深化投融资体制改革，拓展政府与社会资本合作渠道，探索建立公私合作项目库。推进社会信用体系建设，建立失信联合惩戒机制。实施公务用车制度改革。深化价格改革。探索推进天然气价格改革，建立居民生活用气阶梯价格制度，做好市区非居民天然气价格调整疏导工作。落实好差别电价、排污费和水资源费征收政策，开展完善资源环境有偿使用制度研究，完善危险废物和污泥处置收费政策。做好太湖水厂建成后城乡一体化供水价格调整前期准备工作。

五是优生态美环境，不断改善人居质量。深入实施“五水共治”和大气污染防治。做好生活、农业和工业三大污染治理，加快推进落后产能淘汰、集中供热、清洁能源替代、黄标车淘汰、重点行业脱硫脱硝等工作，淘汰高污染燃料小锅炉600台。推进乡镇污水处理厂截污管网建设，力争完成130公里以上。加强道路等粉尘排放源的治理，深入开展农业养殖“双控”。进一步做好防洪排涝、城乡一体化供水、中水回用等工作。加强绿色创建和生态修复。着力推进湖州国家生态市创建。加强平原绿化和生态公益林建设，扎实抓好造林绿化和林业生态修复，深入实施绿色生态屏障建设工程，推进森林资源扩面提质。严格控制矿山开采总量，加强绿色矿山创建和废弃矿山生态修复。完善生态文明体制机制。建立健全差别化的生态文明建设评价考核制度，推动形成严格高效的源头保护、损害赔偿、责任追究制度体系。探索并完成自然资源资产负债表编制试点工作，为实行自然资源资产离任审计打基础。进一步强化耕地保护制度建设，建立耕地保护补偿机制。加强生态文明先行示范区的合作交流。

六是惠民生促和谐，持续增进人民福祉。抓好就业和社会保障工作。实施新一轮高校毕业生就业创业政策，加大城镇失业人员、农村转移劳动力和就业困难人员等重点群体再就业帮扶力度，力争帮扶困难人员就业3000人。深化收入分配制度改革，健全职工工资正常增长机制，切实提高城乡居民收入。全面实施被征地农民基本生活保障制度与职工基本养老保险制度衔接办法、城乡居民基本养老保险实施办法、市区城乡居民基本医疗保险暂行办法，努力推动社会保险由“制度全覆盖”向“人群全覆盖”迈进。扎实推进基本公共服务均等化。加快公共文化服务均等化、标准化建设，巩固国家历史文化名城及大运河（湖州段）世界文化遗产申报成果，做好小西街历史文化街区整治改造，抓好80个农村文化礼堂的建设。扎实推进教育现代化，大力促进城乡区域教育、各级各类教育均衡优质协调发展。扎实推进公立医院和基层医疗卫生机构综合改革，提升医疗卫生服务水平。完成联合国人口基金“第七周期”项目。大力推动体育、人口计生、人防、残疾人和红十字等社会事业发展。切实加强和创新社会治理。着力加强社会治理体制机制、能力和人才队伍建设，提高社会治理科学化水平。加强社会治安综合治理，加大安全生产、食品药品安全监管力度，积极构建和谐劳动关系，切实维护社会和谐稳定。更加注重发挥法治在社会治理中的作用，扎实推进法治湖州建设。

（湖州市发展和改革委员会供稿）

绍兴市国民经济和社会发展报告

一、2014年国民经济和社会发展计划执行情况

2014年，面对复杂严峻的宏观形势，绍兴全市上下大力实施市委、市政府“重构绍兴产业、重建绍兴水城”战略部署，各项工作取得积极成效，经济增长保持在合理区间，社会保持和谐稳定。

(一) 经济运行总体平稳

经济实现平稳增长，虽然增长速度有所放缓，但总体运行在合理区间。实现生产总值4265.8亿元，增长7.5%，其中第一产业增加值194.2亿元，增长1.7%；第二产业增加值2213.5亿元，增长7.5%；第三产业增加值1858.1亿元，增长8.3%。实现财政总收入546.3亿元，增长8.8%，其中公共财政预算收入317.3亿元，增长8.3%。

重抓有效投资，开展“项目推进年”系列活动，建立完善市领导联系重大项目制度、项目推进考核机制和常态化的督查机制，制订项目流转和企业迁移办法。完成固定资产投资2304.7亿元，增长15.1%，其中工业投资增长10.6%，基础设施投资增长28.6%，房地产投资增长14.2%。重抓越商回归，出台进一步促进越商回归工作的政策意见，开展在外越商“集中走访周”活动，越商回归实到资金192.1亿元。

全面落实各项出口扶持政策，进一步加快电子商务发展，积极帮助企业拓展内外需市场，出口、消费保持稳步增长。实现进出口总额346.8亿美元，增长3.9%，其中出口297.5亿美元，增长6.6%。实现全社会消费品零售总额1487.1亿元，增长12.8%，电子商务快速发展，网络零售额达到165亿元，增长65.5%。市场物价总体平稳，居民消费价格增长2.1%。

坚持把深化企业服务、强化企业支持力度作为最重要的经济工作来抓，召开全市经济发展大会，积极开展金融支持经济“百日服务”活动。规上工业企业实现利润525.7亿元，增长11.1%，高于规上工业增加值增速4.7个百分点。积极防范和应对企业风险，提出分类

帮扶处置危机企业的政策措施，落实市领导牵头帮扶重点风险企业制度和主办银行牵头协商制度，建立7.4亿元应急转贷基金，帮助企业转贷123.7亿元。

（二）转型升级扎实推进

工业产业结构持续优化，新兴产业产值增长8.5%，快于规上工业产值增长2.9个百分点，占规上工业比重提高到30.1%；新兴产业投资、工业技改投资占工业投资比重分别达到40.5%和81.6%，较上年提高1.1个和8.2个百分点。大力推进“三名工程”建设，全市产值超亿元、十亿元、百亿元的工业企业数量分别较上年增加60家、8家、1家。节能降耗成效显著，全面完成制革、造纸行业整治提升，单位工业增加值能耗同比下降6.2%。

服务业发展势头良好，占GDP比重提高到43.6%。深入实施现代服务业“310”工程，突出发展文化旅游、现代金融、创意设计、现代物流等重点服务业。服务业投资增势强劲，完成投资1182.5亿元，增长19.8%，高于工业投资9.2个百分点；服务业重大项目完成投资316.3亿元，为年度计划的119.2%，金帝银泰城、诸暨国际商贸城、新昌世贸广场建成开业，金沙东方山水等重点项目即将完工。旅游业发展加快，加大“老绍兴、醉江南”品牌宣传力度，实现旅游总收入652.1亿元，增长11.6%，接待入境游客70.2万人次。

农业现代化加快推进，新增园区建设资金6.2亿元，建成省市级现代农业园区28个、粮食生产功能区11.7万亩，粮食生产稳定增长。实施农村集体资产股份制改革，开展农村土地承包经营权、农民宅基地使用权、农房所有权确权登记，县级农村产权交易平台实现全覆盖。

大力实施创新驱动发展战略，围绕“八倍增、两提高”工作目标，扎实推进科技领航行动，积极争创国家创新型试点城市。新认定国家高新技术企业172家、省级科技型中小企业501家，新建省级企业研发机构63家。高新技术产业增加值增长10.9%，高于规上工业增加值增长4.5个百分点；规上工业企业新产品产值增长21.8%，占比达到31%，较上年提高4.2个百分点。

（三）改革创新持续深化

以深化行政审批制度改革为重点，进一步加大简政放权力度。大力推进“四张清单一张网”改革，市级部门行政权力从8781项减少到4045项。开展行政审批事项 “归零清理”，市级行政审批事项从843项减少到506项；同步推进市县扁平化改革，向各区、县（市）及市直开发区连续下放三批行政审批和管理事项。积极推广企业投资项目高效审批试点经验，稳步推进柯桥区和滨海新城的核准目录外企业投资项目不再审批试点工作。全面搭建“中介超市”平台，市级及各区、县（市）“中介超市”挂牌运行。

深化“亩产论英雄”理念，探索开展企业综合评价分类管理工作。完善节约集约用地考评体系，消化批而未供土地3万亩，盘活存量用地1万亩，深化城镇土地使用税改革试点，减免税收1.8亿元。加快完善环境资源市场化配套政策，累计完成排污权交易741笔。金融信贷总体平稳，存、贷款余额分别为6666.7亿元和6006.7亿元；直接融资势头良好，实现直接融资384亿元，获准发行企业债券7只86亿元。

深入开展各项改革试点。全面实施商事登记制度改革，新登记有限公司16272家，注册资本484亿元，分别增长58.9%和24.4%。全面推进“营改增”试点，首次公开部门“三公”经费预算。积极参与杭州都市经济圈转型升级综合改革试点，编制三年实施计划。顺利实施市级机关公务用车改革，扎实推进旅游经营管理体制和食品药品监管体制改革。

（四）新型城市化步伐加快

全力促进中心城市融合发展，编制实施绍兴市城市发展战略纲要，做深做细11个专题研究，出台进一步加快市级经济发展的政策意见，越城区行政区域内各功能区管理体制进一步理顺，越城区、柯桥区、上虞区融合步伐不断加快。诸暨中心城市建设加速推进，嵊新区域融合发展不断深化。积极优化提升产业平台，高新区梅龙湖工程基本完成，袍江“两湖”开发建设扎实推进，滨海新城产城融合进程加快。强化小城市分类培育，实施进一步加快小城市培育试点的政策意见，上虞区崧厦镇增列为省小城市培育试点镇。扎实推进美丽乡村“四级联创”，创建美丽农家1.83万户。制定接轨上海及对接自贸区的三年行动计划，进一步做好对口支援、山海协作等工作。

城市环境持续优化。“五水共治”成效显著，基本实现“河长制”管理全覆盖，整治黑臭河199条、238公里，基本消灭垃圾河。扎实推进“五气合治”，淘汰黄标车和老旧机动车3.4万辆，市区空气质量优良天数比例为67.4%。全力推进“三改一拆”，改造旧住宅区、旧厂区和城中村882万平方米，拆除违法建筑1506万平方米。继续加强交通治堵力度，实施道路差别化停车收费，新增停车位11533个、公共自行车10090辆。

城市基础设施建设加快推进。完成“双百双千”重点基础设施项目投资258.9亿元。镜湖新区“三中心”全面投运，越城区至上虞区公交、BRT5号线开通，杭长客专投入运营；市区“一环六横八纵”快速路网项目启动实施，绍诸高速诸暨延伸线开工建设，31省道北延工程基本建成；镜湖旅游综合体、黄酒文化园、104国道柯桥段改造等项目进展顺利；杭绍台高速、绍三线北延等项目前期工作加快推进，轨道交通线网规划基本形成。

（五）民生工作全面加强

就业形势总体稳定，新增城镇就业11.48万人，实现城镇失业人员再就业4.04万人，城镇登记失业率控制在2.76%。积极搭建交流平台，举办各类招聘会498场，达成就业意向13.5万人次；扎实开展就业援助，发放就业社保补贴2.4亿元；引导大学生自主创业，制定出台促进高校毕业生就业创业政策措施。

居民收入稳步增长，城镇常住居民人均可支配收入达到43167元，农村常住居民人均可支配收入达到23539元，分别增长9.1%和10.5%。扎实推进十方面民生实事，投入民生资金260亿元，增长14%，占公共财政预算总支出的74.9%。社会保障力度进一步增强，新增职工和城乡居民养老保险、职工和城乡居民医疗保险、工伤保险、生育保险、失业保险参保人数20.1万人、9.5万人、11.8万人、8.2万人和7.7 万人。上调最低工资标准、企业退休人员基本养老金、城乡居民基础养老金，全面实施城乡居民大病保险制度。新开工保障性安居工程住房19536套，改造农房1.1万户。

坚持不懈抓全国文明城市创建，市民素质和社会风气向善向好。义务教育标准化学校创建率继续保持全省第一，新绍兴一中启动建设，绍兴大学创建工作力度加大。公立医院综合改革深入实施，全国基层卫生综合改革重点联系点工作有序展开，预约诊疗服务平台正式启用。出台加快文化产业发展的政策意见，新增国家级非物质文化遗产项目3项。成功承办第十五届省运会，全民健身活动深入开展。“绍兴人免费游绍兴”正式实施，免费接待市民180.3万人次。优生促进工作提质扩面，单独两孩政策得到落实。“食品安全放心城市”工程建设深入推进，加大食品违法行为的查处打击力度。开展智慧居家养老标准化试点，获得全国慈善七星级城市的最高荣誉。

在肯定成绩的同时，我们必须清醒地看到发展中面临的困难和问题。宏观环境严峻复杂，经济下行压力依然较大，生产总值、外贸出口增长低于预期目标，企业风险不断显现；转型升级仍处攻坚期，传统产业发展困难，新兴产业增长乏力，创新能力有待提升；城乡“二元”结构仍然存在，部分基础设施建设相对滞后，大城市融合发展任务繁重；生态环境治理压力增大，教育医疗、城市交通、食品安全等领域还存在不少问题。对此，必须引起高度重视并切实加以解决。

二、2015年国民经济和社会发展计划主要目标

2015年是全面深化改革的关键之年，是全面推进法治绍兴建设的开局之年，也是全面完成“十二五”规划的收官之年。根据市委总体要求、“十二五”规划总体目标和《政府工作报告》总体安排，建议2015年绍兴市国民经济和社会发展主要预期目标安排如下：生产总值增长7.5%以上；一般公共预算收入增长7.5%以上；研究与试验发展经费支出占生产总值比例达到2.3%以上；固定资产投资增长12%以上；社会消费品零售总额增长11%以上；外贸出口增长7%以上；居民消费价格涨幅调控目标与省保持一致；城镇常住居民人均可支配收入增长8%以上，农村常住居民人均可支配收入增长9%以上；人口自然增长率控制

在2.29‰以内；城镇新增就业人数10万人，城镇登记失业率控制在3.2%以内；节能减排指标完成省下达任务。

为实现上述发展目标，要重点抓好以下工作：

1.深处着力推改革。一是启动杭州都市经济圈转型升级综合改革试点。在产业布局、界河治理、基础设施对接、社会服务共享等方面实施一批实实在在的改革项目。二是完善行政审批制度改革。加大简政放权力度，建立完善“四张清单一张网”；总结推广核准目录外企业投资项目不再审批试点，开展部分基础设施项目不再环评试点，实行企业“零地”项目不再审批等制度。三是激发市场主体创新活力改革。推广诸暨市“扩大民间资本进入社会事业领域”试点经验，鼓励民间资本进入基础设施和社会事业领域，完善工商注册制度改革。四是开展企业综合评价分类管理改革。充分发挥市场对要素配置的决定性作用，制定实施企业综合评价分类管理实施意见和相关专项政策意见。五是着力深化农村改革。基本完成农村土地承包经营权、农民宅基地使用权、农房所有权确权登记发证，全面完成农村集体资产股份制改革和乡镇农村产权交易平台建设。六是实施价格领域改革，更大程度让市场定价。加快各类省级改革试点，稳步推进政府机构改革和国企改革，有序平稳深化车改工作，完善社会信用体系建设。

2.开足马力扩投资。一是突出重点领域抓投资。抓大城市建设，统一规划建设中心城市重大基础设施和公共服务设施。抓水城建设，扎实推进“双百双千工程”建设。抓平台建设，充分发挥绍兴高新区、袍江开发区等四个国家级开发区和滨海新城省级产业集聚区的龙头带动作用。二是突出重点企业抓投资。区、县（市）和开发区要对龙头骨干企业开展经常性走访，对企业和项目进行“一对一”服务。落实好项目流转利益共享机制，鼓励龙头骨干企业进行兼并重组。三是突出重大项目抓投资。加强责任落实，对项目推进计划进行分解落实，明确责任人。加强督查协调，进一步完善各项考核、联系和推进制度，加强项目分类分级协调。加强通报考核，按月进行排名通报，加大重大项目建设考核力度。抓好重大项目谋划，建立重大项目前期工作机制和项目库。四是突出要素保障抓投资。开展重大项目与金融对接活动，探索推行PPP等投融资模式。积极争取列入省重点项目和省重大产业项目，优先保障重大项目用地需求。严格项目环保准入要求，优先保障重大项目环境容量需求。

3.齐心协力促融合。一是加快三区融合步伐。全面落实绍兴市城市发展战略纲要，制定出台促进三区融合发展政策意见和三年行动计划，优化中心城市产业布局，更好统筹教育、社保、卫生等领域政策。开展市直经济发展考核，激发市直经济发展活力动力。二是完善城乡基础设施建设。开工建设解放路南延、嵊州剡溪江沿线综合整治等工程，加快推进绍诸高速诸暨延伸线、03省道东复线诸暨段、36省道江拔线新昌段改建等工程，建成柯桥综合客运枢纽、上虞世纪新丘围垦、越兴路南延等项目。做好城市轨道交通1号线、金甬铁路绍兴段、杭温铁路绍兴段等项目前期工作。继续优质高效推进杭绍台高速各项工作，确保项目如期动工。三是促进城乡统筹发展。开展诸暨省级美丽县城建设试点，推进嵊新区域融合发展。加大店口、钱清、崧厦等17个小城市培育力度，规划建设一批特色小镇，加快推进美丽乡村“四级联创”。四是提升城市管理水平。巩固提升全国文明城市创建成果，大力整治城市乱象，强势推进“三改一拆”，积极实施交通治堵。

4.全员合力强招商。一是突出招商引资重点。以生命健康、高端装备制造、信息经济等为重点，组织召开专场推介活动，招引“实大高新”项目。继续加强与世界500强、央企、军企、民企500强等国内外知名企业的对接，争取实到外资8亿美元以上，确保越商回归实到资金200亿元以上。二是完善招商引资机制。把招商引资作为开发区的首要任务，实行项目和投资意向专人负责盯引制度，明确责任部门负责专门联系。健全市领导联系重大招商和回归项目制度，按月跟踪建设进度，完善回归工作督办协调机制。三是创新招商引资方式。开展产业招商、专业招商、情感招商等，继续探索中介专业机构合作招商模式。组织招商联络员队伍，建立招商联席会议制度，畅通信息双向流通渠道。四是优化招商引资环境。强化情感维系，促进市领导联系异地商会和知名越商制度常态化，组织开展 “十大优秀招商员”、“十大招商热心人”评选活动。

5.保持定力调结构。一是加快培育主导产业及重点产品。用好省扶持发展七大产业的政策机遇，做大高端智能装备、生命健康、高端纺织、信息经济、文化旅游等五大产业，加快培育十大重点产品产业链。推进工业化和信息化“两化”融合，坚决淘汰一批落后产能。二是加快发展现代服务业。大力发展高端新兴的生产性服务业和生活性服务业，推进服务业重点企业、重点项目、重点集聚区建设。深入推广“老绍兴、醉江南”旅游形象品牌。三是积极发展现代农业。加快农业科技创新，加强农田水利设施建设，加大农业园区建设力度，确保粮食播种面积218万亩以上。四是加快打造规模化企业集群。以培育超千亿“旗舰型”企业和超百亿“五型”企业为重点，加快形成规模化企业群体梯队。加快企业上市步伐，壮大资本市场“绍兴板块”。五是提振企业发展信心。加大金融支持实体经济力度，严格清理涉企收费，大力帮扶困难企业，治理恶意逃废债行为。

6.激活动力抓创新。一是重抓创新主体培育，深化国家创新型试点城市、国家知识产权示范城市创建，开展新昌县省级科技体制改革试点，提升各类研发机构的研发能力，重点培育科技领军企业10家、国家高新技术企业100家、省级科技型企业500家。二是重抓高新园区建设，培育发展区域性特色产业和主导产业，引导各类高新区转型发展、错位发展、特色发展。三是重抓产学研合作，按照“一个产业建一个研究院”的思路，加快建立“引进一个专家团队、结对一所重点院所、建立一个研发中心、开展一批关键共性技术攻关”的工作模式。四是重抓孵化器建设，深化科技金融结合，推进支持科技人员创业、民间资本投资科技领域创业、创业资本与科技成果相结合创业的“三创业”。

7.挖掘潜力拓市场。一是努力稳外需。指导企业用好用足各项外贸政策，组织引导企业积极参展，加快完善外贸服务平台，启动海关特殊监管区申报。适当调整外贸市场结构，优化出口产品结构，鼓励企业进口先进设备、关键原材料及高端生产性服务。支持有实力的企业到境外收购、整合知名品牌、先进技术和营销渠道。积极把握“一带一路”和长江经济带建设战略机遇，深化接轨上海、对接自贸区、与北京西城区合作交流的体制机制，做好山海协作和对口支援等工作。二是大力扩内需。深度挖掘消费需求和消费潜力，把握不断涌现和日益扩展的民生需求，大力发展电子商务，扩大信息消费，促进绿色消费，稳定住房消费，升级旅游休闲消费，提升教育文体消费，鼓励养老健康家政消费。优化消费环境，加快消费配套设施建设，引导传统消费业态转型升级。

8.尽心竭力惠民生。一是全力抓好民生实事。切实落实好2015年民生实事工作，确保完成与群众利益密切相关的各项任务。二是不断优化人居环境。深入推进“五水共治”，继续加强水环境治理；围绕“五气合治”，加快推进脱硫脱硝改造、黄标车淘汰；推广工业污泥、建筑泥浆、建筑渣土“五统一”管理制度；全面开展“四边三化”，推动 “森林绍兴”、“花卉绍兴”建设。三是促进城乡居民增收。完善职工工资正常增长机制以及最低工资、低保、养老金等联动增长机制，优化收入分配格局。四是加强就业和社会保障工作。完善各类创业就业政策，保持城乡就业稳定。加快社保扩面提质，健全基本民生保障安全网，推进保障性安居工程建设。五是加快社会事业发展。加快新绍兴一中建设，全面启动分级诊疗试点，健全养老服务体系，办好第27届中国戏剧梅花奖大赛。做好群众生活必需品市场供应，保持物价基本稳定。深入推进依法行政，加快建设法治政府。

（绍兴市发展和改革委员会供稿）

金华市国民经济和社会发展报告

一、2014年全市国民经济和社会发展计划执行情况

2014年，面对错综复杂的宏观经济环境，全市上下主动适应新常态，坚持稳增长、抓改革、促转型、惠民生、防风险，经济社会总体呈现“增长平稳、转型提速、环境优化、民生改善”的发展格局，较好地完成了年初人代会确定的目标任务。

——地区生产总值3207亿元，增长8.3%；

——一般公共预算收入268.9亿元，增长10.9%，高出8.5%的年度预期目标；

——社会消费品零售总额1593亿元，增长13.2%，高出13%的年度预期目标；

——固定资产投资1595亿元，增长16.9%；

——外贸出口总额397亿美元，增长22%，高出9%的年度预期目标；

——市区居民消费价格总指数同比上涨2.4%，控制在3.5%以内的年度预期目标；

——农村居民人均纯收入18544元，增长11.3%，高出10%的年度预期目标；

——城镇居民人均可支配收入39807元，增长9.4%；

——城镇登记失业率2.8%，控制在4%以内的年度预期目标；城镇新增就业7.6万人，高出6万人的年度预期目标；

——人口自然增长率为4.02‰，控制在6‰以内的年度预期；

——节能减排指标超额完成省定任务。

备注：在经济新常态下，金华市克服经济下行压力，地区生产总值、固定资产投资额、城镇居民人均可支配收入增速在全省分别位列第3、3、2位，尽管没有完成预期目标，但成绩得之不易。

（一）稳增长，保持赶超发展

全市28项主要经济指标中，有23项指标增速高于全省平均水平，有11项指标增速居全省前3位，其中5项指标增速居全省第1位，赶超发展态势明显。2014年全市实现生产总值

3207亿元，比上年增长8.3%，人均生产总值达到67621元（按2014年年均汇率折算为11008美元），增长7.8%。一、二、三产增加值占全市生产总值的比重由上年的4.6∶47.7∶47.7，变化为4.3∶47.1∶48.6。“十二五”规划主要指标体系中，除了三产比重和R&D两个指标外，其他30个指标都能超额完成或者基本完成。扩大有效投资扎实推进。固定资产投资增长16.9%，增速居全省第三。152个省重点建设项目完成投资294.5亿元，进度排名居全省第一。198个市区政府投资项目完成年度投资计划的90.5%，为历年最高。外贸出口增势强劲。实现外贸出口397亿美元，同比增长22%，其中以市场采购方式出口191.6亿美元。消费需求增长明显。“浙中购物”品牌影响力不断提升，全市实现社会消费品零售总额1593亿元，增长13.2%。

（二）调结构，促进提质增效

现代农业稳步发展。实现农林牧渔业增加值142亿元，增长1.8%，全市粮食播种面积为153.2千公倾，总产量88.4万吨。新建成省级现代农业综合园区3个、新增家庭农场1869家、市级以上林业龙头企业35家。工业经济结构调整优化向好。战略性新兴产业、高新技术产业、装备制造业在规上工业增加值占比分别为21.5%、30.3%、37.3%。工业技改投入42.2亿元，增长8.7%。提前并超额完成2014年淘汰落后产能工作任务。“两化融合”实施重点项目122个，总投资超过4亿元。服务业发展水平持续提升。第三产业增加值占全市生产总值的比重高于第二产业1.5个百分点，三产占比首次超过二产。11个省级服务业集聚区实现营业利润12.3亿元，缴纳税收43.1亿元。全市实现网络零售额942亿元，同比增长41%。成功争列全国首批“宽带中国”示范城市。金义都市新区“跨境通”日通关量突破4.5万票。

（三）抓改革，创新体制机制

政府职能切实转变。全市、市区“三公”支出分别下降38.6%、38%。“四张清单一张网”初步建成运行，下放204项行政审批事项，将投资项目从立项到开工期限控制在100日以内。建立健全政府性债务管理体制机制，建立政府向社会购买公共服务制度。8890便民服务平台顺畅运行。成功争创国家现代服务业综合试点城市，首批总投资494亿元的82个项目有序推进，实际投资54亿元。义乌国际贸易综合改革试点深入推进，个人跨境贸易人民币结算试点扩大至全市范围。农村“三权”制度改革加快推进。基本完成低丘缓坡综合开发利用试点土地报批，国有林场改革、智慧城市建设等改革试点工作均取得突破。永康市古山镇成功争列全省第二批小城市培育试点镇。对外开放新格局加速形成。市场采购贸易方式成功落地，浙中地区唯一一家保税物流中心——义乌保税物流中心（B型）正式封关运行，“义新欧”国际货运班列开通，国际航空口岸对外开放。

(四) 强统筹，推进城乡融合

切实做好“三江六岸”品质提升工作，八咏桥、五百滩公园建成投入使用。多湖中央商务区块征迁顺利推进，二七区块旧城改造启动。市区城中村改造安置房项目全力推进。浙中城市群金义东城际轨道交通线位用地控制规划完成，投融资方案初步确定。金华站北站房和北广场建设完成，杭长高铁开通运营。全力创建公交优先示范城市，市区首条BRT线路开工建设，投放公共自行车1.2万辆。美丽乡村建设投入6100万元，推进“中国传统村落”保护发展。在全省率先建立“五水共治”作战指挥室，749公里“黑臭河”整治基本完成。10个市界出境断面9个达到Ⅲ类标准，同比上升10个百分点，消灭县市劣Ⅴ类交接断面4个。市区PM2.5浓度下降8.6%。超额完成国家下达金华市的“十二五”落后产能淘汰任务和所有热电企业脱硫工程建设。编制完成《浙中城市群水资源配置规划》，完成市区生态环境功能区规划调整。

(五) 惠民生，提高社会福祉

全市民生支出267.4亿元，增长9.1%，民生支出占一般公共财政预算支出的比重达75.8%。全市共新增城乡社区居家养老服务照料中心1553家，金东区居家养老获评全国创新典型。新建成农村文化礼堂221家，4个项目列为国遗项目。6个县（市、区）顺利通过全国义务教育发展基本均衡县验收。新增2000万元资金支持基层医疗卫生机构发展，“20分钟医疗服务圈”的机构布局。第十五届省运会金牌、奖牌、总分全面超越上届。价格服务和监管进一步规范。

在肯定成绩的同时，我们也清醒看到，受复杂宏观经济环境影响，经济下行压力较大，结构性矛盾依然突出，转型升级任重道远；中心城市辐射带动能力不强，城乡统筹发展任务艰巨；市场经济主体经营困难加剧、居民增收难度加大、民生保障水平仍有待提高。

二、2015年全市经济社会发展主要目标和工作措施

2015年全市国民经济和社会发展计划主要目标安排如下：生产总值增长8%左右；；一般公共预算收入增长8.5%以上；社会消费品零售总额增长12%左右；固定资产投资增长15%以上；出口增长12%；市区居民消费价格总指数控制在103以内，城乡常住居民人均可支配收入增长9.5%以上，城镇登记失业率控制在4以内，研究与实验发展经费支出占GDP2%以上，新增城镇就业人数7万，人口自然增长率控制在5.5‰以下，节能减排指标完成省下达目标。

(一) 着力深化改革开放

进一步推进行政审批制度改革，深化完善“四张清单一张网”。继续深化工商登记便利化改革，开展中介机构市场化改革。加快社会诚信体系建设，进一步拓展“8890”便民服务内容。深化财政改革，编制好“十三五”规划纲要。继续推进义乌国际贸易综合改革试点，抓好全国现代服务业综合改革试点。抓好深化农村改革的重点工作。进一步加大破僵尸企业、破低效用地工作力度，完成省下达年度消化批而未供任务。探索能源要素市场化配置改革，逐步完善各地用能权有偿使用和交易机制。继续抓好低丘缓坡综合开发利用试点。积极拓宽融资渠道，提高直接融资额度。创新民营企业发展引导机制，推进“个转企、小升规、规改股、股上市”，引导鼓励民间资本办医、办学、办文化。全力做好丝路新区的战略谋划，做好“义新欧”文章，增加与“一带一路”沿线国家和地区的经贸往来，加快打造丝绸之路新起点。利用杭长高铁贯通契机，密切与上海自贸区的经贸往来。加快国际邮件互换局设立工作。积极申报金义综合保税区，加强金义“跨境通”平台建设。

(二) 着力促进转型升级

继续以农业“两区”为主战场，加大农业科技成果转化，确保全市粮食生产播种面积204.5万亩，总产量74.5万吨。推进农村土地流转机制创新。加快培育新兴产业，大力发展五大千亿产业；加快腾笼换鸟步伐，以能源“双控”优化用能，加强产业发展平台建设，强化创新驱动机制建设，加强招商引资，实施两化融合八大行动计划，积极参与应对企业“两链风险”解困工作。力争实现服务业增加值1600亿元。突出抓好“义乌购”等电子商务公共平台和物流配送网络建设，大力发展软件信息、物联网、云计算等产业，力争实现网络零售额1200亿元、软件与信息服务业营业收入400亿元。打响浙中旅游五大品牌，大力发展文化影视时尚产业，启动建设10个“特色小镇”产业项目。打响金华“浙中购物中心”品牌。鼓励商贸流通企业做大做强，引导传统商贸、餐饮和住宿等业态转型升级。不断提高外贸发展的质量和效益，提高中高端产品在欧美传统市场的销售比例。积极推广“市场采购”贸易方式。

(三) 着力扩大有效投资

围绕“一带一路”国家战略、“十三五”规划，着重在基础设施、生态产业、美丽金华、社会民生等重点领域，积极谋划储备一批投资额度大、带动作用强、支撑作用明显的大项目。围绕国家“7个重大项目包”，谋划申报一批规划项目和实施项目。国家级开发区、省级产业集聚区、金义都市新区要着力引进50亿元以上大项目。强化重点项目要素保障。推进银项合作及城投等企业债券发行；研究出台PPP模式推广政策。做好市统筹指标的用地安排，保障重大项目实施的空间需求，促进土地节约集约高效利用，全面推进“零土地”技改。完善投资项目用地、节能、环保、安全等负面清单和准入标准。增强重大建设项目决策的透明度和公众参与度。深入推进行政审批扁平化改革，提高审批效率。推行领导联系重大项目制度，开展难题交办和克难攻坚。

(四) 着力做强做精都市区

围绕“两美金华”、精品城市和新型城市化建设，三改一拆、气尘合治、五水共治、交通治堵等中心工作进行综合统筹。实施金华—义乌都市区规划纲要，推进多规合一、金义聚合、城乡融合。扎实推进金华市区7大区块、金义都市新区六大区块以及义乌丝路新区、陆港新区、科创新区等规划建设。着力推进多湖中央商务区建设，加快推进二七区块的征迁工作。大力实施浙中城市群建设三年行动计划，坚持交通先行特别是公交先行，强势推进治理城市交通拥堵，切实抓好快速公交停靠站建设。提升核心能级，大力推进旧城区和城中村改造。继续深化小城市培育试点，推进美丽乡村建设和森林城市（城镇）创建，启动建设20个“有故事的魅力乡村”。全面开展市区生活垃圾分类收集处理，继续抓好浙中城市群生态绿道建设工作，构建完善的信息网络，完善智慧信息基础设施。大力开展“五水共治”，深入推进“清三河”工作，做好污水分质提标和集中预处理工作。系统治理道路扬尘和汽车尾气，建立大气污染预警和应急响应机制，实现全年PM2.5平均浓度下降10%以上。切实抓好农业面源污染整治，到2015年底，基本完成规模畜禽养殖场治理任务。编制实施环境功能区划，严格落实节能减排目标责任制，完善排污权有偿使用和交易机制。

(五) 着力办好民生实事

完善城乡统筹的公共就业服务体系，做好高校毕业生和失业人员的就业工作；逐步构建城乡均等的公共创业服务体系。深化收入分配制度改革，确保城乡居民收入较快增长。提升社会事业发展水平。持续做好农村文化礼堂建设，鼓励社会力量、社会资本参与公共文化服务体系建设。健全养老服务体系，大力发展社会慈善。完善职工和城乡居民基本医疗保险制度，加强基层医疗机构基本建设。继续加强基层体育设施建设，积极开展全民健身活动。继续推进教育现代化县（市、区）创建工作、义务教育标准化学校建设工作，推动金华教育办出特色。加快现代社会组织培育和建设，强化网络舆情监管。加强市场价格和收费行为监管，保持物价总水平基本稳定。提高全民安全意识。

（金华市发展和改革委员会供稿）

衢州市国民经济和社会发展报告

一、2014年国民经济和社会发展情况

2014年，全市上下紧紧围绕“打造生态屏障、建设幸福衢州”，全面深化各领域改革，全力干好“四件大事”，深入推进“四个一”建设，经济运行稳中有进，社会事业全面发展，民生福祉持续改善，市人大六届五次会议确定的约束性指标全面完成，预期性指标除地区生产总值和城镇居民人均可支配收入外均如期完成。地区生产总值增长7.4%，一般公共预算收入增长10.4%，固定资产投资增长16.6%，社会消费品零售总额增长13.6%，外贸出口总额增长20.7%，城镇居民人均可支配收入增长9.3%；农村居民人均可支配收入增长11.2%；城镇新增就业3.6万人；节能减排完成省下达的指标。

(一) 经济运行稳中有进

全市生产总值呈现止跌企稳态势，多数经济指标增幅位列全省前列。强力推进“大干项目、干大项目”，精心组织“百亿项目”集中开工、月度专项督查、银项对接会等活动，积极扩大有效投资，优化投资结构。全年施工项目总数增长13.9%，生产性服务业投资增长31.2%，战略性新兴产业投资增长28.5%，民间投资增长21.4%，房地产投资保持平稳发展。招商引资引进项目224个，实际到位市外资金221.8亿元，其中10亿元以上项目16个，实际利用外资7009万美元。外贸进出口总额44.5亿元，增长17.8%。汽车、信息、旅游等消费热点持续涌现，新车上牌增长17.3%，汽车和石油产品销售额增长20.1%和16.8%。市内居民网上购买额56.2亿元，增长43.2%。财政金融运行总体平稳，财政总收入126.8亿元，增长7.3%，金融机构本外币贷款余额增长17.5%，增速全省第一，不良贷款率比年初下降。

(二) 经济结构调整优化

一、二、三产业分别实现增加值增长1.3%、7.2%和8.7%，三次产业结构为7.4：50.7：41.9，第三产业占比连续三年稳步提高。建筑业增加值增长8.1%。全面启动

"工业转型发展十大专项"、"百名局长服务企业"、"重点产业战略咨询"，完善工业项目决策咨询服务机制，构筑点、线、面相结合的企业精准服务体系。工业增加值491.7亿元，增长7.1%。规上工业产值1575.4 亿元。服务业投资增长23.6%，5个省级服务业集聚示范区和一批重点服务业项目建设稳步推进。编制完成国家休闲区战略规划和休闲旅游产业规划，国家东部公园建设形成合力，新增国家4A级景区4个，旅游总收入增长21.9%。累计建成"一村一品"专业特色村200多个，培育家庭农场4072家。新建粮食生产功能区7.44万亩，现代农业园区综合区3个、示范区2个、精品园5个。新增无公害农产品、绿色食品、有机食品117个。

（三）转型升级步伐加快

深入实施创新驱动战略。制定实施创新驱动发展生态体系建设纲要，全面推进"八倍增、两提高"科技服务六大专项行动，加快浙江中关村产业园等重大创新平台建设，鼓励产学研合作，开展科技金融合作试点，扶持企业自主创新。基本建成衢州海创园项目，建成省级重点企业研究院11家，专利申请和授权3957和2891件，其中发明专利申请和授权755和176件，新认定国家高新技术企业25家，战略性新兴产业和高新技术产业增加值增长10.8%和7.6%。扎实推进"四换三名"工程实施。开展"腾笼换鸟"试点示范，完成淘汰落后产能的企业91家，腾出用能空间27.6万吨标煤。完成以"机器换人"为主的技改投资增长21.7%。启动城镇低效用地再开发1524亩，盘活存量建设用地5025亩，消化批而未供土地5964亩。网络零售额增长78.1%。巨化、开山和创亿等三家企业被列入第一批省级"三名"工程培育试点。全面启动国家循环经济示范市创建。召开全市循环经济大会，编制落实实施方案，加快建设国家和省级园区循环化改造等一批循环经济项目，启动国家餐厨废弃物资源化利用试点。

（四）重点项目建设扎实推进

省市重点建设计划全面完成。全市列入省"411"有效投资重大项目41个，实现投资141.5亿元，完成省下达计划的123.7%。新增省重大产业项目16个。实施市重点项目328个，实现投资483.6 亿元，完成年度计划的125.1%，其中列入省重点形象进度计划项目93个，实现投资172.8 亿元。重大项目前期工作稳步推进，一批战略性重大项目取得明显进展。杭长客专、万九线、黄衢南高速开化互通与205国道连接线等交通项目建成通车，杭新景高速进展顺利，九景衢铁路实质性开工并基本完成土地征用，衢宁铁路开工建设，衢江抽水蓄能电站预可研通过审查。

（五）重点领域改革不断深化

各领域改革扎实有序推进，部分改革已取得阶段性成果。建立市区规划土地联席会议制度，推进城市总体规划用地范围内农村管理体制改革，构筑城中村改造政策体系，全面推行公寓式安置，创新“房票”安置模式。“四单一网”建设扎实推进，“四单”全面公开，浙江政务服务网衢州平台开通运行。完成绿色产业集聚区大部门制改革，构建“3+2”服务体系。深入开展衢州—巨化一体化发展工作。完成开化国家公园乡镇区划调整和行政管理体制改革。深入推进国资管理体制改革，成功发行企业债券15亿元。整合行政办公用房等政府资产，切实加强“资金池”管理。加快推进公务用车改革。全面深化农村产权制度改革。积极推进政策性农业保险，率先在全国建立病死猪处理和生猪保险双结合机制。

（六）城乡一体发展统筹推进

深入实施主体功能区规划，开展开化主体功能区建设和多规融合试点。完善城市规划体系，基本完成现代田园城市规划研究和中心城区空间发展战略研究，组织编制一批产业发展规划。强化科学有效管控，优化城市发展空间格局。全市城区建成区124.1平方公里。市区基本完成城市建设“十大专项”，全面开展公交优先示范城市创建。扎实推动县城和中心镇改革发展，启动实施经济强镇争先进位跨越发展行动计划。新增省级美丽乡村先进县1个、市级示范乡镇12个、精品村40个。两年累计改造旧住宅区、城中村、旧厂区1336万平方米，拆除违法建筑1193万平方米。低收入农户人均收入增长17%。

（七）社会事业全面发展

教育均衡发展扎实推进，6个县（市、区）全部接受省义务教育均衡县现场评估，柯城、衢江、开化、龙游通过国家认定。省义务教育标准化学校覆盖率提高到70.6%，15年教育普及率98.2%，高等教育毛入学率46.7%，高考第一批上线率创历史新高。“教育现代化九大工程” 深入实施。市工程技术学校新疆楼、实训楼竣工验收，市聋哑学校实训楼、体艺馆投入使用，市示范性综合实践基地、衢州一中综合楼等项目有序推进。促进民办教育发展。深入实施文化强市发展规划，组建广电传媒集团，儒学文化产业试验区列入国家示范试点。公立医院综合改革平稳推进，分级诊疗试点启动实施。市第三医院扩建项目基本完成，市中心医院、开化县第一人民医院等项目进展顺利。市区供水工程二期、城市展示馆等社会事业项目竣工投用。计划生育工作扎实推进，单独二胎政策全面落实。民政、国防动员、妇女儿童、残疾人和基础测绘等其它社会事业也都取得新成绩。

（八）生态文明建设持续推进

“五水共治”任务全面完成。完成水库除险加固24座、河堤加固86.9公里、河道整治疏浚329.3公里、黑臭河治理511公里，消灭垃圾河477.8公里，新增改善灌溉面积6.6万亩，新建城镇污水管网268.8公里，建成供水管网119.9公里。地表水功能区水质达标率

95.2%，县级以上集中式饮用水源地水质达标率100%，出境水质符合功能区要求。实施大气污染防治三年行动计划。扎实推进高污染燃料禁燃区建设。实施工业挥发性有机废气深度治理工程56个，淘汰黄标车8657辆，淘汰6蒸吨以下小锅炉71台。市区空气质量达标率79.6%，PM2.5平均浓度下降16.2%。落实主要污染物总量指标量化管控制度，推进143个重点减排项目实施。加大印染、造纸、制革、化工四大重污染高耗能行业整治提升。

（九）民生保障不断加强

全市财政民生支出139.1亿元，增长17.1%，为民办实事任务较好完成。整合了城乡统一的居民基本医疗保险制度，实施城乡居民大病补充医疗保险和职工医疗互助保障制度。企业退休人员基本养老金标准月人均提高242元，城乡居民基础养老金最低标准提高至每月100元。社会保险参保人数超额完成年度计划。新增参保企业养老保险6万人、职工基本医疗保险3.6万人、工伤保险1万人、生育保险1.8万人、失业保险1.4万人。城镇和农村居民最低生活保障实现应保尽保。新增开工建设保障性住房5328套、城镇居民住房保障1781户、公共租赁住房租赁补贴发放349户。新解决农村安全饮用水12.1万人。安全生产连续十年实现三个“零增长”目标。

在肯定成绩的同时，也要清醒地看到，2014年衢州市经济增长中枢下移，地区生产总值（包括农业和工业增加值）与城镇居民人均可支配收入等两个指标没有完成年度预期目标。

二、2015年经济社会发展主要目标

建议2015年衢州市经济社会发展主要目标如下：全市生产总值增长7.5%，其中：一产增加值增长1%；二产增加值增长7.5%，工业增加值增长7.5%；三产增加值增长8%；固定资产投资增长15%；一般公共预算收入增长7.5%；社会消费品零售总额增长11%；外贸出口总额增长7.5%；城镇和农村居民人均可支配收入分别增长9%和10%；城镇登记失业率控制在4%以内，新增城镇就业2.5万人；人口自然增长率控制在5.27‰以内；节能减排确保完成省下达的指标。

三、2015年经济社会发展主要任务和工作措施

（一）坚持科学发展道路，努力谱写规划引领发展新篇章

深化完善规划管理体制机制。用好中心城区空间发展战略规划成果，战略谋划市区主体空间发展，战略统筹市域一体空间发展，战略研究四省边际综合交通发展。加强规划综合管理，促进“多规融合”。努力完成“十二五”目标任务。科学谋划“十三五”发展蓝

图。全面推动规划编制工作有力、有序进行。

(二) 坚持推进产业转型，努力促进经济回升发展新态势

以三大“试点市”创建为主抓手，积极培育发展新型农业经营主体，大力提高“一村一品”、家庭农场发展水平，不断完善多元化、多形式、多层次的农业经营性服务组织。深入实施生态循环高端农业发展规划，做大做强特色优势产业，发展休闲观光农业，打造全国绿色有机农产品基地。扎实推进工业“十大专项”，加快传统产业转型提升和新兴产业培育发展。优化绿色产业集聚区功能布局。引导一批企业成为行业整合者，培育一批创新型企业，推动一批企业战略重组，帮扶一批企业走出困境，倒逼一批企业转型盘活。全力推行工业企业差别化绩效考核体系，深入实施“四换三名”。制定实施促进服务业发展政策。完善服务业发展空间规划，创新服务业项目决策咨询机制。大力促进省级现代服务业集聚示范区建设，加强服务业重点企业扶持培育，引进建设一批服务业重点项目。全面实施国家休闲区战略规划和休闲旅游产业规划，推进开化国家东部公园建设。

(三) 坚持加大创新投入，努力构建科学跨越发展新格局

继续以省市重点项目为抓手，组织实施一批大项目、好项目。深化重大产业项目谋划，厘清“产业图”和“招商图”，谋划建设产业项目，努力培育一批大企业、带动一个大产业。深入推进“大干项目、干大项目”，狠抓项目谋划和项目前期，加大督查和协调力度。加强招商力量的有效整合。突出抓好企业招商。拓展重点区域招商。不断深化资源招商力度。实施创新驱动行动计划。建好高端创新平台。健全和完善招才引智工作机制。

(四) 坚持统筹城乡发展，努力展现互动并进发展新面貌

以城乡体系的规划建设为引领，以产业发展、公共服务、农民进城为支撑，着力推进要素双向流动、产城融合发展、城乡空间重构、社会转型提升。坚持城市规划、建设、管理一起抓，围绕建设现代田园城市，全面实施城市建设新“十大专项”，完善基础设施配套提升，建立城市精细化管理制度，全面推进智慧城市建设。实施美丽县城建设行动计划，促进中心镇发展，推进基础设施和公共服务向农村延伸，引导农民集聚、产业集群、资源集约。实施集镇跨越发展行动，创新农民搬迁安置方式，加快规模搬迁小区建设。全力打造美丽乡村精品线，加快历史文化村落保护利用，推进乡村休闲产业改造提升。

(五) 坚持深化改革开放，努力开创充满活力发展新局面

深化“四单一网”建设，完成公务用车制度改革。继续推进投融资体制改革，深化国资管理体制改革，支持非公有经济健康发展，鼓励社会资本参与经营性公共服务基础设施建设。扩大资源要素市场化配置改革范围。加快绿色金融综合改革，建立事权和支出责任相适应的现代财政体制、规范合理的政府债务管理和风险预警机制。深化农村产权制度

改革。加快社会事业领域改革。大力推进企业上市，积极发行企业债券。加快引进各类金融机构来衢州市设立分支机构。引导金融机构支持实体经济发展。加强出口基地和品牌培育，拓展出口产品和出口市场，大力发展跨境电子商务，鼓励高端装备、能源资源进口。创新外资利用方式，积极主动融入“一带一路”战略。

(六) 坚持以民为本理念，努力形成共享和谐发展新气象

全面开展惠民工程。深入推进为民办实事工程。继续完善就业创业政策和公共就业服务平台，开展就业困难群体帮扶，扶持市民开展自主创业。完善生育保险政策，实现大病保险市级统筹。开工保障性安居工程4300套，竣工2005套，交付入住1458套，新增公共租赁住房货币补贴636户。全面建设生态文明。扎实推进国家环保模范城市、国家循环经济示范市创建及全国水生态文明城市建设试点工作。认真实施能源消费“双控”。构建最严格的智慧环保监控体系，建立最严密的环保巡查制度，执行最严厉的环保惩处措施。完善主要污染物总量控制制度。全力实施生态环保“十大专项”，持之以恒抓好“五水共治”、“三改一拆”、“四边三化”、“双清”行动、砂石资源整治和 “四大森林”建设，争取基本完成高污染燃料禁燃区创建工作。全面推进教育现代化，发展合作办学，努力实现教育资源配置的最大化、最优化，加快义务教育均衡发展，推进高等教育和职业教育特色发展，促进特殊教育提升发展。深化公立医院和基层卫生综合改革，开展卫生强市创建工作，加强传染病综合性防控和公共卫生应急处置。加快推进养老服务体系建设。推进“平安衢州”建设，完善社会治安防控体系，做好防灾救灾减灾，加强食品药品和安全生产监管，支持国防建设，推进军民融合发展。

（衢州市发展和改革委员会供稿）

舟山市国民经济和社会发展报告

2014年，全市上下按照市委“勇担使命、四干兴舟”和“进中求快、快中求好”工作要求，深入实施新区建设三年行动计划，全力推进经济社会发展各项工作，全市经济社会保持了平稳较快的发展态势。GDP、固定资产投资、规上工业增加值等主要经济指标增速位居全省首位。

一、经济运行总体良好，增长质量稳步提高

经济平稳较快发展。全年实现地区生产总值1021.7亿元，增长10.2%。其中，一产增加值100.8亿元，增长5.9%；二产增加值430.1亿元，增长11.4%；三产增加值490.8亿元，增长10.0%。全市海洋经济总产出达到2435亿元，增长15.1%；海洋经济增加值达到713亿元，增长12.8%。

财政收入平稳增长。全市实现财政总收入148.9亿元，增长8.4%；其中，公共财政预算收入101.0亿元，增长9.1%。国内增值税、改征增值税、企业所得税、个人所得税分别增长2.1%、9.4%、25.9%和1.9%，营业税下降1.6%。非税收入12.4亿元，增长14.5%。

节能减排有序推进。全市单位GDP能耗、化学需氧量、氨氮排放量、二氧化硫排放量、氮氧化物排放量均顺利完成省下达目标。国家环保模范城市创建通过环保部技术评估。市区空气质量优良率达到94%，PM2.5监测结果达标率为95.9%。

二、主要产业平稳发展，转型升级步伐加快

工业较快增长。全市规上工业实现总产值1524.3亿元，增长13.0%；规上工业实现增加值316.6亿元，增长12.3%。规上工业中新产品产值237.4亿元，增长40.1%，增幅高于规上工业27.1个百分点；装备制造业和战略性新兴产业产值分别增长12.2%和15.9%。特别是船舶行业结构调整步伐加快，7家企业进入全国造船行业“白名单”，削减造船产能107万

载重吨，8家龙头企业造船完工量、新接订单、手持订单占全市总量都达到94%以上，新接订单中集装箱、海工装备等高附加值订单占比提高到35%以上，20余个首制海工产品开工建造。

服务业发展良好。全市实现港口货物吞吐量3.47亿吨，增长10.6%。集装箱吞吐量完成74.92万标箱，增长29.8%。全市海上运力达到542.8万载重吨，比年初增11万吨。全市旅游接待人数为3398万人次，增长10.8%；实现旅游总收入338.4亿元，增长12.8%。

渔农业保持平稳。全市实现渔农业总产值199.5亿元，增长6.5%。水产品总产量167.3万吨，增长7.7%；其中远洋渔业产量39.3万吨，增长32.7%。建成省级现代农业综合园区和特色农业精品园各1个、省级现代农业主导产业示范区2个。

海洋科技创新加快推进。海洋科学城核心区块建设加快推进，网易舟山研发中心等项目启动建设，北京大学海洋研究院落户新区。组织实施市级以上科技项目552项，其中国家级32项，省级278项。申请和授权专利数分别增长38.2%和23.0%。实施人才安居工程，引进科技创业领军人才项目12个，引进新区高端紧缺人才49名，省“百人计划”作用明显。

三、投资保持较快增长，消费市场较为平稳

投资保持较快增长。全市完成固定资产投资961亿元，增长28.1%。其中，工业投资292.9亿元，增长21.9%；基础设施投资388.6亿元，增长17.8%；房地产开发投资225.8亿元，增长57.0%。重点建设项目进展顺利，40个省重点项目完成投资155亿元，超额完成年度计划29%。浙能六横电厂、多端柔性直流输电示范工程、国际邮轮码头等建成投用，观音文化园、秀山大桥等开工建设，光汇万吨级码头、舟山电厂二期“上大压小”、大陆引水三期等重大项目获得国家发改委核准或批复。

消费市场较为平稳。全市实现社会消费品零售总额376.6亿元，增长13.5%。限上批发零售业实现销售额1156.4亿元，增长41.3%；限上住宿餐饮业实现营业额21.5亿元，增长4.4%。大宗商品交易中心规模效应逐步显现，完成线上交易15566亿元、线下实体贸易252亿元，分别增长121%和116%。

四、外贸出口下滑明显，金融物价平稳运行

外贸出口下滑明显。全市实现外贸进出口总额123.3亿美元，出口57.8亿美元，分别下降2.7%和13.2%。其中，船舶出口21.2亿美元，增长2.8%；油品出口21.03亿美元，下降34.6%；水产出口8.3亿美元，增长3.1%。

金融物价平稳运行。金融机构融资总量余额达到2577.4亿元，比年初增加139.7亿元。

金融机构本外币贷款余额1453.7亿元，比年初增加120.4亿元；金融机构表外融资业务余额248.6亿元，比年初减少85.2亿元。拓宽直接融资渠道，发行企业债、私募债、中期票据等59.3亿元。全市居民消费价格上涨1.7%，其中，服务项目价格指数上涨2.2%，消费品价格指数上涨1.4%。

五、改革开放深入推进，招商引资成效明显

改革开放深入推进。开展“四张清单一张网”建设，市级部门行政权力和审批管理事项分别精简52.7%和16.1%，企业投资负面清单、财政专项资金管理清单和责任清单向社会公布，政务服务网投入运行。开展企业投资项目“零审批”“零收费”试点，商事登记“四证联办”全面推行。“大市场”监管、陆上综合行政执法、海上综合行政执法等行政管理改革取得实效。出台全面深化渔农村改革、加快推进新区城乡发展一体化政策意见，60%渔农村（社）完成股改，新型户籍管理制度改革试点推进实施。完善港口岸线、海域使用权统一收储制度和市场化配置机制，成立海域海岛使用权储备交易中心和海洋资源收储公司。积极向上争取政策支持，新区规划中相关政策已基本落实10项，积极筹备第一次新区建设部省际联席会议，开展舟山江海联运服务中心建设谋划。综保区本岛分区实现封关运作，建立大通关模式，累计引进企业1107家，完成注册1009家，注册资金150亿元。保税燃料油供应取得突破，一船多供、跨关区燃油直供、同税号下混合调和等政策落地，完成直供量66.5万吨、结算量337.2万吨，分别增长62.2%和17%。扩大开放水陆域面积20.29平方公里，成为全国首批进口粮食指定口岸。

招商引资成效明显。完善招商政策，整合充实专业招商组力量，先后组织“新区新年恳谈会”、“新区浙商座谈会”、“加快新区建设大会”等招商推介活动。抓好招商项目库建设工作，目前全市汇总招商引资重点项目156个，涉及金额2866.4亿元；其中签约项目70个，协议金额1136.5亿元。全市全年实际利用市外资金402亿元，超额完成年初目标。浙商回归引进项目到位资金115.8亿元，山海协作项目到位资金185.1亿元，分别完成年度目标任务的105.3%和308.5%。

六、社会民生持续改善，城乡统筹加快推进

居民收入平稳增长。全市城镇常住居民人均可支配收入41466元，增长9.7%；渔农村常住居民人均可支配收入23783元，增长11.1%。城乡收入比为1.74:1，均衡度处于全省领先水平。

就业和社会保障工作扎实推进。全市新增城镇就业人员11762人，引导和帮助4005名城

镇失业人员实现再就业，城镇登记失业率为2.71%；“零就业”家庭动态归零。推进被征地农民养老保险转轨，城乡居民基础养老金每月增长到125元，实现城乡低保标准一体化。全面实施城乡居民大病保险制度，提高大病患者报销比例10个百分点。全市养老保险、医疗保险、工伤保险、生育保险参保人员总数分别达到73.66、94.9、29.35、19.7万人，新增参保人数17911、5834、10438、7148人。

社会事业全面发展。推进社会事业投入多元化，出台了扶持民办教育、医疗和养老机构的政策意见。基本实现义务教育基本均衡市创建目标，新区旅游与健康职院（筹）正式开学，舟山技师学院完成主体工程。成功创建省卫生强市，公立医院综合改革深入推进，上海瑞金医院舟山分院成功落户。“单独两孩”政策稳步实施。舟山博物馆完成布展开馆，海洋数字图书馆和网上方志馆开通运行，市民大讲堂、公民素质讲习所等影响力不断扩大。省海洋运动基地建设扎实推进，学校体育场地设施全面向社会开放。优先发展公共交通，全面实行公交一小时免费换乘。建成保障性住房7248套，廉租房保障范围继续扩大。以清河净水为重点的五水共治顺利推进，82条100公里垃圾河清理全面完成，70条118公里黑臭河有效整治，新增渔农村生活污水治理受益户21047户。提前完成“三改一拆”三年任务。加强社会治安防控体系建设，普法、信访、调解等工作成效明显，群众安全感居全省前列。加强油库管线、水路货运船舶安全专项整治，安全生产主要指标继续实现零增长。民族宗教、妇女儿童、慈善事业、扶残助残、军转安置、优抚双拥等工作取得新成绩。

在肯定2014年舟山市国民经济和社会发展情况总体良好的同时，也要清醒地看到全市经济社会发展中还面临着诸多困难和问题：一是企业生产经营受到市场需求低迷、综合成本上升以及融资难、资金紧张等因素影响，效益依旧不容乐观；二是投资结构不够合理，制造业投资仍然不快，房地产投资后续支撑不足，部分重大项目受到政策处理、要素保障、前期审批、业主自身等各类问题影响推进速度不快；三是主体税种增速放缓，房地产税收下降使得财政增收乏力，收支平衡压力依旧不小。四是社会建设和社会管理还存在不少薄弱环节，社会保障、公共服务和食品安全等与群众要求还有不少距离。对于这些问题，我们要高度重视，积极采取有效措施努力加以解决。

2015年是新区三年行动计划实施的冲刺之年，是“十二五”规划收官之年，也是“十三五”发展的谋划之年。2015年需要完成GDP增长9%以上、固定资产投资完成1150亿元等主要目标任务。要着重抓好以下几项工作：

一是抓好舟山江海联运服务中心建设“一号工程”。全力争取舟山江海联运服务中心建设列入长江经济带发展规划，早日获批建设方案，落实支持政策。推进金塘大浦口集装箱项目建设，力促鼠浪湖矿砂、光汇油品、黄泽山油品等项目建成投产，加快华泰石油储运中转、册子实华二期等项目进度，推进马迹山三期、六横煤炭二期等项目前期工作。在充分尊重民意、实行最严格的环保准入和监管措施的前提下，发展绿色生态、国际一流的石化产业。建设江海联运公共信息平台、航运电商物流服务平台，承接国家交通运输物流公共信息平台，筹建中国船级社江海联运（舟山）社。建成运行浙江石油化工交易中心，做大做强煤炭、粮食、远洋水产品和石油化工等特色交易，积极争取舟山大宗商品交易中心获国家授牌。推进六横公路大桥建设相关工作，开工建设富翅门大桥，加快秀山大桥等工程建设，全力争取舟山本岛—岱山—洋山—上海的北向大通道和甬舟铁路列入国家“十三五”规划，推进普陀山机场的扩能改造和空港开放，推进蛇移门航道、条帚门外锚地等建设。

二是深入谋划“十三五”发展。积极对接国家长江经济带、“21世纪海上丝绸之路”战略和国家、省“十三五”规划编制，争取将一批重大项目、重大工程、重大政策列入到国家“十三五”规划、“一带一路”、长三角城市群等相关规划和省“十三五”规划。在“十三五”规划基本思路和一批前期研究课题基础上，起草全市“十三五”规划纲要，组织有关部门开展一批市级“十三五”重点专项规划编制工作。形成全市完善的“十三五”规划体系，成为指导舟山市“十三五”时期发展、具有较强可操作性的五年行动计划。

三是扎实推进重点领域和关键环节改革。要坚持问题导向，把提高改革方案质量、抓好改革措施落地放在更加突出位置。深化行政审批制度改革，完善“四张清单一张网”，全面实行“零地”项目政府不再审批、企业独立选址项目高效审批，建立健全事中事后监管制度。推进行政执法体制改革，扩大综合行政执法领域，深化海洋综合行政执法改革试点，探索市区行政执法队伍扁平化改革。稳步推进政府管理市场化改革，探索公共服务供给主体多元化，全面完成公务用车制度改革。深化要素配置市场化改革，实行要素分层定价制度和企业分类指导制度，加强产出综合绩效评价。深化投融资体制改革，推进国有企业、国有资产整合重组，积极引进保险、证券、基金、融资租赁等金融机构，扩大资本市场融资规模，筹建民营银行、金融租赁公司、海洋开发保险公司和海洋证券公司。加快推进城乡一体化发展改革，全面完成渔农村集体资产股份合作制改革，积极推进“三权到人（户）、权跟人走”的农业产业制度改革，开展户籍制度改革试点。

四是着力保障和改善民生。继续深入推进城乡基本公共服务均等化，加大民生社会事业的投入，让老百姓享受新区发展的成果。实现学前教育公益普惠化发展，高标准推进义务教育均衡化，确保浙江大学海洋学院如期开学、新区旅游与健康职业学院顺利摘筹、舟山技师学院工程建成投用，支持浙江海洋学院争创海洋类大学。深化公立医院改革，推进市级优质医疗资源下沉，构建科学合理的分级诊疗机制，完善基层医疗卫生机构运行新机制，建设海洋健康城市。全面推进“淘文化”平台建设，办好第九届舟山群岛·中国海洋文化节，积极推进国有经营性文化单位改革，促进文化体育产业加快发展。推进社会保险的全覆盖和逐步并轨，做好被征地农民养老保险转轨工作，建立渔民养老保障制度，全面推进老年捕捞渔民发放生活补贴政策。完善养老服务保障体系，鼓励社会力量参与养老。加快推进拆迁安置房、保障房建设和农房改造，抓好“菜篮子”、“米袋子”工程，加强食品质量安全及物价监管。坚持优先发展城市公共交通，深化交通治堵工作。深化“网格化管理、组团式服务”，推进便民服务事项进社区，完善基层社会治理机制。完善信访工作制度，完善矛盾纠纷大调解机制，加强流动人口和特殊人群服务管理。构建立体化社会治安防控体系，加大安全生产执法和重点领域安全生产整治力度，推进气象防灾减灾体系建设。做好民族宗教、老龄、残疾人、妇女儿童、共青团、工会、红十字、慈善、志愿服务等工作。推进军民融合示范区建设，争创全国双拥模范城。

（舟山市发展和改革委员会供稿）

台州市国民经济和社会发展报告

一、2014年国民经济和社会发展基本情况

2014年，面对需求减弱、经济发展放缓的严峻形势，全市牢牢把握稳中求进总基调，坚持改革率先、工作争先、实干当先，坚定不移稳增长、调结构、促改革、惠民生，经济社会发展总体呈现“运行平稳、质量提升”的基本特征。

(一) 经济运行总体平稳

经济增长保持稳健。全市实现地区生产总值3387.51亿元，同比增长7.5%，增速逐季回升。全年一、二、三产分别增长2.1%、7.1%、8.7%。投资继续保持较快增长。固定资产投资增速居全省第2；工业投资增长20%，增幅居全省第3。消费市场态势良好。限额以上社会消费品零售总额增长14.5%，居全省第2。实现网络零售额增长80.3%，限额以上汽车消费增长15.3%。金融运行亮点突出。金融机构本外币存贷款余额增幅分别为8.7%和13.1%，增幅居全省前列；贷款不良率为1.19%，远优于全省平均。市场活力进一步释放。新增各类市场主体7.2万户，公司制企业增长116%。

(二) 转型升级步伐加快

倒逼转型“组合拳”成效明显。“四换三名”稳步推进，列入省“机器换人”重点项目数量全省第3。“三改一拆”深入推进，拆违面积连续两年居全省第1。“五水共治”扎实开展，在全省率先完成垃圾河清理。沿海开发加快推进。海洋经济完成投资345亿元；66个项目列入省海洋经济重大项目年度计划，项目数全省第3。玉环大麦屿港启动对台货运直航，大陈岛成为省级海峡两岸交流基地。工业转型持续深化。规上工业增加值增长6.3%，其中战略性新兴产业增长8.4%，高新技术产业增长9.1%，装备制造业增长6.5%。新产品产值率达29.7%；新认定国家级高新技术企业68家、国家企业技术中心2家。全面启动省级循环经济示范城市创建，浙江化学原料药基地椒江区块列入省级循环化改造示范试点。现代服务业加快发展。三产占GDP的比重达46.7%，占投资的比重达57.9%，占财政收入的比重

达41.4%。台州市成功列入第二批国家电子商务示范城市。台州先进制造业服务集聚区、黄岩模塑产业服务平台集聚区成为省级服务业集聚示范区20强。新设小微企业金融服务专营机构32家，村镇银行实现县域全覆盖。全年实现旅游总收入增长18.3%。港口货物吞吐量增长7.5%。农业现代化建设扎实推进。全市新建成粮食生产功能区8.82万亩、省级现代农业综合区3个、主导产业示范区3个、特色农业精品园10个。

(三) 重大项目扎实推进

重点项目加快建设。省重点建设项目实现投资147亿元，完成年度计划的134%；市重点建设项目实现投资466.8亿元，完成年度计划的114.3%。108个项目列入省"411"重大项目计划，全年实现投资366亿元，完成年度计划的134%。一批项目基本建成。头门港实现开港，沿海大通道、椒江二桥、104国道改建天台段全线通车。一批项目加快建设。三门核电一期、台州第二电厂一期等进展顺利；内环路、栅岭汪排涝调蓄工程等积极推进；吉利V汽车、巨科铝轮毂等项目加快建设。一批项目顺利开工。沿海高速台州段、方溪和盂溪水库大坝主体工程、广汽吉奥、海正海诺尔项目等开工建设。前期工作有序推进。金台铁路及头门港支线可研报告通过评审；市域铁路网列入《浙江省都市圈城际铁路近期建设规划》，并获国家发改委批复；杭绍台高速工可获批；北车台州配套产业园项目签约。

(四) 城乡建设稳步推进

城市新貌逐步显现。中央商务区框架逐步形成，三家城商行金融大楼建成；植物（雕塑）园、飞龙湖、江北商务区、委羽山新区、高铁新区稳步推进。节能减排成效明显。实施减排项目284个，关停印染、造纸、制革、化工企业125家，整治272家重污染企业，整改、停产、取缔、关闭涉污企业1834家。关停淘汰燃煤小锅炉218台。淘汰黄标车及老旧车3.99万辆。碳减排工作加快启动。完成全市2010—2013年温室气体清单报告编制和评审；完成椒江区（试点）清单报告编制、评审。新农村建设稳步推进。建成23个市级美丽乡村建设精品村、9条美丽乡村精品线。

(五) 改革开放不断深化

行政审批制度改革深入推进。"四张清单一张网"加快建设，市级行政审批事项减少至4702项，非行政许可审批事项全面取消。国家级试点争创加快推进。创建国家民间投资改革创新示范区总体方案已上报至国家发改委。小微企业金融服务改革创新试验区国家级试点创建方案，已报至国家相关部委；信保基金和金融服务信用信息共享平台建成运行。小城市和中心镇培育稳步推进。积极探索建立中心镇经济社会发展统计制度。金清镇成功入围省第二批小城市试点。投融资改革有效开展。直接融资规模达142.6亿元，新上市企业3家，新三板挂牌4家；台基投、玉环、三门成功发行企业债券27亿元。组建市金融投资公司、铁路建设投资公司。公共资源配置市场化改革扎实推进。制定出台《台州市公共资源交易管理暂行办法》等系列文件，开展财政专项资金竞争性分配改革试点。招商引资成效明显。成功举办“世界500强及跨国公司台州行”、台州社会办医项目上海推介会等活动，全年引进省外到位资金200多亿元。

（六）社会民生保障有力

就业社保扎实推进。全年新增城镇就业9.42万人。年末城镇职工基本养老保险、基本医疗保险、失业保险参保人数分别达181.2万人、136.2万人、37.02万人。建成城乡社区居家养老服务照料中心1574个。大力推进教育均衡。教育阳光招生常态化，建成学前教育合格乡镇21个，新增省义务教育标准化学校132所。卫生事业稳步提升。积极探索混合所有制医疗机构，市立医院与上海复星集团医养结合项目正式签约。恩泽医院建成投运。市公共卫生中心、市妇幼保健院开工。文体事业繁荣发展。成功举办全省农村文化礼堂建设工作现场会。第十五届省运会台州市的金牌数和奖牌数均列全省第5。进一步强化价格监管。出台市区农副产品平价商店建设方案，建成第一批11家。在省内率先实行天然气阶梯价格，并建立上下游联动机制；全市范围内全面实行城市供水阶梯价格制度。

在全市的共同努力下，2014年经济社会发展总体平稳。但在肯定成绩的同时，也要清醒地看到，仍存在不少问题和困难。一是部分指标完成不理想。二是企业经营困难。三是财政增收前景不容乐观。四是投资后劲面临考验。五是生态环境、节能减排减碳、社会民生等任务依然艰巨。对此，我们要高度重视，切实采取措施，认真加以解决。

二、2015年台州市国民经济和社会发展主要预期指标

2015年是“十二五”收官和“十三五”谋划的关键一年。在充分考虑“新常态”下发展环境、增长潜力和现实需求，建议2015年台州市国民经济和社会发展计划的主要预期指标安排如下：

（一）关于经济增长指标

全市地区生产总值增长7.5%左右。固定资产投资增长13%以上。社会消费品零售总额增长11%以上。外贸出口增长6%以上。

（二）关于结构调整指标

全市一产增加值增长2%左右；二产增加值增长7.5%，其中工业增加值增长7.5%左右；三产增加值增长8%左右；单位生产总值能耗和化学需氧量、二氧化硫、氨氮、氮氧化物排放量分别完成上级下达目标。

(三) 关于收入增长指标

全市城镇、农村常住居民人均可支配收入分别增长8%以上、9%以上。地方财政收入增长7.5%左右。

(四) 关于民生保障指标

全市城镇新增就业人数5万人，城镇登记失业率控制在4%以内；人口自然增长率均控制在6‰以内；居民消费价格指数控制在3%以内。

三、2015年全市经济社会发展的主要任务和措施

2015年，台州市国民经济和社会发展工作的总体思路是：全面贯彻党的十八大、十八届三中、四中全会和习总书记系列重要讲话精神，以“八八战略”为总纲，认真落实市四届四次党代会决策部署，主动适应经济发展新常态，积极融入国家战略新布局，围绕打造“一都三城”新目标，坚持稳增长、调结构、抓改革、治环境、惠民生、强法治，努力完成“十二五”规划目标，为“十三五”发展打下坚实基础。

为此，今年全市经济社会发展的主要目标任务是：

一是着力深化改革驱动，在激发市场活力上取得新突破。发布政府核准的投资项目目录（2015年本），深化民间投资改革创新，推动“大众创业、万众创新”；深入推进投融资体制、城乡体制、信用体系、资源要素价格、公车等改革。

二是着力强化投资拉动，在优化投资结构上取得新突破。力争固定资产投资超2000亿元，增长13%以上。坚持重大项目带动，省重点工程投资预安排超150亿元，增长30%以上；市重点工程投资预安排超440亿元，增长15%以上。坚持投资结构优化，争取生产性服务业投资增长20%以上，工业技改投资增长20%以上，民间投资比重提高1个百分点左右。

三是着力多元创新牵动，在培育新增长点上取得新突破。大力培育信息、环保、健康、旅游、时尚、金融、高端装备、新材料等新兴产业，确保战略性新兴产业发展快于规上工业。四是着力低碳循环推动，在治理生态环境上取得新突破。温室气体清单编制实现市县全覆盖，推行重点企事业单位碳排放报告制度，探索建立碳排放总量分解及考核机制。新增光伏发电10万千瓦、风电7.8万千瓦，淘汰燃煤锅炉400蒸吨以上。

五是着力国家战略带动，在对外开放上取得新突破。积极对接并参与“一带一路”、“长江经济带”建设，研究谋划一批重大项目、重大工程、重大政策，系统推进“一都三城”实施方案和项目建设，争取更多项目、工程纳入国家战略。

六是着力社会事业联动，在推进新型城市化上取得新突破。启动“基本公共服务均等化提升工程”。加快小城市和中心镇、特色小镇培育，争取开展市级小城市试点。

重点抓好以下六方面工作：

(一) 突出港湾都市区引领，推进市域统筹融合

一是积极对接重大战略。把握国家和省里的重大战略方向，主动做好“一都三城”与“一带一路”、“长江经济带”、“长三角城市群”等国家、省重大战略的衔接，确保更多台州的内容列入更高层面的规划和计划，努力争取内容进规划、项目进本子、资金进笼子。

二是着力统筹市域发展。将“一都三城”发展定位落实到具体项目和各项工作上，促进铁路、公路、水运、航空、管道 “五网融合”。不断强化中心城市在金融、教育和科技等方面的服务水平和能力。加快“县域经济”向“市域经济”提升发展。

三是加快提升发展平台。加快台州湾循环经济产业集聚区建设，积极打造北车配套产业园、南洋新材料产业园，加快做好中小企业创业园、小微企业科创园招商。依托头门港开港和港区二期建设，推进港口开发运营一体化，抓紧研究头门港保税区申报。推进玉环大麦屿与台湾基隆车渡直航试点，深化玉环海岛统筹发展试验区创建，深入实施三门湾区域统筹发展规划。

四是全力做好“十三五”规划编制。在“新常态”下，围绕“一都三城”，以“转型、创新、惠民、绿色”为理念，创新规划编制的思路和内容，科学谋划新一轮五年发展的科学蓝图。

(二) 突出全面深化改革，增强内生发展动力

一是深化行政管理体制改革。完善“四张清单一张网”，建立健全动态调整机制。健全以市场准入标准为基础，以完工验收、开工许可为主要内容的事中事后监管制度。完善预算公开和绩效管理制度。稳步推进县（市、区）公务用车改革。

二是深化民间投资改革创新。以争创国家民间投资改革创新示范区为抓手，加快推进民间资本进入基础设施、社会服务、金融服务等领域。鼓励和支持民营企业通过参股、控股、资产收购等多种方式，发展混合所有制经济。

三是深化小微企业金融改革。以争创国家小微企业金融服务改革创新试验区为抓手，重视互联网金融等新型金融业态发展，推动保险、证券、期货等非银行金融业健康有序发展。发挥金融服务信用信息共享平台和小微企业信用保证基金作用。

四是深入推进投融资体制改革。推动政府融资平台整合，创新投融资方式，推进项目收益债券等模式，尤其是推进公私合营的PPP模式，加快建立PPP项目库。筹建各类基金，大力发展股权和债券融资。

五是深入推进城乡体制改革。加快确权赋权，努力实现乡镇一级产权交易平台全覆盖。推行“股份+合作”的土地流转模式，促进土地适度规模流转。有序推进农业转移人口市民化。积极打造一批“特色小镇”。

六是深化要素配置市场化改革。全面推进椒江、临海、仙居省级资源要素配置市场化改革试点，完善企业亩产效益综合评价体系。加大“三改一拆”后土地再利用和批而未供、供而未用土地处置力度。

（三）突出投资的关键作用，促进经济平稳增长

一是产业转型升级类投资。大力推进先进制造业、现代服务业、战略性新兴产业以及创新投入，其中安排年度省“411”产业转型升级类项目计划投资118亿元。重点推进广汽吉奥、巨科铝轮毂等装备制造业项目；天台山旅游休闲集聚区、神仙居养生度假综合体等旅游项目；浙江海诺尔生物材料、浙江南洋经中新材料等战略性新兴产业项目；台州物流发展交易中心一期、中国汽车用品市场等现代物流和商贸业项目。

二是基础设施完善类投资。大力推进综合交通、能源保障、水利设施等方面投入，其中安排年度省“411”基础设施完善类项目计划投资92亿元。重点推进沿海高速、头门作业区起步码头二期等交通项目；仙居抽水蓄能电站、UPC黄岩风电场等能源项目；朱溪水库、方溪水库等水利项目；台州化学原料药产业园区（临海区块）改造，临海、天台、仙居、三门等地产业发展平台基础设施建设项目。

三是统筹城乡建设类投资。突出新型城市化建设投入，增加城市都市圈、道路枢纽等投资，推动城镇基础设施和公共服务向农村延伸覆盖。其中安排年度省“411”统筹城乡建设类项目计划投资61亿元。重点推进台州城市快速路和市政道路、台州城市综合体等项目建设。

四是公共服务提升类投资。突出城乡一体的基本公共服务供给体系建设投入，加大环境治理保护和生态建设投资。其中安排年度省“411”公共服务提升类项目计划投资14亿元。重点推进台州东官河整治等生态环保设施项目；台州绿心生态养生园等养老及社会福利设施项目；洪家场浦、栅岭汪等排涝调蓄工程。

（四）突出现代产业培育，加快产业转型升级

一是加快农业现代化。进一步推进农业“两区”建设，新建粮食生产功能区9.6万亩，建设高标准农田9.54万亩，确保粮食安全。加快培育新型农业经营主体，促进农民专业合作社、农业龙头企业提升发展。

二是加快制造业转型提升。加快传统产业提升，加快战略性新兴产业发展，着力培育高铁、石化等产业。加快企业兼并重组，实施小微企业“上规升级专项行动”。深入推进“四换三名”，加快“机器换人”技术改造项目推进、中介平台和百项示范工程项目建设。

三是加快现代服务业发展。内需上，发掘消费潜力，培育文化、旅游、信息等新的消费热点；优化商业网点布局，建设商业综合体、专业街、特色街，拓展农村消费。外需上，优化市场结构，积极拓展新兴市场；推进国家级外贸出口基地和公共服务平台建设，推进跨境电商园区建设。根据中间需求，在金融、物流、信息、科技等领域，扶持壮大电子商务产业，积极探索物联网、云计算、大数据等新业态，加快发展工业设计、科技研发等生产性服务业。根据最终需求，大力发展家庭、养老、健康、养生等服务业。

（五）突出“美丽台州”创建，打造生态宜居家园

一是着力优化生态环境。治水方面。力争全市地表水功能区水质达标率达65%以上，县级以上集中式饮用水水源地水质达标率达100%。治气方面。完成黄标车淘汰年度工作任务。完成年度燃煤锅炉淘汰和改造任务。巩固医化行业恶臭整治成果。以碳减排为抓手，加快发展低碳经济。

二是加快美丽乡村建设。围绕“生态化、产业化、基地化”，新建市级农业特色产业“三化”示范村50个。加大力度完成848个村的农村生活污水治理，新增受益农户18.5万户。深化“清洁家园”活动，新建成20个美丽乡村精品村。

（六）突出保障改善民生，提升公共服务能力

一是完善就业社保体系。落实就业政策，做好高校毕业生、城镇困难人员等重点群体就业。加强“三园一街”建设，鼓励“大众创业、万众创新”。推进社会保险扩面征缴，探索推进企业职工医疗保险待遇提高等改革。抓好社会救助、养老服务设施建设、优抚安置、残疾人保障、老龄事业、防灾避灾体系建设等工作。

二是加快发展社会事业。加大教育投入，推进“教育现代化市”创建，2个县（市、区）达到省教育基本现代化县标准；积极推进市区高中一体化。启动创建台州现代职业教育创业园区。争取新建农村文化礼堂136所。全面推开分级诊疗。争取80%以上乡镇卫生院达到等级卫生院标准。启动体育强市创建，完成全市“15分钟健身圈”建设。

（台州市发展和改革委员会供稿）

丽水市国民经济和社会发展报告

一、2014年国民经济和社会发展基本情况

2014年，面对复杂严峻的国内外发展环境，全市上下主动适应新常态，坚持走“绿水青山就是金山银山”绿色生态发展之路，着力做好经济社会发展各项工作，经济运行难中有进，社会发展和谐稳定。

（一）致力稳增长，经济运行难中有进

经济总量稳步提升。初步核算，地区生产总值突破千亿大关，达1051.0亿元，按可比价计算，比上年增长7.0%。实现财政总收入135.02亿元，增长8.7%；其中一般公共预算收入80.96亿元，增长9.8%，提前一年实现“十二五”规划目标。产业发展基本平稳。农业总产值136.45亿元，增长5.2%。工业增加值438.37亿元，增长6.5%。服务业增加值453.07亿元，增长7.8%。旅游总收入339.58亿元，增长27.5%。转型升级步伐加快。生态产业结构调整出现积极变化，一产、二产和三产增加值分别增长2.4%、7.0%和7.8%；三次产业结构从上年的8.5:49.0:42.5调整为8.4：48.5：43.1，三产比重比上年增加0.6个百分点。高新技术产业增加值、战略性新兴产业增加值、装备制造业增加值分别增长7.8%、6.3%和8.6%。新产品产值增长23.2%。

（二）着力扩需求，发展支撑总体平衡

投资保持稳定增长。固定资产投资665.08亿元，增长16.6%。重点建设项目累计完成投资256.09亿元，完成年度计划的127.8%。44个省411重大项目累计完成投资133.51亿元，完成年度计划的122.7%。丽水商会大厦等60个项目如期开工，金丽温铁路扩能改造工程等110个续建项目加快推进，浙西南绿色农产品物流中心等62个项目建成使用，衢宁铁路等130个重大前期项目顺利推进。外贸经济较快增长。外贸进出口总额29.08亿美元，增长12.8%，居全省第三位；其中出口26.37亿美元，增长11.1%，高于全省1.2个百分点；进口2.71亿美元，增长32.5%。消费总体保持平稳。社会消费品零售总额476.35亿元，增长

13.2%；其中限额以上消费品零售总额169.16亿元，增长13.3%。

（三）强力推改革，发展活力有所增强

全国试点改革深入推进。低丘缓坡综合开发利用试点完成土地征收5.2万亩、场地平整5.04万亩，已供地7723亩；农村金融改革新增三权抵押贷款19.23亿元；扶贫改革完成异地搬迁农民20932人，完成集体资产股份化改造2423个村。丽水特色改革加快推进。创新生态文明建设机制，列入国家生态文明先行示范区第一批建设名单，景宁、庆元、云和三县县城列入省重点生态功能区小城市试点。出台《关于促进社会资本进入公共设施建设领域的实施意见》。推进社会事业综合改革，出台《关于实施社会事业综合改革的指导意见》。推进旅游全域化综合改革，出台华侨资金助推经济发展办法。政府自身改革不断深化。启动丽水开发区体制改革。加快“四张清单一张网”建设和行政审批制度改革，政府和企业投资项目审批时限分别由235、145个工作日缩短到31、22个工作日。

（四）全力抓生态，环境质量不断改善

打响“五水共治”战役。落实“河长制”，“五水共治”重点项目累计完成投资75.45亿元。在全省率先完成“清三河”任务，提前完成140条710公里垃圾河的清理任务，黑臭河清理60条378公里。加强大气污染防治。编制《2014年丽水市大气污染防治实施计划》等，实施大气污染防治六大专项方案，全力办好大气污染防治十件实事。强化环境综合整治。强化节能减排工作，各项目标如期完成；实施排污权有偿使用与交易制度，严厉打击环境违法行为，开展“绿剑一号”、“零点行动”等系列专项行动。全力推进行业整治提升，化工、制革行业等75家企业均整治到位。生态环境质量优良。全市生态环境状况指数为96.6，连续11年位居全省第一；生态环境质量公众满意度连续7年位居全省第一。丽水市区空气质量优良率位居全省第二，环境空气质量综合指数位居全国前列。

（五）合力促统筹，城乡发展更加协调

美丽城市加快打造。丽水市被评为国家卫生城市、省级历史文化名城。完成花园路综合整治和富岭出入口四边三化整治等一批城市亮点项目。新增城市道路34.14公里、园林绿地面积96.1公顷，建成污水管网142.04公里。美丽城镇明显提升。开展“最美县城”创建活动，县城“六个一”项目建设加快推进。“美丽乡镇”建设扎实推进，着力培育一批特色乡镇、风情小镇和魅力名镇，中心镇人口集中、产业集聚、功能集成平台进一步做强。美丽乡村加快建设。“六边三化三美”行动投入资金8.6亿元。洁净村庄创建率达到93.6%，洁净乡镇创建率达到97.5%。农村生活污水治理工作完成投资10.3亿元，889个村完成治理任务，新增受益农户17.5万户。

(六) 倾力惠民生，社会事业稳步发展

民生支出保障有力。民生类支出165.9亿元，增长14.8%，占一般公共预算支出的比重达76.4%，同比提高2.4个百分点。居民收入稳步增加。城镇居民人均可支配收入30413元，增长8.6%；农村居民人均可支配收入13635元，增长12.0%，增幅连续六年位居全省第一。社会保障工作持续加强。新增城镇就业2.73万人，城镇登记失业率为2.92%。新增养老保险5.21万人、基本医疗保险2.42万人，均超额完成目标任务。新开工保障性安居工程住房6225套，竣工3060套。各项民生事业不断进步。加大教育投入，全面实施素质教育，编制完成第二轮学前教育三年行动计划。深化公立医院综合改革，优化社会资本投资办医格局，出台《关于促进民营医疗机构加快发展的实施意见》。科技、文化、体育、人口计生等社会事业进一步发展。

总体看，2014年全市顶住经济下行压力，国民经济和社会发展取得的成绩实属不易。同时，经济发展中的新情况、新问题仍然较多。一是稳定增长的压力加大。受外部需求不足、内部需求放缓、倒逼转型发展等因素影响，实体经济面临诸多困难。投资可持续增长难度加大，工业投资尤其是制造业投资有待提升。金融潜在风险不容忽视。二是结构调整的压力加大。产业结构调整处于转型阵痛期，传统支柱产业竞争优势减弱，战略性新兴产业、高新技术产业仍处于培育期，产业规模、增速和自主创新能力亟待提高。同时，资源、环境制约压力也在加大。三是改善民生的压力加大。民生保障需要解决的问题较多，城乡居民收入保持较快增长难度加大，尤其是城镇居民收入增长基础不够稳固。

二、2015年全市经济社会发展目标和工作重点

从发展环境分析，2015年外部环境仍然复杂多变，我国经济发展进入新常态，“三期”叠加影响还在延续，换挡、阵痛、消化尚未结束。丽水市处于结构调整集中期、生态产业培育期和深化改革攻坚期，经济增长上行动力和下行压力交织。在“爬坡过坎”关键时期，要着眼迎接高铁时代，坚定不移走“绿水青山就是金山银山”绿色生态发展之路，保持定力，积极有为，着力做好应对各种困难和挑战的准备。

综合考虑经济发展趋势和丽水市现实基础，坚持科学、可行、适度原则，2015年经济社会发展目标安排如下：

——关于经济发展类目标。地区生产总值增长7.5%左右；规模以上工业增加值增长8%；服务业增加值增长7%；农业增加值增长3.5%；固定资产投资增长15%以上；社会消费品零售总额增长11%以上；出口总额增长7.5%；一般公共预算收入增长7.5%。

——关于结构优化类目标。战略性新兴产业增加值增长9%；高新技术产业增加值增长

8%；旅游总收入增长25%；民间投资增长15%左右；城市化率力争达到57%以上。

——关于环境保护类目标。单位生产总值综合能耗、化学需氧量排放量、二氧化硫排放量、氮氧化物排放量、氨氮排放量五大约束性指标均按省定目标要求严格执行。空气质量优良天数达到275天以上，地表水Ⅰ—Ⅲ类水比例保持在96%以上。

——关于民生事业类目标。城镇居民人均可支配收入和农村居民人均可支配收入分别名义增长8%和10%；义务教育标准化学校创建率达到70%；千人床位数达到5.5张；城镇新增就业岗位1.4万人；城镇登记失业率控制在4%以内；人口自然增长率控制在7‰以内。

为实现上述目标，要始终坚持发展是第一要务，牢牢把握中央、省市关于做好今年经济工作的总体要求，并从丽水实际出发，把转方式调结构放到更加重要位置，以提高经济发展质量和效益为中心，着重抓好“六个结合”：

(一) 强化综合治理与示范创建相结合，突出生态环境保护。

统筹推进综合治理。把保护生态环境放在突出位置，守牢生态红线，打好“五水共治”、“三改一拆”等系列组合拳，大力推进治水治气治污工作，像呵护生命一样保护好绿水青山。在治水上，坚持工程治水、管理治水、社会治水三措并举，进一步落实“河长制”，着重改善交界断面水质。在治气上，全面推进大气污染防治，推进高污染燃料禁燃区建设，完成丽水经济开发区合成革等行业的工业废气治理。在治污上，强化“生态红线”管治和“负面清单”管控，严抓污染企业的彻底整治，坚决淘汰落后产能，建立最严格的环境排放标准体系，力争“生态环境质量不但不下降，还要稳步提升”。

着力开展示范创建。以打造生态保护和生态经济“双示范区”为目标，大力推进国家生态文明先行示范区建设，做好上级扶持政策梳理和对接，强化试点项目谋划争取，重点推进生态环境、生态设施、生态集聚、生态产业、生态民生、“五水共治”等六大类工程项目建设。加快推进国家级生态保护与建设示范区创建、全国水生态文明城市建设试点，深入推进庆元、景宁国家主体功能区建设试点，以及云和、庆元、景宁三县县城省重点生态功能区小城市试点。全面推进国家环保模范城市创建工作。

创新生态保护机制。探索建立体现生态文明要求的领导干部评价考核体系，建立健全自然资源产权、资产管理和监管体制。编制完成《丽水市生态文明建设规划》，深化生态空间管治体系，完善治水、治气、治土等工作机制。推进环境监测、环评服务市场化，完善排污总量控制制度，深化排污权有偿使用制度，改革排污许可证制度。

(二) 强化宏观引导与微观服务相结合，保持经济稳定增长。

重引导。坚持稳中求进工作总基调，紧盯经济发展环境变化，主动调整、趋利避害，积极培育新的增长点。密切跟踪国家宏观经济政策调整，强化重大政策研究和对接。重视经济运行监测和调节，强化对重点行业及产业市场情况的跟踪调查，积极引导三次产业健康发展。

重实体。牢牢把握实体经济这一基础，把全力帮扶企业、促进实体经济发展摆在突出位置，千方百计扭转工业增速放缓趋势，提振企业家创业信心。着力减轻企业税费负担，贯彻落实各项扶持政策。积极化解企业资金链、担保链风险，研究企业资产重组、盘活措施。着力缓解企业融资难问题，发挥小企业贷款风险补偿政策、政府性担保基金等制度作用，鼓励金融创新政策加大实体经济融资服务。

重谋划。在做好“十二五”收官工作的同时，高度重视“十三五”规划编制，加强战略研究和系统谋划，切实提高规划的科学性、前瞻性和指导性。积极推进“多规合一”，努力实现一个市县一本规划、一张蓝图。精心谋划好重大项目、重大工程、重大政策，算好“十三五”期间的“生态账”、“经济账”、“社会账”，为丽水未来可持续发展奠定基础。

（三）强化产业转型与结构调整相结合，提升经济发展质量。

着力优化经济结构。把提升生态产业集聚区发展水平作为调结构的主攻阵地，强化产城融合，着力把生态精品农业园、生态工业园、服务业集聚区、生态旅游景区建成生态产业集群发展示范区。坚持培育增量与优化存量并重，促进传统产业生态化、新兴产业高端化。重点推进合成革、不锈钢、阀门等行业生态化改造，实施市级100个以上战略性新兴产业项目，加快生物医药产业园、信息产业园等建设。聚力发展绿色能源，推进光伏发电、风力发电、生物质发电等可再生能源发展和天然气综合利用。落实《丽水市工业企业绩效综合评价和要素差别化管理的实施意见》，开展低产、低效、闲置用地专项整治，建立完善用地、用能效益评价制度。

着力促进产业转型。以打造生态产业强市为目标，把生态农业、生态服务业做大，把生态工业做强，精心培育绿色GDP。狠抓生态农业“提效”，建好丽水生态农产品网和淘宝“特色中国·丽水馆”两大平台，做好“接二连三”文章，强化规模化、标准化、电商化发展。狠抓生态工业“提质”，坚持创新驱动，深入实施“四换三名”工程，促进工业经济从“高排放、高消耗、高投入”向“产业高端、技术高新、投资高效”转变。狠抓生态服务业“提速”，做优生产性服务业和生活性服务业，着力推进生态旅游业、养生（养老）业和文化产业发展，努力提高三产在经济结构中的比重。

（四）强化扩大内需与拓展外需相结合，夯实经济支撑基础。

持续扩大有效投资。狠抓政府主导性投资计划、省市重点建设项目进度计划、“411”重大项目计划和重大项目前期计划等各类计划编制和实施。强化招商引资的有效性，浙商、外资、央企、民资、侨资要“五资齐抓”，对接好全省七大万亿产业以及特色小镇等产业新平台建设，做大有效增量。着力提高投资质量和效益，狠抓产业投资，开展促供地、促开工、促进度、促投产活动，保持房地产投资稳定增长。着力优化投资结构，进一步激活民间投资，落实《促进社会资本进入公共设施建设领域的实施意见》，推进PPP项目试点，推动民间投资在市政、交通、教育、卫生等公共设施建设领域的试点突破。

努力培育消费热点。落实贴近民生扩内需的各项政策，推动商贸流通业健康发展。培育新的消费热点，鼓励文化、旅游、健身、养老等服务消费。大力发展农村电子商务，撬动农村消费市场，支持农村物流配送中心、农村电子商务网建设。进一步优化消费环境，推进专业市场提升发展，加强城乡市场流通体系建设。

积极拓展出口市场。实施“走出去”战略，把培育外贸进出口主体、外资主体、服务外包主体和商贸主体、电子商务主体、农产品流通主体建设作为关键环节来抓，构建以技术、品牌、质量、服务为核心竞争力的出口新优势。落实出口支持政策，加强对外贸易、电子商务等公共服务平台建设，鼓励各类商务主体加大技术、资金、研发投入力度。

（五）强化重点改革与创新发展相结合，增添经济发展活力。

稳步推进重点改革。围绕中央、省市改革工作部署，持续推进全国低丘缓坡开发利用试点、农村金融改革试点、扶贫改革试点。深入推进社会事业综合改革、生态旅游全域化综合改革、开发区体制改革和华侨资金利用等具有丽水特色的改革。加快投融资体制改革，促进国有平台公司整合转型发展。深入推进行政审批制度改革、公务用车制度改革等政府自身重点改革，强化“四张清单一张网”落实。按照问题导向，积极谋划和推动新的改革事项，做好国家可持续发展实验区、国家循环化改造示范试点园区等改革试点申报。

高度重视创新发展。强化科技成果转化应用，加快建设集展示、交易、共享、服务、交流“五位一体”的科技成果转化服务平台。深化信息技术集成应用，开展新型工业化与信息化“两化”融合试点示范建设，提高工业企业信息化应用水平。狠抓信息经济与生态经济的融合，大力发展电子商务，争取农产品电子商务示范试点市，推进信息惠民国家示范城市建设。

（六）强化增加收入与改善民生相结合，协调经济社会发展。

促进财力稳步增长。加强对房地产业、工业、服务业等重点行业和重点税源的监管。创新税收征管方式，在抓好主体税种的同时，强化地方小税种管理，促进税源结构优化。以“亩产税收”为导向，稳妥推进城镇土地使用税政策调整。进一步整合归并专项资金，确保资金用到最需要、最有效率的地方。

不断增加居民收入。落实《关于促进城乡居民收入持续普遍较快增长的实施意见》，完善工资收入分配制度，深化机关事业单位收入分配制度改革，适时提高最低工资标准。着力增加城乡居民财产性收入，促进资产资本化经营增收。大力发展电商网店等个体经济新业态，鼓励和支持农民发展农家乐、乡村民宿、休闲农庄等乡村旅游。

持续改善民生事业。推进基本公共服务均等化，抓好增收富民、交通便民、环境宜民等工作，加快教育、卫生、文化、体育、科技、计生等社会事业发展，确保民生投入不缩水。促进区域统筹发展，加快美丽城乡建设。加强就业和社保工作，加大高校毕业生等重点人群的创业就业帮扶力度，促进各项社会保险扩面提标，有序推进机关事业单位养老保险制度改革。坚持平安惠民，狠抓安全生产、信访维稳、金融风险防范等工作，深入推进“法治丽水”、“平安丽水”、“信用丽水”建设。

（丽水市发展和改革委员会供稿）

第5部分

Report on National Economic and Social Development of Zhejiang for 2014

研究篇

Research Part

2015年浙江省经济社会发展环境主要预期目标和重点工作的建议

一、明年浙江省经济社会发展环境分析

2015年，是实施“十二五”规划的最后一年，是全面深化改革的关键一年，也是结构提质增效升级的重要一年。总体看，国内外环境仍然存在较大不确定性，挑战与机遇并存，需要我们保持定力、增强信心，积极做好各项应对工作。

一是世界经济温和复苏态势基本确立，但国际金融危机的后续影响尚未完全消除，面临着诸多不稳定、不确定因素。美国经济进入稳步增长轨道，欧元区经济仍将维持低速增长，日本经济可能再度陷入衰退，新兴经济体增速进一步放缓，一些经济体复苏比较脆弱。明年世界经济面临的风险主要是地缘政治恶化、金融市场动荡加剧等。

二是国内经济将保持稳定增长，并呈现出新常态。新常态将带来新的发展机遇，国内经济增长动力将更为多元，发展前景将更为稳定。但也应清醒看到，新常态也伴随着新矛盾新问题，“三期”叠加的影响还在延续，换挡、阵痛、消化还没有结束，明年国内经济下行压力依然较大。从宏观政策看，定向调控将更趋完善，预计还会降息降准，财政政策将会更加积极，各项稳增长政策效应会不断释放。

三是浙江省进入经济转型升级的关键时期，挑战和机遇并存。与全国相比，浙江省既有相同的“新常态”特征，如增长减速、动力转换、结构调整等，但也有自身的特点。一是减速换挡更早，2009年浙江省结束连续19年的两位增长，“十二五”前四年，GDP增速均低于10%，浙江省主要经济指标增速已经和全国处在同一水平；二是转型升级更坚决，打出了一套转型升级的组合拳，在经济增速与提质增效上保持了较好的平衡；三是市场化取向改革更深入，以审批制度改革、要素市场化改革为突破口，全面深化改革，主动推进政府转型，支持创业创新，市场更具活力；四是各种新矛盾新问题暴露更明显。企业“二八”分化加剧、不良贷款“双升”、城乡居民收入增长放缓、新的主导产业培育等，

这些问题比其他地方更早地遇到，需要我们在新常态下有新思路、新举措。

二、明年浙江省经济工作基本思路和主要预期目标的考虑

建议明年浙江省经济社会发展的基本思路表述为：认真贯彻落实党的十八大及十八届三中、四中全会精神和中央有关会议精神，继续坚持稳中求进工作总基调，深入实施“八八”战略，以改革创新统领全局，深入推进“五水共治”、“四换三名”、“三改一拆”、有效投资、“四大国家战略举措”，统筹抓好全面深化改革、加快转型升级和保持经济平稳增长的各项工作，努力实现“十二五”规划确定的各项目标任务，为干好“一三五”、实现“四翻番”奠定坚实基础，推动改革发展走在前列。

在具体工作中，建议把握好以下几条原则：

——更加主动适应新常态要求。进一步转变发展理念，尊重经济发展规律，以“八八”战略为引领，统筹处理好稳 增长、抓改革、促转型、治环境、惠民生、防风险的关系，推动改革发展继续走在全国前列。

——更加坚持转型升级主攻方向。坚定不移地推进经济转型升级“组合拳”，围绕着“有什么”、“要什么”、“发展什么”，加快培育新的产业、新的增长点，推动经济迈向“中高速增长、中高端水平”的发展轨道

——更加重视改革和创新两大动力。把改革创新贯彻到经济社会各个领域各个环节，进一步形成大众创业、万众创新的氛围，以更大的勇气和智慧打好全面深化改革的攻坚战，坚定不移地实施创新驱动战略，进一步释放改革红利、创新活力和增长潜力。

——更加注重对内对外开放。抓住我国新一轮对外开放的战略机遇，统筹做好“走出去”和“引进来”，把浙江省发展与“一带一路”和长江经济带建设紧密结合起来，构筑对外开放大平台，以开放促改革、促转型、促发展。

——更加突出民生优先。越是转型升级，越要重视民生。要着力解决群众最关心、最直接、最现实的利益问题，办好为民实事，坚决守住百姓增收、生态良好、社会平安三条“底线”，加快建设平安浙江、法治浙江。

综合各方面因素，对明年浙江省经济社会发展目标建议如下：在结构调整、提质增效的基础上，地区生产总值增长7.5%左右；固定资产投资增长12%左右；出口增长7.5%左右；社会消费品零售总额增长11%左右；地方财政收入增长7.5%左右；城镇居民人均可支配收入和农村居民人均纯收入均增长8%左右；居民消费价格涨幅控制在3%左右；城镇登记失业率控制在4%以内；R&D经费相当于GDP比重力争达到2.5%；节能减排指标确保完成国家下达计划。

需要说明的是，这些指标的安排，是主动适应新常态和浙江省发展阶段性特征提出的，既考虑了稳定增长、结构调整与深化改革之间的平衡，也考虑了“干好一三五、实现四翻番”各个阶段性指标的衔接，特别是明年作为“十二五”规划实施的最后一年，相关指标与规划《纲要》目标作了衔接。

——在结构调整、提质增效的基础上，地区生产总值增长7.5%左右。

其中，一、二、三产业增加值分别增长2%左右、7.5%左右和8.2%左右。主要考虑：（1）要完成“十二五”规划中“2015年GDP达到4万亿，2011—2015年年均增长8%左右”的目标，明年经济增长要达到7.3%左右（2014年GDP按增长7.5%测算），这也是明年增长的“底线”。（2）要主动适应新常态。浙江省经济增速已经基本实现从高速向中高速换挡。明年经济形势更加错综复杂，面临的困难和挑战较多，经济下行压力仍然较大。明年全国GDP增长目标估计在7%左右，江苏、山东初步预期目标均为8.5%左右，广东为8%左右，上海为7%左右，均比2014年计划低0.5个百分点。（3）要与三次产业、三大需求大致匹配。从三次产业看，一产总体稳定，预计明年增加值增速与今年基本持平，增长2%左右；工业增速有望逐步企稳，继续保持小幅回升态势，二产增速预计将略好于今年，增加值增长7.5%左右；三产有望延续平稳发展态势，增加值预期增长8.2%左右，按照三次产业贡献率测算，可以支撑明年GDP增长7.5%。从三大需求看，虽与GDP核算的最终需求口径有所区别，但初步测算也能大致支撑7.5%的增长目标。（4）为转型升级留出空间。从浙江省实际看，在人均1万美元发展阶段，7.5%的增长目标，预期目标估计还高于全国0.5个百分点，这应是一个高质量的增长目标。既能形成稳定的社会预期，有利于解决就业、保障民生等问题，又能较好地为抓改革、促转型、治环境留有空间，有利于各方注意力聚焦到加快经济转型升级上来，更加注重经济增长的质量和效益。（5）与中长期战略目标相衔接。据测算，要实现“四翻番”和本届省政府目标要求，未来几年经济只要保持在年均增长6.4%和7.4%。综合以上因素，明年GDP按7.5%左右安排较为合适，既考虑了需求，也兼顾了可能，实际增速高于或略低于7.5%，都是正常和可以接受的。

——固定资产投资增长12%左右。

主要考虑：（1）从投资作用看，明年投资对稳增长的关键作用将得到进一步体现。随着审批制度改革深化，鼓励和支持民间投资政策和举措效应的持续释放，投资的潜力和活力将进一步释放。（2）从投资结构看，随着国家对铁路、水利等投资力度的加大，明年基础设施投资预计继续保持较高增速，预计增长18%左右；企业投资意愿和信心恢复有待时日，去产能、去杠杆的压力仍然较大，明年制造业投资预计仍将低迷，预计增长8%左右；房地产面临着周期性调整压力，明年投资增长的不确定性较大，预计增长10%～15%左右。

（3）从投资潜力看，根据各地摸排情况，大项目、好项目、带动力强的储备项目不多，按各市初步上报的投资指标安排情况测算，明年全省固定资产投资增速约为11.3%。（4）从投资要素保障看，随着融资平台清理规范，项目融资问题明年可能会比较突出。（5）从投资趋势看，“十二五”浙江省投资一直保持较高增长，2013年全省投资率达到53.8%，是近十年来的新高，投资规模已经超过2万亿，能确保本届政府提出的五年10万亿目标顺利完成。创新投融资体制、优化投资结构、推进重大项目建设应是明年投资工作的重点。综合以上因素，再考虑到明年投资统计制度将进行改革，国家对各省投资数据的调整可能会继续加大，建议明年投资增长按12%左右安排。

——外贸出口增长7.5%左右。

主要考虑：（1）“十二五”规划中要求“2015年进出口总额要达到4000亿美元，年均增长10%”，预计明年进口额可能与今年持平，如要完成“十二五”规划提出的进出口目标，明年出口额要达到3180亿美元，增速要达到16.2%，难度较大。（2）明年外贸的总体环境预计好于今年。当前世界经济呈现缓慢的趋势性增长态势，特别是美国经济复苏好于预期，贸易自由化进程正在加快；但国际金融危机后续影响尚未完全消除，一些经济体的复苏仍然脆弱，面临着诸多的不稳定、不确定因素。据悉国家明年进出口预期目标也会略有上调。（3）转变外贸增长方式的成效继续显现。贸易便利化、新型市场采购方式、跨境电子商务、外贸综合服务平台等新增长点的发展，稳定外贸出口的政策效应持续释放，有利于稳定浙江省出口。（4）传统产品出口面临较大压力，部分订单转移、工业出口交货值持续低迷等将影响明年出口增长。综合以上因素，建议明年出口按与经济增长同步考虑，安排在7.5%左右。

——社会消费品零售总额增长11%左右。

主要考虑：（1）国家扩大内需战略深入实施，经济增长将更多依靠消费来拉动，消费环境会继续得到改善。（2）随着新型城镇化进程的不断提速，户籍制度改革、农村产权制度改革和新农村建设的不断推进，广大农村人口的消费潜力将得到有效释放。（3）信息、旅游休闲、教育、文化、健康养老等新的消费增长点已显示出较大潜力，网络消费等新的消费方式会持续带动消费增长。（4）传统消费将继续保持平稳增长。汽车消费（占18%）限牌的不利因素明年将逐渐消除，预计明年零售额增长5%左右；生活必需品消费总体稳定，预计明年零售额增长13%左右；住宿餐饮业消费有望回暖。（5）居民消费能力有所不足。城乡居民收入增长放缓，消费信心和预期均有所下降，信息消费等新增长点短期内难以弥补汽车、住宿餐饮等传统消费热点降温带来的影响。综合以上因素，考虑到消费总体一直比较平稳，建议明年社会消费品零售总额按增长11%左右安排。

——地方财政收入增长7.5%左右。

主要考虑：（1）明年浙江省经济运行的质量效益将继续提高，财政增收基础将进一步巩固。（2）将地方财政收入的增长目标与经济增长同步，能更好体现企业为基、民生为本的要求。（3）随着结构调整加快，抓大活小，浙江省企业整体效益预计会继续好转，能支撑明年企业所得税的合理增长。（4）房地产市场仍面临着较大的调整压力，政策效应的持续性有待观察，房地产相关税收的增势存在着较大的不确定性。（5）结构性减税力度加大。随着“营改增”扩围加快、小微企业税收减免范围扩大、普遍性清费减税政策的实施，政策性减收规模将进一步增加，对地方财政收入增收造成一定压力。综合以上因素，建议明年地方财政收入按增长7.5%左右安排。

——城镇居民人均可支配收入和农村居民人均纯收入均增长8%左右。

主要考虑：（1）“十二五”规划中对于居民收入的增长目标有明确的要求：“2015年城镇居民人均可支配收入达到41100元（2010价），农村居民人均纯收入达到17400元（2010价），2011—2015年年均增长8.5%和9%（按可比价格计算）。”要完成这一目标，明年城乡居民收入实际增长要分别达到12.1%和10.6%，难度很大。（2）从收入水平看，2014年浙江省城镇居民人均可支配收入预计达到41333元，连续14年居全国省（区）首位，农村居民人均纯收入预计达到17749元，连续30年居全国省区首位。在较高的基数上，收入要继续保持较快增长面临较大的压力。以城镇居民人均可支配收入为例，收入每增长一个百分点，浙江人均需增收413元，比江苏和广东要高50多元，这就意味着与这些省份相比，浙江居民收入要保持相同的增速难度会更大。（3）从实际增长情况看，近年来浙江城乡居民收入增速已趋于放缓，而且城镇居民收入增长低于经济增长。“十二五”前四年，城镇居民人均可支配收入年均实际仅增长7.6%，低于年均经济增长0.6个百分点，农村居民人均纯收入年均实际增长8.6%，略高于年均经济增长0.4个百分点。据相关调查部门预计，如果相关政策没有大的变化，明年城乡居民收入实际增长预计在7%左右和7.5%左右。（4）从增长条件看，明年国家深化收入分配制度改革的配套措施和实施细则将陆续出台，浙江城乡社保制度、工资正常增长机制继续完善，公车改革、农村“三权”改革红利释放，为居民工资性收入（占比约58%）和经营净收入（占比约20%）的增长提供良好基础。但需要说明的是，由于城镇居民工资性收入缺乏正常的增长机制，导致城镇居民人均可支配收入的增长动力有所不足。“十二五”前三年，城镇居民人均工资性收入年均增长10.1%（未扣除价格），比2001—2010年平均增速低0.9个百分点，也比同期人均可支配收入增速低1.4个百分点，对收入增长的贡献率有所下降。（5）为体现“两个同步”的要求，同时客观反映城乡居民收入实际增长，2014年国家和沿海主要省市如广东、江苏、上海等省市，在政府工作报告中均对城乡居民收入指标表述为“与经济发展同步”。

对明年城乡居民收入指标的安排，初步考虑有两个方案。方案一：用定性表述，避免明年计划目标与“十二五”规划目标存在明显的不衔接，建议按城乡居民收入增长与经济发展同步安排；方案二：继续采用具体数值来表述，建议按城镇居民人均可支配收入和农村居民人均纯收入均增长8%左右安排。 综合各方面因素，我们倾向于方案二定量表述。

——居民消费价格涨幅控制在3%左右。

明年保持物价基本稳定仍具备较好基础，预计居民消费价格将保持温和上涨态势。主要考虑：（1）从翘尾影响看，明年翘尾因素约为0.5个百分点，低于今年0.3个百分点左右。（2）从新涨价因素看，受成本上涨等影响，食品类价格将继续温和上涨，服务类价格涨幅预计与今年基本持平，工业品价格将继续保持平稳，可能与今年持平。天然气、水资源、电力、环保收费等领域将继续深化价格改革，在一定程度上会推升价格水平，预计新涨价因素约为2个百分点左右。（3）从抑制上涨因素看，全球经济“弱增长”，总需求还比较疲弱，受各种因素影响，国际市场大宗商品价格有所下跌，输入性通胀压力较小；国内宏观经济政策将保持一定程度的连续性和稳定性，都为物价稳定打下了坚实的基础。（4）与国家价格调控目标相衔接，考虑到今年物价趋势，估计明年全国价格调控预期目标CPI上涨3%左右。综合以上因素，再考虑到一些不确定因素，并为明年深化价格改革留出空间，建议CPI涨幅控制在3%左右。

——城镇登记失业率控制在4%以内。

主要考虑：（1）“十二五”规划中明确要求2015年城镇登记失业率要小于4%。前四年浙江省城镇登记失业率分别为3.12%、3.01%、3.01%、2.95%（前三季度），新增就业情况好于预期目标，实现五年规划目标是有条件、有基础的。（2）明年浙江省经济预计继续保持稳中有进的态势，特别是吸纳就业能力强的服务业较快发展，新经济、新业态不断出现，有利于就业局势保持稳定。（3）随着简政放权继续深入，商事制度改革的进一步推进，全省创业创新的活力将得到进一步增强。（4）考虑到浙江省区域、行业、企业分化有所加剧，部分企业生产经营困难，一些行业特别是劳动密集型行业用工需求趋于下降，结构性就业矛盾相对突出，大中专毕业生、农民工等群体就业压力预计会有所加大。综合以上因素，建议明年城镇登记失业率控制在4%以内。

——R&D经费相当于生产总值比重力争达到2.5%。

主要考虑：（1）“十二五”规划明确提出到2015年R&D经费相当于生产总值达到2.5%。预计2014年R&D经费总量在920－940亿元，按今年GDP增长7.5%测算，R&D经费相当于生产总值比重在2.28%－2.33%左右。要实现“十二五”确定的2.5%规划目标，明年R&D总量至少达到1065亿元，比2014年预计增长13.3%－15.8%，有一定难度。（2）随着创新驱动战略的深入实施，围绕着“八倍增、两提高”目标，企业研究院建设等各项举措加快推进，再加上统计因素（年销售额500－2000万中小企业和专科、高职类院校的R&D经费，目前还没有纳入统计口径，总量合计有10亿元左右），预计明年R&D经费总量会继续较快增长；（3）规上工业企业科技投入有所放缓。规上工业企业科技经费占全社会研发经费比重大约在80%左右。受经济下行压力影响，今年前三季度规上工业企业科技活动经费为530.8亿元，同比增长7.8%，增幅同比大幅回落。经济增长放缓，企业创新活动往往减少。综合以上因素，R&D经费比重指标建议按力争达到2.5%安排。

——单位地区生产总值能耗、单位生产总值二氧化碳排放量、化学需氧量、二氧化硫、氨氮、氮氧化物排放量下降指标，均确保完成国家下达的年度计划。

三、明年浙江省经济社会发展重点工作的建议

1.努力促进经济平稳发展。充分发挥投资的关键作用、出口的支撑作用和消费的基础作用，推进经济行稳致远、提质增效。一要优化投资结构。要把加快推进重大项目、鼓励民间投资放在更加突出的位置。全年固定资产投资完成2.6万亿元左右。实施“411”年度投资计划，推进实施1000个左右重大项目，完成年度计划投资6500亿元左右。省重点建设项目完成投资2860亿元，新增省重点项目开工率达到80%。力争明年全省浙商回归引进到位资金3000亿元，央企项目完成投资760亿元，引进外资165亿美元。力争明年全省民间投资比重提高1个百分点左右。二要促进进出口持续增长。争取设立中国杭州跨境电子商务综合试验区，深入贯彻落实《浙江省跨境电子商务实施方案》。支持“浙江一达通”发展。力争新增500家境外营销机构。加快淘宝特色馆建设。重视和扩大服务贸易。鼓励扩大先进技术装备和关键零部件进口。三要培育消费新热点。推动出台金融消费服务、新能源汽车推广等地方性消费促进政策。积极利用电子商务改造商贸企业、商品市场，推进线上线下结合。抓好电子商务进万村工程，力争全年新增3000个农村电子商务服务站。

2.突出经济体制改革重点。继续深化“四张清单一张网”、行政审批制度改革，重点推进投融资、农村土地、资源价格改革，着力把全面深化改革推向新的深度和广度。一要加快投融资体制改革。规范、整合、做大政府融资平台，提高市场融资功能。积极推进政府和社会资本合作，对公共服务、基础设施类项目，特别是新建市政工程和新型城市化试点项目，要优先考虑用PPP模式建设。原则上对经营类项目要通过政府授予特许经营、对准经营类项目通过特许经营加部分补贴或直接投资参股、对非经营类项目通过政府购买服务等方式推进，切实做好PPP项目的总体规划、综合平衡和建立项目储备库。研究制定

铁路投融制改革、民营企业进入石化行业、混合所有制医疗机构、社会事业用地抵押贷款等创新方案，探索引进民间资本建设地下管网试点。抓紧修订政府核准的投资项目目录。二要有序推进农村土地制度改革。坚持土地公有制性质不改变、耕地红线不突破、农民利益不受损三条底线，深化三权到人（户）、权跟人（户）走，加快推进农村集体经营性建设用地使用权流转试点，坚持“存量为主、增量补充”的流转范围，出台农村集体经营性建设用地流转收益分配、金融创新等方面的指导性意见。深化农村宅基地管理制度改革试点，探索宅基地退出机制，健全农民退出宅基地的经济补偿和权益保障政策。积极推进嘉兴工业用地市场化配置改革国家级试点。三要深化资源要素价格改革。大幅缩减政府定价项目。出台建立健全居民生活用水、用气阶梯式价格制度的政策意见，到明年年底前全面实施居民生活用水、用气阶梯式价格、企业用水超计划累进加价制度。四要抓好一批改革试点。继续推进海宁要素市场化改革扩面工作。继续深化一批改革试点，在产业结构调整、投资高效审批、城乡一体化等领域，形成一批可复制、可推广的改革经验，率先在有条件的地区或全省推广。在科技体制创新、防范融资风险等领域，积极谋划一批新的改革试点。另外还要稳步推进公车改革。

3.加快建设创新型省份。深入实施创新驱动战略，深化科技体制改革，围绕“八倍增、两提高”，着力推动科技与经济紧密结合。一要加快培育创新主体。深入实施“十百千万”工程，大力培育创新型大企业和科技型中小企业，新建50家省级重点企业研究院。二要打造创新平台。加快推进杭州创建国家自主创新示范区。加快建设未来科技城、青山湖科技城、宁波科技城、嘉兴科技城，推进多主体的协同创新。三要推进重大创新工程。积极争取和承担国家重大科技专项。开展“555公众创业创新服务行动”，组织全省500家创新平台和载体、50000台科学仪器设备向大众开放共享，带动50万人以上创新创业。抓好杭州、宁波、温州、湖州市国家科技金融结合试点。四要强化知识产权保护。开展电子商务领域专利保护专项行动。

4.深入推进产业转型升级。围绕着深化“四换三名”工程，以培育新的主导产业为突破口，坚持“抓大活小”，促进产业升级。一要积极培育大产业。积极培育信息等七大产业，建立一个产业、一个规划、一个政策的推进机制。制定实施信息经济发展行动计划，重点落实“七中心一示范区”的年度推进方案，加快把浙江省打造成为全国信息经济发展先行区。大力发展高端装备制造业，抓紧研究推进民营炼化一体化项目。深入研究重大产业的“产业图”和“招商图”。二要促进产业集聚区提升发展。落实省级产业集聚区提升发展方案，鼓励大项目、大产业、大企业落户。围绕核心区抓好空间聚合，围绕主导产业抓好产业聚集，每个产业集聚区要突出1个重点发展的主导产业、2个积极培育的特色产业。积极稳妥地推进开发区（园区）的整合提升。三要加快现代服务业发展。制定浙江省促进生产性服务业发展的政策意见，继续抓好100个省级服务业集聚示范区、130个省服务业重点企业建设，积极培育服务业强县，探索建立服务业强县评价体系。抓好健康产业“四个一批”载体建设，出台推动文化创意产业融合发展的政策措施，加快体育产业发展。深入推进杭州、宁波两个国家级服务业综合改革试点，确定一批省级服务业改革创新试点区域和试点主题，争取设立国家服务业发展示范区。四要加快现代农业发展。加快十大农业主导产业转型升级，推进农业产业“接二连三”。引导有实力的新型经营主体到省外发展农产品基地。五要坚持“抓大活小”。突出抓好200多家年销售产值20亿元以上工业企业、700余家年营业收入10亿元以上的服务业企业、400余家国家级和省级农业龙头企业。加快推进杭钢转型升级工程。全面完成 “小升规”三年万家目标任务。深入推进“555机器换人”计划。加大对中小微企业的结构性减税力度。

5.提升对内对外开放水平。抓住我国新一轮对外开放的历史机遇，积极参与“一带一路”和长江经济带建设，以港口一体化、贸易便利化为切入点，大开放促进大发展。一要主动参与“一带一路”和长江经济带建设。要充分发挥浙江省沿海港口资源和涉海产业等特色优势，找准功能定位，扩大对外合作，构筑对外开放新格局。加快研究设立浙江（舟山）江海联运服务中心方案、先期规划研究。二要加快宁波—舟山港口一体化进程。要把宁波—舟山港一体化作为扩大开放的重要平台，加强港航基础设施共建共享，加快推进金塘岛等一体化合作先行区开发建设，打造国际枢纽港。提升宁波大宗商品交易所和舟山大宗商品交易中心建设水平。三要深化义乌国际贸易综合试点改革。围绕促进贸易便利化，结合保税物流中心（B型）、市场采购贸易方式等建设，探索进出口通关新模式。落实义乌空运、铁路口岸开放，完善“义新欧”国际集装箱专列运行机制。加快进口市场培育，创建国家进口贸易促进创新示范区。

6.强化环境整治力度。以环境倒逼转型升级，狠抓“五水共治”、“三改一拆”、清洁能源工作，促进绿色发展、循环发展、低碳发展。一要深入推进“五水共治”。深入实施“十枢百固千治万通”工程，确保各大流域水污染防治工作有序推进，钱塘江流域率先治出实效。巩固“清三河”成果，基本完成黑河、臭河治理任务，50%以上的县（市、区）创建成为“清三河”达标县。扎实推进杭州湾、乐清湾、象山港、三门湾、台州湾等重要海湾污染治理。明年“五水共治”投入达到700亿元。二要全面完成“三改一拆”。以城中村改造为重点，按照依法依规、分类处置、应拆尽拆的要求，基本完成现有1.2亿平方米存量违法建筑的处置工作。深化“四边三化”整治工作。三要狠抓节能减排。推进清洁能源示范省建设，确保完成“十二五”单位生产总值能耗下降18%的目标任务。明年实现全面淘汰黄标车，全面供应国V标准汽、柴油。创建高污染燃料禁燃区，县以上城市建成区基本完成大气重污染企业关停搬迁。切实推进杭州、湖州、丽水等国家生态文明先行示范区改革试点，探索建立碳强度下降目标评价考核制度，全面推行重点企事业单位温室气体排放报告制度。出台《浙江省部分产能过剩行业产能置换办法》。四要加快循环经济发展。在50%以上国家级园区、30%以上省级园区开展园区循环化改造工作，开展第二批省级园区循环化改造示范试点创建工作，培育一批循环经济示范企业。

7.深入实施新型城市化。坚持以人为本，以都市区、小城市、中心镇发展为重点，优化城乡布局，提高中心城市综合竞争力。一要有序促进人口市民化。全面推进流动人口居住证制度，推广积分落户制度。突出人群有序、领域有序、空间有序，加快农业转移人口向中小城市和小城镇集聚。探索建立人口市民化成本分担机制。二要积极培育四大都市区。深化完善杭州、宁波、温州及金华—义乌等四大都市区规划纲要，加快建设生态型、组团型、智慧型、时尚型大都市区。抓好杭州都市经济圈转型升级综合改革试点。三要加快小城市和中心镇发展。全面实施小城市培育试点三年实施计划，积极培育特色小镇。四要创新城市化体制机制。编制《浙江省域国土空间总体规划》。深化嘉善科学发展示范点建设，积极推动县域经济向城市经济转型。扎实开展国家新型城镇化综合试点和中小城市综合改革试点。深化智慧城市建设。

8.统筹区域协调发展。创新区域合作，促进陆海统筹，加大对农村和欠发达地区扶持力度，努力缩小区域发展差距。一要加快海洋经济“两区”建设。推进2015年度海洋经济发展重大建设项目实施计划，完成海洋经济项目投资2500亿元以上。积极支持海洋开发投资集团发展，组建浙江省海洋资源收储中心。重点推进舟山港综合保税区、大小洋山区块等一批发展基础较好、引导带动作用较强的重点区块建设。二要促进山区经济发展。加大力度支持山区特色农业发展和山区农民增收。完善重点欠发达县特别扶持计划工作机制，创新异地搬迁机制，探索建立货币补偿的有效办法。实施新一轮结对帮扶。三要深化新农村建设。全面推进农村生活污水治理，确保完成150万户受益农户的治理任务。建设一批“浙派民居”，力争完成美丽乡村和新农村建设投资300亿元。四要创新区域合作。完善长三角合作机制，推动浙北地区与上海全面对接，共同规划建设嘉善临沪产业合作园、张江平湖科技园等产业合作平台。深化与黑龙江等资源富集省份的合作，探索共建浙江—宁夏产业转移“飞地”产业园。抓好对口支援，启动新一轮对口支援四川藏区工作。

9.切实保障和改善民生。要把提高城乡居民收入放在更加突出的位置，推动更高质量的就业，坚决守住民生底线，切实抓好为民办实事。一要切实提高城乡居民收入。健全职工工资正常增长机制。推动更高质量的就业，城镇新增就业80万人。研究制定综合性创业扶持政策，重点扶持大学生、留学回国人员、农村劳动力自主创业。支持休闲经济、民宿经济等新业态发展，探索新型农村电子商务等流通方式，促进农民增收。二要完善公共服务体系。谋划启动“全省基本公共服务均等化提升工程”。建立全省统一的城乡居民基本医保制度、失业保险制度，着力推进省重点高校建设计划、学前教育第二轮行动计划、薄弱学校建设工程等，做好全国公共文化服务标准化、基层综合性文化服务中心建设和公共文化机构法人治理结构三项试点工作，启动实施文化产业转型升级“六大行动计划”。三要深化平安浙江和法治浙江建设。完善全省公共征信，平台建立各行业、各领域失信黑名单及联合奖惩机制。

科学谋划“十三五”规划，是明年一项十分重要的任务。要继续深化“三个重大”问题研究，谋划遴选一批关系长远和全局的重大项目、重大工程和重大政策，争取列入国家“十三五”规划。凝聚各方面的智慧，认真编制好浙江省“十三五”规划《纲要》及一批专项规划。认真组织开展嘉兴市、开化县、德清县国家“多规合一”试点，抓好一批省级“多规合一”试点。

（浙江省发展和改革委员会综合处供稿）

浙江省量子通讯领域发展的“产业图”和“招商图”

量子通讯（Quantum communication）是指利用量子纠缠效应进行信息传递的一种新型的通讯方式。量子通讯是近二十年发展起来的新型交叉学科，是量子论和信息论相结合的新的研究领域。

一、产业发展现状

1.技术特点及应用

量子通讯在通信安全性、计算能力、信息传输通道容量、测量精度等方面突破经典技术极限，与目前成熟的传统通信技术相比，具有绝对安全性、超大信道容量、超高通信速率、远距离传输和信息高效率等特点。量子通信网络包括传输平面、控制平面和管理平面。传输平面主要由光传输链路和量子交换模块组成，传输链路包括光纤、分束器、光复用器和解复用器等设备。控制平面是量子通信网络的核心部分，主要功能包括：信令传输、呼叫连接控制、链路资源管理、路由管理、用户接口等。

量子通信在军事、国防、金融等信息安全领域有着重大的应用价值和前景，不仅可用于军事、国防等领域的国家级保密通信，还可用于涉及秘密数据、票据的政府、电信、证券、保险、银行、工商、地税、财政等领域和部门。在国防和军事领域，量子通信能够应用于通信密钥生成与分发系统，向未来战场覆盖区域内任意两个用户分发量子密钥，构成作战区域内机动的安全军事通信网络；能够应用于信息对抗，改进军用光网信息传输保密性，提高信息保护和信息对抗能力；能够应用于深海安全通信，为远洋深海安全通信开辟了崭新途径；利用量子隐形传态以及量子通信绝对安全性、超大信道容量、超高通信速率、远距离传输和信息高效率等特点，建立满足军事特殊需求的军事信息网络，为国防和军事赢得先机。在国民经济领域和部门，量子通信可用于金融机构的隐匿通信等工程以及对电网、煤气管网和自来水管网等重要基础设施的监视和通信保障。

2.发达国家研究进展

——美国研究进展

在美国，量子信息被列为“保持国家竞争力”计划的重点支持课题。美国国家标准和技术研究所将量子信息作为三个重点研究方向之一。加州理工大学、麻省理工学院和南加州大学联合成立了量子信息和计算研究所，由美国军队研究部门所管理，隶属于美国国防部高级研究计划司超大规模计算工程。

表1　美国在量子通讯方面的研究进展

年份	事件
1998年	美国国防高级研究计划局致力于用—5年的时间推进量子通信技术方面的研究，美军实施了“以不加外力传输的方式向战场和全球传输报文能力”的量子通信计划
1999年	美国洛斯阿拉莫斯国家实验室量子信息小组实现500米的自由空间传输
2002年	美国全国科学基金会投资万美元对量子通信进行研究
2003年	美国国防部高级研究计划署领衔建设了DARPA量子通信技术试验网络
2004年	美国马萨诸塞州剑桥城正式投入运行世界上第一个量子密码通信网络，主要通过普通光纤来传输采用量子密码术加密的数据。网络传输距离约为10千米。系统连接六个网络节点。涵盖剑桥城的哈佛大学、波士顿大学，以及科技公司
2006年	美国洛斯阿拉莫斯国家实验室实现了诱骗态方案，同时实现了超过100千米的量子保密通信实验
2007年	美国科学家的一项研究。让相距一米的离子阱中的两个独立原子实现了量子纠缠和远距量子通信
2009年	美国DARPA建成城域量子通信演示网 美国麻省理工学院科学家在冷原子中量子存储和波动研究领域有了新突破
2010年	美国国家标准和技术研究院表示，科学家首次将量子源(半导体量子点产出的波长为1300纳米的近红外单光子转换成波长为710纳米的近可见光光子。这种单光子波长或颜色)转换的实现有望帮助开发出拥有量子通信、量子计算和量子计量的混合型量子系统。
2011年	美国国家标准与技术研究院的物理学家使用单个铍离子量子位(qubit)进行简单的量子逻辑操作，通过改进试验方法.获得了单量子位处理量子信息的最低出错率，满足了科学家建立实用量子计算机的理论要求.

——日本研究进展

日本提出以新一代量子信息通信技术为对象的长期研究战略，计划在2020—2030年间，建成绝对安全保密的高速量子信息通信网，以实现通信技术质的飞跃。日本邮政省把量子通信作为21世纪的战略项目，制订了十年的中长期研究目标，列入国家级高技术开发计划，10年内投资400多亿元。主要研究光量子密码及光量子信息传输技术。

表2 日本在量子通讯方面的研究进展

年份	事件
2002年	日本NTT公司研发出差动移相量子密钥发送协议，并应用在试运行网络上
2004年	研究人员用防盗量子密码技术传送信息获得成功，其传递距离长度可达87千米
2005年	日本NEC开发出了一种即使气温与光纤长度等通信环境发生变化,其性能也不会下降的量子加密通信系统 日本松下电器产业和日本玉川大学利用光的量子扰动(quantum fluctuation)现象，试制出防窃听性能更高的光通信系统 日本NTI公司成功完成单光子的量子保密通信试验
2007年	日本一研究小组开发的量子密钥技术在现实条件下实现了信息经光纤的安全传输
2008年	日本东芝公司研究人员在量子密码通信中，将密钥的传输速度成功提高，分别在20千米和100千米实验场合达到每秒1.02兆比特和每秒10.1千比特
2009年	日本日立公司基础技术研究所和东京大学荒川泰彦教授领导的纳米量子信息电子技术研究所共同开发出利用下一代高速大容量光通信的“相位调制技术”。
2010年	日本独立行政法人信息通信研究机构(NICT)的量子ICT集团，受NICT的委托,与日本电气株式会社(NEE)、三菱电机株式会社(三菱电机)、日本电信电话株式会社(NTr)，共同在JGN2plus超高速宽带网络上采用量子密码技术开发出了不能窃密的多点电视会议系统并开始试运行
2011年	日本信息通信研究机构的集团将量子密码技术应用于电视会议系统，实现了每秒10万比特的世界上最快的密钥生成速度。

——欧盟研究进展

欧盟在其“欧洲研究与发展框架规划”中提出用于发展量子信息技术的“欧洲量子科学技术”计划以及《欧洲量子信息处理与通信》计划，欧洲成立了包括英国、法国、德国、意大利、奥地利和西班牙等国在内的量子信息物理学研究网，这是继欧洲核子中心和航天技术国际合作之后,又一针对科技重大问题的大规模国际合作，主要研究量子通信、量子计算和量子信息科学。

表3 欧盟在量子通讯方面的研究进展

年份	事件
1993年	英国国防研究部在光纤中实现了基于BB84协议的相位编码量子密钥分发，光纤传输长度为10千米 瑞士日内瓦大学用基于协议的偏振编码方案，在1.1千米长的光纤中传输1.3微米波长的光子，误码率为0.54%。
1995年	一对三的网络量子密码通信演示实验。其发送—接收方距离为5.4千米，传送比特率1千位/秒，误码率为3% 瑞士日内瓦大学在日内瓦湖底铺设的23千米长民用光通信光缆中进行了实地表演，误码率为3.4%

1997年	瑞士日内瓦大学利用法拉第镜消除了光纤中的双折射等影响因素，使得系统的稳定性和使用的方便性大大提高 国潘建伟与奥地利物理学家安东尼•赛林格等合作，首次实现了“量子态的隐形传输”
1999年	欧盟集中国际力量致力于量子通信的研究，研究项目多达12个 瑞典和El合作，在光纤中也成功地进行了40千米的量子密码通信实验
2001年	中国段路明及其奥地利、美国的合作者共同提出基于原子系综的另一类量子中继器方案
2002年	德国慕尼黑大学和英国军方下属的研究机构合作。在德国和奥地利边境相距23.4千米的楚格峰和卡尔文德尔峰之间用激光成功传输了光子密钥。
2003年	瑞士Quantique公司和美国纽约神奇量子科技公司发布可以传送量子密钥的商品
2004年	奥地利蔡林格研究小组利用多瑙河底的光纤信道. 将量子隐形传态距离提高到600米
2006年	欧洲慕尼黑大学一维也纳大学联合研究小组实现了诱骗态方案，同时实现了超过100千米的量子保密通信实验
2007年	由奥地利、英国、德国研究人员组成的小组在量子通信研究中通过了通信距离达千米的最远纪录
2008年	意大利和奥地利科学家小组首次识别出从地球上空1500千米处的人造卫星上反弹回地球的单批光子，实现了太空绝密传输量子信息的重大突破 欧盟发布了关于量子密码的商业白皮书，启动量子通信技术标准化研究. 联合来自12个欧盟国家的41个最优秀的量子信息研究组成立了“基于密码的安全通信”工程
2011年	英国科学家研究证明，量子点和经典数据流能在传统的光纤网络内交织在一起，意味着量子密钥分配能与传统的数据通道一起工作，为量子互联网建成铺平了道路。

——我国研究进展

科技部、国家自然科学基金委员会、中国科学院等部门高度重视和大力支持量子通信。通过各种重大项目的实施，中国已经在量子信息研究方面做出了一批具有国际水平的成果，相关研究团体已经在国际上享有一定的影响力。近年来，中国科学家一直在刷新量子传输的距离纪录，中国量子通信研究居于世界领先地位，目前已经率先达到应用阶段水平。中国科学技术大学、清华大学、中国科学院物理所、半导体所、武汉物理与数学研究所、北京师范大学、华南师范大学、华东师范大学、山西大学、西安大学、西安电子科技大学、北京邮电大学等单位已经取得了一些重要的研究成果。

表4　中国在量子通讯方面的研究进展

午份	事件
1995年	中国科学院物理研究所用量子密码BB84方案做了演示性实验，华东师范大学在距离较短的自由空间里用B92方案做了实验
2000年	中国科学院物理研究所与研究生院合作，在850纳米的单模光纤中完成了1. 1公里的量子密码通信演示性实验

2003年	中国科技大学潘建伟领导的量子物理与量子信息实验室成功实现了量子纠缠态的浓缩，并利用这一技术首次实现了四光子纠缠光源的量子中继器
2004年	中国科技大学郭光灿领导的研究小组在北京与天津之间成功实现了125公里光纤的点对点的量子密钥分配，验证了误码设计的正确性，解决了量子密码系统的稳定性问题。
2005年	中国科大与清华大学联合小组在合肥创造了13公里的自由空间双向量子纠缠分发世界纪录，同时验证了在外层空间与地球之间分发纠缠光子的可行性
2006年	中国潘建伟小组实现了诱骗态方案，同时实现了超过100公里的量子保密通信实验
2007年	中国科技大学潘建伟研究小组通过实验成功制备出国际上纠缠光子数最多的薛定谔猫态和可以直接用于量子计算的簇态，实现六光子薛定谔猫态 中国科技大学郭光灿领导的中科院量子信息重点实验室，利用自主创新的量子路由器，在北京网通公司商用通信网络上完成了四用户量子密码通信网络的测试运行，并确保了网络通信的安全 中国科大与清华大学联合小组在北京八达岭与河北怀来之间架设长达16公里的自由空间量子信道，并取得了一系列关键技术突破。
2008年	中国科技大学潘建伟及其同事，利用冷原子量子存储技术在国际上首次实现了具有存储和读出功能的纠缠交换，建立了由300米光纤连接的两个冷原子系综之间的量子纠缠 潘建伟团队在商业光纤网络的基础上，成功研制了基于诱导术研发与成果转化
2009年	潘建伟团队在合肥成功组建了世界上首个3节点链状光量子电话网 中国科大与清华大学联合小组成功实现了世界上最远距离的量子态隐形传输，证实了量子态隐形传输穿越大气层的可行性，为未来基于卫星中继的全球化量子通信网奠定了可靠基础 中科大潘建伟科研团队在合肥成功组建了一个可升级的5节点星型量子通信网络，构建了全球首个全通型量子通信网络，实现了实时语音量子保密通信，将在合肥市及其周边建设一个40节点量子通信网络示范工程 山东省在山东信息通信研究院内组建了山东量子科学技术研究院，力争通过3—5年的努力，将山东打造为中国乃至世界的量子通信技术产业基地
2010年	中国科学技术大学和清华大学组成的联合小组，成功实现了16公里的量子态隐形传输，16公里的传输距离比原世界纪录提高了20多倍

二、竞争格局

从各国研发态势来看，由于量子通讯领域目前还处于实验室阶段，尚未出现大规模应用产品，国际合作大于竞争，基本形成了以中美日和欧盟联合研发的态势。由于量子通讯保密性优异的特点，未来将首先在军事保密通讯、国家政务办公等国家安全部门得到应用，在未来5—10年在研发端将会进一步保持合作研发的格局，但在应用端与产业端将会出现较为明显的分化竞争态势。

从企业来看，目前国际信息产业巨头都与现有实验室合作，投入了大量的研发资本，IBM、Philips、Bell实验室、HP、西门子、NEC、日立、三菱等企业都对量子通讯进行了一定的投入以促进其产业化，但目前产业化进度较慢，产业竞争不明显。

三、国内重点研究机构分析

国内研发机构主要以中科院、中国科技大学、山东信息通信研究院三家为主。其中，中国科技大学以潘建伟教授领衔的研发团队为核心，主要布局在安徽合肥；中科院以中科院上海技术物理研究所王建宇、光电技术研究所黄永梅为依托，依托中科院分院主要分布在上海、成都和北京等地；山东信息通讯研究院量子通讯领域起步较晚，但以国家信息通信国际创新园为载体，近年来发展速度较快。

1.中国科学院量子信息重点实验室（合肥）

中国科学院量子信息重点实验室是我国量子信息领域第一个省部级重点实验室，该实验室长期从事量子通信与量子计算的理论与实验研究，做出了一系列国际一流水平的原始创新科研成果，是我国量子信息领域人才的重要培养基地之一，承担多项重大项目。

“十二五”期间，中科院将量子通信与量子计算作为重点发展的战略领域方向进行系统布局。在“空间科学”战略性先导科技专项中，部署实施“量子科学卫星计划”，开展星—地量子通信技术研究，力争实现超大尺度广域量子通信的技术飞跃。

2.中国科技大学合肥微尺度物质科学国家实验室（合肥）

合肥微尺度物质科学国家实验室是科技部2003年11月批准筹建的五个国家实验室之一。合肥微尺度物质科学国家实验室是在长期坚持学科交叉与融合的基础上，通过对相关重点实验室资源的优化整合，逐步形成的一个以多学科综合为特点、以国家重大战略需求和交叉前沿领域为导向的新型实验室，其学科领域涉及物理、化学、材料、生物和信息，实现了五大一级学科之间大跨度的整合。

3.中国科学院量子技术与应用研究中心（济南）

中国科学院量子技术与应用研究中心是中国科学院的非法人研究单元，于2011年揭牌成立。其主要任务是系统性推动量子通信及相关技术的工程问题研究和成果转化，在量子通信实用化和网络化技术研发与成果转化、量子器件研发与成果转化、城际量子通信网络系统、衍生技术的成果转化等四个方面开展研究，形成引领量子技术发展的研发能力和一定的产业规模。

4.山东量子科学技术研究院（山东）

山东量子科学技术研究院有限公司，成立于2010年，由山东省政府与中国科学技术大学共同组建，主要致力于量子通信技术系统化研发与工程化实现。科技部863计划信息技术领域“光纤量子通信综合应用演示网络”主题项目申请指南定向发布到山东量子科学技术研究院有限公司，委托该公司组织国内相关领域的优势单位进行申报。该项目将在明年启动，支持年限为3年，项目经费总额6000万元。该项目总体目标是实现量子通信网络的系统集成关键技术和远距离、高速率量子通信实用化核心技术的突破，实现多用户环境下的量子通信网络应用演示，推进量子通信实用化研究和量子通信网络技术标准的制定。

四、国内现有示范项目

1.安徽芜湖量子政务网

安徽芜湖于2009年5月建成世界首个量子政务网，采用中国具有全部知识产权的单向量子保密通信方案和设备，以及量子保密通信网络核心组网技术。首期建成的芜湖“量子政务网”，融合了国际上现有的三种组网技术，首次设计出具有多层次、旨在满足不同用户需求的多功能量子保密通信网络，通过该网络可以完成任意两点之间的绝对保密的通信过程，不仅可以实现保密声音、保密文件和保密动态图象的绝对安全通信，还能满足通信量巨大的视频保密会议和大量公文保密传输的需求。

2.合肥城域量子通信试验示范网

合肥城域量子通信试验示范网于2010年7月启动建设，投入经费6000多万元。经过中国科学技术大学和安徽量子通信技术有限公司科研人员历时1年多的努力，项目建成后试运行，各项功能、指标均达到设计要求。该项目2012年通过安徽省科技厅组织的专家组验收，30日正式投入使用。具有46个节点的量子通信网覆盖合肥市主城区，使用光纤约1700公里，通过6个接入交换和集控站，连接40组“量子电话”用户和16组“量子视频”用户。主要用户为对信息安全要求较高的政府机关、金融机构、医疗机构、军工企业及科研院所，如合肥市公安局、合肥市应急指挥中心、中国科技大学、合肥第三人民医院及部分银行网点等。

3.山东量子通信试验网工程

2010年，山东省投资5600万元启动建设山东量子技术研发平台，投资1.22亿元建设山东量子通信试验网工程。试验网第一期工程为两年，首先在济南市搭建40—50个用户的量子保密通信试验网。山东量子通信试验网工程第一期工程建设完成后，项目二期工程将展开基于超导技术的量子城际网的建设，进一步将量子通信的应用推向实用化。

4.北京金融信息量子通信验证网

“金融信息量子通信验证网”是世界上首次利用量子通信技术实现金融信息传输的通信应用网络，是量子通信网络技术保障金融信息传输安全的首次技术验证和应用。2011年上半年起，针对金融信息应用的特点，新华社和中国科技大学合作开展了量子通信在金融信息安全方面的应用研究，开发出相应的量子通信应用技术。2011年，双方合作建成了连接新华社新闻大厦和新华社金融信息交易所的“金融信息量子保密通信技术验证专线”；

11月底，将该“专线”扩展成为4节点、3用户的“金融信息量子通信验证网”，形成了世界上第一个金融信息领域的量子通信应用网络。“金融信息量子通信验证网”使用北京联通提供的商用光纤线路建成，线路最长距离超过20公里，在此线路上的量子密钥成码率达到了10K比特每秒以上。该验证网实现了高保密性视频语音通信、实时文字交互和高速数据文件传输等应用。高速数据文件传输的带宽已达到300兆比特每秒以上，可满足大多数加密通信应用的速率要求。

五、结论和建议

从量子通讯当前技术研究进展来看，量子通讯技术还处于实验室研发阶段，预计3—5年后，随着相关示范项目基本完善，将逐步在军事、电子政务和金融信息等对信息保密性要求较高的领域实现对现有网络的升级，预计到2020年能够初步实现一定规模的产业化，发展开始逐步提速。

从发展布局来看，目前研发尚属于点状发展，研发力量除了分布在北京上海等一线城市，还在安徽合肥、芜湖、山东等地实现了特色发展。科研方面，以潘建伟为核心的中科院与中国科技大学团队构成了我国量子通讯的核心科研力量。随着量子通讯的技术路线进一步成熟，预计会有越来越多的省份和科研力量投入到相关技术研究及产业化过程中。

浙江作为我国的经济强省，拥有阿里巴巴等国际知名的互联网企业，与物联网等下一代通讯技术融合具有一定的发展潜力，建议浙江以示范应用带动研发、以研发带动产业化，通过引进科研团队、促进产研结合、建立示范网络等方式推进量子通讯相关技术的研发和产业化进度，树立浙江在量子通讯领域的先发地位，进一步推动相关产业发展。具体建议如下：

1.积极推动量子通讯高端实验室进驻浙江省

目前量子通讯还属于实验室阶段，相关技术研发工作推进速度较快。依托浙江高校科技研发优势，推动量子通讯技术及配套技术研究实验室入驻浙江省，积极与中科院、中国科技大学等领先研究机构开展合作实验室，积极推进量子通讯相关研究在浙江省的落地。

2.依托电子政务、电子商务等需求，积极建设示范项目

以浙江省电子政务、阿里巴巴系电子商务等高保密性业务为载体，积极引进量子通讯示范性项目，与需求对接加速量子通讯产业化速度，避免技术空心化，提升产业发展内涵。

（浙江省发展和改革委员会研究室供稿）

浙江省智能机器人发展"产业图"和"招商图"

为减轻中国产业高端产品竞争力不强、劳动力成本高企导致劳动密集型产业外流"两头受压"，目前国家政策大力支持发展智能机器人产业。近年来劳动力成本的快速上涨也使得智能机器人产业的经济性价比提高："每引进1台小型多关节机器人，可以代替2名工人的工作量，在2年里即可收回成本。机器人成本回收时间的缩短，促进了机器人的普及"[1]。抓住机遇发展智能机器人产业，对浙江经济转型升级、培育新的经济增长点具有重大意义。

一、世界智能机器人的发展演进图

智能机器人产业是高端装备制造业，主要分为工业机器人和安防、危险作业、救援等服务机器人两类。

(一) 以工业机器人为代表的智能制造业快速发展

全球工业机器人市场需求旺盛。2013年，全球工业机器人市场销售量达到了历史顶峰，达168000台/套。尽管受到一些国家经济不景气影响，但2010—2013年间，工业机器人需求仍保持年均12%的增速。IFR预测，到2015年，全球工业机器人销量将达20万台，机器人产业规模将达到500亿美元。

(二) 服务机器人仍处于产业化前期

2013年被称为"服务机器人元年"。METI预计2020年日本服务机器人市场规模将超越工业机器人，达到100亿美元左右。美国凭借强大的研发实力，积极部署前沿机器人的研发。服务机器人往往要针对特定的市场开发，可发挥本土公司与行业紧密结合的优势，是中国企业可以加快超越的领域。服务机器人的类型：

---

[1] 来源：《中国走向工业机器人大国》，日经中文网，2014/02/12

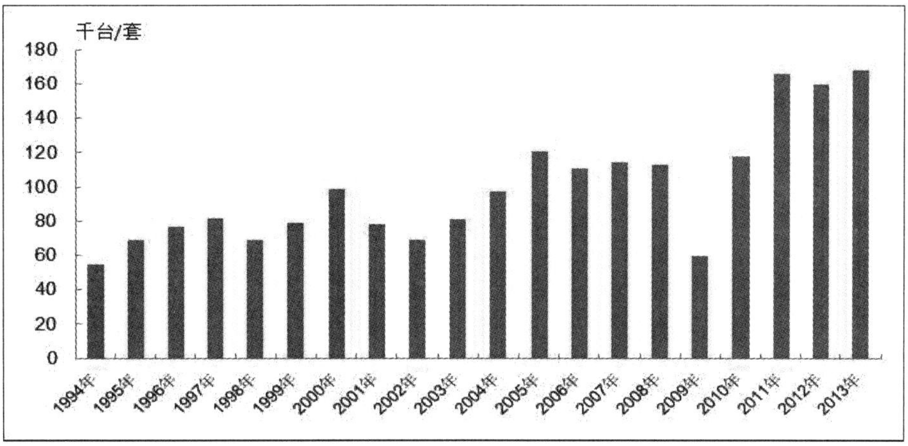

图1　2003—2013年全球工业机器人年销量

数据来源：国际机器人联合（IFR）

——清洁机器人。扫地机器人在国内销售较好，占吸尘器品类销售的10%。2013年吸尘器市场零售量同比下降了11.2%，但机器人吸尘器零售量同比增长25.3%。扫地机器人平均单价约在2000—3000元/台，最高端的逼近万元。国内品牌主要有科沃斯，三星、LG、松下等品牌也都有新品推出。

——陪护（生活支援型）机器人。松下、丰田、本田等很多日本企业相继开发陪护机器人。筑波大学组建的CYBERDYNE公司已将部分穿戴型机器人推向实用，预计2020年生活支援型机器人的市场规模将达1万亿日元左右。

——手术机器人。进入门槛较高，需要雄厚的资金和尖端技术，且需通过监管部门严格检测和评估才能批量生产。

（三）世界工业机器人产业竞争格局

1.区域竞争格局

欧洲、美国和日本的工业机器人企业发展模式不同。欧洲厂商的优势是整合全球最好的资源以提供整套设备和工业流水线，日本60年代末从美国引进机器人技术后，成为第一大生产国，在机械手、电子元器件等方面更胜一筹。

——从日本进口的数量和金额均最多。2013年，从日本进口多功能工业机器人27932台，占同类产品总进口量的74%；从台湾进口数量排名第二，占比为7.7%，但金额仅排名第六；从德国进口数量排名第四，但金额排名第二。

——德国产品的高端化特点较为突出。2013年，从德国进口的多功能工业机器人平均单价达到63283美元/台，瑞典为27236美元/台，日本为13537美元/台，台湾仅为6593美元

/台。在未列明工业机器人产品方面，德国的平均进口单价为92403美元/台，日本为21661美元/台，台湾为27171美元/台。

表1　2013年中国进口的工业机器人来源国、金额及数量

多功能工业机器人				其他未列明工业机器人			
国家	数量（台）	金额（美元）	单价（台/美元）	国家	数量（台）	金额（美元）	单价（台/美元）
日本	27932	378120245	13537	德国	225	20790707	92403
德国	1405	88912301	63283	日本	854	18498355	21661
瑞典	1603	43659236	27236	韩国	291	9525337	32733
韩国	1235	24902261	20164	美国	151	8358964	55357
中国	1895	22168679	11699	墨西哥	3	2005062	668354
台湾	2900	19121013	6593	意大利	16	1556260	97266
奥地利	57	14206032	249229	台湾	53	1440042	27171
美国	232	10128832	43659	西班牙	11	1214507	110410
法国	204	8210982	40250	奥地利	6	1126226	187704
英国	21	4176452	198879	克罗地亚	10	1043681	104368

数据来源：海关信息网，赛迪方略

2.企业竞争格局

从全球来看，目前有能力制造可完成复杂动作的多关节机器人（6轴以上）的只有日本企业、ABB和德国库卡机器人集团（KUKA Roboter Group）。

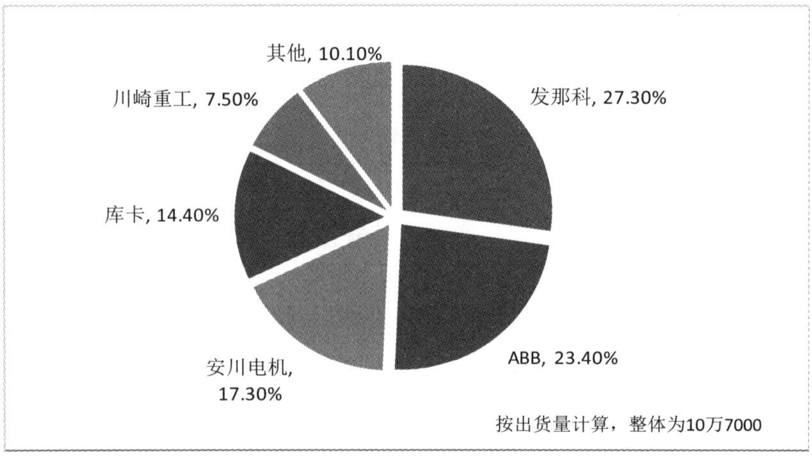

图2　2012年全球工业机器人产品市场份额

数据来源：日经中文网推算

二、智能机器人产业在中国的发展演进

——中国快速崛起为全球机器人最大买家。2008—2013年，我国工业机器人销量年均增速为36%，2013年工业机器人购买量是全球销售量的五分之一，是全球最大买家。近年来，我国智能装备发展深度和广度日益提升，智能装备产业体系初步形成，一批具有自主知识产权的重大智能制造实现突破。我国工业机器人市场前景广阔。

——从国内市场看，外资厂商占据主导。ABB、FANUC、安川、KUKA、OTC、松下、那智不二越、川崎、新松等占超过七成的市场份额。国内新松、埃夫特、广州数控等企业也在逐步掌握工业机器人核心技术，加快发展步伐。外资品牌商加快在国内建厂，同时配合降价策略，竞争进一步加剧。

——从国内产业布局看，长三角区域在应用智能制造装备方面走在全国前列。上海、苏州、重庆、唐山、青岛等地纷纷出台发展规划和政策措施，大力发展以工业机器人为主的智能装备产业。其中，上海发展智能装备产业的优势最为明显。安徽推动力度较大，中央财政将对安徽省战略性新兴产业区域集聚发展试点方案采取滚动方式予以支持，时间为2013年至2015年。

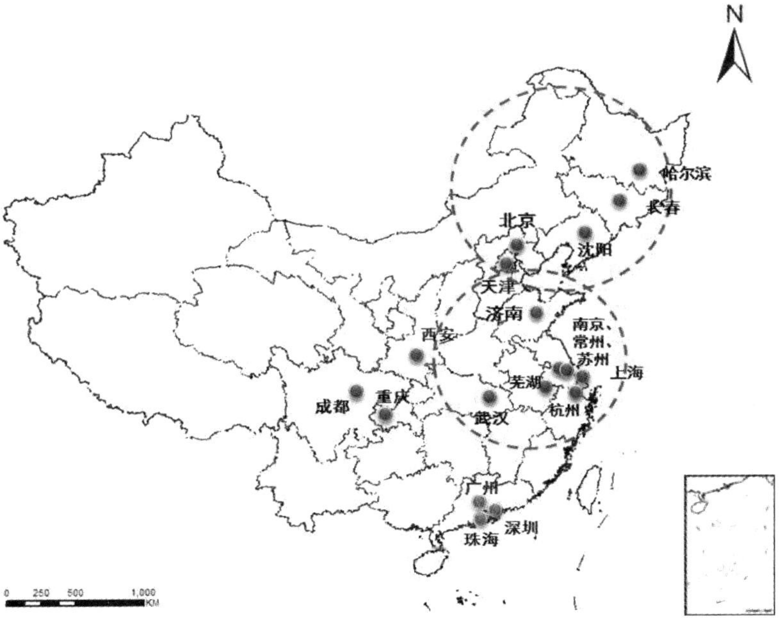

图3　中国工业机器人产业布局

表2 国内主要城市工业机器人产业发展规划

城市	规划内容
上海	立足机器人产业化和示范应用两个环节，使上海成为我国最大产业机器人基地，到2020年实现产值600亿至800亿元，占全国50%以上份额。
昆山	以昆山高新区为载体，规划到2015年构建工业机器人和智能机器人两大类产品较完善的产业链，实现年产值超过200亿元，打造集工业机器人和商用机器人于一身的国内一流的机器人产业集群。
重庆	开发适用于汽车摩托车或电子信息产业、具有较强市场竞争力的工业焊接机器人，并形成年产5000台的产业规模。
沈阳	依托新松机器人有限公司，以浑南新区为主要载体，重点发展自动化设备、装配机器人和各种与机器人配套的周边设备项目，各类数控系统、伺服驱动、电机产品及数控机床、柔性加工中心等项目。
合肥	安徽省发改委出台《关于加快发展浙江省智能制造装备产业的指导意见》，工业机器人成为该领域的发展重点之一。政府除财政扶持和金融支持外，还将“对于采购皖产首台(套)智能制造装备的企业，给予一定的税收减免、补贴和专项资金支持。”
天津	《天津市电子信息产业发展”十二五”规划》：培育发展物联网、信息安全、人工智能、光电子四个战略性新兴领域;支持工业机器人、警用机器人、安全机器人、矿山机器人、水下机器人、医用微创机器人的研发及产业化。到2015年，形成年产各类机器人5000个的生产能力，产业规模达到200亿元。
青岛	青岛国际机器人产业园，着力打造我国北方最大的工业机器人产业基地。
唐山	《唐山高新技术产业开发区机器人产业基地发展规划》：到2015年，全市形成年产值100亿元以上企业1家、10亿元以上企业2家、年产值1亿元以上企业5家、年产值1000万元以上企业20家，建成我国富有特色的”机器人产业基地”。

资料来源：赛迪方略整理

三、浙江智能机器人产业发展的路线图

近年来，浙江省大力推进“机器换人”，计划未来5年每年年均实施机器换人项目5000项、完成技术改造投入5000亿元。省内各市积极参与，部分地市示范作用显现，将进一步带动工业机器人等智能制造装备的应用。浙江省发展智能机器人面临良好契机，根据国内外发展情况，浙江借力发展智能机器人产业的重点策略：

1.整合量大面广的传统产业“机器换人”需求，以市场换投资。机器人企业的投资选址与市场密切相关。例如不二越在江苏张家港设厂投产之后，举行了新型机器人说明会，邀请从事铸件和螺栓加工等的约20家当地企业参加。产品主要应用于汽车行业的安川电机也表示，如果西部投资的汽车企业增加，不排除在西部设厂的可能。浙江目前正在广泛开展“机器换人”，建议加大对 “机器换人”市场空间的宣传，整合传统产业智能机器人需求，以团购式需求组团换取更多国际性智能机器人公司直接到浙江投资。

2.加快建立职业教育体系，弥补产业链上技术人员的短缺。由于工业机器人的制造属于技术密集型行业，对普通技术工人的需求少，对高水平技工的要求较高。要有效利用机器人，需要能够构建适应客户需求的自动化生产线的专业技术人员。浙江的高等院校在高

端的技术正向研发方面并未有明显优势，机器人相关的职业教育也未广泛展开。缺少相应专业的技术工人是目前浙江面临的主要瓶颈。必须加快建立智能机器人职业教育体系，依托现有高校设立相应专业的研究、设计专业，培养研发设计人才，同时，建立智能机器人职业技术学校，培养能从事一线操作的技术工人。

3.抓住智能机器人产业格局调整的机会，大力吸引日资企业。欧洲机器人企业与很早就打入中国市场的德国大众汽车保持密切的业务联系，日本企业则亟需扩大在海外的销售以扩大市场空间。在日本空洞化趋势向众多行业蔓延，国内需求难以有所突破的背景下，当务之急是开拓海外市场以提高销售额。在日元升值情况下，日本机器人企业与ABB、KUKA机器人等欧洲企业竞争时处于不利地位。安川电机、川崎重工、不二越等日本企业的经营策略，均将深耕成长市场作为重要的内容之一。因此，浙江可重点关注日资企业，开展针对性招商。

4.加强要素保障，做大做强已进入浙江投资的机器人企业。目前在浙江具有较高知名度的智能机器人公司主要有两种类型：

（1）下游市场驱动型：以纺织机械、工业连接器和工业机器人三大领域机电一体化解决方案的专业供应商——史陶比尔(Staubli)为代表。集团创立于1892年，总部位于瑞士，主要生产SCARA机器人和6轴机器人、控制器和软件等产品。1997年，史陶比尔(杭州)精密机械电子有限公司在杭州经济技术开发区成立，是史陶比尔集团在欧洲以外建立的第一家制造工厂，也是集团在中国的总部。目前在北京、上海、广州、武汉、西安、重庆、沈阳和苏州八个城市设立了办事处。史陶比尔较早就在杭州成立公司，一开始主要是为纺织机械客户以及合作者提供完美的销售和技术服务，后来逐步本地化生产，并拓展转接头和工业机器人业务。对这种市场驱动型企业，浙江应加强创新型要素培育，吸引其加快研发本地化、产业化本地化，分享其技术红利。

（2）创新驱动型：以工业机器人与自动化成套装备供应商——沈阳新松为代表。该公司是国内军用机器人领域唯一量产厂商，同时，公司还开发了洁净、助老助残医疗、电站巡检服务机器人等产品。2013年，公司总营业收入13.06亿元，其中工业机器人产品收入4.07亿元，占总收入的31.2%，毛利率为34.6%。主要围绕沈阳和杭州展开布局。沈阳制造基地（一期、二期）承担了公司主要的制造产能，正在扩建沈阳制造基地三期。杭州中科新松光电有限公司成立于2010年，将成为新松南方研究创新中心及产业化基地，业务将覆盖长三角、珠三角等经济圈。对这种创新驱动型企业，浙江可增强土地、资金、人才等要素保障，进一步做大新松南方基地的规模和研发实力。同时，深化产学研合作，加大本地高校与科研院所与其对接力度。

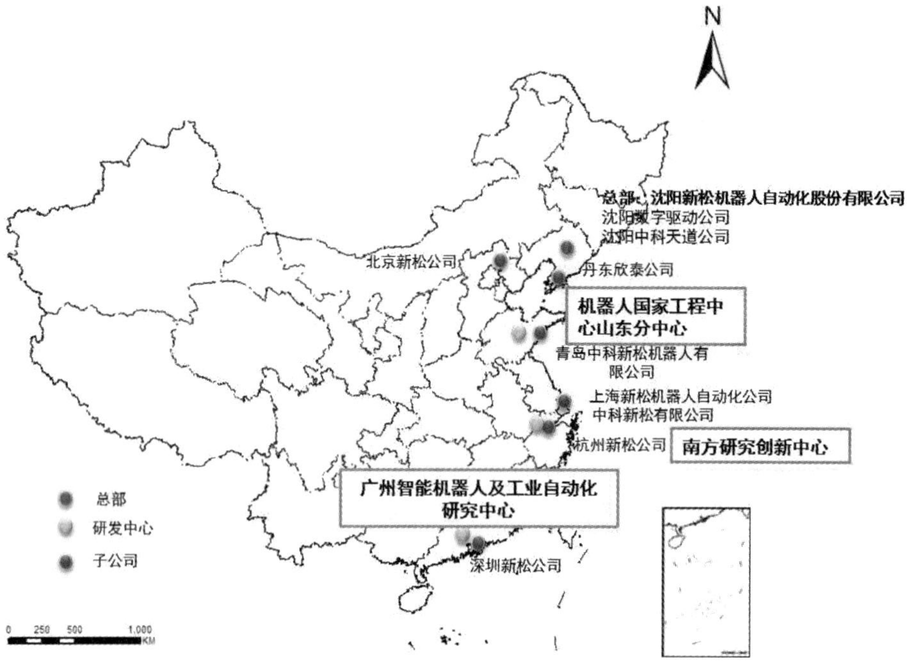

图4　沈阳新松的布局

资料来源：赛迪方略整理

四、浙江潜在招商重点企业分析

1.ABB

——发展概况。总部位于瑞士苏黎世，在全球100多个国家拥有135000名员工，2013年，ABB的离散自动化与运动控制业务部实现收入99.15亿美元。2006年，将全球机器人业务的总部移至上海。2013年，ABB在亚洲的收入为112.3亿美元，其中中国市场收入占50%。2014年，ABB在华较活跃，为比亚迪电动车提供充电系统，参与国网的多个特高压工程，在厦门打造全球制造工厂，投10亿在江西建大功率风电机生产基地等。

——进入浙江的可能性分析。2014年3月，ABB宣布在厦门整合当地所有业务设立"工业中心"，厦门已成为ABB中国的低压和电力业务的布局核心，ABB厦门工业中心将成为ABB的全球制造工厂。ABB将业务布局于几个中心的趋势明显，机器人业务已将上海作为中心，机器人服务"4S"店已在杭州布局。预计机器人生产进入浙江的可能性非常小。但仍建议浙江重点关注ABB在电动车充电等新兴领域的动向。

2.安川电机（YASKAWA）

——发展概况。创立于1915年，全球工业机器人领域的四大龙头企业之一。2012年，安川电机销售收入3103.83亿日元。2013年开始，安川电机加大在中国市场开拓力度，常州组装工厂于2013年正式启动生产。

——进入浙江的可能性分析。安川电机的机器人和运动控制等业务在华布局较广，本地化配套特点突出，有加工用在机器人和机床上的伺服马达的工厂。随着浙江省内工业机器人市场的扩大，安川电机进入浙江的可能性较大。

3.发那科（FANUC）

——发展概况。世界最大的自动化设备和机器人的综合制造商，CNC和机器人产品在全球市场的占有率一直保持领先地位。2012—2013年北京和上海分别新建了工厂，具有月产2万台、年产新增机器人及其成套系统3800套、年产智能机床及注塑机1400台的产能。2013年，发那科与南京二机数控车床有限责任公司签署协议，在智能机器人、小型加工中心和自动化生产线等领域合作。

——进入浙江的可能性分析。在浙江再布局生产基地的可能性较低，可争取建立发那科浙江区域服务中心。

4.松下（Panasonic）

——发展概况。成立于1918年，是全球引领研发创新活动的龙头企业之一。2014年，松下推出新的电弧焊接机器人长臂型TL−1800 · TL−2000，产能为每月150台。松下焊接系统有限公司的四个海外销售公司分别位于美国、德国、中国唐山和泰国。随着经营的改善，松下的发展战略正在向积极进攻型战略转变。2013年唐山松下公司推出与捷安特公司共同研发的世界第一条机器人焊接铝合金自行车生产线。

——进入浙江的可能性分析。由于松下机器人在中国的布局在北方，因此浙江可关注松下在南方布局的动向，同时也可以积极吸引松下将服务机器人的生产布局于浙江。

5.OTC（DAIHEN 株式会社）

——发展概况。公司设立于1919年，产品包括电机设备制造、变压器、电焊机、机器人。2014财年将实现销售收入1100亿日元。OTC集团在华拥有4家全资子公司，1家合资公司。“牡丹江欧地希焊接机有限公司”和“欧地希机电（青岛）有限公司”是生产工厂。欧地希机电（上海）有限公司负责OTC产品在中国的总经销、售后服务及焊接培训，达谊恒精密机械(常熟)有限公司负责OTC的电力产品业务，达谊恒欧地希机电（北京）有限公司负责半导体设备业务。

——进入浙江的可能性分析。DAIHEN在常熟布局的主要因素是江苏在太阳能光伏产品生产方面的市场。由于长江以南没有制造布局，在上海仅设立中国总部但未设立生产基地，因此可作为浙江的重点开拓对象。

6.柯马(COMAU)

——发展概况。成立于1978年，隶属于意大利菲亚特集团的全球化企业。柯马1997年进入中国市场，2000年成立柯马（上海）汽车设备有限公司，2010年在重庆和深圳分别成立分公司。2011年，柯马中国的第二个生产制造基地——柯昆(昆山)自动化有限公司正式开始运营投产。2012年，柯马中国上海二期厂房竣工投产。

——进入浙江的可能性分析。柯马的生产投资集中在长三角。从柯马的业务模式来看，更多的是围绕机器人的系统集成和应用。柯马的业务类型与浙江“机器换人”的需求较为符合，可作为重点招商对象。

7.IRobot

——发展概况。是美国纳斯达克上市公司，也是全球家用机器人的领军者及军用机器人的重要参与者。2013年IRobot收入4.87亿美元，美国iRobot公司家用机器人全球累计销量超过1000万。总部和研发中心位于美国马塞诸塞州的Bedford。在广州和香港有分支机构，民用消费产品的生产外包给中国的6家企业制造，军用机器人产品外包给美国企业。

——进入浙江的可能性分析。随着国内扫地等服务机器人销量持续增加，新进入者增加，国内的竞争也将进一步激烈，中国市场的地位也可能进一步提升。不排除iRobot在中国设立研发中心的可能性。

8.直觉外科公司 (Intuitive Surgical)

——发展概况。成立于1995年，总部位于美国加利福尼亚州，主要生产手术机器人。2013年，公司收入达22.65亿美元。截至2013年底，全球共安装2966台达芬奇手术机器人系统，其中，美国2083台，占70.2%；欧洲476台，日本159台，其它地区248台，欧洲和日本市场较快增长。2012年前我国有10余台该机器人，卫生部于2013年宣布再引进30台。

—— 进入浙江的可能性分析。随着中国的医疗机构使用比例进一步扩大，增加售后服务部门必不可少。当前，至少在浙江杭州，有推动直觉外科公司设立本地化服务机构的可能。同时浙江也可以争取，设立面向全国的设备使用培训学校，设备和零部件仓库等。

9.艾特科技 (ADEPT)

——发展概况。是一家美国工业机器人本体企业，核心竞争力是将其运动控制系统、视觉系统和软件紧密结合。为加强其在移动机器人方面的核心竞争力，计划加快将移动机器人产品推向全球市场，同时振兴核心业务，利用SoftPIC技术扩大7.5磅以及以下范围内的小型柔性制造、食品和包装业务，并推动服务业务增长。

——进入浙江的可能性分析。Adept近年经营业绩不佳，但属于“专、特、精”企业，建议省内较有资金实力且意图布局机器人业务的企业实施并购。

10.安徽埃夫特

——发展概况。是奇瑞的子公司，成立于2007年，是中国机器人产业联盟及创新联盟发起人。有年产1000余台工业机器人的装配检测线。2013年公司收入2.3亿，销售量近400台。2013年底，埃夫特与位于慈溪的慈星股份合资，形成战略合作关系。

——进入浙江的可能性分析。埃夫特在家电等领域已有技术储备，浙江在小家电等领域有较好的产业基础，是需要升级的重点产业领域。公司曾表示："市场方面，浙江是埃夫特的必争之地，是未来的重要销售市场。"可作为浙江的积极争取对象。

（浙江省发展和改革委员会研究室供稿）

当前浙江省企业资金链担保链风险的新情况新问题及政策建议

今年以来，浙江省部分地区企业资金链担保链（以下简称“两链”）风险再次抬头，个别媒体热炒大批企业因“两链”断裂而倒闭，引起社会各界的高度关注。为深入了解浙江省企业“两链”风险最新状况，跟踪省政府去年8月份出台的有效化解企业“两链”风险意见（浙政办发[2013]113号）文件落实情况，5月份，省发改委组成专题调研组赴萧山、柯桥、上虞、桐乡、海宁等地开展专题调研，召开发改、经信、人行、银监、金融办、法院等有关部门及商业银行、担保公司等参加的座谈会，并实地走访中球冠集团等数家涉及“两链”企业，详细了解当地“两链”风险新情况新问题、应对的主要工作及做法，充分听取企业、银行和相关部门的意见和建议。现将有关情况报告如下。

一、当前企业资金链担保链风险新情况新问题

从调研情况看，当前企业“两链”风险呈现“阶段性趋稳可控、后期压力不可低估”的演化特点。

——“阶段性趋稳可控”主要体现在：当前浙江省部分地区确实陆续出现了企业“两链”风险问题，比如，萧山百强工业企业中有25家左右涉及“两链”风险；柯桥涉及的有20家，其中9家规模较大；上虞有20多家；桐乡、海宁情况相对较好，但也有部分企业出险。从总体看，目前“两链”风险仍处于“点状散发”状态，未出现个别媒体热炒的风险“成片式”爆发、企业“成批式”倒闭情况。萧山、柯桥等风险相对集中的地方，在当地政府的及时介入、强有力协调处置下，风险正在得到积极化解和处置，处于基本稳定可控状态。一是涉险企业、关联银行失控局面得到有效缓解。去年底今年初，萧山等地因“两链”风险导致出险企业快速增加、银行随意抽贷压贷现象较多，目前这些情况已得到基本遏制，企业融资能力有所提升，各种逃废债、“跑路风”初步止住，担保企业、银行恐慌

局面得到缓解。二是风险沿着担保链担保圈快速蔓延扩散局面得到有效控制。通过浇灭出险企业“着火点”、清查担保企业“易燃物”，风险防火墙快速搭建，火烧连营的可能性大大降低。比如，萧山对最红集团、中信钢构等依法破产，对大自然集团银团贷款帮扶、对龙达集团重组、对天翔集团瘦身等，有效地控制住了风险向第二圈、第三圈担保链的蔓延。

——“后期压力不可低估”主要体现在三个“隐忧”：一是部分大型骨干企业、优质中小企业受担保链牵连影响的隐忧。目前出险的企业，大多是过度扩张、过度多元化、过度涉及高风险领域特别是高息民间借贷的中小企业，但有些银行往往先拿担保链涉及的好企业“开刀”进行抽贷，使得一些过度对外担保、担保金额过大的大型骨干企业、生产经营状况良好的优质中小企业资金链也明显趋紧。调研中不少企业家反映，他们疲于辗转于各贷款银行间反复解释协调，投资发展的正常节奏被打乱，有些甚至正面临着生死考验。如果大批好企业因担保链“负重”前行，甚至“倒下”，将对经济社会健康发展产生比较大的影响。柯桥的新中天集团反映，它为媒体热炒资金链断裂的赐富集团担保了3亿元，虽然自身经营状况良好，正准备投资引进德国最新产品的生产线，且银行存款也近4亿元，但由于担保问题银行不愿对其新增贷款，甚至表示要抽贷压贷，企业家为此忧心忡忡。二是部分重点区域、重点行业存在担保链风险扩大的隐忧。这一波“两链”风险，主要集中在化纤、纺织、钢构等不景气行业，随着经济下行压力加大、淘汰落后产能加快、房地产市场深度调整等相互交织影响，不排除部分行业企业生产经营困难进一步加大，资金链担保链风险可能进一步扩大。比如，绍兴反映，产能明显过剩的化纤行业，进入下半年的传统淡季，部分资金链紧张的企业可能还会再次出险。浙江省化纤等行业区域集中明显，关联企业、上下游企业之间互保情况较多，部分企业出险可能影响一片，甚至通过担保链传递给其他区域。海宁、桐乡等地担心，若萧绍等地区化纤行业风险源不能很好管控，嘉兴部分相关企业迟早会受波及。萧山、柯桥等地银行反映，由于前期媒体的热炒，少数银行总行将萧山、柯桥等地列为所谓“信贷危险区”，贷款审批更加严格，这些区域化解处置风险“雪上加霜”。三是地方政府在风险处置协调时“力不从心”的隐忧。调研中，感受到地方政府都在尽全力化解处置风险，但也感受到地方政府“有心无力”的无奈，主要有“五难”：情况掌握难，多头授信、多头担保非常普遍，互保联保错综复杂，企业的民间借贷信息和隐形关联信息难以完全掌握，有的风险直到深入处置后才暴露出来，导致前期协调下来的帮扶措施难以实施；有些涉险企业账户十几个甚至数十个、经营报表好几套，资产转移、租赁等防不胜防，“企业倒闭、老板逍遥”现象屡有出现，使政府协调处置时比较被动。银行配合难，部分异地银行只求自保、不共进退，一有风吹草动率先抽贷或者诉讼保全，甚至在政府出面协调时，表面上支持，暗地里大打折扣；银行支行以审批权限被总行、省行上收为由延贷，也是一种变相抽贷。利益诉求平衡难，政府希望出险企业快速“瘦身”斩断担保链，保优汰劣，但部分企业仍“心有不甘”，有挽回败局的心思，担保企业之间、银企之间、银行与银行之间也都有各自不同的利益诉求，政府只能依法协调而不能强迫，协商处置费时费力；一些担保企业为了逃避担保责任而恶意诉诸法律要求“脱保”的现象也频发多发。清算处置难，不少担保企业反映，希望优先加快涉险企业破产，再追究担保企业责任，但破产案件程序繁琐，时间跨度长，桐乡反映一般要3－5年，最长的有10年，即使有的地方建立了绿色通道，也要半年到1年左右。舆论环境营造难，部分媒体特别是省外媒体的过度解读、不实报导，使担保企业形象受损、融资难度加大、订单下降，同时给当地政府处置风险也带来较大负面影响。桐乡等地反映，江苏等异地法院为获得首封权争先来浙江省查封企业，使得本地债权人在执行抵押财产时很难。

总的看，当前浙江省部分地方企业“两链”风险虽比较严重，但仍是点状的、可控的，没有达到系统性、区域性风险的地步，但目前风险是暂时性的压制、阶段性的趋稳，处于艰难的“治标”阶段，风险隐患不容低估。从演变趋势看，部分风险相对集中的地区，在经济难以短期根本好转、产能过剩行业不景气状况仍将延续的背景下，风险仍有可能扩散蔓延，部分行业、地区有效化解处置风险的压力较大，要从根本上切断资金链担保链风险更是长期艰巨的任务。

二、各地化解企业资金链担保链风险的主要做法

在调研的过程中了解到，各地各部门对企业“两链”风险都高度重视，在化解和处置风险方面做了大量艰苦的工作，最有共性的且有效的做法是走“政府、银行、企业联动化解”之路。

（一）政府层面：坚持属地负责原则，及时介入，加强协调。

1.建立风险联动化解机制。一是及时组建政银企联动化解机构。年初以来，萧山、柯桥等“两链”风险集聚地及时成立“化解办”、“帮扶办”，并从相关部门抽调专人实行集中办公，快速协调和处理企业资金链担保链问题。而前些年风险显现的桐乡、海宁等地，则较早地成立了工作领导小组，并建立了部门联席会议制度，统筹协调企业资金链担保链风险的防范和化解工作。上虞则成立了解困办公室，建立了6个工作组。二是及时出台并落实政银企合力化解风险的政策和意见。萧山出台了关于化解风险企业资金链问题的若干意见，其中针对企业、银行及政府提出了26条含金量很高的具体工作举措；柯桥落实了企业、银行、政府及司法机关的29条具体举措。上虞也出台了支持融资性担保机构建设等

相应的政策措施。

2.强化风险企业监测预警。各地切实加强了对企业运行情况的监测，建立健全了风险监测预警机制，一旦发现风险苗头，及时介入，及早处置。如柯桥定期排查全区面上风险企业情况，形成专报，并开展欠息、欠薪、欠税、欠电费、欠水费等“五欠”企业的旬报工作；萧山及时摸排全区企业是否存在欠薪、欠税、欠息、欠费等“四欠”现象，收集汇总风险企业基本信息，形成风险企业分类名单；海宁加强对风险企业的监测排查，对重点行业、重点企业的潜在风险做到心中有数，努力做到风险早发现、早预警、早上报、早处置。

3.加大对涉险企业金融支持。一是设立企业应急转贷专项资金，为风险企业提供转贷支持。如萧山和柯桥均设立了5亿元的企业应急转贷资金，桐乡设立了1亿元的工业企业专项应急转贷资金，海宁设立了5000万元的中小微企业贷款周转专项资金。二是对中小微企业贷款提供支持，减少其担保贷款。如桐乡针对中小微企业融资难，专门出台中小微企业贷款支持计划，通过与银行的合作，为企业提供纯信用贷款，还通过融资性担保公司为中小微企业提供融资担保，并安排1亿元风险补偿金用于支持中小微企业的信用贷款和保证贷款，从而减少此类企业资金链担保链风险的发生。三是实施竞争性财政存款政策。像柯桥对支持贡献大且政银企关系融洽的银行给予适当考核奖励，并给予政府财政性存款有限匹配；萧山建立银行贷款与政府财政性存款、政府融资平台贷款联动挂钩机制；海宁对努力帮扶风险企业解困的银行，给予财政性资金存款倾斜。

（二）银行层面：创新服务，化解风险，积极支持地方经济发展。

1.有效切断担保链风险传导。一是不简单搞贷款平移。萧山、柯桥与银行沟通，不简单地向担保企业平移所担保的全额银行贷款，而是尽一切可能先处置风险企业自身资产，资产处置后偿还银行贷款不足部分，再由担保企业通过贷款平移方式承担。二是通过调整担保方式化解风险。一些银行通过将风险企业的担保贷款调整为房地产、设备、股权抵质押或抵押物估值来切断担保链。如海宁当地两家银行主动将一家风险企业的设备抵押率提至80%，从而有效隔离了风险。

2.积极探索主办银行机制。为更加科学、理性地开展授信业务，各地积极探索主办银行机制，对企业的授信总额进行有效管理。如萧山、柯桥建立主办银行机制，原则上由贷款最多的银行牵头，实行联合贷款。海宁推行了主办银行和联合授信试点，具体有两种模式，一种是单一银行主办制，即一个企业一个银行包办，另一种是一个企业多个银行联合管理，其中一个银行担任主办银行。通过对企业授信总额的联合管理，一方面可以有效解决银行放贷过程中的信息不对称问题，防止过度授信，另一方面在风险发生时可以由主办银行承担起牵头责任，更好地帮扶企业脱困。

3.主动创新金融服务模式。一是创新贷款担保方式。柯桥等地鼓励银行推行股权出质登记、商标权、专利权、排污权和仓单、商用物业等抵押贷款，并推行“二次抵押登记”，允许抵押物余额部分再次办理抵押登记。二是创新还款方式。如嘉兴银行的“无还本续贷”业务，在企业的周转性流动资金贷款到期后，由于存在经营收入回款期与贷款偿还期错配的情况，银行通过发放新贷款用于企业归还到期贷款；又如平安银行的“自动续授信”业务，针对优质客户和信用记录良好的客户，不需要归还本金，归还利息后，即给予自动转贷。三是健全企业授信管理机制。如桐乡部分银行不断完善贷款企业客户的贷前调查制度和贷后管理制度，在贷前注重企业老总品行、员工工资发放情况等软信息的收集，贷款后检查其贷款流向、企业经营状况、押品等情况，并关注其保证人。

（三）企业层面：企业是化解“两链”风险的主体，勇于承担责任，主动沟通，瘦身自救

1.主动沟通协调。涉险企业积极主动地与政府、银行和担保企业联系沟通，真实反映企业生产经营、拥有资产情况以及存在的困难，不瞒不虚不骗，客观面对现实，并尽最大可能转贷付息，保全好现有的企业资产，不逃废债务，主动寻求各方力量的帮扶。

2.积极开展自救。萧山、柯桥等地涉险企业都能及时处置闲置资产，加快“瘦身”，并推动土地、厂房的分割流转，探讨工业用地“退二进三”和二次开发，主动做好资产负债清理、资产变现重组、负债剥离瘦身、民间借贷化解、贷款偿还保全等工作，瘦身后的资金用于企业主营业务，确保瘦身后的企业能正常生产经营。

三、进一步化解“两链”风险的几点建议

从调研情况看，尽管各地非常重视“两链”风险的处置工作，但企业出险事件仍有局部频发的可能，处理不当仍会造成“火烧连营”的状况，必须把严防区域性金融风险作为浙江省当前经济工作的一个重点，按照“长短结合、标本兼治”的原则，着力构建企业“两链”风险化解体系，确保浙江省经济金融持续健康发展。

“治标”方面，要控制“两链”风险扩散蔓延的局面，尽可能地避免风险集中暴发期和经济下行期的叠加、重合，以赢得有效处置的时机。

1.摸清风险底数，强化监测预警。桐乡等地在这一轮“两链”风险中未受到大的冲击，主要得益于他们强化监测预警。全省各地应未雨绸缪，加快对辖区内企业涉险情况的摸底排查，定期汇总分析重点企业和列入监控对象企业的负债比例、担保额度、劳资纠纷等异常情况，发现风险及时预警，“一企一策”制定风险企业处置方案，对欠薪、欠税、

欠息、停产或关闭的企业，采取有效措施及时处置。

2.组建专门机构，实行联防联控。各地出险企业纷纷反映，及时成立化解办，有助于稳控局面，化解银行和企业间的互相“不信任”。建议“两链”问题比较突出的地方政府应尽快成立化解办一类的机构，抽调相关部门人员集中办公，负责协调财政、税务、国土、规划、住建、法院、公安、人行、银监等相关单位，专门负责处理资金链担保链问题。特别是要协调好各金融机构落实企业风险会商帮扶工作机制，步调一致、协同应对、妥善处置，对风险企业不搞“一刀切、急刹车”。地方政府可将金融机构防范化解企业资金风险及不良资产处置情况与政府财政性存款等手段相挂钩，实行动态调整。对辖区外银行，要通过约谈等方式使其树立同舟共济的思想，并争取上级行的支持。

3.加强分类指导，设置风险防火墙。对于涉险企业，可借鉴萧山等地划分为重点扶持、重组整合、依法破产等三类模式，对担保圈进行切割处理：一是对自身经营良好、只是由于涉及担保而陷入代偿困境的企业，要协调金融机构慎用“贷款平移”办法，暂时搁置担保企业的连带保证责任，先行由出险企业用自有资产偿还债务，不足部分再由担保企业分期代偿；二是对过度融资、杠杆率高引发风险但产品有市场、有品牌、有竞争力的企业，要及早介入，协调金融机构灵活办理企业转贷，通过工业用地“退二进三”等手段，督促企业瘦身，盘活企业资产；三是对产能过剩、救助无价值的企业，积极推行破产重组和清算，并严厉打击逃废债行为。积极争取银行对小微企业和涉农企业不良贷款核销给予特殊支持，简化核销程序，实行税前扣除。

4.设立转贷基金，帮扶企业“过桥”。各地可参照萧山、柯桥等地设立转贷基金的方式，加快组建类似的“过桥基金”，实行单独建帐、封闭运行。困难企业在归还银行到期贷款后而续贷资金尚未到账的间隙期可申请使用，从而避免为保持资金链不断裂而向民间高息借贷。地方金融机构积极支持担保公司开展应急转贷周转服务。还可借鉴上世纪90年代成立四大资产管理公司处理国企呆坏账的模式，组建省级资产管理公司快速处理银行不良资产。

5.强化正面宣传，形成良好舆论氛围。要充分运用电视、报刊、网络等媒体作用，加强正面宣传，防止不实报道和恶意炒作，努力营造良好的舆论环境，构建全社会关心企业、服务企业的良好氛围。切实保护企业和企业经营者的合法权益，优化企业经营环境。

“治本”方面，要从加强制度创新、机制完善等方面着力做好有关工作，从根本上铲除“两链”风险滋生的土壤。

1.加强政策引导，加快脱虚向实步伐。调研中发现，出险的企业，往往过度脱实向虚，实体企业只是作为融资平台，50%以上涉足房地产，大量资金套在房地产项目的泥潭中。在经济下行和房地产市场压力不断加大的状况下，给企业实体生产经营带来更大的困难，更加容易造成资金链担保链风险曝露和传导，一方面，要结合各地实际，抓紧完善调动企业发展实体经济的相关政策，进一步减免税费，优化发展环境，提振企业发展信心，鼓励和支持企业坚守实业、做强主业。另一方面，各地可根据房地产价格过快上涨的势头已得到遏制的新形势，在“因城施策”政策的导向下，探索通过调整限购范围、放松户籍限制、提供财税支持等，逐步稳定楼市，从而帮助企业从资金链、担保链中解脱出来。

2.减少过度担保，强化金融创新。浙江省企业互保联保贷款规模较大，，全省面上40%以上贷款为互保联保，萧山达到56%，其中互保占90%。一是适当限制企业互保联保的政策。银行应强化事前监督，如在贷款审核规程中明确设立贷款企业对外担保总额不能超过净资产的倍数和对外担保企业的家数。二是扩大银行信用贷款比重。如依据小微企业交易结算及结算账户活跃程度，对结算稳定并形成一定资金沉淀的小微企业发放用于短期生产经营周转的可循环的人民币信用贷款业务。三是创新企业融资方式。鼓励银行进行产品和服务创新，出台排污权抵押贷款、商标权、专利权质押贷款、房地产顺位抵押贷款等管理办法，创新抵押方式，推广仓单质押、应收账款质押等贷款方式，逐步扩大企业抵押贷款总量。同时，积极探索主办银行授信总额管理。即对授信金额较大、授信银行较多的借款人，由主办银行组织各债务银行与企业签订授信总额联合管理合作协议，约定授信上限和各方分配比例等条款。四是加快发展直接融资。大力推动以股权交易中心为重点的地方金融体系建设,积极鼓励私募基金与实体企业对接。五是扶植融资性担保业的发展。适当下放担保机构审批权限，放宽担保机构准入的注册资本条件，同时通过国资注入优质担保机构、或者组建国资担保机构、减免融资性担保公司所得税等方式，增强担保机构持续经营的能力和抗风险能力，更好地发挥融资性担保公司在支持中小微企业中的作用。

3.重塑社会信用，优化浙江金融生态环境。良好的金融生态环境是浙江省的“金字招牌”，浙商以讲义气、重信用闻名，但在资金链担保链风险阴影笼罩下，金融生态环境特别是信用环境遭到较大程度破坏，调研中各地普遍反映，当前不仅银行与企业之间互不信任，银行之间、企业之间也互不信任，都各自“打着小算盘”，只想抽身自顾，尤其是受企业各种逃废债、银行随意抽贷压贷等负面影响，信用度几乎降至冰点。为此，应大力抓好社会征信体系建设，推动公安、财政、税务、工商、法院、电力等部门对企业实现信息共享共用，建立黑名单制度，特别是对逃废债典型案件要坚决打击。加强以诚信、服务、责任、创新为主要内容的金融文化建设，优化企业信用环境。

（浙江省发展和改革委员会综合处供稿）

新常态下重点项目建设对转型升级支撑作用的对策研究

重点建设项目是指对浙江省国民经济和社会发展有重大影响的基础设施、社会事业、产业发展和生态保护等项目，具有投资规模大、引领性强、技术先进、经济社会环境综合效益高的特点。多年实践证明，重点项目建设是扩大有效投资、促进经济平稳高效发展的直接抓手，又是加快转型升级、增强发展后劲的有效措施，事关浙江省发展全局。课题组先后赴江苏、广东、辽宁以及杭州、宁波、嘉兴、舟山等地深入调研，在总结“十一五”以来重点项目建设成效的基础上，就重点建设项目的谋划、招商、推进、服务、要素配置和监管评价等问题开展调研，总结经验，探讨思路，就强化重点项目建设对转型升级支撑作用形成研究成果并提出对策建议，供决策参考。

一、“十一五”以来浙江省重点项目建设成效巨大

近年来，重点项目建设一直担当浙江省“稳增长、调结构、惠民生”的主抓手，也是落实省里各项重大战略决策的主要载体，发挥着支撑区域经济社会转型发展的重大作用。

(一) 有力支撑了扩大有效投资战略，力促全省经济平稳高效发展

重点项目建设是稳增长的重要力量。自2007年以来，重点项目实际完成投资额一直比计划投资额高出10%以上，其中，在2009年和2013年这两个宏观经济下行风险较大的年份，重点项目实际完成投资额分别比计划额高出36个百分点和21个百分点，超计划拉动投资515亿元和584亿元，对GDP中增长部分的贡献率分别达到33.7%和20.1%（如图1所示，计算方法及数据可见附录1），重点项目建设已经成为浙江省对冲经济下行风险，保持经济发展的连续性和稳定性的重要手段之一。

重点项目建设是调结构、提效率的助推器。2007年以来，重点项目实际完成投资额在浙江省项目投资中占比持续上升（见图2），从最低占比不到15%上升到20%左右。通过重

图1 重点项目实体投资在GDP增量中的占比

点项目建设，浙江省将更多的资源要素配置到实体经济和一些关键性的基础领域，消除了增长瓶颈，促进了经济结构的调整，提高经济发展的效率。从对近年来浙江省重点项目投资与全员劳动生产率提升的统计数据的观察来看，2009年到2011年是浙江省重点项目实际完成投资增速最高的一段时期，之后的2010年到2011年，浙江省便迎来“十一五”以来全员劳动生产率增速最快的时期，平均增速达到17%。

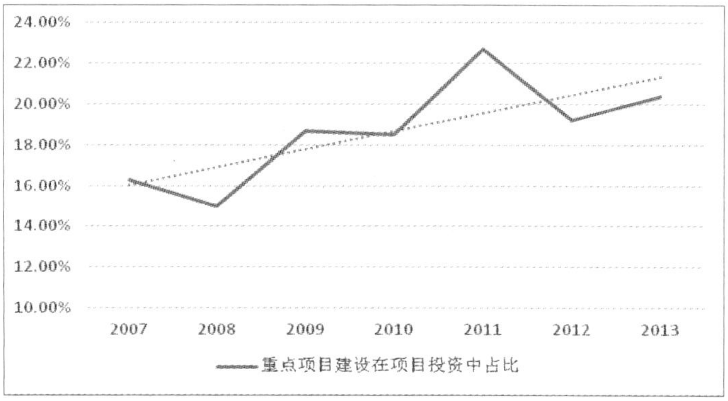

图2 2007年以来重点项目实际完成投资额在项目投资中占比

（二）有力支撑了重点规划与战略的实施推进，力促全省区域增长极的发展壮大

为科学开发海洋资源、促进舟山群岛新区港口集疏运体系建设提供了强大动力。实施了舟山海上风机安装基地、特种船舶修造以及舟山国际水产城提升改造等项目，推动了清

洁能源、临港工业和现代海洋渔业的快速发展；建立了一批总投资约180亿元的石油、矿石储运中转基地，夯实了舟山群岛在我国大宗商品贸易中的战略地位；建设了中国（舟山）大宗商品交易中心、舟山综合保税区以及一批港口码头，推动了浙江省港航物流核心圈的形成，提升了航运、大宗商品交易业务的附加值含量。

为探索建立新型贸易方式，加快“走出去”步伐奠定了坚实基础。推进义乌国际电子商务城和国际商贸城建设，进一步拓展贸易平台。截止2013年底，义乌进口商品馆累计引进90多个国家和地区的5万多种境外商品，国内快递日均45万单，跨境快递日均15万单，快递总量跃居全国各大中城市第六位。通过义乌国际商务中心和世贸中心项目建设，促进了流通业与制造业的良性互动发展，培育出各类工业企业2.67万余家，涌现出一批全国乃至世界行业“单打冠军”。实施了甬金铁路、“义乌港”内陆口岸场站、义乌航空口岸、小商品国内物流中心等一系列重大平台项目，强化了义乌对接上海，与宁波—舟山港实现陆海联动的格局。

(三) 有力支撑了大产业、大平台培育，力促全省产业转型升级

以制造业大项目带动浙江省传统块状经济向集群化方向发展。实施了上海大众、吉利汽车、东风裕隆等大型整车项目，将宁波杭州湾产业集聚区打造成涵盖汽车设计研发、零部件生产、整车生产、车联网研发、汽车后服务在内的汽车全产业链集群，有效整合、提升了浙江省汽车产业原有的部件生产能力，形成了科技、人才和信息的集聚效应。2014年上半年，宁波杭州湾新区汽车行业实现产值102.4亿元，同比增长103%，随着上海大众、吉利汽车两大整车制造企业续建项目的陆续投产以及众多产业链配套项目的完成，“十三五”时期宁波杭州湾新区汽车产业集群有望成为百万辆整车生产基地，实现产值突破2000亿元，在国内汽车产业基地中占据举足轻重的地位。

以创新平台载体建设推动浙江省创新要素的集聚发展。实施了阿里巴巴（滨江）、淘宝城等项目，强有力地带动浙江省国际电子商务中心的建设。加快了青山湖科技城、海创园等创新平台建设，集聚了一大批海外高层次创新创业人才，仅2014年1—9月，海创园就已经吸引各类海外高层次人才363名，其中“国千”16名，“省千”7名。截止目前，海创园累计吸引1106名海外高层次人才入驻（其中“千人计划”总数突破120名），引进海归创业企业124家，入驻企业总数达到1320家。集中布局建设网易、阿里巴巴、大华、中威电子、海康威视等信息产业重点项目，有力支撑了杭州高新区（滨江）信息产业的发展，形成包括智慧安防、智慧商务、智慧交通、智慧医疗、智慧环境、智慧制造等在内的一条较为完整的信息经济产业链。通过一批产业技改类重点项目建设，有效推动了浙江省“四换三名”战略的实施。

（四）有力提升了重大基础设施的现代化水平，力促全省服务保障能力全面提升

完善了全省综合交通体系，进一步缩短了区域之间的时空距离。通过杭州湾跨海大桥、舟山跨海大桥、杭州火车东站枢纽、金温/宣杭/甬台温铁路、沪杭客专、宁杭客专、杭长高铁、杭新景/龙丽/诸永高速、杭州地铁1号线、宁波地铁1号线、宁波－舟山港、温州港等一批交通类重点项目建设，初步构筑起铁公水、海陆空相互链接、互联互通，系统成网的综合交通运输体系。到2013年，全省公路总里程达11.5万公里，高速公路3787公里，沿海万吨级以上泊位195个，内河高等级航道1398公里，民用机场旅客吞吐能力3855万人次。

提高了浙江省能源保障能力和能源利用效率，推动了清洁能源大省建设。通过北仑、镇海、台州、浙能兰溪、大唐乌沙山、国华宁海、华能玉环等大型发电厂项目，以及秦山/三门核电站、天荒坪抽水蓄能电站、风电场、宁波LNG接收站建设，以及西气东输、金丽温、甬台温天然气管道及相关电厂建设，使浙江省效率高、污染小的清洁能源在终端能源消费中所占比重不断提高，有效支撑了经济社会发展。2013年，煤炭在浙江省终端能源消费中占比为12.7%，比2000下降18.2个百分点，呈逐年下降态势，天然气、电力在终端能源消费中占比日益扩大。

支撑了“宽带浙江”建设，支撑了信息经济的发展。通过沪浙闽光缆、福杭贵成光缆、杭金丽温光缆、沪金南穗光缆、全省通信网络基础设施建设，构建起大容量、高性能的现代化通讯信息网络，实现了浙江省无线网络从2G到3G、4G的升级，目前已基本做到3G网络在省内乡镇以上城镇、高速公路、铁路、港口和重点旅游景点等重要地段全覆盖，4G网络建设进入试商用阶段，宽带接入实现千兆到小区，百兆到楼宇，十兆到用户。截止2013年，浙江省人均邮电通信支出达1836元，“十一五”年均增长达到10.1%。

（五）有力支撑了城乡人居生态环境优化，力促全省人口、资源与环境协调可持续发展

实施一批“五水共治”项目，有效落实“两富”、“两美”浙江建设。仅在2014年度，省重点建设项目中就安排了180个五水共治项目，截止2014年11月已完成投资247亿元，占到1—11月份省重点项目完成投资额的8.4%。截止2014年底，浙江省145个跨行政区域河流交接断面有87个满足功能要求，达标率为60%，其中I—III类水质断面89个，占61.4%；河道综合治理实际已开工3234公里、完工1794公里；完成排水管网清疏11028公里，城市内涝应急强排能力提升12.34万立方米/小时。

实施一批重大市政设施项目建设，提高城市宜居宜业水平。在“十一五”和“十二五”时期，省重点项目通过安排数十个城市供水、供气和污水处理项目，大大提高

了浙江省城市自来水用水普及率，截止2013年，浙江省城市污水处理率达到89.28%，已经远远超过国务院确定的在2015年城市污水处理率达85%的目标。

虽然“十一五”以来省重点项目建设取得了一定的成绩，但是也遇到一些新形势和新挑战，暴露出一些问题和不足。一是重点项目的谋划生成仍是“短板”。例如，我们在上海市和江苏省调研时了解到，这两个兄弟省市在重点项目生成过程中已经初步实现了与央企、大型民企及外资企业的联动，以商引商和产业链招商的做法方兴未艾，浙江省虽然也谋划和招商了一批项目，但是与其相比仍然存在一定差距。二是综合协调服务有待加强。在江苏省调研时了解到，2014年该省由发改、国土、环保、住建和银监五部门联合出台了《江苏省改进规范投资项目核准行为加强协同监管的通知》，有效构建起投资项目的立体式沟通衔接和市场监管信息的共享，浙江省目前还没有实现这种协调服务水平。此外，省重点办综合协调的能级也不足。例如，内蒙古、江西等省的重点办都是厅级单位，而浙江省重点办与省发改委基本建设综合办公室合署办公。三是资源要素制约依然突出。近年来，省重点项目投资建设过程中土地指标供需矛盾依然突出，再加上地方政府融资平台转型压力加大等因素，直接影响了重点建设项目的开工率和实施进度。

二、新常态下重点项目建设的要求和原则

在今后一段时期，我国仍将处于“三期叠加”的阶段性转换期，最突出的变化是经济发展进入新常态，总需求、总供给的基本特征和体制机制都在发生深刻而快速的变化，重点项目建设也被赋予了新的使命和任务。

（一）需要实现五个转变

1.基础设施类项目要从补短板向适度超前发展转变

过去，重点项目工作着力推动的交通、能源、水利等基础设施项目大都以补短板为主，着眼于解决已经存在的拥堵、能源供应不足和水利保障问题。在新常态下，基础设施类重点项目应当适度超前谋划，提前适应信息经济、高铁时代等新趋势带来的爆炸性增长的信息、商品和人员流动，并且将生态基础设施建设提到更高的位置。

2.产业类项目要从比较偏重传统产业改造向传统产业与新兴产业并重发展转变

在经历了30多年高强度大规模开发建设后，传统产业已相对饱和，原有支撑浙江经济高速发展的人口红利、大规模资源投入和土地资产价格持续上升等关键因素都面临着转折性调整。与此同时，居民消费正从明显的模仿型排浪式，向个性化和多样化转变，一些新技术、新产品、新业态、新商业模式中蕴含的投资机会开始大量涌现。这些趋势要求重点项目在通过两化融合以及时尚化、经典化创新推动传统产业的改造升级的同时，更加关注

将新的投资机会转化为产业创新，以重点项目建设引导新的产业方向，激发潜在的消费需求。

3.从注重单个项目建设向注重区域统筹发展转变

随着“一带一路”、长江经济带、自贸区等新的国家战略的提出和推进，我国将进一步突出区域的联动协调发展，更加注重中西部、内地与沿海的联动发展，更加注重沿大江大河和陆路交通干线的引领发展，更加注重海陆统筹发展；四是更加注重国内与国际协调发展。这就要求重点项目工作要主动适应和对接这些的新变化，主动服务国家战略需求，前瞻性谋划一批更大空间尺度、更高战略层面的基础设施互通互联和功能大平台项目，尽可能在国家战略中占得区域发展的先机。

4.从比较偏重经济建设向提高生活水平，实现绿色低碳发展转变

经过长期的粗放式发展，当前浙江省环境承载能力已经达到或接近上限，“十三五”时期，浙江省将更加注重纠正传统工业化过程中拼资源、拼环境和抑制消费的增长模式，更加顺应人民群众对良好生活水平和生态环境的期待，这要求重点项目建设的侧重方向要向激活消费，推动形成绿色低碳循环发展新方式转变。

5.从比较偏重项目前期审批向注重事前事中事后一体化监管转变

根据十八届四中全会的精神，在重点项目推进机制上要处理好政府和市场的关系，加快实现政府职能转变。从重点项目的谋划和生成机制看，要更加注重与央企、大型民企及外资企业实现联动，从源头上把握重点项目的带动性；从重点项目监管方式看，要从“重审批、轻评价”转向“事前事中事后”协调整合的监管体系；从要素配置看，要更大力度地吸引民间资本进入准公益性或公益性的基础设施建设，妥善解决好土地征迁、移民过程中的政策处理问题。

(二) 必须强化三方面原则

1.在定位上，要坚持高端引领和高位谋划，聚焦重大、助推转型。要围绕加快转变经济发展方式的目标，提前谋划和加快推进一批对于提高浙江省创新能力、优化产业结构、拓展发展空间、刺激市场消费等方面具有先导性、战略性的大项目推动形成浙江发展新优势，打造“两富两美”新浙江。

2.在领域上，要将地方特色与外部趋势的结合，切入重点，精准突破。要主动呼应新常态下的国家战略和外部市场需求变化趋势，从强基础、优产业、强服务、优环境等角度出发，围绕基础设施、信息经济、海洋经济、创新驱动、新型城镇化、生态文明以及社会民生等关键领域有重点、有步骤地布局实施一批重点项目，在新的形势下抢先占据在区域竞争中的有利地位，为浙江省率先基本实现现代化提供强大动力。

3.在机制上，要厘清政府与市场边界，创新驱动，改革配套。将更好地发挥政府作用与强化市场决定性作用相结合，进一步推进重点项目建设的简政放权，强化政府项目全程服务与监管机制，创新政府投融资体制，激发各类投资主体活力。

总之，“十三五”时期要围绕支撑加快转型升级这条主线，着力提高重点项目的战略性、系统性，着力增强重点项目的引导力、支撑力，着力形成项目谋划、立项、服务、建设、后评价工作体系，为浙江省实现更高水平小康社会建设提供战略保障。

三、新常态下重点项目建设的领域选择

(一) 强基础

强化粮食、能源等要素的高效供应和有效利用；强化物流、人流、信息流的区域间顺畅流动。

1.确保粮食安全，加强粮食供应体系建设

浙江省是全国第二大粮食调入省，粮食自给率不到40%，20%由国际市场调入。近年来，全球气候变化造成的极端天气频现，导致国内外粮食产量波动幅度较大，灾害年往往出现惜售情绪，对浙江省粮食安全造成较大风险。鉴此可探索将粮食储备中心和异地种粮基地等项目纳入省重点，确保浙江省粮食供需平衡。结合主体功能区规划的实施，加强农业基础设施和粮食生产能力建设，扎实推进高效农业、高科技农业项目建设，夯实农业基础。此外，充分浙江省海洋经济拥有较大的粮食、蛋白质供应潜力，通过海洋生物资源开发项目构建“蓝色粮仓”。

2.提高清洁能源利用水平，加强能源生产、输送和供应体系建设

浙江省能源资源主要依靠省外调入和进口，缺乏长期稳定的供应渠道，煤炭、石油、成品油和天然气的储备体系尚未建立，应急保障能力有待加强。同时，能源结构也有待进一步优化，目前核电、天然气、可再生能源等清洁能源占一次能源比例为仅12.2%，比全国平均水平低0.8个百分点，比世界平均水平低27.8个百分点。据此，在能源生产领域，大力发展安全高效核电，因地制宜、适度发展天然气发电，积极发展光伏发电、风电、生物质发电和海洋能发电，积极推动抽水蓄电站建设，优化发展清洁高效煤电。在能源输送领域，加快外受电通道建设，增强和优化主电网架结构，全面推进智能电网建设。在能源供应领域，依托浙江省沿海深水港口优势构建国际石油、煤炭、LNG储运和交易中心；加强充电桩、充气站等新能源汽车功能设备建设。

3.提高交通基础设施互联互通，加强综合交通网络一体化建设

从内部看，当前浙江省综合交通发展主要存在三方面不足，一是网络总体规模不够，

主要城市交通拥堵严重；二是综合交通枢纽建设滞后，运输组织化程度较低；三是运输一体化服务系统尚未建成。从外部看，在“一路一带”国家战略、长江经济带建设和长三角深度一体化背景下，浙江省还需要提升省际、区际之间交通设施互联互通水平，打造亚太门户。基于此，“十三五”时期浙江省交通建设重点项目应向区内网络化，区际国际一体化方向发力：

在国际运输网络方面，以宁波—舟山港为核心、浙北和温台港口为两翼，着力打造综合性国际枢纽港，依托铁、公、水多种运输方式打造覆盖全省、服务长三角、面向全国的集疏运网络体系。以杭州萧山国际机场和宁波栎社国际机场为骨干，加强国际航空运力发展，打造亚太空港门户。在区际运输通道方面，对接国家中长期铁路网规划和公路网规划，重点建设沿海运输大通道、沪宁浙赣运输大通道和浙南运输通道。对接长江经济带黄金水道建设，改善浙北航道通航条件，提升宁波—舟山港港口服务能力。加快浙江省杭州、宁波、台州、金华四大都市圈城际铁路建设，提升城镇空间的家庭网络化水平。在城市交通系统方面，通过轨道交通枢纽场站建设提升城市客运公共化水平，提升公共交通和其他交通方式的接驳顺畅性，加快产业集聚区交通网络建设，加快城市通用航空机场及临时起降点建设。

4.确保信息基础设施适度超前发展，加强关键节点和应用平台建设

信息经济是引领浙江产业转型升级、支撑未来浙江发展的重要支柱产业，按照李强省长在年初《全省扩大有效投资暨重点建设推进大会上的讲话》，“十三五”时期浙江省信息基础设施建设要“能撑得起十年乃至更长期的信息化发展需要”，借鉴上海、广东等地经验，应着重从以下几方面率先夯实信息化基础设施。

提升带宽容量，加快“宽带浙江”建设，积极推动杭州增设成为国家级互联网骨干直连点，提升网络容量和智能调度能力，优化无线电频谱资源利用，实现全省宽带无线网络全覆盖，公共服务场所等重点区域无线局域网广泛覆盖。推动“三网融合”，加快全省广电网络“一省一网”整合提升和数字化、双向化高速宽带改造。优化云计算中心建设，加快离岸或在岸数据处理、备份的基础设施建设。

（二）优产业

当前，以绿色、智能为特征的产业革命正在快速发展，信息化与工业化深度融合，生产小型化、智能化、专业化逐渐成为产业组织新特征；战略新兴产业，开始从分散生产走向专业化分工，从数量竞争走向质量竞争；高能级产业平台正逐步成为区域竞争优势的重要组成部分，区域间经济发展极化现象仍旧明显等重大趋势。为此，“十三五”时期产业类重点项目建设可着重围绕以下几个方面展开：

1.大力发展信息经济

浙江省具备发展信息经济的良好条件和先发优势，大力发展信息经济是抓住新一轮科技革命和产业变革机遇，深入实施创新驱动发展战略的必然要求。根据《浙江省人民政府关于加快发展信息经济的指导意见》，可从以下几方面谋划推进一批重点项目建设。

信息制造业产业。引入高端通信及网络设备制造项目，着力在智能手机等新型信息终端产品取得突破，促进终端、内容、服务一体化发展。软件和信息技术服务业。加快建设全国大数据产业中心，整合公共事务、社会管理、电子商务、金融服务等领域的大数据资源和挖掘分析技术，建成国内商用大数据营运中心。数字内容产业。支持数字出版、互动新媒体、文化创意、数字音乐等个性化和多样化的文化消费模式。网络安全产业。在杭州规划建设浙江省的信息安全产业基地，重点突破下一代互联网、物联网、云计算、移动互联网等领域的安全核心技术，提升信息安全服务保障能力。信息经济与城市服务融合发展。通过智慧交通、智慧电网、智慧水务、智慧健康、智慧安居等项目建设提升城市基础设施智能化和公共服务智慧化水平。

2.利用信息化手段改造传统行业

在日趋激烈的国际竞争环境下，纺织、机械等传统产业的高端化任务艰巨，这也是浙江省产业结构优化的关键之一。在今后一个时期，重点项目应着重围绕现代信息技术提升传统加工制造业，加快推动传统制造业与服务业的深度融合。

信息经济与工业深度融合发展。突出抓好智能化制造项目、二三产深度融合项目的建设；推动装备电子与装备设计制造结合，在易污染、高耗能和安全风险高的行业大力推广应用物联网技术；积极打造产业链关键共性信息技术的推广应用平台。以建设产需对接平台为重点，促进工业机器人和应用电子产业的推广应用。依托错位布局的装备高新区，通过重点项目建设机器人产业园，重点支持机床机器人产业，大力推动机器人在装备制造、石化、纺织等行业的推广应用。谋划建设一批装备电子及软件产业基地，重点促进产品与装备智能化所需的传感器、芯片、在线可视化定位检测器等的研发制造，发展机器人与网络控制软件，以及汽车电子、船舶电子、家电电子、电力电子、医疗电子、物流装备电子、环保装备电子等专用电子技术的开发和产业化。推动纺织轻工业的时尚化发展。谋划一批时尚产业基地，利用时尚设计、品牌运作、展示展览、信息传媒和标准检测等手段促进流行时尚元素与传统轻工产业的融合，推动服务于中小轻工企业，具有商品策划、流行预测、产品设计等能力的共性时尚研发平台的建设。推动丝绸、黄酒、茶叶、中药等历史经典产业的传承发展、品牌化发展。依托重点项目扶持浙江省历史经典产业的资源保护与开发，建设包括商标注册保护、技术改造、工艺创新、新产品开发、知识产权保护、人员培训等在内的公共服务平台。

3.集中突破战略新兴产业的关键环节

战略新兴产业涵盖范围广泛，门类众多，浙江省发展战略新兴产业，既要贯彻国家战略意图，也要切合自身的发展基础和条件，找到精准发力的环节，集中力量进行重点的阶段性突破。

在电子信息领域，抓住新一轮显示板产业和技术革命的机遇，依托重点项目寻求OLED产业突破发展，优先对接、推动OLED材料、设备以及面板制造企业在全省的落户发展。在高端装备制造业领域，积极抓住国内航空运输业持续增长、通用航空全球分工不断深化、航空产业转移趋势明显的机遇，依托重点项目支持一定数量的民营企业逐步参与民用航空制造业业，引进大飞机总装交付、零部件制造和维修服务等行业。重点发展超、特高压、智能电网输变电（成套）设备及关键部件，大型石化及煤化工成套设备，智能轨道交通装备及汽车关键零部件，新型纺织、印刷装备、高档数控机床和海洋港口物流装备。在新能源汽车领域，依托重点项目突破新能源汽车关键技术和动力模块优化设计技术、整车电子信息系统、车辆运行智能化监控管理平台及充电桩、充电站等附属设施。在新能源产业领域。重点发展核电配套设备、高效晶体硅电池、风电核心整机及可再生能源利用设备，推动光伏发电上房上墙和光伏电站建设，推广分布式能源的合同管理模式。在岛屿和海洋经济领域，依托重点项目推动光热发电项目的建设，探索发展岛屿光热与光伏结合发电、光热海水淡化、化工热电联产等示范性项目。在生物医药产业领域。重点突破化学原料药与制剂、重组药物和新型疫苗，以及具有控释、缓释和靶向定位作用的新型制剂。

4.培育一批新兴服务业基地

现代服务业是推动需求升级和产业升级的重要抓手。“十三五”时期全省现代服务业发展应以形成长三角区域级优势产业为目标，培育一批具有特色优势的新兴服务业基地。

健康服务。重点建设一批老年康复、保健和临终关怀医院，健全电子健康档案和电子病历数据库，构建健康信息平台。文化创意。推动建设全国性文艺作品展示交易场所、数字娱乐研发基地和建筑园林景观设计基地。围绕义乌小商品、绍兴轻纺和温州轻工等特色优势制造产业平台谋划建设一批工业设计基地。旅游休闲。着重提升环莫干山、环洞宫山、环括苍山、钱江源等四大旅游功能区的接待能力；谋划一批美丽乡村建设项目，通过名村名寨、古村古镇保护与利用等方式；推进旅游业与农业的融合发展。金融服务。在杭、宁、温等区域金融中心城市规划建设财富管理总部基地和金融资产交易平台。支持建立具有公共服务支撑特征的金融后台服务基地。加快构筑有利于互联网金融发展的信息基础设施和征信体系。总部经济。加快推动总部经济集聚区建设，统筹配置各类功能性商业服务要素。

5.构建一批重大开放和创新平台

通过构建开放平台适应全球经济贸易自由化发展趋势，不断增强浙江省外贸优势和境外投资能力；通过构建创新平台实现人才、资本和技术的集聚，全面实施创新驱动战略。

升级开放平台。围绕宁波—舟山两港一体化加强开放门户建设，完善舟山群岛新区成为自由贸易（港）区的基础性条件。加快义乌内陆综合港建设，提升辐射能力。加快建设国家级自主创新示范区和跨境电商试验区。建立一批境外经贸合作基地和战略资源生产供应基地。构建完善浙江省开放口岸体系。搭建创新平台。以全省四大都市区高新园区为重点，在未来科技城、青山湖科技城、宁波新材料科技城、嘉兴科技城以及舟山海洋科技城集中布局一批重点实验室、工程研究中心和大企业集团技术中心、产业共性技术研发及工程化平台。

（三）强服务

适应社会转型、城市发展、人口变化的新趋势，不断提升政府治理能力，依据人口特征和劳动力转型需求布局一批具有前瞻性的科教文卫事业，构建适应中高收入水平人口需求的公共服务新体系。

1.提升城市经营管理水平

市政设施智慧化改造。推动公交、道路等交通设施的智慧化改造，提升交通安全和运输效率。推动城市管网、园林绿化等市政设施的数字化管理。支持智能电网和分布式能源接入，以及智能供排水和污水处理。科学开发中心城市地下空间。加快建设地下停车场、步行道、快速路等设施，并积极与地面交通设施实现无缝对接。高标准推进地下综合管线（廊道）建设，力争实现地下给水、电力、通信等基础设施建设一次性完成，并进一步改造中心城市现有的大量人防设施。营造和改善公共空间。通过便道修正、地面下沉和空中连廊等景观改造，提升大型文化建设物的内外部空间协调性。通过完善残障人群出行设施，营造步行环境，提升城市街道的公共空间属性。

2.提升政府服务能力

建设省市县三级政府数据中心。通过基于云平台的数存储、备份，实现政府信息资源的交换和共享。建设省市县三级网上政务平台。实现行政审批、便民服务、政府流程的公开，打造扁平化、一体化网上政府。针对产业集聚区和特色园区建设大数据支撑平台。在浙江省产业集聚区、开发区、园区和特色产业集聚区示范区中建立涵盖产品信息、投入品信息、物流走向和产品标准在内的大数据平台，提前谋划物联网时代工业品供应链管理的精细化发展。构建社会信用体系。通过征信平台建设，整合各类社会主体的工商信息、司法信息和金融信用信息，健全社会奖惩机制。

3.合理布局医疗养老资源

浙江省从1987年开始进入老年型社会，“未富先老”迹象明显，必须积极应对老龄化背景下社会疾病负担加剧和疾病模式变化产生的变化影响和信息化发展的新趋势，着力推动以下方面的医疗养老项目建设。

建立区域健康医疗信息网络。重点推动省内三甲医院与社区卫生中心和其它医疗机构的互联互通，实现双向转诊和统筹诊断，提高医疗资源的普惠性。建设健康远程监护平台。利用物联网技术，为包含老年人在内的各类人群提供全方位的健康状况监测、预警、应急处理等服务。推动医疗资源从“疾病治疗”向“健康维持”转型，降低医疗费用。重点强化养老机构、社区医疗中心的康复、护理、保健功能建设，构建包括个人预防、医院治疗、居家护理在内的适应老龄化社会的医疗健康服务体系。

4.建设一批适应新时期人力资本需求的学校和科研机构

推动高层次院校和研究机构落户。建设一批国内外一流大学在浙江的合作办学和研究基地，推动产学研一体化发展。加大数字化人才和专业职业人才培养力度。积极推动建设一批能够培养数字科学人才的院校专业，培养具备编程、大数据分析及用户体验设计等专业技能的人才。支持高校、科研院所与企业联合建设职业院校和技工院校，培养复合型、应用型高技能人才。

(四) 优环境

浙江省具有独特的地形地势及优良的生态环境，是长三角区域发挥生态屏障、保障生态安全的核心区域。但是，由于一直以来 “低小散”的工业结构，生态建设和环境保护总体形势依然严峻。推进“两美”建设、实现可持续发展已经成为浙江省进入发展新阶段的战略选择，必须把生态文明建设摆在更加突出的位置。

1.高水平建设生态功能区

构建生态安全格局。通过生态修复等项目，重点强化浙江省六大生态功能区的生态完整性。加强生态屏障建设。通过水域保护和水资源管理等项目，严格控制入河湖排污总量。通过幼林抚育、低效林改造等项目，强化浙西南浙西北丘陵山区“森林屏障”功能，通过陆源和海洋污染物的治理等项目，改善近海海域生态环境。

2.加强资源集约节约利用

推动循环经济发展。重点建设一批国家级或省级循环经济试点，大力推动工业园区循环化改造。推动节能减排。重点支持高耗水、高污染行业和重点企业的节水技改项目。

3.落实一批“五水共治”项目

强化河道综合整治。在全省范围内选取若干条与群众生活密切相关、群众关注度高的河道或河段，打造河道整治示范工程、样板工程。强化水源开发和引水调水。重点开展长三角区域集中式饮用水水源地的重点保护合作，强化浙北太湖取水、浙东引水等输水通道的水污染控制和水质保护。大力推进城市供水管网建设，充分挖掘浙江省当前流域水资源潜力，充分做好中水回用，科学调度现有水库的水资源。

四、创新推动新常态下重点项目建设工作

随着“八八”战略和“两美”浙江的深入推进，重点项目建设必将在浙江省转型升级中发挥更加重要的作用，为确保浙江省各项经济指标的顺利完成，重点项目建设应比浙江省同期GDP增速高出二到三个百分点。按照“十三五”时期浙江省GDP增速在6%～7%之间估算，以2014年省重点项目实际投资完成额3262亿元为基准，预期“十三五”时期重点项目实体投资完成额五年累计可达到2万亿元左右。为了实现这一目标，在新常态时期应“突出创新、强化保障、深化改革、夯实机制”，进一步推动当前以及今后一个时期重点项目建设工作。

（一）创新推进重点项目的工作方式

——加强项目动态储备，优化重点项目前期决策机制。立足浙江省区位优势和产业基础，每年谋划和储备一批符合转型发展方向、能够增强浙江省发展后劲的重点项目。在项目谋划过程中，形成央企、大型民企及外资企业广泛参与，省内外专家深度论证，项目储备循序调整的机制，并着力将项目储备库作为对外招商和项目推介的指导性目录，坚持招项目与引战略合作伙伴相结合，倡导外企、央企、浙商三轮驱动。立足浙江省以“四张清单一张网”为核心的政府行政审批体制改革，以管促放、放管结合，赋予企业充分的自主决策权，强化企业投资主体地位，进一步提高重点项目审批“绿色通道”的运行效率。

——促进项目早落地早开工早建成。联合国土、环保、建设、银监等机构，出台《改进重点投资项目核准行为的意见》，健全部门间联办会议制度，推动项目单位和主管部门提高报审手续（规划、环评等）、基础性工作（招投标、土地征迁和三通一平等）以及设备材料供应的效率。倒排工期抓进度，对照年度投资计划规定的目标任务列出整体工程和关键环节的进度控制点和时间表，推广在重点项目建设中运用新理念、新技术、新工艺、新业态和新模式。

——为重点项目建设提供优质服务，提高重点项目的形象辨识度和舆论关注度。深入开展重点项目代办经理人深入工程一线活动，贴近项目靠前提供服务，在第一时间发现问题和解决问题，着力协调和及时解决重大项目推进过程中存在的实际困难和问题。为省重

点项目设计形象标志，打出品牌，并将品牌和文化建设置入重点项目的公式和建设环节。引导新闻媒体聚焦重点项目建设，不失时机做好重点项目建设的信息采集、编写和报送工作，引导全社会积极配合项目推进。

(二) 创新重点项目建设的投融资体制

——加大重点项目面向社会资本的推介力度。抓住国家出台《关于创新重点领域投融资机制鼓励社会投资的指导意见》的机遇，在信息电网油气、清洁能源开发和生态环境保护等方面及时推介一批社会资本能够参与的重点项目，并在交通、能源、城建和社会事业等浙江省已大规模面向社会资本招商推介的领域中，确认一定数量的成功案例。总结经验，形成操作手册。

——建立健全政府和社会资本的合作机制。推广PPP、BOT、TOT等政府和社会资本的合作模式，对业主选择、价格管理、回报方式、服务标准、信息披露、违约处罚、政府接管及评估论证等步骤做出较为详细的规定，特别是要重点探索如何通过财政补贴、财政注资、土地捆绑开发和项目分拆等方式发挥政府资金、政策的引导作用，创新公益性和准公益性项目的盈利模式。

——拓宽重点项目融资渠道。按年度下达《浙江省重点建设项目商请银行贷款建议名单》，做好银企、银项对接工作。结合浙江省省属国企改革，研究推进一批针对海洋开发、轨道交通建设以及新兴产业培育的投资公司和产业基金，为吸引民间资本进入大项目提供对接平台。充分发挥保险（社保）资金和开发性金融的长周期特点，探索通过股权和债券融资模式获取长期稳定、低成本的资金支持。鼓励民间资本以私募方式发起设立重点项目投资基金，政府可通过认购基金份额等方式予以支持。

(三) 完善从事前到事中事后的项目全流程监管和评价体系

——强化项目管控，确保建设质量。对建设进度、投资绩效、风险控制、外部影响、安全保障等方面及时开展跟踪评价，进一步提高工程质量和安全生产水平。省重点办要发挥牵头组织和综合协调职能，全面掌握项目动态，并向省领导、省有关部门及时提出相关的工作推进建议。对使用省级财政性建设资金的重点项目，应尽快出台《关于严格控制政府投资项目建设标准及概算的实施意见》，在此基础上会同财政厅、审计厅实施财务监管，对项目概算情况和决算进行审计监督，切实防止和制止项目超概算现象的发生。制定出台重点项目施工招标示范文本文件，确保省重点建设项目招投标公开、公平、公正、高效，并会同省监察厅切实加强相关工作的监督检查。

——强化项目后评价，提高重点项目的投资效益。在交通、能源、水利、市政公用和公共事业等公益性较强的领域，制定包括技术水平、质量标准和惠及面在内的重点项目绩效评估指标体系，确保项目建成后能够充分发挥作用。引入科学的重点项目事后考核评估措施。在一定范围内收集重点项目建设单位信用水平，依托省信用办、人民银行以及淘宝失信名单等信用中介组织来确认建设单位的资质和能力，形成有序竞争和可淘汰的招投标机制；建立评估专家库，定期对公共市场化项目实行定期考核和评价。通过舆论等非制度化途径，以及选举、听证等制度化方式，保障公民对重点项目建设的参与和监督，使重点项目建设能够充分反映各类社会群体偏好。

——破解土地瓶颈制约，用好增量，盘活存量。对每年确定的重点项目建设，由省国土资源部门给予优先保障，其中，单体产业项目用地根据年度投资计划安排，区分轻重缓急，按照突出重点、节约集约的原则，由省国土资源部门重点保障，分期分批安排。充分挖掘现有存量土地指标的潜力，淘汰落后产能腾出的环境空间优先用于重点项目建设，将“批而未供、供而未用”土地清理专项行动和荒滩开发利用试点等工作盘活的存量土地优先用于重点项目建设。

（四）加强组织机构建设，健全激励机制

——强化重点项目综合协调推进机制。强化分工负责和决策执行，实行“一个项目，一个领导，一个责任单位，一个工作班子，一个倒排计划表，一揽子抓到底”的工作机制，通过专题协调、现场办公等方式，全力保障重点项目建设顺利推进。对重点办或省领导牵头召开的重点项目协调会议纪做好跟踪和督促，每个会议纪要落实情况都要求形成台帐，定期将各部门落实情况报省领导或进行通报，并纳入该单位年底的重点项目推进考核。

——强化重点项目综合协调推进。学习内蒙古和江西等省份的经验，对浙江省省市县三级重点办的行政编制做适当调整，提高协调层次，增加人员配置，并通过重点办牵头省政府督查室，对重点项目建设实施月调度制度。

——加快制定出台《省重点项目推进工作考核办法》，对重点项目推进有力、管理规范、目标完成情况良好、项目储备工作扎实的地方和有关部门予以表彰。

——加强队伍建设。通过加强理论学习和作风建设，强调慎权、慎独、慎微，提高重点办干部队伍的整体素质和防腐拒变能力。通过加强培训、吸引多学科背景人才加入等方式，提高重点办干部队伍的办事形象和办事效率。

（浙江省发展和改革委员会重点办供稿）

加快推进浙江省文化创意和设计服务与相关产业融合发展的思路研究

随着我国新型工业化、信息化、城镇化和农业现代化进程的加快，文化创意和设计服务已贯穿在经济社会各领域各行业，呈现出多向交互融合态势。推进文化创意和设计服务等新型、高端服务业发展，促进与相关产业深度融合，将对浙江省促进经济转型升级和发展方式转变、推动文化强省和美丽浙江建设产生深远影响。本课题在贯彻落实《国务院关于推进文化创意和设计服务与相关产业融合发展的若干意见》（国发[2014]10号）的基础上，结合浙江发展特点和优势，提出浙江省加快推进文化创意和设计服务与相关产业融合发展的思路和对策。

一、文化创意和设计服务的概念和特点

(一) 文化创意和设计服务的概念

文化创意产业（或称创意产业）的概念最早出现在英国，1998年出台的《英国创意产业路径文件》将创意产业定义为：源于个人创造力与技能及才华，通过知识产权的生成和取用、具有创造财富并增加就业潜力的产业。由于各国经济发展阶段及文化背景的差异，对文化创意产业的定义也不尽相同，通常文化创意产业与文化产业有很大程度的重合，但文化创意产业比文化产业更强调创造性和创新性，更重视文化创意与其它产业的融合渗透。课题依据国家统计局《文化产业及相关产业分类（2012）》，文化创意和设计服务的范围包括文化软件服务、建筑设计服务、专业设计服务和广告服务等行业领域，基本涵盖国民经济涉及的文化创意和设计服务活动。

(二) 文化创意和设计服务的特点

文化创意和设计服务呈现高知识性、高增值性、知识产权性等特点，具有显著的跨界融合特征。

二、推进文化创意和设计服务与相关产业融合发展的意义

(一) 是发展创新型经济、提升制造业竞争力的内在要求

大力发展文化创意和设计服务，并促进其与区域特色块状经济融合发展，将有效提高浙江省的自主创新能力，促进制造业向产业链高端环节延伸，加快实现由“浙江制造”向“浙江创造”转变。

(二) 是集聚高端服务业、促进经济结构调整的重大举措

“十二五”乃至“十三五”时期是浙江省经济社会转型发展的关键时期，也是服务业实现大发展的重要战略机遇期。文化创意和设计服务不仅将有效带动科技服务、信息服务等新型、高端服务业发展，还将对旅游、商贸等传统服务业产生很强的渗透和带动作用。促进文化创意和设计服务向其它服务业融合、渗透，将成为推动浙江省服务业规模化、高端化发展，推进经济结构由制造经济向服务经济转型的重要力量。

(三) 是改善人居环境、提升区域整体形象的重要途径

文化创意和设计服务在改善城乡社会文化及环境生活品质方面的发挥着独特的不可替代的作用。其中，建筑设计、环境设计等通过对市政形象等方面的创意设计，显著提升城市文化品位和美丽乡村建设水平；通过将地方特色的文化元素贯穿到城乡建设、产品形象设计等各个领域，为区域树立了统一而鲜明的文化形象。大力发展文化创意和设计服务，将对浙江推进“文化强省”和“美丽浙江”建设产生深远影响。

三、产业融合的发展现状和问题

(一) 文化创意和设计服务发展现状

2012年，浙江省文化及相关产业实现增加值1581.72亿元，其中，文化创意和设计服务增加值在文化及相关产业十大类别中位居第二，达到281.53亿元，占文化及相关产业增加值和GDP的比重分别达到17.8%和0.8%。文化创意和设计服务企业发展活跃，大型国有文化企业集团综合竞争力进一步提升，大批有实力的民营企业创造出一批具有影响力的拳头产品，中小设计企业不断涌现。支撑文化创意和设计服务发展的科学研发服务平台、信息技术服务平台、产权产品交易平服务台和人才培养平台等逐步健全和完善，产业集聚效应初步显现。以杭州、宁波、绍兴等几个城市为中心，形成浙江省版权相关产业的快速增长带，版权贸易不断扩大，版权保护力度不断加大。

(二) 文化创意和设计服务与相关产业融合现状

文化创意和设计服务有力推动制造业转型升级。许多消费品生产企业与文创企业合作，通过产品功能、外观等的创新来挖掘新的消费增量，并形成研发、制作、运营的产业

链，顺利协助传统制造业转型。文创与产业对接平台全方位搭建，形成全产业链文创制造联盟。文化创意促进农业多元发展，形成了一批园区创意型农业，一批节庆创意型农业，一批文化创意型农业，一批产品创意型农业，有效提高了农业产业的附加值，使农业功能不断拓展，农业模式进一步创新，并显著提升美丽乡村建设水平。文化与科技深度融合成果不断涌现，科技创新成为推动浙江省文化领域自主创新和提升文化产业信息化、智能化水平的重要力量。杭州市、宁波市、横店影视产业实验区被科技部列为国家级文化和科技融合示范基地。文化创意催生旅游新业态，助推体育竞赛表演业发展。以"宋城千古情"为代表的新型旅游演艺类项目，以德清裸心谷为代表的中西合璧农村休闲旅游项目均受到市场追捧。杭州国际马拉松赛等多级别体育竞赛表演体系，打造了具有浙江特色的体育竞赛及表演"升级版"。

(三) 存在问题

一是对文化创意和设计服务业的认识不够，对产业融合的特点认识不足，导致相关政策统筹度不够，产业融合度不高；二是相关龙头企业实力不强，竞争力偏弱，骨干企业比重低；三是地区间产业融合发展不平衡；四是原创型专业技术人才和高端经营管理人才仍较为缺乏；五是在知识产权保护和创新机制建设、执法力度上仍有待加强，品牌意识仍较为薄弱；六是中小型文创产业存在融资困难等瓶颈问题。

四、产业融合的总体思路

(一) 基本思路

坚持以科学发展观为指导，深入贯彻党的十八届四中全会和省委十三届五中会会精神，以推动经济发展方式转变为着眼点，以培育融合发展特色区块、基地、企业、项目为抓手，切实将发展文化创意和设计服务作为浙江省破除低端制造、传统市场、县域经济路径依赖的重要突破口，增强文化创意与设计服务对其他产业的渗透提升和带动能力，推动实现从"浙江制造"向"浙江创造"转变。

坚持政府引导与市场主导相结合。强化政府的引导作用，营造有利于产业融合发展的政策环境。推进形成以市场为导向、企业为主体、产学研协同的产业融合发展格局。

坚持改革推动和创新驱动相结合。强化体制机制改革对文化创意和设计服务发展的推动作用。促进技术、业态、内容、模式和管理创新，催生新技术、新工艺、新产品，满足新需求。

坚持统筹协调与重点突破相结合。推进文化创意和设计服务与装备制造业、消费品工业、建筑业、信息业、旅游业和农业等融合发展。鼓励有条件的地区先行先试，形成比较优势突出、多样化、差异化的融合发展格局。

坚持传统文化与现代科技相结合。促进文化遗产资源在与产业和市场的结合中实现传承和可持续发展。加强现代科技与文化的结合，实现文化价值与经济价值、实用价值的有机统一。

（二）发展目标

到2020年，文化创意和设计服务业占全省文化及相关产业增加值的比重达到25%，占GDP比重达到1.5%，文化创意和设计服务对制造业、农业和相关服务业的贡献明显提高。各地文化软件服务、广告服务、建筑设计服务、专业化设计服务的区域特色和比较优势日趋凸显，与相关产业全方位、深层次、宽领域的融合发展格局基本建立。在文化创意和设计服务与相关产业融合发展领域培育形成一批示范城市和村镇、一批骨干企业、一批试点园区和基地、一批区域品牌、一批技术标准，打造我国促进文化创意和设计服务与相关产业融合发展示范区。

五、产业融合的重点领域

（一）大力发展创意农业，加快推进农业现代化

以文化内涵提升农业品牌价值。以传统文化和现代创意赋予农产品更多的文化品位和时代气息，提升农产品附加值。发挥地方院校和科研机构对创意农业的综合规划、产品设计、组织管理等作用，挖掘、创造能够成为本地区标志的创意农业产品和服务，积极注册使用原产地标识和地理标志。

加强农业产业形态创新。加大科技创新和成果应用，用创意赋予农产品文化内涵和时代精神。鼓励建设特色主题农场、健康养生农场等，充分发挥农业园区的生产功能、生活功能、生态功能和文化教育功能。

加强农业发展模式创新。培育“公司+农户”、“龙头企业+合作社+农户”、“政府+金融机构+农户”等发展模式。促进资本、人才、技术等要素的合理配置，培育一批跨地区、跨部门、跨所有制的大型创意农业集团。

（二）大力发展工业设计，塑造装备制造业新优势

拓展工业设计服务产业链。支持有条件的高新装备制造企业探索设立服务于装备制造业的工业设计中心，拓展上下游企业的设计业务链。推动工业设计服务向产品策略设计和品牌设计等综合设计服务转变。鼓励企业将设计业务外包给专业设计企业，扩大设计服务市场。

打造工业设计服务产业集群。引导工业设计企业在产业基地内部或周边集聚。重点支

持装备工业设计与销售公司、成套与系统装备大型制造企业开展集工业工程设计、装备制造、运行调试、员工培训、维修检测、配件专供等为一体的新型商业模式创新。

（三）大力发展时尚产业，引领消费品工业转型升级

打造时尚产品品牌。顺应消费升级趋势，加快传统手工技艺与现代科技、时代元素的融合，以专业设计服务提升消费品工业的文化内涵和品牌价值，推进传统消费品工业向时尚产业转型，着力打造浙江本土的时尚品牌。

大力开发快速流行时尚产品。大力开发符合市场需求热点的快速时尚产品。充分发挥互联网和大数据在把握个性化消费潮流方面的作用，培育形成快速更新产品、快速投入市场和快速响应市场的快速流行时尚产品研发、生产和营销体系。

鼓励开发银发时尚产品。顺应人口老龄化发展趋势，大力发展面向中老年市场、具有鲜明时尚要素的银发时尚产品。大力开发移动终端、穿戴式智能设备等时尚健康终端产品。

（四）大力发展建筑设计等专业设计，改善城乡人居环境

提升城市规划建设。在城市规划和建设中，积极融入文化创意元素，打造城市公共空间，提升城市园林绿化、城市公共艺术的设计质量。加强传统文化理念和文化元素的应用，发展有历史记忆、地域特色、民族特点的美丽城镇。

丰富美丽乡村建设的文化内涵。积极鼓励文化资源丰富、自然环境优美的乡村，因地制宜发展创意民宿业。加强对村居建设的规范引导，提升农村规划和村居设计水平。探索将传统自然材料和现代建造工艺结合的创新方式，体现浙江不同文化地域的差别特色，以“民居范儿”提升美丽乡村建设水平，引领文化审美。

提升城乡人居建设标准。因地制宜融入历史文化元素，加快相关建筑标准规范的更新或修订，重视对文化内涵的审查。

（五）大力发展数字内容产业，培育文创信息融合新业态

以科技发展提升文创产业竞争力。鼓励有条件的行业骨干企业设立文创和科技研究团队，加强文化创意元素的数字化采集、整合、加工与利用，重视文化创意衍生产品的创新性开发。加强面向技术创新的公共服务平台建设，支持建设文化产品实体交易或数字化平台，提升本土文创品牌影响力。

加快推进示范基地建设。继续扶持以杭州高新区国家动画产业基地、横店影视产业集聚区为核心代表的国家级动漫、影视原创基地建设，孵化一批涵盖拍摄制作、产品制作、后期营销等方面的骨干企业。以杭州国家软件产业基地、宁波信息科技产业园等为主要平台，着力突破共性基础软件及软件核心技术，努力建成全国性软件产业基地、信息服务基地、服务外包基地。

完善影视动漫游戏产业链。加强跨媒体新型数字传播、展览服务平台的研发力度。积极举办和参与各种形式的动漫游戏产业交易会、博览会、展示会，培养专业营销团队。吸引民间资本，加快开发动漫衍生产品，形成产业良性发展循环。

(六) 大力发展文化旅游业，加快拓宽产业领域

以文化旅游推动旅游转型升级。开发设计传统文化融入其中的旅游衍生产品，用文化提升附加值。依托文化旅游节庆活动的开展，拓展目标市场人群，创造旅游消费新热点。

重点开发旅游创意体验产品。推动非物质文化遗产与文化创意及旅游业多元融合，有效激发文化创意灵感，丰富文化旅游产品形式。注重体验类、演艺类产品的深度开发设计，创造复合型旅游精品，满足游客对创意型、体验型产品的需求。

重点创新文化旅游推广模式。依托物联网等现代信息化手段，运用新媒体、自媒体，加快构建以游客为核心的旅游公共信息服务平台，打造智慧景区、智慧酒店。推动旅游营销的广告创意应用，用文化创意赋予旅游营销新活力。

(七) 大力发展体育产业，推动体育产业融合发展

发展体育文化创意产业。加强以黄龙体育文化创意产业园为代表的体育文化创意产业基地建设，积极争取承办中国国际体育文化创意博览会。积极整合体育资源和山海自然资源，建立和完善商务运动休闲、徒步山水游、极限户外运动、海钓海滩运动、游艇（帆船、帆板）、汽车（摩托车）运动等体育休闲产业集群，做大做强电子体育竞技、体育广告、体育经纪与代理、体育传媒等新兴产业。

加强体育产品品牌建设。在全省重点打造赛（游）艇、帆船、轮滑、羽（网）球拍等富有浙江特色的先进体育制造产业集群基地，鼓励企业提升产品研发中创意元素含量。

深耕体育竞赛表演产业。以四大都市区的大型体育设施为基础，积极举办、承办具有较高知名度的体育赛事，逐步形成“一地一品”的特色赛事基地。集中力量打响具有浙江品牌的精品赛事。

六、产业融合的主要抓手

(一) 优化发展环境

优化政府公共服务，积极搭建相关产业融合发展的公共服务平台，积极加强对知识产权、信息集散、人才培训、成果转化、评估交易、风险投资等方面的配套服务能力。强化知识产权保护与发展，培育和规范知识产权服务市场，探索和创新发展模式，扶持一批知识产权服务企业。加大对创意产品的商标培育力度，便捷提供商标注册、知识产权登记等方面的行政服务。

（二）培育市场体系

鼓励有条件的大型企业设立工业设计中心，建设一批国家级、省级工业设计中心。支持有条件的企业“走出去”，积极扩大产品和服务出口。推进文化等服务业领域有序开放，放开建筑设计等领域外资准入限制。不断壮大市场主体，重点培育一批龙头骨干企业，提升文化创意、设计服务相关行业整体竞争力。加大政府对文化创意产品和设计服务的采购力度。充分利用影响力较大的文化产业、广告、设计节展，营造文化创意产品消费氛围，促进产品和服务交易。

（三）打造一批产业融合平台

依托浙江省块状经济优势，结合产业融合发展的重点领域、区域资源禀赋和产业基础，打造“三个一批”产业融合平台：一批融合发展示范城镇、一批融合发展试点园区/基地、一批融合发展服务平台。

（四）加大政策扶持

发挥财政资金的引导作用，加强专项资金的统筹协调，增加浙江省文化产业发展专项资金规模。在文化创意和设计服务领域开展高新技术企业认定管理办法试点，将文化创意和设计服务内容纳入文化产业支撑技术等领域。鼓励金融机构拓展贷款抵（质）押物范围，探索开办版权质押贷款业务，完善无形资产和收益权抵（质）押权登记公示制度。支持金融机构选择文化创意和设计服务项目贷款开展信贷资产证券化试点。强化人才培引，鼓励和支持相关高校结合自身特点打造文化创意和设计服务人才培养、培训基地。鼓励利用工业厂房、仓储用地等存量房产，用于优质文化创意和设计服务产业项目的招商以及中小企业的孵化培育。

（浙江省发展和改革委员会社会处供稿）

浙江“O2O”商业模式实践的现状、问题和对策研究

O2O（Online To Offline）是将产品研发、采购、宣传、生产、销售等一系列环节通过“线上”和“线下”两个渠道协同推进，实现商流、物流、资金流和信息流相互融合的创新型营销方式。随着移动互联网、大数据等信息技术的蓬勃发展，O2O正在颠覆传统的经营和消费模式。

浙江省目前是国内O2O发展最快、实力最强、产业链最完整的地区之一。O2O对于促进浙江省传统企业转型升级，推动制造业和服务业融合发展具有重要实践意义。为全面掌握全省O2O这一新型商业模式发展的现状和面临的问题，课题组先后赴杭州、嘉兴、金华等地，围绕O2O的应用、存在的困难以及下一步发展趋势等问题开展专题调研，形成本调研报告。

一、浙江省O2O发展现状

浙江作为电子商务和实体经济大省，近年来，省委省政府非常注重“线下”与“线上”融合发展，实施了“万企电子商务推进工程”和“电商换市”，从政策扶持和市场监管方面为O2O的发展营造了良好环境。浙江省O2O一直走在全国前列，据统计2013年全省电子商务总交易额突破1.6万亿元，增长30%，占全国六分之一；实现网络零售3821.25亿元，增长88.48%，占全国五分之一，相当于全省社会消费品零售总额的25%。可以说，浙江的O2O生态圈已成雏形。

(一) 具备独特发展优势

1. 服务平台优势明显。一是平台数量多。除天猫、淘宝、中国化工网、中国医药网等主流电商平台之外，近年来相继出现了如义乌购、海皮城、乌镇游、农贸交易等约100余个O2O行业平台，极大的丰富了行业类型。二是平台交易体量大。据艾瑞咨询估算，全国O2O交易额有一半以上是在浙江的平台上进行的，约合达到500亿，预计到2020年市场规模

将达到约2000亿元。

2．配套体系已成规模。一是支付安全和信用认证体系日臻完善。以支付宝为代表的全省18家企业获得第三方支付牌照，占全国的9.2%，有效解决了支付安全问题。此外，浙江省个人和企业信用体系建设一直处于全国前列。二是物流支撑扎实。物流领域 “四通一达”占全国民营快递业务总量近55%。依托交通枢纽和中心城市，重点培育了杭州、宁波、温州、金华义乌四个现代物流枢纽。由阿里巴巴、银泰等企业联合成立的“菜鸟科技”以及通创智慧、传化公路港等一批物流行业龙头企业使浙江省在全国智能物流领域保持领先地位，为线上线下融合提供了有力支撑。

（二）引领企业转型升级

1.培育了一批网络平台龙头企业。据不完全统计，全国85%的网络零售、70%的跨境贸易和60%的B2B交易是在浙江的电子商务平台上完成的。近年来，阿里巴巴、网盛科技等为O2O提供平台支撑的企业呈跳跃式发展态势。阿里巴巴已成为全球最大的移动电商公司，在美国上市后，预计市值将达1500亿美元。

2.促进了一批传统商贸业转型。O2O的应用加快了传统商贸企业向现代化、数字化、信息化的现代商贸企业方向发展的步伐，增加了企业的经营效益。例如银泰商业与天猫、支付宝结成战略伙伴关系，联合开发“银泰宝”的网店增值服务和移动支付业务，推动“线上”与“线下”融合发展，在百货业面临整体下滑的背景下，2013年银泰营收总额增至45.1亿元，同比增长15.4%，完成了经营效益和质量的双重提升。

3.提升了一批专业市场。义乌小商品城、绍兴轻纺城、海宁皮革城、永康五金城等一批专业市场通过O2O所带来的生产、管理、贸易等方面的优势，增强了市场的辐射广度和市场经营规模，进一步提升了市场综合竞争力。

（三）涌现一批典型模式[1]

1.制造企业O2O模式。主要是指在制造业销售业务流程的各个环节充分利用“线上”、“线下”两种资源，形成融合互动的业务流程，建立一条“制造商—渠道代理商—产品用户”完整的O2O业务链。五芳斋集团的“线上商城销售+线下全产业链生产”模式和雅莹服饰集团“线上拓展会员+线下折扣专卖”模式就是典型代表。

2.专业市场O2O模式。主要指实体市场所有者，利用独立的专业市场O2O平台把实体市场搬到网上，建立网上“虚拟市场”，实现市场、入驻商户和客户共赢的局面。 海宁皮革城“商品的供应商+平台企业+消费者”模式和义乌小商品城“供应商+零售商”模式是典

---

[1] 由于不同经营者行业和企业定位差异，O2O模式不尽相同（详见附件），此处结合实地调研情况，仅列举具有特色的典型模式。

型代表。

3.大宗商品交易所O2O模式。主要指大宗商品交易所的管理者，利用独立的交易所O2O平台把传统的单证交易搬到网上，通过标的物实时电子竞价的方式，使卖方和买方迅速达成交易。舟山大宗商品交易所的“现代贸易+电子商务+现代物流”模式和宁波大宗商品交易所的“智慧贸易+现代物流+递延交易”模式是典型代表。

4.实体商场或纯电商的O2O模式。主要指通过商场经营者进行网络平台的搭建或纯电商经营者进行商场营销的方式，使线上线下的数据实现同步交互，通过有形的实体柜台主动当“试衣间”，带动网络平台的用户聚集，实现消费用户商品或服务交易的产生。银泰集团的“线上个性化营销+线下百货服务”模式和阿里巴巴集团的“C(消费者)+小B(渠道商)+大B(制造商)+S(服务)”是典型代表。

5.生活服务企业O2O模式。整合“线上”、“线下”两种资源，建立涉及餐饮、旅游、家政、培训等生活服务各个环节的“企业—服务平台—服务资源—消费者”的完整O2O业务链。既能充分利用“线上”资源的交互性、实时性、便捷性等优势提高企业经营效率，又能较好地满足消费者个体化需求，提高企业服务水平的目的。乌镇旅游的“线上宣传预订+线下旅游消费”模式和杭州19楼的“线上拓展会员+线下商户联盟” 模式是典型代表。

(四) 应用和认知度提高

1.公众认知度快速提升。近年来，无论是以团购和淘宝3.8生活节为代表的从线上到线下模式，还是以苏宁、万达以及以顺丰嘿客的线下到线上模式均以被企业和消费者所熟识和运用。尤其是，2014年以来，随着移动支付为代表的互联网金融蓬勃发展，使得O2O的认知度不断提高。浙江O2O百度指数显示自从2013年11月份O2O指数首次超过电子商务以来，O2O的热度已经常规性地赶上和超过电子商务（见图1），这表明O2O已逐渐融入了人们的生活，潜移默化的改变了企业和消费者的销售和购买行为。

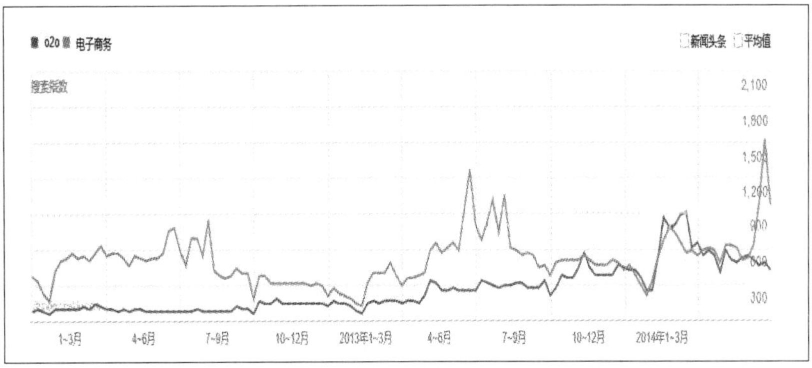

图1 浙江O2O百度搜索指数对比图（2013年1月—2014年6月）

2.社会化应用程度较高。一是生产经营类企业应用程度提升。目前浙江省在第三方网络支付平台上注册的中小企业数量达60余万家，占商贸企业的比重达65%，O2O应用已逐步渗透到工农业产品销售的各环节，如银泰、杭州大厦等传统零售商场、义乌小商品城、海宁皮革城已先后建立O2O交易平台。二是生活服务类组织应用程度提升。随着经济发展和科技水平的提高，居民的享受型需求渐渐显现，O2O在文化出版、社区服务、教育医疗等生活服务类等领域的应用也逐步拓展， “杭州19楼”已转型成为O2O同城生活服务领域的佼佼者。

二、浙江省O2O发展中面临的困难和问题

总体看，浙江省O2O发展具备良好的产业和政策基础，也取得了积极的成效，但作为一种新兴业态，无论在政策引导、法律监管以及配套服务方面仍处于起步阶段，在实地调研中，企业也反映了一些情况和问题，主要是：

1.政策引导作用有待加强。一是缺乏国家整体政策层面上的支持。目前全省拥有跨境贸易电子商务试点城市、电子商务示范基地和示范企业等诸多国家级金字招牌，但缺乏对O2O的整体性政策支持。二是法律法规盲区有待突破。税收立法方面，多数企业反映，O2O的交易隐蔽性、时点不确定性以及对象复杂性等特点导致税收监管缺失，加剧了市场的无序竞争。知识产权立法方面，O2O商户面临简单复制或发软文的形式侵犯他人的商标权、著作权、肖像权等问题对其健康发展形成了阻碍。三是传统企业和商户对于O2O有所顾虑。一方面企业担心发展“线上”业务在前期投入大，而且可能冲击已有“线下”销售体系。另一方面企业“线上”和“线下”渠道的战略定位不明晰。目前浙江省企业更多的是把“线上”渠道定位为“线下”渠道的补充，对“线上”渠道的价格策略、产品策略、竞争策略普遍缺乏清晰的规划。四是农业等部分传统领域对O2O的认识存在误区。由于农户普遍文化程度和综合素质不高，农业经营主体对O2O的认识存在较大误区，认为O2O是虚无缥缈的东西，不想也不敢推进O2O在农业经济中的应用。

2.平台服务质量和水平有待改进。一是平台收费偏高。调研显示，多数企业反映由于平台收费较高导致综合成本偏高。以天猫为例，入驻企业要交供应商保证金、平台服务年费、按销售额交技术服务费（5%）、推广费、如参加“聚划算”活动，还要再增加3%的扣点。初步估算，年销售额100万的商家使用天猫的平台支出成本在20%左右，再加上物流、人工等成本，综合成本堪比繁华地段实体店的费用支出。二是为客户提供高价值的服务不充分。当前O2O仍处于起步阶段，在线上信息检索、活动策划、商家信息策划等方面创新不足，使消费者在参与O2O时对有效信息的获取和对适合商品的认知不知所措，降低了下

单购买的热情。

3.支撑和配套体系有待完善。一是线上商业信用体系建设滞后。洁阳家居等企业反映当前O2O经营中常会出现交易货款到达不及时、商品线上展示与实际到货的质量有所出入、线上支付收款不安全等问题，使个人和企业的交易风险增高。二是仓储管理及物流配送体系不完善。现有的仓储管理及物流配送在容量、服务价格、服务效率等方面与企业业务需求还有较大的差距，已成为制约O2O发展的重要瓶颈。三是安全支撑体系不完善。部分企业反映，自建O2O平台对技术、存储、安全和资金门槛高，企业不得不主要依托天猫等主流电商平台，企业对商业机密和客户信息泄露有较大的顾虑。

4.人才总量与结构问题有待破题。一是人才总量相对不足。截止2013年底，浙江省电商从业人员约为27万人，占全国总数的11.4%，低于广东和江苏，列全国第三位，与浙江省电商交易额占全国六分之一的地位不匹配。二是结构问题突出。O2O人才存量不足，造成了专业技术人员特别是电商运营、网页设计师等跨界人才尤为紧缺。衢州百特汇等企业反映高校现有教程体系仅局限于将现有的技术和商务课程简单堆砌，缺乏必要的案例教学和实务操作能力的培养，毕业生缺乏实践和创新能力，无法满足企业发展需求。

三、O2O的未来发展趋势

2012年底在央视，来自电商行业和传统领域的两位大佬马云和王健林展开了关于将来电商零售能否取代实体零售的“亿元豪赌”。在过去的一年多时间里，阿里集团通过构建菜鸟物流体系、注资恒生电子、华数传媒等多家公司从“线上”走向“线下”，而万达集团则通过推出万汇网商业平台、开设“虚拟线上商业综合体”、成立万达金融和万达电商的方式从“线下”走向“线上”。这场看似商业大佬间的玩笑赌局，映射出“线上”与“线下”未来融合互动发展的大势，主要体现在四个方面：

1.O2O表现为依托大数据的深度融合和高水平应用。随着大数据和移动互联网时代的到来，在O2O领域，各个移动互联网应用无时无刻不在生产数据，与同行之间、与上下游之间进行有效的大数据协同分析将为整个产业链带来巨大价值。通过大数据分析，传统企业应对用户体验更加重视，大数据将帮助部分传统行业彻底克服信息不平衡、数据不透明、管理低效甚至交易潜规则化等问题。在大数据和移动互联网的支撑下，O2O将演变出平台型、外包型、直营型、合作型、区域型、垂直型等多种形态，“二维码扫描+移动支付”、“LBS（基于地理位置的服务）”等新的业态将不断涌现。

2.O2O逐步走向移动化、社交化与本地化。首先，随着移动终端二维码、LBS等技术的广泛应用，人们的消费行为将更多的在以智能手机为代表的移动终端上发生。其次，移动终端的广泛使用也会加剧社交化的趋势，这使得未来O2O的发展具备社会化互联的功能，从而更好地为用户提供服务体验。最后，由于O2O侧重于生活服务领域，而生活服务领域又与天然位置紧密相关，这使得垂直化、本地化的服务更容易在竞争激烈的O2O市场中胜出。

3.O2O从产业链的简单“连接”向“链接”转变。从目前实践来看，企业对O2O的理解大都局限在线上线下零售体系的连接上，但这种串联目前仅仅是实现了零售店态的“连接”。随着O2O发展的深入，不同的企业会根据行业特征和自身特点剥离冗杂的业务，走上骨干业务之间的整合的道路，完成从简单的“连接”向“链接”的升级，实现供应链及用户数据的对接，创造新的盈利模式，这种对接是一种深层次产业链各环节资源的有效整合，而非简单“连接”实现的店面对接。“更高效、更快速、更合理、合作共赢”的O2O生态圈将进一步成熟。

4.O2O成为传统产业和市场转型升级的主抓手。产业转型方面，O2O既可以发挥“客户覆盖群广”的“线上”优势，将产品推向更广阔的消费群体，又可以通过降低营销费用、减少中间环节和库存精细化管理，增加企业的盈利水平。此外，O2O对软件设计、物流仓储、金融保险等服务支撑体系的旺盛需求，将促进生产性服务业大发展。市场转型方面，随着消费习惯的转变、劳动力成本、商务成本的持续高涨，传统产业和的固有发展模式已难以为继，面临沦为“试衣间”和“体验场”的巨大冲击，五芳斋、银泰、海皮城利用O2O的成功转型，将为传统市场提供示范效应，可以预见未来传统产业和市场产业都将把O2O作为转型的主抓手。

四、促进浙江省O2O发展的对策建议

一方面，浙江省企业和市场多以经营传统产品为主，受需求萎缩和成本上涨压力较大，推动O2O发展是促进其转型的应有之策，另一方面浙江省推动O2O发展具有良好的产业和政策基础，发展大有可为。下阶段，应坚持政府引导、市场推动与企业主导相结合，坚持整体入手与以点带面相结合，推进O2O健康发展。

（一）加强政策扶持和宣传引导

1.积极向国家争取政策支持。以浙江省电子商务强省创建为契机，依托杭州、宁波、金华等O2O发展基础扎实的设区市，积极向上争取国家对O2O在产业规划、政策扶持、法规建设等方面的先行先试扶持政策，为O2O发展营造良好环境。

2.探索建立O2O产业园区。在全省各电子商务产业园区以及义乌“淘宝村”等具有典型代表的区域中，筛选1—2个发展基础好、配套完善和潜力大的园区，通过“腾笼换鸟”、

“电商换市”等手段，大力盘活闲置厂房、仓储用房、商务楼宇、沿街商铺等存量房产、土地资源，培育O2O产业园，使之成为未来浙江省O2O发展的重要阵地和经济新增长点。鼓励和支持企业在跨境电商O2O模式方面的探索与试点。

3.加强宣传引导。总结以银泰、义乌小商品城、宁波大宗商品交易所等为代表的市场O2O模式，发挥政府部门和行业协会的组织能力，通过推进会、现场会、座谈会等方式，总结典型经验，加强宣传报道，主动向O2O转型。鼓励和支持甬交所与传统专业市场的强强联合，将市场搬上大宗商品交易市场。

（二）提高平台服务水平和质量

1.大力发展同城购物平台。大力发展服务类电子商务，促进同城购物平台发展，提供城市美食、娱乐、旅游、家政、票务、菜篮子等消费信息，满足居民的多元化生活消费需求。推进传统百货、连锁超市、便利店等零售业与电子商务互动发展，探索发展网货体验店、配送站和服务中心等业态。

2.优化第三方平台服务质量。鼓励和支撑O2O第三方服务平台通过技术创新和商业模式创新，降低运营成本、提高服务水平和质量，引导其适当降低浙江本土企业开展“线上”交易的平台收费标准，助推企业加快O2O步伐。

3.加快完善O2O的电子商务服务体系。大力发展电商在线支付、软件开发、网店设计、仓储管理、网络推广、产品摄影、客服培训、售后服务和代运营等电子商务服务业，更好、更便捷的支撑O2O发展。

（三）强化技术和配套支撑体系

1.构建先进的技术支撑体系。以杭州被列入首批“云计算服务创新发展试点城市”契机，加快推进浙江云计算发展，建设云服务平台，完善云安全解决方案，推进海量存储、虚拟化和低功耗等云计算技术在电子商务领域的应用。同时，发展信息技术服务外包，鼓励基础电信运营商、软件供应商、系统集成商的业务转型，为O2O企业提供平台开发、信息处理、数据托管、应用系统等外包服务。

2.建设高效、便捷的物流配送体系。整合现有的工业、商业、仓储和运输等物流信息资源，推进物联网等先进物流技术及装备的应用。引导“菜鸟网络”在浙江的科学规划布局，支持各大民营快递企业在浙设立区域总部。推进电子商务与第三方物流互动发展，解决网购“最后一公里”和“最后一百米”的难题，为网上交易提供快速高效的物流支撑。培育信誉良好、服务到位、运作高效的重点快递配送企业。建设一定数量的共同配送中心，引导物流资源向物流集中发展区集中来缓解中小企业推动O2O发展的物流瓶颈。

3.加快制定O2O信用法规。以国家信用体系建设为契机，探索建立O2O信用规范，明确

O2O交易双方的权利和义务，促进中小企业的信用管理和个人信用制度的健康发展。积极扶持第三方信用服务机构建立全省网络信用评价体系、开展企业和个人信用风险管理、征信系统设计及开发等业务，并联合执法机构打击网络的制售假冒伪劣商品、侵犯知识产权等违法失信行为。

4.加强信息安全防范。推进认证平台建设，完善电子认证基础设施，开展电子认证加密技术研究。加强信息安全防范，引导电子商务企业完善数字认证、密钥管理等安全服务功能。健全信息安全管理制度、监管与评估机制，提高O2O平台的应急响应、灾难备份、数据恢复、风险监控等能力。

(四) 注重专业人才培训和引进

1.开展应用普及培训。对企业、商户负责人、从业人员等应整合社会教育培训资源，确定一批培训机构和实践基地，着重开展O2O知识普及工作，通过专业培训机构与传统企业合作，提高对O2O的认知。

2.引导高校注重实践能力。根据O2O发展的需要，省内大专院校适时调整电子商务类专业的理论课程与实践课程设置，与O2O企业、园区合作有针对性的培养实践性人才。支持阿里学院搭建大学生和小企业的人才直通车，培育实用创新型O2O人才。

3.引进和培育领军人才和职业经理团队。结合省内O2O企业创办大学科技园、留学人员创业园，以更好地吸引领军人才和职业经理团队来浙江创业，为浙江省O2O发展提供有力的人才保证和智力支持。

附件： 浙江省O2O的主要模式和典型案例

一、通用模式

O2O通用模式即是将企业的经营行为按“线下”、“线上”两个渠道划分（见图1），“线上”包括设计研发、咨询预订、销售支付、信息展示等内容；“线下”包括实体销售、实体体验、实体生产、物流支撑等内容。企业开展的O2O模式不外乎是将“线上”和“线下”各模块中的一项或多项进行有机排列组合，最终形成完整的业务闭环的过程。

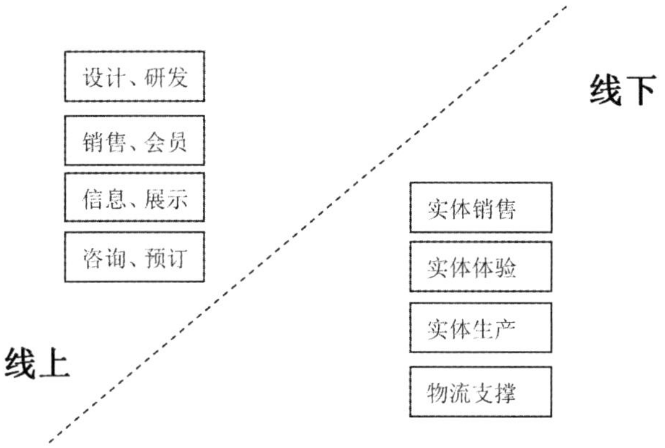

图1 “线上线下”联动通用模式图

（一）主要模块

1.“线上”模块

——设计研发：指企业根据市场调研的情况，利用互联网资源对新产品设计的基本方案进行技术经济的可行性分析、论证以及修改完善的过程。

——咨询预订：指企业通过互联网对产品或服务的详细情况进行有针对性描述，为消费者提供准确、完善的信息，然后消费者根据这些信息对产品或服务进行预先订购的过程。

——销售支付：指企业通过互联网销售平台进行产品或服务的销售，消费者在购买后通过银行系统或第三方支付软件在互联网上进行支付转账的过程。

——信息展示：指企业在互联网上将文字、图片和视频技术相结合，直观生动地展示商品信息和使用状况，以减少消费者购买迟疑和信息差异的过程。

2.“线下”模块

——实体销售：指企业通过交易的方式，为消费者提供特定的商品和服务，以满足消费者需求，获得商品和服务收益的过程。

——实体体验：指企业通过有形的实体柜台展示产品，以弥补线上产品信息展示在听觉、触觉、嗅觉等方面的缺失，促进交易产生的过程。

——实体生产：指企业根据自身特点，有选择性的进行核心产品生产或一般产品生产，并将其它生产环节进行业务外包的过程。

——物流支撑：是指产品从供应地向接收地的实体流动过程中，根据需要，将运输、储存、装卸、包装、配送、信息处理等功能有机结合起来实现用户要求的过程。

(二) 发展路径

1.从线上发展到线下。企业先搭建一个线上平台，以这个平台为依托和入口，将线下商业流导入线上进行营销和交易，同时用户籍此又到线下享受相应的服务体验。如阿里、腾讯等电商巨头凭借其积累的资源流聚集和转化能力以及经济实力，构建的O2O平台生态系统即是如此。

2.从线下发展到线上。企业先搭建起线下平台，以这个平台为依托进行线下营销，让用户享受相应的服务体验，同时将线下商业流导入线上平台，在线上进行交易，由此促使线上线下互动并形成闭环。如苏宁、万达等传统销售商家以及以顺丰嘿客均选择这种发展路径。

3.线上和线下同步发展。一是先搭建起线上平台进行营销，再将线上商业流导入线下让用户享受服务体验，然后再让用户到线上进行交易或消费体验，如京东商城。二是先搭建起线下平台进行营销，再将线下商业流导入或借力全国布局的第三方网上平台进行线上交易，然后再让用户到线下享受消费体验。现实中，餐饮、美容、娱乐等本地生活服务类O2O企业采用这种模式的居多。

(三) 运营方式

1.自主经营所有业务流程。企业从产品生产到网上营销再到物流配送都由自己独立运营。这种运营方式通常在如华润、海尔等规模较大、业务多元化的企业中出现。

2.自主经营和外包服务结合。企业在业务产业链中选择有核心竞争优势的一种或几种业务由自己独立运营，而把不具有比较优势的业务进行外包，组成各自独立又相互联系的专业化O2O业务链，最终达到借助于外部资源迅速打开市场的目的。

二、典型模式

浙江省涉及O2O的行业门类和经营模式众多，根据企业经营主体性质，主要可以分为以下五种典型模式：

(一) 制造企业O2O模式

主要是指在制造业销售业务流程的各个环节充分利用“线上”、“线下”两种资源，形成融合互动的业务流程，建立一条“制造商—渠道代理商—产品用户”完整的O2O业务链。

1. 交易流程：制造商在O2O平台上发布产品信息，并将产品交由渠道代理商代理销售，代理商在O2O平台负责与产品用户咨询洽谈，产品用户则在O2O平台上搜索下单后，再由代理商寄运货物的过程，如图2所示。

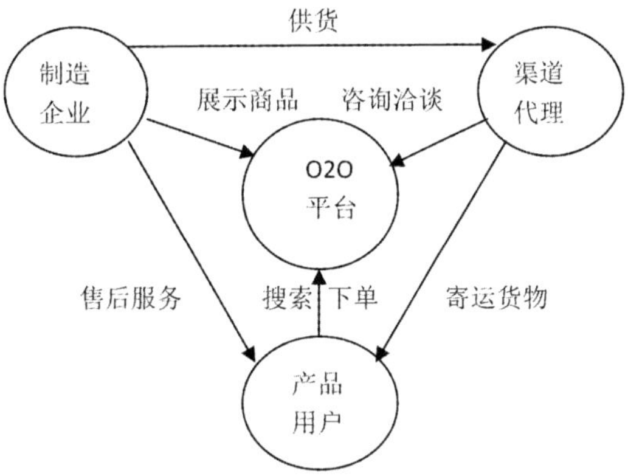

图2　制造企业O2O模式图

典型案例1：五芳斋集团（“线上商城销售+线下全产业链生产”模式）

五芳斋作为著名的中华老字号企业，现已形成以粽子为主导，集中式点心、卤味制品、蛋制品等为一体的系列产品群。集团于2009 年开启线上线下融合探索，仅在2013年端午期间，O2O交易额就突破了5000万，并由此入选了国家电子商务集成创新试点企业。

“线上”主要举措：1.与天猫、京东、亚马逊等平台合作建立了官方商城，树立官方品牌形象。2.引导实体店铺进行线上宣传推广，实现多种产品多季节网络导购的功能。3.与大专院校合作，打造专业客服团队负责售后工作，提升网络消费体验。

“线下”主要举措：1.通过消费群和产品差异化，避免对传统渠道的销售造成影响。2.严格的品质监控，保障网上购买的食品安全。3.加快扩张连锁门店，现已达到300家的规模。

典型案例2：雅莹服饰集团（“线上拓展会员+线下折扣专卖”模式）

雅莹服饰是集研发、设计、营销、物流、生产、信息化于一体的多品牌运作的现代化时装公司，目前拥有600余家店铺。2009年开启线上线下融合探索。

“线上”主要举措：1.自建平台和与天猫等合作，建立了线上官方商城，树立官方品牌形象。2.通过线上邮件等方式为客户及时提供优惠服务和准确的信息，联合第三方平台开展各类促销活动，增强品牌吸引力。3.参与了如《我愿意》、《回家的诱惑》等多部影视作品制作，以服装塑造出优雅、自信的都市女性形象，扩大品牌宣传。

“线下”主要举措：1.服装设计师出任门店导购员，不仅增强消费者购物体验，同时增进了对消费者的需求最真切的了解。2.形成了专卖店、Shopping Mall、高级百货店及大型时尚生活馆组成的全方位、立体化的实体销售渠道。

2.盈利方式：制造企业通过O2O模式，可以拓展销售渠道、缩短销售时间、精简销售费用（包括广告费、店铺费用、人员消耗），这些均可以为企业带来增量利润。

3.安全保证：第三方电子商平台主要提供全面的制造业企业及产品信息，并对交易双方进行信用认证，确保产品信息的准确性。而银行则负责制造企业、代理商、产品用户的资金安全，并通过中介支付服务确保支付安全。

4.物流运作：对于B2C交易，由于每宗交易的交易额都较低，多由第三方物流配送公司负责物流配送，对于B2B交易，由于企业间关系相对稳定、交易金额比较大，企业多

采取构建自己的物流配送系统进行物流配送。

（二）专业市场O2O模式

主要指实体市场所有者，利用独立的市场O2O平台把实体市场搬到网上，建立网上“虚拟市场”，实现市场、入驻商户和客户共赢的局面。

1.交易流程：卖方在商务平台上发布信息，描述所提供的产品、服务和价格，买方通过商务平台提供的检索、展示服务，选择卖家和价格，然后双方利用平台进行洽谈，最终达成交易，如图3所示。

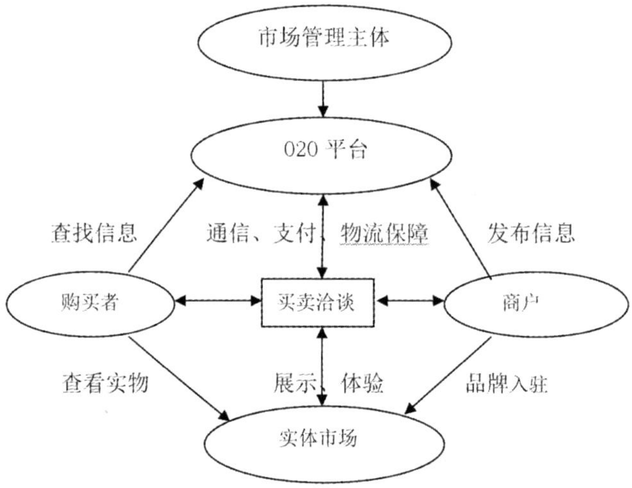

图3　专业市场O2O模式图

2.盈利方式：入驻商户通过拓展客户群体实现利润。购买者以低价快速物色自己需要的产品或服务，节约成本。市场管理主体在平台发展之初免费吸收会员加入平台，在平台发展到一定阶段利润来源一方面是收取会员的流量费，另一方面是广告收入、附加信息服务等增值收费等。

3.安全保证：一方面，市场管理主体将要求入驻商务提供能证明产品质量和实力的资

料，从源头上把好质量关。另一方面，在交易支付时通过专业的第三方支付平台，确保客户订单数据以及商户信息不被恶意篡改，保证了客户的账户信息安全。

4.物流运作：通常专业市场发货地是固定的，而收货地则是不确定的。一般而言，专业市场直接通过自身的仓储库和委托的第三方物流企业，提供便捷的包括签证、报关、运输、仓储等服务。

典型案例3：海宁皮革城（“商品的供应商+平台企业+消费者”模式）

海宁皮革城是国内规模最大、最具影响力的皮革专业市场，目前经营户3500多家，年成交额近百亿元。皮革城于2010 年开启线上线下融合探索，期望把供应链资源进行全面整合，以增强自身的服务能力。

“线上”主要举措：1.推出网上商城平台。皮革城采用商户整体触电的方式，以皮革城的名义建立网上皮革市场。2.推出金融服务产品。通过与工商银行合作设立的担保账户进行线上支付。3.对实体店铺进行线上支持。提供研发、设计与营销团队进行技术支持的相关服务，引导实体店铺进行线上宣传推广，实现网络导购的功能。

“线下”主要举措：1.推出了实体导购，由经皮革城认证的线下商铺以加盟会员方式在海皮城上做营销，在网站上发布优惠信息和新品信息。2.线下门店贴有二维码，消费者扫描即可进入该门店的网上专营店或跳转到海皮城网站，带来流量，这样既有线上向线下导流，也为顾客解决了购物体验的困惑，规避了购物风险。3.建立售后服务中心。皮革城对所有在海皮城购物的商品提供一致的保养、保修等售后服务。

典型案例4：义乌小商品城（B2R模式，即“供应商+零售商” 模式）

义乌小商品城是全球最大的小商品批发市场，现拥有商位7万个，经营16个大类商品，是国际性的小商品流通、信息、展示中心。小商品城于2009年开启线上线下融合探索，成为全球电商化的小商品批发的源头。

“线上”主要举措：1.建立网上批发平台。通过“义乌购”网站，把全球最大的小商品批发市场搬上网。2.网上全景购物模式。以3D的形式把实体商铺展示在义乌购的网上商铺中。3.设立虚拟商铺。以小商品城实体市场的商位关联多个虚拟商铺入驻义乌购，增加了周边企业对商贸城的向心力。4.诚信体系建设。将企业信用等级、投诉处理情况搬上网，并根据信用情况提高信用贷款服务。

“线下”主要举措：1.铺设智能化仓储基地。铺设遍布全国各地的本地智能化仓储基地，缩短生产制造到终端销售的距离。2.利用大数据技术对商户进行专业培训和引导，利用大数据技术进行专业培训和引导，让商户更快把握市场信息。3.提供统一的产品实地展示平台。规划统一区块，为商户搭建样品展示区。

（三）大宗商品交易所O2O模式

主要是指大宗商品交易所的管理者，利用独立的交易所O2O平台把传统的单证交易搬到网上，实现市场管理者、卖方和买方共赢的局面。

1.交易流程：卖方或买方将其自有或未来拥有的商品情况录入交易系统，确认后发布挂牌要约，买方或卖方通过交易系统查询相关挂牌要约内容，并通过竞买或竞卖方式摘牌成交，签订电子交易合同和物流合同的模式，如图4所示。

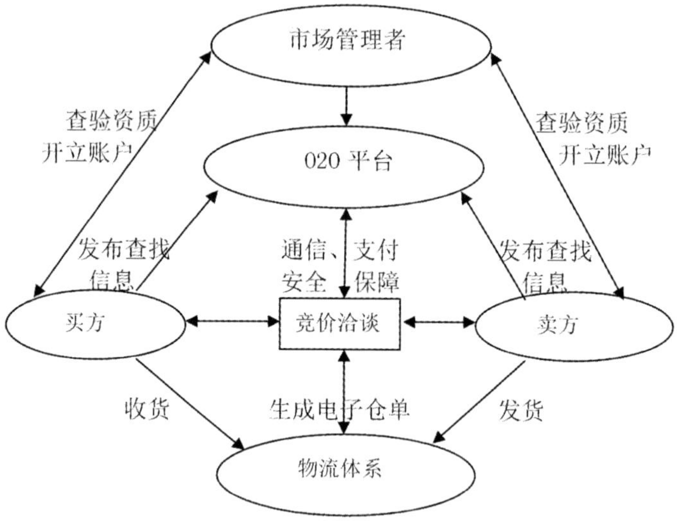

图4 大宗商品交易所O2O模式图

2.盈利方式：大宗商品交易所管理者均不参与买卖双方的交易过程，主要起到搭建买卖双方的洽谈桥梁的作用。交易服务一般是以收取交易佣金为标志，收取比率一般为交易额的0.1%~0.2%左右，且双边收取。

3.安全保证：交易所管理主体将要求买方或卖方提供能证明产品质量和企业资质的资料，从源头上把好质量关。另一方面，交易所要求进行买卖双方诚信审核，然后双方缴纳交易保证金，通常比例在交易额的30%以上，以保证双方的交易安全。

4.物流运作：标的物发货地通常是固定的，而收货地则是不确定的。一般而言，交易所通过采用第三方物流的仓单交易物流模式，进行便捷的包括报关、运输、仓储等服务。

典型案例5：舟山大宗商品交易所（“现代贸易+电子商务+现代物流”模式）

浙江舟山大宗商品交易所（简称 “浙商所”）于2011年7月成立，主要负责组织石油化工品、煤炭、铁矿石等大宗商品交易，提供交易资金结算、交割及相关咨询服务，2013年度交易额突破10000亿元人民币。

“线上”主要举措：1.建立净价交易平台。平台商品均是非含税交易报价，更好地与国际接轨，对接国际商品市场。2.个性化的交易模式设计。通过浙商所平台，为买卖双方量身打造个性化的O2O解决方案，提升了企业品牌认证度及销售渠道整合力度。3.大宗生活资料交易。交易的产品不但有生产资料，也有生活资料，使普通百姓通过平台也能参与交易。

“线下”主要举措：1.设立杭州市场运营中心。通过运营中心联系全国各地有150余家授权服务机构和会员单位。2.独创的商品即期交易模式。即期交易是以商品的库存实物为交易交收对象，使市场参与主体更清晰，实现安全交易，服务于实体经济。

典型案例6：宁波大宗商品交易所（“智慧贸易+现代物流+递延交易”模式）

宁波大宗商品交易所（简称 “甬商所”）于2011年8月成立，主要负责塑料化工、有色金属、稀贵金属、钢材等五大品种现货交易。截至2013年，甬商所交易额达到2085.8亿元，交收量达到8.64万吨。

“线上”主要举措：1.建设全天候交收申报系统。成为全国首家实现实时交收功能的交易所。交易申报时间扩大至全天，进一步帮助企业掌握交收主动权。2.创新交易模式。实现现货递延交易模式和竞价招标交易模式，丰富了交割手段，降低营销成本。3.及时的信息服务。通过交易系统和官网、微信等信息网络平台发布交易、交收及库存等行业信息和资讯，为企业提供决策依据。

“线下”主要举措：1.打造物流体系。建立覆盖全国的仓储物流体系，并在产销较集中的区域为企业提供物流配送服务。2.创新交收模式。创新“每日选择交收”的模式，使企业可以根据生产经营的实际需要管理库存。

(四) 实体商场或纯电商的O2O模式

实体商场和纯电商的O2O是通过商场经营者进行网络平台的搭建或纯电商经营者进行商场营销的方式，使线上线下的数据实现同步交互，通过有形的实体柜台主动当“试衣间”，带动网络平台的用户聚集，实现消费用户商品或服务交易的产生。

1.交易流程：在一般情况下，实体商场商户在商务平台上发布信息，描述所提供的产品或服务，消费者通过网上平台提供的检索、展示服务，选择商品，然后洽谈下单，由实体商场通过自有物流体系给消费者发货，而纯电商是依托实体商场进行O2O，如图5所示。

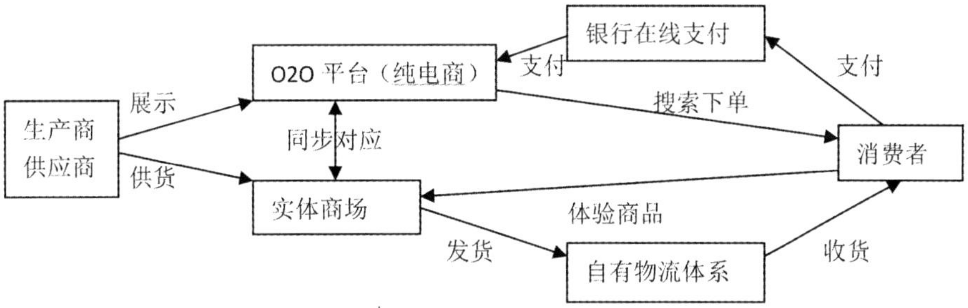

图5　实体商场O2O模式图

2.盈利方式：商场O2O通过三种途径盈利，一是通过直接销售，降低生产商或供应商的价格，在采购价与销售价之间赚取差价，二是收取O2O平台虚拟店铺出租费，产品登录费获利，三是来自产品方面的广告费、交易手续费获利等增值服务获利。

3.安全保证：商场将对产品质量和商家实力进行筛选，并及时进行跟踪监测、反馈控制，从源头和售后上把好质量和服务关。在支付中可以选择银行在线支付，货到付款，信用卡分期付款等方式，保证了客户的账户信息安全。

4.物流运作：通常商场发货地是固定的，而收货地则分为确定或是不确定两种。确定收货地一般指商场的柜台或物流仓库，消费者可以凭电子订单上门自提，而不确定收货地一般指消费者所在地，商场可以通过自建快递公司提供物流配送，并进行货到付款、移动POS刷卡等服务。

典型案例7：阿里巴巴集团

（CBBS电商模式，即：C（消费者）+小B（渠道商）+大B（制造商）+S（服务））

阿里巴巴集团是提供电子商务在线交易平台的公司，业务包括B2B贸易、网上零售、购物搜索引擎、第三方支付和云计算服务，形成以淘宝网为中心的C2C模式、以天猫商城为中心的B2C模式和以阿里巴巴为中心的B2B模式集合。

“线上”主要举措：1.推出虚拟信用卡业务。随着阿里试点民营银行业务，阿里推出网络支付宝信用卡，与以前的支付宝钱包等金融工具进行结合。2.加大第三方电商服务支持。阿里通过阿里云的活动和加大淘宝第三方服务商的支持，来留住第三方服务电商。

“线下”主要举措：1.打造线下主体活动。阿里通过3.8妇女节等话题让其在线下商家中提升更高的知名度。2.构建自有物流体系。阿里打造菜鸟物流网络，推出了自有快递体系，全面加快物流体系布局。3.涉足文化娱乐产业。阿里通过注资文化中国、恒生电子、华数传媒等公司，力图打造更具影响力的娱乐化电商。

典型案例8：网批网科技（“电商渠道+传统渠道”模式）

杭州网批网科技有限公司是2013年成立的提供服装在线交易平台的公司，其所采用“电商+传统渠道”商业模式，将电子商务与传统贸易渠道进行整合，最大程度地缩减中间流通环节，以满足供货商(制造商、批发商、品牌商)、采购商（网店和实体店）和消费者三者的需求，填补了市场空白。

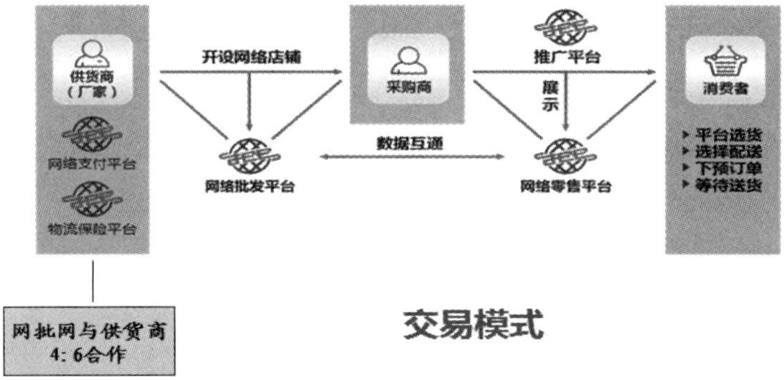

“线上”主要举措：1.开发的交易平台系统。实现商品在供货商与采购商，采购商与消费者之间的无缝实时对接，快速完成交易和发货，网批网则从交易额中提取一定比例的服务费。2.开发金融交易支付系统。与建设银行签署协议，共同研发为网批网量身定制的金融交易支付系统。

“线下”主要举措：1.设立运营中心。在全国主要省市成立100家线下运营中心，吸引全国的制造商、品牌商和批发商成为网批网的供应商。2.设立服务中心。在全国主要省市成立100家线下服务中心，通过设服务站和服务点，覆盖到乡镇一级，让遍布全国的实体店和网店店主们成为网批网的采购商。3.提供双向货运运费保险。与太平财产保险公司签署协议，为交易各方提供双向货运运费保险，因而成为电商业首家交易各方“双向免退货运费”的交易平台。

（五）生活服务企业O2O模式

整合“线上”、“线下”两种资源，建立涉及餐饮、旅游、家政、培训等生活服务各个环节的一条如“企业—服务平台—服务资源—消费者”的完整O2O业务链。从而达到充分利用“线上”资源的交互性、实时性、便捷性等优势提高企业经营效率，又能较好地满足消费者个体化需求，提高企业服务水平的目的。

1.交易流程：在一般情况下，生活服务企业在O2O平台或APP上发布信息，展示所提供的服务项目，并管理运营服务资源，消费者在O2O平台或APP上进行咨询交流，在线上预定支付后进行消费，如图6所示。

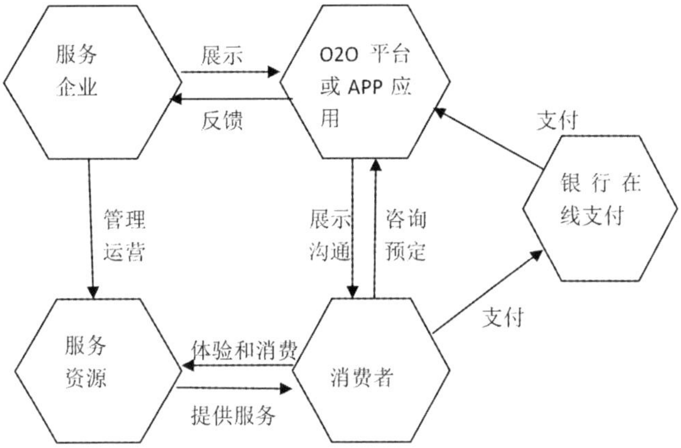

图6　生活服务企业O2O模式图

2.盈利方式：生活服务企业O2O主要通过两种途径盈利：一是广告收入。通过O2O平台的广泛宣传吸引顾客进行消费的同时吸引商家的广告投放，获得广告收入；二是增值收费。通过O2O平台为消费者提供各种商家的服务咨询，和附加信息服务等增值收费获利。

3.安全保证：为了保证服务项目的安全可靠，自身提供服务的企业通过其品牌和商誉提供高质量的服务，O2O服务平台企业将要求服务企业提供能证明服务质量和实力的资

典型案例9：乌镇旅游公司（“线上宣传预订+线下旅游消费”模式）

乌镇旅游公司是国内著名的大型旅游集团，致力于乌镇古镇的保护与旅游开发，现主营东栅景区和西栅景区两个国家五A级景区、配套酒店、房产和旅游纪念品等。集团于2010 年开启线上线下融合探索，在周边同行竞争压力加大、三公经费压缩的情况下，年接待中外游客400万人次以上，并保持4年稳步增长。

“线上”主要举措：1.建立乌镇旅游预订网和在淘宝网上推出乌镇旅游旗舰店，直营酒店、门票、美食、旅行套餐、特产、纪念品等。2.建立乌镇旅游论坛及乌镇旅游微博，公司时时通过这两大平台跟游客进行互动，及时为游客答疑解惑。3.景区试行二维码电子门票，购买者无需再排队购票。

“线下“主要举措：1.景区内通行一卡通，进行线下消费结账。2.积极推销景区酒店客房及其他产品。3.景区基本实现无线网络全覆盖，推出了“乌镇虚拟游”和“乌镇语音导览器”。

典型案例10：杭州19楼（“线上拓展会员+线下商户联盟” 模式）

杭州19楼是杭州都快网络传媒有限公司旗下的一个专注于提供本地生活消费和情感问题自由交流的互联网社区平台。公司于2009 年开启线上线下融合探索，打造原创的、具有核心竞争力的SBS云社区平台，并构建了19楼特色社会化商务模式C2B，致力于为品牌客户提供专业的互动营销服务。

“线上”主要举措：1.推广互动广告。19楼和数百家品牌客户建立了广告合作业务，推行本地生活类广告。2.上线“我爱网购”栏目，通过给淘宝导入流量赚取部分佣金。3.加强社交属性。从网站登录入口到具体的帖子都增加了各类社交媒体的登录和分享通道，增强用户黏性。

“线下“主要举措：1.线下组织活动。组织19楼婚博会、家居博览会等活动，把商户品牌推广出去。2.社区平台授权。公司开发了一套SBS社会化网络信息平台，通过授权使用的方式进行线下自身品牌推广。3.大规模城市扩张。为实现规模化，公司对多家地方社区论坛进行了收购，开始了城市扩张，现已扩张到浙江省外，初步形成了19楼的全国品牌效应。

典型案例11：杭州19楼（“线上拓展会员+线下商户联盟” 模式）

杭州19楼是杭州都快网络传媒有限公司旗下的一个专注于提供本地生活消费和情感问题自由交流的互联网社区平台。公司于2009 年开启线上线下融合探索，打造原创的、具有核心竞争力的SBS云社区平台，并构建了19楼特色社会化商务模式C2B，致力于为品牌客户提供专业的互动营销服务。

“线上”主要举措：1.推广互动广告。19楼和数百家品牌客户建立了广告合作业务，推行本地生活类广告。2.上线“我爱网购”栏目，通过给淘宝导入流量赚取部分佣金。3.加强社交属性。从网站登录入口到具体的帖子都增加了各类社交媒体的登录和分享通道，增强用户黏性。

“线下“主要举措：1.线下组织活动。组织19楼婚博会、家居博览会等活动，把商户品牌推广出去。2.社区平台授权。公司开发了一套SBS社会化网络信息平台，通过授权使用的方式进行线下自身品牌推广。3.大规模城市扩张。为实现规模化，公司对多家地方社区论坛进行了收购，开始了城市扩张，现已扩张到浙江省外，初步形成了19楼的全国品牌效应。

料，从广告源头上把好质量关。在支付中选定商品后通过第三方支付平台进行支付，保证了客户的账户信息安全。

（浙江省发展和改革委员会服务业处供稿）

浙江省物流支撑电子商务发展研究

物流与电子商务具有高度的依赖性和共生性，快速发展的电子商务极大的带动了物流发展，而高效的物流配套是实现电子商务可持续发展的重要支撑和根本保障。目前，无论是物流业还是电子商务，浙江均是全国的“排头兵”，但相比于其它省份，也率先遭遇了电子商务发展中物流配套不匹配、不协调的问题。

针对物流支撑电子商务发展的现状和问题、电商发展对物流支撑的需求，为寻求有效解决途径，课题组先后赴杭州、温州、金华等地通过实地走访、行业协会和企业座谈相结合的方式开展调研。在前期资料收集和调研的基础上，形成本调研报告。报告主要从仓储、运输、配送三个环节以及要素保障等方面剖析物流支撑电商发展的现状和问题，并提出应对之策。

一、仓储环节：物流园区及仓储设施建设具备一定基础，但与电商需求不尽匹配

目前，全省已拥有61个占地150亩以上的物流园区，规划占地面积合计141.5平方公里（约合21.23万亩）；独立分拣中心达到138个，总面积55.36万平方米，园区类型囊括货运枢纽型、商贸服务型、口岸服务型、生产服务物型和综合服务型。总体看，全省面上仓储资源基本可以满足电商需求。但必须要看到，电子商务日新月异，现有仓储体系与电商需求仍存在结构性不协调问题，主要体现在：

（一）仓储资源布局不合理

浙江省现有仓储资源布点较为分散（见图1），与目前电商的发展格局不匹配。杭州、宁波、义乌等区域缺乏一定规模成片的仓储用地，造成该区域的电商仓储需求难以满足。而舟山、丽水等地仓储资源出现了闲置，增加了额外的供应链成本。

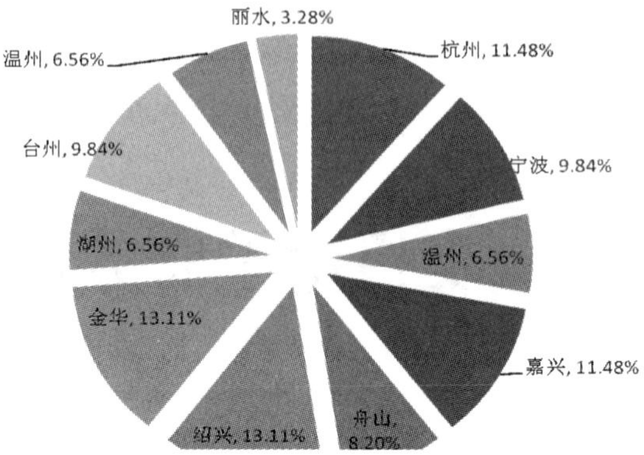

图1 全省物流园区数量分布图（150亩以上）

（二）专业化仓储功能不健全

除物流园区的传统功能以外，电子商务企业还需要物流园区提供一站式解决方案及全方位的个性化服务。目前全省约60%的物流园区经营仍以传统物流业态为主，对电商发展所需的仓储配套服务功能缺乏有效响应。比如，电商货物品种繁多，仓储出现向空中发展的趋势，立体仓库的市场需求旺盛，而在现有仓储只有20%是近年来建造的立体仓库，80%为不同时期建造的平方库与楼房库，导致空间资源浪费。

（三）仓储管理水平不高

相较于传统仓储业务，电子商务对仓储在订单数量、订单实时性、订单精准性、订单波动性等方面有着较大的差异（见表1），传统的仓储管理流程无法对电商仓单进行有效快速相应，需要借助信息化手段。

表1 电子商务仓储订单与传统仓储订单的对比分析

项目	电子商务	传统物流
客户	经常未知/数量多	重复客户/数量不多
订单量	频次高，订单数量多	频次低，一次大批量
订单行数	一般较少	一般较多
订单实时性	随到随生产	约定时间配货
订单精准性	非常高	高
订单波动性	波峰波谷差异大	不大
退换货	量大且随时退	量小，约定时间退
单SKU备货量	少	多

调研显示，以识别技术、空间信息技术、数据传输与交换技术等为代表的仓储智能应用技术目前尚未推广普及（专栏1），仓储库存准确率、发货效率、费用控制、存货管理等关键指标水平不高，目前的仓储运营能力和效率仍有待大幅提升。以电商旺季淘宝双“11”为例。2014年“双11” 实现销售额571亿元，产生快件5.86亿件，按照快递平均日处理3300万件计算，预计18天才能完成仓储中转，末端配送顺延5—8天，物流“爆仓”、延误等问题较为突出。

专栏1 仓储自动化、智能化水平不高的原因分析

一是部分物流企业尚不具备升级硬件基础。以物流比较集中的柯桥为例，周边汇集了大大小小的物流企业，一些企业甚至租一个仓库就开展仓储业务，仓储规模小，不具备实现自动化、智能化的条件。

二是资金、人才等软件支撑较为缺乏。提升自动化和智能化水平需要资金和人才的支撑，由于设备引进、人才培养等前期投入相对较大，再加上物流业员工流动性较高，短期内企业效益并不明显，部分企业想投却不敢投，进一步制约了仓储的智能化水平。

二、干线运输环节：运载基础设施和能力建设不断加强，但服务电商的效率和效益亟待提高

近年来，浙江省物流运输能力不断提升。基础设施方面，公路、水路和机场等交通运输网络基本形成。2013年全省完成货物运输量19.6亿吨，同比增长2.4%。物流配送装备方面，全省快递企业拥有干线运输车辆7800余辆；用于配送的机动车辆1.4万辆，非机动车辆3.2万辆，干线运载能力不断提升，但相比于电子商务对干线运输的需求，仍存在两个突出问题。

(一) 运输方式单一

一是以公路运输方式为主。2013年省内区域快递公路运输占80%左右，单一的公路运输模式已难以满足电商对运输的效率要求。二是时效要求难满足。随着电子商务C2C向B2C转变，生产企业将直接与干线运输企业对接，单次运输量更大的铁路和水路将成为主流，公路运输无法在短期内完成大批量的运输。

(二) 车辆空载率高

调查显示，当前干线运输环节车辆空载率高达40%。分析原因，一是社会化程度不高。目前快递企业多以自备车辆担负企业内部干线运输，相比于专业化干线运输企业，其货源信息、运输装备和运营能力有限，在货物配载轻重搭配、运输车辆总体调配等方面存在不足，“散兵逐货”的方式造成空载率居高。二是节点城市配运体系不完善。共同配送

中心建设滞后、节点布局不健全、信息化技术应用不深，货源信息和车辆信息不能有效衔接，无法在较短时间内满足车辆停车配货的要求，进一步加剧了车辆空载率。

三、末端配送环节：配送能力和水平不断提高，但城市配送、农村电商的末端配送服务还存在突出问题

截止2013年底，全省取得许可的快递企业有1089家，规上快递企业业务量达1402万件，居全国第二；业务收入达179.78亿元，居全国第三；快递营业网点达到5062个，服务网络已通达省内县级以上城市和绝大部分的农村地区，配送业务覆盖全省929个乡镇，县域间快件“次日达”服务县（市、区）覆盖率达到83%；此外，网订店取（送）、公共智能柜（如“E邮柜”）自提等末端配送方式不断创新，网上下单、代收货款、自动寄件取件等附加功能不断增加。但也要看到，末端配送环节直接关系着客户体验，是电子商务发展的关键环节，城市配送“最后一公里”、“最后一百米”问题、农村配送网络不完善的问题值得高度关注。

(一)“最后一公里”问题

一是缺标准。城市快递车辆既要满足市场和用户对快递服务的时限要求，又要规避货运车辆进城的限制，普遍采用改装后的小型客车在城区内运营。但是按照我国现行的道路运输管理条例规定，客车不能从事货物运输，这给快递业发展设置了不可逾越的壁垒，导致“进城难”。二是低效率。目前城市市区物流车辆通道和专用停车位的缺乏，导致物流配送车辆的停靠难、装卸难。三是高成本。为了适应市场需求和企业生存需要，快递企业不得不冒着违法的风险运营作业。相关调查显示，全国运输型企业公路罚款占运输成本的5%～8%，部分大件运输、汽车运输等超限运输企业公路罚款占运输成本的15%～20%。

(二) 城市配送 “最后一百米”的问题

一是投、收件方式不适应生活习惯。快递业务多是“日间寄收、夜间分拣、次日上午发货”，常常出现工作日期间送达时无人接收的情况。尤其是部分办公区、小区不允许快递人员及车辆随意进入，物业又不愿意代收快递，有时一个快递要跑两三次才能送到。二是责任边界模糊。快递在物管代收、代理点中转等环节，容易出现代收不代签、代收不带验的情况，导致递送责任不清、界限不明的隐忧增加，可能出现包裹丢失、缺损、错领、冒领等问题。三是用户体验难以有效满足。由于快递员配送时间紧、业主时间不确定等原因，很多用户没有当面接受快递，缺乏用户体验。目前末端配送都为各大快递公司各自为阵，配送人员专业化程度不高，有些快递人员没有统一着装，影响了用户体验。

(三) 农村配送网络尚不完善

一是配送网络向下延伸的通路尚待完善。目前，覆盖农村的中国邮政EMS费用较高，而主要的民营快递企业营业网点一般只设到县城，物流配送网络覆盖上存在服务盲区，农村快递投递点布局尚不能成网，送不到或层层转包的情况常常存在。二是配送装备较为落后。配送车辆装备技术水平较低，大量濒临淘汰的老旧车辆跑运输的现象屡见不鲜，车辆厢式化、专业化、标准化程度极低，导致运输过程中的损耗大、效率低、安全差。三是农村客运资源和站场资源尚未充分利用。目前浙江省农村客运通车率已近98%，是农村电子商务配送的重要载体。但目前农村客运体系大多是各客运公司或个体经营者各自为政，组织化程度不高，难以形成有效的配送网络，导致快件“下不去，上不来”的局面。

四、其它：电商供应链有待进一步整体提升，要素配套支撑力度有待进一步加强

近年来，以EMS等为代表物流企业推出了“云仓”等仓配一体化运营服务产品，通过将仓储服务、运输网络、增值服务等供应链全环节进行有效整合，为电子商务企业提供量身定制的全景供应链协同服务，节约集约化管理水平不断提升。但也要看到，目前能提供供应链一体化管理服务的企业还是少数，大部分电子商务涉及的仓储、干线运输、末端配送等多项物流操作环节往往由不同的企业单独负责，各种资源的整合协调力度不够。此外，技术、人才等各项要素支撑方面还存在着一些突出问题。

（一）一体化的电子商务供应链服务有待提升

一是标准化问题。虽然我国在供应链物流标识标准的建立方面取得了一定成绩，但目前大量的企业在采用企业代码甚至部门自选定义代码，标准难以统一。二是信息共享问题。企业在实施供应链管理中应用信息技术水平较低，许多企业都没有充分利用EDI等通信手段，企业间的信息传递和共享问题突出。三是企业合作问题。供应链管理强调整体配合，但目前大多数企业之间只是单纯的业务往来，并没有建立战略合作伙伴关系，供应链整体利益提升较为困难。

（二）物流企业盈利普遍偏低

随着电子商务发展逐步转入成熟阶段和市场竞争加剧，物流企业盈利水平直线下降，尤其是快递业，2012年浙江平均业务单价为14.6元/件，仅为上海的47.9%、广东的79.3%、江苏的90.1%，企业生存举步维艰，直接影响了服务电商的质量。分析原因，主要有三方面：一是低价无序竞争扰乱市场。目前大部分快递企业提供大多为技术含量低、产品同质性高的大众化服务，各家快递公司之间的可替代性强，而电子商务有较大的议价权。因此，快递企业只有低价才能吸引客户，从而导致企业间价格战愈演愈烈。二是成本

持续高企。用地方面，温州及台州等市的物流用地价格普遍超过80万元/亩，部分用地价格达到100万元/亩。用人方面，近年来用工成本保持10%～15%的增速，高于企业主营业务成本增长速度。三是电商淡旺季差别过大导致成本浪费。调查显示，快递业“旺季不堪重负，淡季无奈亏损”的困局突出，中通快递反映，快递业务旺季和淡季日接单量差别竟高达500万单左右。不少快递企业以保证“双11”期间正常发货为标准，配备流水线、派送人员和相关车辆设备，造成淡季时生产力过剩，资源浪费严重。此外，机动车排放标准提高、车辆限行、“营改增”试点后税率偏高和抵扣不足等政策性因素也进一步制约了企业的盈利空间。

（三）技术、人才要素支撑力度不足

技术支撑方面，尽管物流企业信息化逐步普及，部分企业形成了以供应链为基础的，高效、快捷、便利的信息平台，但大部分物流企业信息化程度较低，信息技术应用滞后，物流信息分类与编码、信息采集交换、信息系统及信息平台运行等缺乏统一、有序的技术规则，公共物流信息平台、物流信息共享、库存查询、货物跟踪等物流服务水平还有待提升。人才支撑方面，电子商务物流要求从业人员具备较高的电子商务和现代物流知识和操作经验，而浙江省现有物流企业中约有一半以上从业人员来自于传统物资储运企业，缺乏现代物流所需要的统筹运营意识和经营管理能力，中、高级物流管理人才和工程技术人才匮乏的问题依然突出（见图2）。

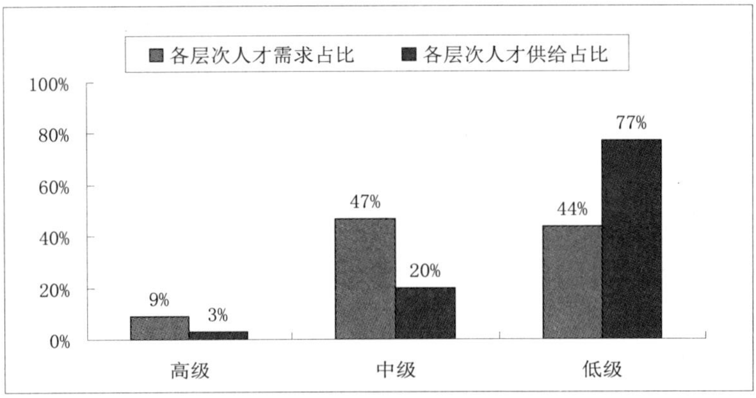

图2　2013年浙江省快递企业各层次人才供需占比

注：人才需求占比数据来源于对浙江省快递企业2013年所招聘岗位类型的抽样调查和分析；人才供给占比数据来源于对浙江省快递企业2013年各岗位实际招聘结果的抽样调查和分析。

五、对策建议

未来一段时期仍将是电子商务迅猛发展期，而高效、便捷、开放的物流配套是实现电子商务可持续发展的重要支撑和根本保障，建议做好以下几方面工作。

（一）优化政策环境

1.强化组织协调。建立对物流支撑电商的组织领导。形成体系，制定促进电子商务和物流业协同发展的政策意见。

2.研究制定城市配送管理办法。借鉴《上海市城市快递汽车营运技术规范》，确定城市投递专用机动车及非机动车车型；引导企业单位将自用停车场、装卸站点向社会快递车辆开放，缓解城市中转配送难、配送货车停靠难等问题。

3.加快物流支撑电子商务的标准化建设。鼓励物流支撑电子商务的技术、信息、服务等标准化建设，提高运作效率，促进行业规范有序发展。

（二）完善基础设施建设

1.鼓励引导物流园区完善电商服务功能。加快集聚电子商企物流仓储中心和相关配送企业；进一步完善园区基础设施和配套服务设施，搭建产业生态链完善、参与方主次分明的平台。

2.发展多式联运。相比于公路运输，多式联运可以通过减少中间环节、简化手续实现降低成本、提高效率。尤其是要抓住“铁路快运班列”和高铁快运的有利时机，发展组合式运输组织与运送。比如，顺丰快递在去年4月率先尝试了与动车合作运输快件，“路铁联运”降低30%的运输成本，并提升了运输效率。

3.支持快递末端共同配送体系建设。鼓励快递企业与社区服务机构、连锁商业网点、机关事业单位、大学校园等单位开展广泛合作，设立快件集中投递和收件公共服务网点。引导社会资源参与智能快递末端设施建设。新建小区应配套建设快件派送场所。

（三）强化信息化技术应用

1.提升仓储的智能化水平。支持和鼓励仓储企业利用物联网技术构建智能仓储体系。支持符合条件的仓储企业享受高新技术企业相关政策。

2.加快智能物流平台建设。充分利用现有物流信息平台的标准和互通互联功能，打造一个服务全省、协同国内外的“智能物流大平台”。

3.加大对快递服务业科技和信息化的引导性投入。支持快递企业应用无线射频识别、自动分拣、自动导引车辆等新技术。符合条件的快递企业可享受高新技术企业相关政策。

（四）强化要素保障

1.加快人才队伍建设。探索建立“校企联合”办学新模式，推行物流电商人才的“订单式”教育。引进一批具有世界眼光、战略思维、熟悉国际惯例的现代物流—电商复合型人才。

2.保障用地需求。支持利用工业企业旧厂房、仓库和存量土地资源及“三改一拆”后腾出的土地资源，开展物流服务。鼓励企业内部仓储设施对外开放和经营，促进仓储资源社会化。鼓励各地以租赁方式供应物流用地。

3.促进资源优化整合。以现有的物流骨干网络建设为基础，鼓励大型物流企业、电商企业、以及其他社会资本探索物流支撑电子商务新模式，整合运输、仓储等传统物流资源，提升供应链和产业链的控制力。

（浙江省发展和改革委员会服务业处供稿）

关于浙江与鲁苏粤三省服务业发展和政策比较的调研报告

今年以来，省发展改革委、省发展规划研究院组成联合调研课题组，先后赴山东、江苏、广东等省份对促进服务业发展问题开展调研，课题组系统掌握了近年来鲁苏粤三省服务业发展的主要数据和发展动态，并就服务业发展相关问题和兄弟省份进行了座谈交流和实地调研，现将有关情况报告如下：

一、浙江与鲁苏粤三省服务业发展情况比较

从全国范围看，浙鲁苏粤四省份走在全国前列，发展阶段相同，产业调整方向相似，比一比大有裨益。

（一）总量比较

2013年，浙江、山东、江苏和广东的服务业增加值分别为1.73、2.25、2.64与2.97万亿元，比上年同期分别增加了8.7%、9.2%、9.8%与9.9%，均高于GDP增速，而浙江省服务业发展增速则低于其他三省，位居末位。在人均服务业增加值方面，江苏省领先沿海其他三省（见图1）。总体看，浙江省服务业总量最小。而人均服务业增加值水平较高，位居第二。

（二）结构比较

近年来，沿海各省份三次产业结构调整和转型发展的成效显著。2013年，服务业增加值占GDP比重，浙鲁苏粤四省分别达到46.15%、41.18%、44.66%与47.46%，其中广东省位居第一。在二次产业构成方面，四省第二、第三产业比重的差距越来越小，其中广东省的第三产业占比已超越第二产业占比。

在服务业内部构成方面，生产性服务业成为服务业发展的重头，占比普遍达到60%以上。其中，浙江省生产性服务业占服务业的比重位列第二（见图2）。

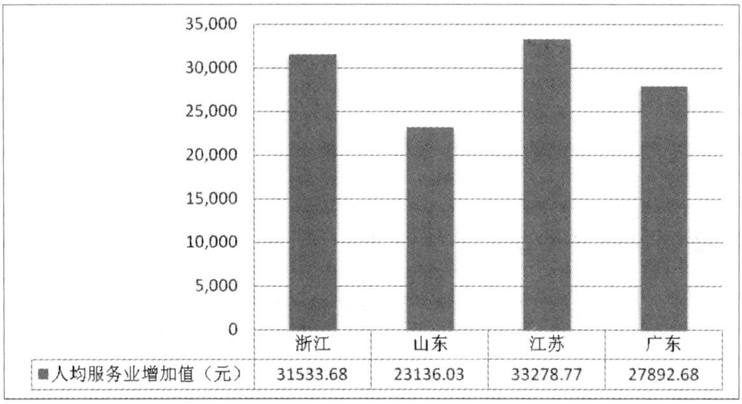

图1　浙鲁苏粤服务业与人均服务业增加值[1]

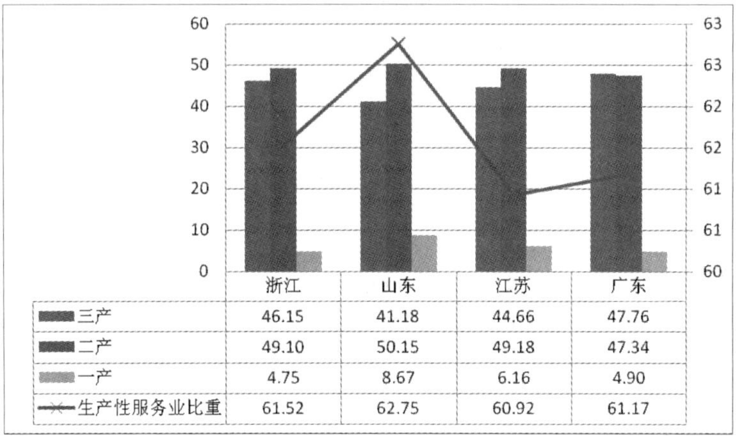

图2　浙鲁苏粤产业结构与服务业结构比较[2]

(三) 效益比较

服务业的发展对税收收入的贡献比例日益提高。据统计，2013年浙江、山东、江苏三省的税收分别达到了4390、3583.8与4453亿元[3]，服务业税收占全部税收的比重分别达到54.3%、43.4%与46.3%。2013年，江苏、山东两省的服务业税收增速分别达到13.3%和14.3%，远远高于浙江省的7.4%。

同时，服务业发展为社会创造了丰富的就业岗位。据统计，浙鲁苏粤四省服务业从业人数占比普遍超过三成，浙江服务业在吸纳就业方面位列第二，达到36.3%（详见图3）。

[1] 数据皆来自浙江、山东、江苏以及广东四省份的统计年鉴，下同。

[2] 此处，生产性服务业包括交通运输、仓储及邮政业，信息传输、计算机服务和软件业，金融业，租赁和商务服务业，科学研究、技术服务与地质勘查业以及批发和零售业中的批发业等6个门类，数据来自各省2012年统计局。四省产业结构数据来自各省2014年统计年鉴。

[3] 数据分别来自各省发改委网页公布数据。广东省的数据不可得。

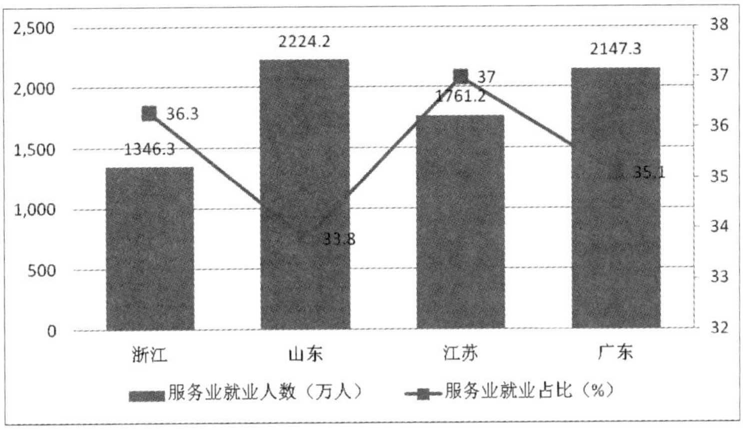

图3　浙鲁苏粤服务业就业情况比较

(四) 趋势比较

从三次产业结构变动看，广东服务业起步相对较早、发展平稳，山东、江苏以及浙江三省服务业的比重近十年提升加快，普遍提高了近10个百分点（见图4），且仍然呈现比重不断提高趋势。现阶段，浙江广东两省服务业整体发展水平较高，但两省服务业在三次产业中的占比呈现不稳定状态，波动相对较大，而山东、江苏服务业结构调整的趋势更为平稳。

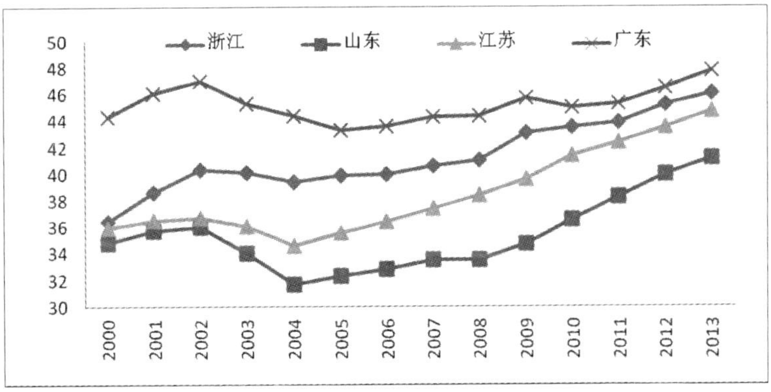

图4　浙鲁苏粤四省服务业发展状况对比

从服务业增加值增速变化看，近十年浙鲁苏粤服务业增速都随着经济增速放缓，出现了较大幅度下降，其中浙江省服务业增速下降幅度最大，比2003年下降了5.7个百分点，分别高于山东、江苏、广东3.5、3.1和4.3个百分点（见图5）。

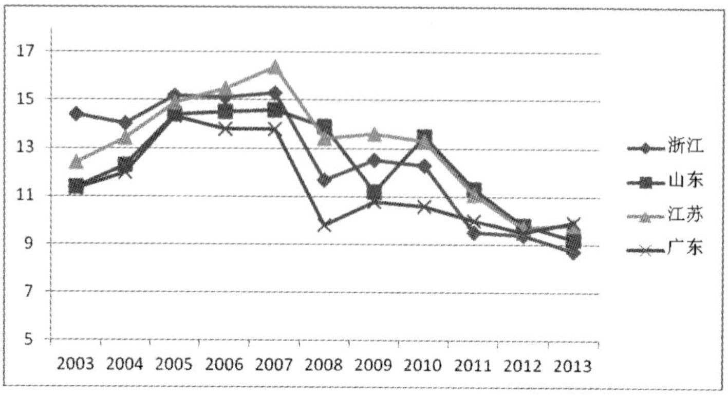

图5　浙鲁苏粤服务业增加值增速比较（2003—2013）[4]

在服务业内部结构变动上，四省金融业的增长比例最为快速，其中浙江省金融业占服务业增加值的比重位居四省之首，但2005年以来金融业占服务业的比重和增幅都不及广东、江苏两省。交通运输、仓储和邮政业占服务业比重，四省皆有下降，但浙江省下降幅度最小（具体见表1）。

表1　浙鲁苏粤服务业主要构成部分变化情况比较[5]

省份/分类	交通运输、仓储和邮政业		批发和零售业		金融业		房地产业	
	2005	2012	2005	2012	2005	2012	2005	2012
浙江	9.54%	8.16%	23.39%	23.50%	12.55%	17.62%	12.94%	12.29%
山东	20.20%	12.58%	27.91%	32.54%	—	9.69%	—	9.92%
江苏	12.07%	10.02%	28.29%	24.26%	7.45%	13.34%	12.09%	12.73%
广东	10.56%	9.05%	23.03%	24.21%	6.77%	12.13%	14.64%	13.93%

（五）潜力比较

今天的投资是明天的增长。目前，服务业投资已是浙鲁苏粤四省投资的重要组成部分。2013年，除山东省外，其余三省的服务业投资占全省总投资的比重都超过50%，最高的广东省已接近66%。浙江省虽然在投资总额上不及其余三省，但在服务业投资占比上仅次于广东（见图6）。

[4] 按照上一年为100的可比增速。

[5] 数据皆来自各省统计年鉴。其中，山东省2005年“交通运输、仓储和邮政业”指标中还同时包含了通信业，“批发和零售业”指标中还包含了餐饮和贸易业。同时，山东省2005年金融业和房地产业为纳入统计年鉴中。

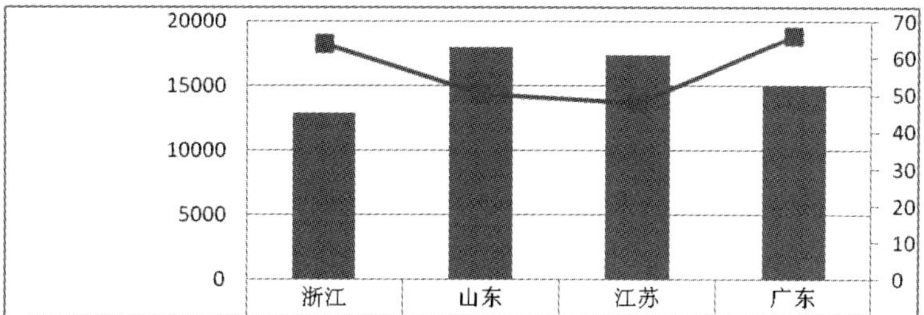

	浙江	山东	江苏	广东
三产投资(亿元)	12929.46	18027	17374.32	15051.4
投资占比（%）	64.03	50.25	47.77	65.93

图6　浙鲁苏粤服务业投资情况比较

在人均投资额方面，浙江省平均投资额高达9.6万元，仅次于江苏。同时，在从业人员人均税收方面，浙江省也以人均近3.3万元而位于四省之首。单位投资税收贡献，浙江省也处于领先地位（见图7）。

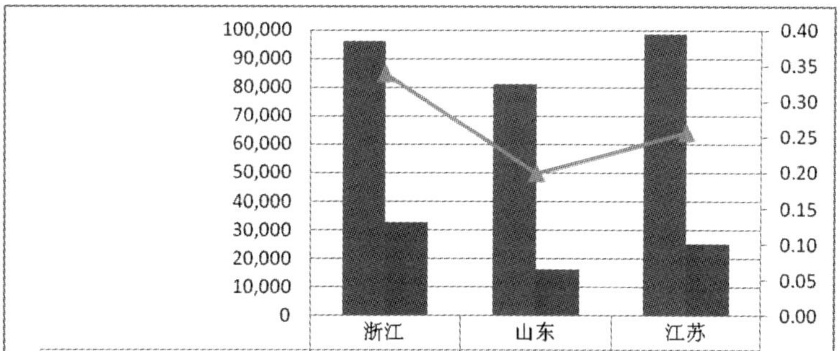

	浙江	山东	江苏
人均投资（元/人）	96039.20	81049.37	98652.75
人均税收贡献（元/人）	32608.64	16112.76	25284.48
税收/投资	0.34	0.20	0.26

图7　浙鲁苏粤服务业投资情况比较[6]

综上来看，浙江省服务业发展总体处于四省中游水平，效益、潜力等领域还处在四省前列，但是也必须看到，与先进兄弟省市相比，在总量、结构、速度等方面，浙江省差距依然明显。尤其是新常态背景下，在兄弟省市更加重视发挥服务业对转型发展关键作用的竞争环境中，浙江必须正视差距，取长补短，把服务业扩量提升摆在稳增长、调结构、惠民生的核心位置上来。

[6] 此处“人均投资”是指分摊到每一个服务业从业人员身上的平均投资额，“人均税收贡献”是指每一位服务业从业人员创造的税收，“税收/投资”则是“单位收入”与“单位投资”的比值，从某种程度上测度投资的税收汇报情况。广东省的数据缺失。

二、鲁苏粤三省促进服务业加速发展的特点与主要做法

通过实地考察和座谈交流，调研组深深地感受到江苏、山东和广东等先发兄弟省市对迎接服务经济时代来临的主动响应，充分体现了顺势而为、积极应对、导向清晰、突出重点的思路。

一是高度重视产能过剩背景下发挥服务业在转型升级中的重要作用。三省同处在我国经济发展的第一方阵，发展阶段相同，三次产业结构相似，面临的问题也大同小异。这使得三省在面临制造业产能过剩的大背景下，都把加快服务业发展摆在了尤为突出的位置，作为提升制造业，推动产业结构调整的重要手段。山东省把加快服务业发展作为了促进产业升级的必然选择。江苏省委省政府深入推进转型升级工程，把又好又快发展现代服务业，加快构建以服务经济为主的现代产业体系，作为推动经济转型升级的战略性举措。认为当前正处在加快构建以服务业经济为主的现代产业体系的关键时期，也是现代服务业跨越式发展的重要战略机遇期。广东省则把推动服务业大发展，作为加快转型升级、建设幸福广东的重要战略举措。

二是高度重视新常态下服务业实现经济平衡成长的核心作用。面对经济放缓的调整，鲁苏粤三省非常重视发挥服务业增长、服务业投资和效益对经济增长的稳定器作用。近年来，三省服务业的占比持续提高、增速持续加快，效益贡献不断加大。以重化工业结构为主的山东省更是在“十二五”以来服务业占比就提高了4.6个百分点，全国位次前移了15个位次，服务业地税收入占比达到57.8%。近年来，服务业投资更是成为沿海三省稳定固定资产投资的关键，速度均保持在20%以上，占到了全社会固定资产投资的50%以上。服务业投资快速稳定，全社会投资就可持续，经济的稳定就有了强力支撑。

三是高度重视市场决定下发挥“政府之手”的关键作用。山东省召开了在全省加快服务业发展的电视会议，要求把发展服务业摆在主要领导的重要工作日程，建立健全与服务业发新形势相适应的组织领导和工作推进机制，强化服务业重点产业和重点工作协调推进机制，加大服务业的绩效考核力度。江苏省成立了以省委常委、常务副省长任组长，40个职能部门负责人为成员省服务业发展领导小组。作为区域服务业发展的责任主体，各地市政府均成立了市级服务业发展领导小组。广东集中优势资源，优先发展现代服务业，推进广州、深圳国家服务业综合改革试点，放宽服务业对外资和民间资本准入，加快发展金融、物流、文化创意、工业设计等生产性服务业，推进服务业发展提速、比重提高、水平提升。

从调研中课题组了解到，鲁苏粤三省促进服务业发展过程中，充分借鉴了包括浙江在内的相同阶段兄弟省市的发展经验，通过相互学习，相互借鉴，一些典型的做法既有共同

之处，也有一些做法上青出于蓝，用得巧妙，用出功效，值得学习。

1.高起点完善规划和政策体系。服务业发展形势变化快，门类众多，规律千差万别，需要有完善的规划和政策体系予以支持。沿海三省不仅照顾全面，都出台了服务业发展的总体规划，也顺时应势加大对服务业发展特色引导，突出重点领域，重点行业和重点环节，给予有力的政策支持。山东省政府出台了《关于加快服务业的若干意见》（鲁政发【2013】25号），加大了重点领域、重点环节、重点集聚区的在财政扶持、用地保障、价格杠杆和外资等方面的政策引导。江苏省委、省政府先后出台了江苏省现代服务业“十百千”行动计划、进一步加快发展现代服务业若干政策、江苏省省级服务业综合改革试点工作总体方案等一系列文件，高起点、高标准编制了全省服务业总体规划和20多个行业领域专项规划，围绕放宽市场准入、实施税费优惠、加强财政支持、规范政府服务、加大人才引进培养以及深化改革等方面出台了一系列加快发展现代服务业的政策措施，近期对快递、健康养老等成长性服务业还专门出台了意见。广东则早在本世纪初就高度重视服务业发展，持续出台了一系列的政策文件。“十二五”时期制定了广东省服务业发展“十二五”规划》，重点加快发展金融保险、现代物流（包括空港物流）、信息服务、科技服务、商务会展、文化创意、服务外包、现代旅游、健康服务等九大领域的现代服务业。

2.高标准建设服务业集聚（示范）区。结合城镇化的深入推进，坚持产城融合的思路，高标准建设一批示范带动意义大的服务业载体和平台建设，是鲁苏粤三省推动服务业转型提升的关键一招。山东省将服务业城区、服务业重点园区作为服务业载体的组成部分，支持集聚集群发展，并制定现代服务业集聚示范区培育办法。省政府还通过召开现场工作会，总结经验，交流推广，发挥示范带动作用。江苏省是全国最早借鉴上海经验开展服务业集聚区建设的省份，而且在服务业集聚区建设上已迈出实质性步伐。对于集聚区建设不仅出台了认定办法，并通过加强规划布局指导、政策资源集聚供给，完善公共服务平台和加强考核评价等措施，鼓励和引导服务业企业集聚。针对发展中部分省级现代服务业集聚区发展缓慢，不能适应当前省级现代服务业集聚区提档升级发展要求。江苏还对现有100家省级现代服务业集聚区进行重新确认和审定，对发展规划执行好、规模效应明显、产业集聚度高、示范引领作用大、可持续发展能力强的省级现代服务业集聚区，将予以继续保留，对布局分散、四至不清、主导产业不鲜明、发展进度慢、达不到规划预期目标的服务业集聚区作出调整。目前，江苏省级现代服务业集聚区已达113家。百家服务业集聚区主导产业营业收入，已占全部营收的83%，31家科技和软件信息服务类集聚区营收占全省该产业收入40%，产业布局日趋优化。广东省则以载体建设为重点，大力实施“四加三”现代服务业工程，深圳前海深港现代服务业合作区、珠海横琴新区、广州南沙实施CEPA先行先试综合示范区和中新（广州）知识城四个现代服务业开放合作示范区建设工程，形成带动全省服务业对外开放合作的重要平台和产业基地。推进总部经济、金融商务服务、现代物流、信息服务、科技服务、商贸会展、创意设计、文化旅游等领域100个产业集聚程度高、辐射服务作用大、示范带动能力强的现代服务业集聚区，形成一批大型商圈，成为全省服务业发展新的重要增长极。

3.高强度加大要素支持力度。把分散的资源进行有效整合，在财政资金、土地供给和人才培养等方面加大投入，是三省市发展服务业的共识。在资金支持方面，近些年来，三省都建立了服务业发展引导资金，从最开始的几千万，逐年增加到数亿元。江苏从2005年的每年1亿元提高到每年3亿元，江苏省规定集聚区内项目优先获得市服务业专项资金扶持。江苏还引导银行信贷资金、直接债务工具融资和省级各类支持产业发展的资金向服务业企业倾斜。山东服务业发展引导资金为每年4亿元，重点对服务业绩效考核、综合改革试点、人才培训、创新团队建设、品牌建设等方面给予支持。山东除了公共财政对公共服务投入外，各类政府产业扶持和结构调整资金主要投向服务业，一般不再投入竞争性工业领域。2013年山东省级财政结合中央财政支持，用于服务业产业发展的资金达到58.7亿元。在土地保障方面，山东加快调整城镇用地结构，扩大服务业用地供给，提高服务业建设用地比例，鼓励各地探索扶持性的供地政策。江苏对企业在服务业集聚区内的项目可优先纳入土地利用年度计划，优先办理农用地转（征）用报批手续。在人才支撑方面，山东鼓励各级政府加大对人力资源服务业的资金支持力度，吸引高层次、高技能人才创业发展，同时大力实施各种方式的本地服务业人才培训计划。江苏通过实施省“双创计划”向服务业倾斜，提高服务业领军人才引进比例。对认定省级服务业创新团队的，每个团队由省“双创计划”专项资金在三年内给予300至800万元的人才经费资助，由省级现代服务业发展专项资金在三年内给予1000万至3000万的项目经费资助。省政府设立服务业专业人才特别贡献奖，两年评选一次，每次奖励10名，给予每人一次性奖金30万元，并免征个人所得税。省委组织部大力推进现代服务业人才工程，仅2013年引进现代服务业类创新团队13个，“双创计划”人才项目资助引进领军人才503人。

4.高定位营造一流营商环境。沿海三省高度重视通过改革开放、创新发展，加快营造形成有利于服务业发展的公平的市场氛围和完善的体制政策，着力打造一流的营商环境。体制环境方面，江苏以南京开展国家服务业综合改革试点为契机，着力推进人民币结算试点、非上市企业产权交易、南京电子口岸、海峡两岸金融合作区、企业分离发展服务业、宁镇扬服务业一体化等一批重大改革工程。深化苏港、苏台、苏新服务业合作，重点推进南京、苏州、连云港三个区域性国际商务中心和苏州工业园区国家级“创新型服务贸易示范区”建设。支持有条件的服务业开展跨国经营和对外投资。山东重点在打破行业垄断、深化改革、扩大开放上加快步伐。允许各类资本平等的进入各类服务业领域，在设立登记、行政许可等方面，执行与公办机构相同政策。鼓励外资在医疗、教育、培训、养老等方面的投资。广东省充分利用中央赋予的“先行先试”的政策，加快推进服务领域各项制度改革创新推进粤港澳服务业合作；搞好服务业改革与社会领域改革的衔接，制定开放非基本公共服务投资领域的具体实施办法，建立公平、规范、透明的市场准入标准，鼓励和引导社会资本投向服务业。支持广州、深圳开展国家服务业综合改革试点，研究开展省级服务业综合改革试点。市场环境方面，江苏研究落实服务业营业税差额征税政策，切实减轻服务业企业税收负担。对“退二进三”企业，在不改变土地权属，符合土地利用总体归还，经城市规划部门批准改建的项目，免收城市基础设施配套费等行政事业性收费。山东进一步调整价格政策，严格执行服务业用电、用气、用水、用热与工业同价政策。创新创业环境方面，山东重视支持服务业企业自主创业和小微企业发展。要求各级政府依托公共就业服务业体系和中小企业公共服务平台提供必要服务。支持服务业领域关键性技术研发及公共服务业平台建设，等等。江苏则实施了“服务业创新百企示范工程，加快发展第三方专业化的服务业企业，推进服务业品牌和标准化建设，重点培育金融、现代物流、商务服务等生产服务业品牌，创建电子商务、云计算、物联网等新兴服务业品牌，打造商贸流通、居民服务等生活服务业品牌，形成一批全国乃至国际范围内有影响的江苏服务业品牌企业和江苏服务业区域品牌。

三、加快服务业发展促进转型升级的思考和建议

(一) 思想认识上，把促进现代服务业和先进制造业融合互动发展作为转型升级的关键一招

调研中，课题组最深刻的体会是，鲁苏粤三省发展服务业的热情和达成的共识：发展服务业的重要性，不仅要从对国民经济的直接贡献来看，更要从对制约工业、农业进一步发展和产业结构调整升级“瓶颈”的破除，提高人民生活品质角度去考虑。国际上美国、日本、新加坡发达国家都将发展服务业作为国家战略来抓。在国内先进省市，服务业的战略地位也尤为突出，不仅与我们发展模式相似的广东如此，与我们相邻，阶段相同的江苏和以重化工业为主导的山东也是如此。回首近十年来，浙江省结构调整和升级虽有进展，但推进进程仍不如人意，重要原因在于服务业发展落后，在于服务业层次不高，重视程度有待提高。一些地方把制造业和服务业发展放在对立面，一味的强调一面，“重农

轻商”、“重工轻商”，没有看到制造业和服务业尤其是生产性服务业融合是大势所趋。有的人认为科技服务、教育、医疗服务和公共服务只见投入不见产出，没有看到这些行业在发展中的巨大带动作用。还有的人认为，金融和房地产是“虚拟经济”，在过度发展之后，开始产生错误认识，或敬而远之，或依然沿袭原有粗放模式，却没看到这些行业对经济发展“血液”循环和“骨骼”支撑的重要作用。还有的人认为，电子商务、物流、中介咨询税收收入不高，远不如发展工业来得实在，却没看到未来产业发展小规模定制、去中心、互联化、知识密集型的新特点。这些观点和理念都是错误的、是封闭落后的，难以适应全球经济发展的新趋势、新要求。

对于浙江而言，当前把现代服务业摆在战略高度的时机已经成熟。服务业应当而且可以成为浙江经济发展的“新引擎”，成为转型升级的战略着力点。2013年，服务业对浙江省GDP增长的贡献率已经经达到46.1%，服务业投资已经成为浙江省投资结构优化的主要增量，占到64%，服务业产出效率高于第二产业2.9万元/人，对地方税收的贡献率都保持在50%以上，为全社会提供了36.4%的就业岗位。在浙江省的相关指标比较也可以看到，除总量外在浙鲁苏粤四省中均处在前列。当前浙江省无疑已是服务业大省，却仍不是服务业强省，比照发达国家和地区服务业发展普遍存在的服务业增加值占GDP比重、服务业就业占全社会就业和生产性服务业占整个服务业比重三个“70%现象”，差距明显，提升空间巨大。尤其是服务业从对制造业的升级带动和农业服务的能力仍然较弱，服务业内部结构不尽合理。未来看，浙江省发展服务业将面临其他省市更加激烈的竞争，制约服务业加快发展的体制机制障碍依然较多，政策环境和制度环境有待进一步改善，自主创新能力不强，制约了现代服务业发展，这些问题必须引起足够的重视。要切实提高认识，牢牢抓住加快服务业提速提质的重要时间窗口，将服务业放在新的战略高度上，把加快发展服务业作为结构调整的主攻方向，联动推进先进制造业，实现现代服务业和先进制造业互动融合发展，为推动浙江省经济转型升级，构建现代化产业体系提供强有力的支撑。

（二）体制机制上，进一步加快改革开放创新，激活全省服务业发展的活力

服务业发展活力不足，将难以发挥在经济社会发展中的引领作用。让课题组非常感慨的是，在江苏和山东我们了解到，有不少服务业重点企业、重点项目来自于浙江省，而且发展的很好。这种企业的外迁有企业自身的考虑，也一定程度上是企业对本省体制机制和市场环境产生顾虑，“用脚投票”的结果。从服务业领域看，当前浙江省多数领域的改革和开放发展的程度都长期落后于工业和农业领域，特别是带有垄断性质的部门和行业。比较典型的是一些生产性服务领域财税体制不尽合理，一些体制需要中央突破，地方创新不够；一些地方具备较好经营条件和市场前景的市政服务项目基本都由城投、城建等地方国资主导建设和经营；交通、通讯、文化、广播出版、教育、医院、科研院所等公办事业部门开放竞争不够，即使近年来有所放开，但实施细则依然不细，仍没有做到真正的官办分离、审批、资质等各类门槛过多过滥。这些问题都阻碍了服务业的健康持续发展。因此，必须加快打破垄断，深化改革、扩大开放上下功夫。

一是着力打破行业垄断。除国家法律、法规有明确规定外，一律允许各类社会资本平等进入各服务业领域；对于可以盈利的交通、通信等竞争性基础设施建设领域，一律对各类社会资本放开；对于教育、卫生、体育事业等领域，一律实行与公办机构相同政策。尤其是要加快推动对市政项目建设和运营和教育、医疗等社会服务的市场化竞争性配置，尽快建立和完善规范、透明、公平、专业的政策机制，放开增量项目公开竞争、倒逼存量项目市场出让。

二是要着力深化服务业综合改革试点。要推进国家和浙江省服务业综合改革试点，探索开创国家试点、省级试点、地方试点相结合的三级服务业改革试点格局，在市场准入、对外开放和财税、土地、人才等要苏支撑方面，积极进行体制机制创新。扎实推进杭州和宁波两个国家服务业综合改革试点，争取在若干制约发展的关键环节取得突破。继续推进金华以现代服务业为主题的省级综合配套改革试点。探索开展省级服务业改革试点，鼓励各地结合实际自主开展综合性或专项性服务业改革试点。进一步促进服务业企业改革重组，鼓励服务业规模化、网络化、品牌化经营；建立完善服务业创新体系、标准体系、知识产权服务体系。积极推动省属国有服务企业进行混合所有制改革；鼓励非公有制企业参与国有服务企业改革、改组、改造。加快推进事业单位和社会组织管理改革，推进行业协会与行政机构完全脱钩。

三是要扩大服务业对外开放发展。支持运输、旅游、对外劳务及工程承包等劳动力密集型服务出口，加快发展文化、教育、医疗和研发服务、创意设计等资本和技术密集型服务业贸易。借力上海自贸区建设探索，积极推进杭州、宁波、舟山、义乌等地特色功能区开放创新发展，深入推进义乌国际贸易综合改革试点，加快建立健全舟山国际自由贸易港的制度设计，在自由贸易区建设、跨境电子商务和对外功能平台建设上有所突破。积极开展浙港、浙澳服务业合作，支持浙江企业与两岸服务业领域经贸合作，深化长三角区域合作。鼓励引进国内外著名服务业企业总部、地区总部、采购中心、研发中心，支持利用外资发展金融保险、科技服务和现代物流等现代服务业。

(三) 政策环境上，强化规划和政策体系对服务业发展的引领和示范作用

浙江省服务业规划和政策体系建立较早，在2008年和2011年先后出台了进一步加快服务业的实施意见和政策意见，还编制“十二五”服务业发展规划和若干专项规划，近期还出台信息经济、健康服务、养老服务、家政服务业等专项领域的政策意见。但是，由于服务业发展具有多样性、差异性，发展变化较快，一些政策已经陈旧，跟不上业态发展的变化；一些好政策的执行落实情况不好，没有起到鼓励企业发展的作用；一些新兴服务业发展迅猛，缺乏系统的政策扶持引导。当前，正值“十三五”发展思路的前期研究阶段，有必要进一步研究完善规划和政策体系，更大程度地调动全社会发展服务业的活力。

一方面，要强化规划体系的行业和空间引领作用。在“十三五”服务业总体规划中，要健全服务业规划引导机制，把都市区、城市群建设和服务业重点产业、各类集聚区和重点项目布局有效结合起来，促进土地利用总体规划、总体规划等空间规划与行业规划的“多规融合”，坚持集聚发展、集群发展、高端高质、融合发展的原则，因地制宜和全面统筹相结合，区域总部、区域性金融中心、科技服务、特殊功能区、交通港口、跨境电商等战略性、生产性服务平台和载体，合理布局好现代物流、信息服务、养老、教育、医疗卫生、商业网点等公共服务性和生活性服务业态，避免类似综合体过多过密、房地产发展泛滥的发展误区，用空间思维减少“市场决定”之手的失灵，用明确的规划预期吸引更多地社会资本投入服务业发展。

另一方面，要强化政策体系推动服务业加速提升的示范作用。规划管一般，政策管特殊。规划和体制机制改革是要保障发展的公平性和预期性。政策则是要对符合未来发展趋势、区域发展条件的新行业、新业态、新模式给予适当倾斜扶持，奖优汰劣，构筑区域产业竞争优势。尤其是要把工业和服务业摆在同等水平予以支持。各类政府产业扶持和结构调整资金主要投向服务业，一般不再投入竞争性工业领域。在用电、用气、用水、用热等方面的差别价格政策，要切实落实与一般工业同价的政策。在用地保障上，要加快制定符合服务行业时机的投资强度和用地标准，逐步增加服务业建设用地。

(四) 发展导向上，集中优势资源吸引社会资本加大对服务业重点领域、重点项目、重大平台的投入

在市场决定的环境下，服务业的投资是跟着市场需求走的，不需要政府之手过多的调控。但是，在发展中政府之手用得好，对于发挥市场之手的力量，往往有着“四两拨千斤”的作用。我们认为，在资源有限的条件下，面对门类众多的服务业领域，必须以充分发挥要素市场化配置为前提，抓住重点，集中优势资源，善用“政府之手”，鼓励“三个集中”，即社会资本向重点领域集中，各类要素向重点项目集中，优质服务企业向重大平台集中，推动浙江省服务业扩量、提质、增效。

一是引导社会资本向服务业重点领域集中。引导政府和社会各类资源向重点服务领域投入，加大财政资金、人才培养等方面向金融业、现代物流业、科技服务业、旅游业、文化创意、商务服务、商贸流通、健康养老、人力资源等市场前景好、增长潜力大、带动作用强的重点服务业产业领域倾斜，重点支持电子商务、云计算、物联网服务、工业设计、节能环保服务等新兴产业，支持服务企业通过多层次资本市场上市融资，鼓励金融机构创新符合服务企业需求的融资服务，鼓励服务业企业围绕商业模式、技术手段和服务理念创新，加快培育服务业新业态、新领域、新模式，抢占现代服务业发展的制高点。

二是集聚各类要素向重点项目集中。对于服务业重点项目要切实做好用地保障，鼓励各级政府将实施城镇规划和旧城改造中收购的存量土地，优先用于服务业重点项目，鼓励服务业企业利用存量房产、工业旧厂房等进行发展经营，鼓励服务业项目集约节约用地，有效促进“空间换地”；对研发设计、仓储物流等生产性服务项目，实行与工业用地同等供地方式。加大对服务业人才培养的引进工作力度，鼓励高层次服务人才和团队来浙创业发展，从资金、税收减免和配套服务等方面予以支持。

三是引导优质企业向重大平台集中。要充分利用服务业重大平台的资源、政策叠加优势，鼓励优质企业集聚发展、进一步增强杭州、宁波、温州等中心城市服务业集聚辐射功能，鼓励发展县域特色服务业，大力发展农村服务业。以现代服务业促进产业集聚区提升发展，充分发挥杭州城西科创产业集聚区、宁波梅山国际物流产业集聚区、嘉兴现代服务业集聚区等以现代服务业为主导的省级产业集聚区优势，引进和建设一批具有产业特色、集聚带动效应大的服务业项目，加快形成与省级产业集聚区配套的产业服务链。健全服务业平台建设机制，做好对100个省现代服务业集聚示范区的发展评估和扶持管理，加强省现代服务业集聚示范区与省级产业集聚区、各级各类工业园区和现代农业园区的联动，支持各类生产性公共服务平台建设。

此外，为更好的对服务行业进行管理和引导，建议加快建立健全能够全面反映浙江服务业发展水平的统计指标体系和服务业统计制度，实现服务业统计全社会、全行业覆盖。进一步完善服务业统计联系会议制度，充分发挥各部门和行业协会作用，促进服务业统计数据交流共享。

（浙江省发展和改革委员会服务业处供稿）

新形势下如何加强浙江省政府投资项目监管的对策研究

扩大有效投资、推进重大项目建设是浙江省稳增长的重要引擎，调结构的重要抓手和增后劲的重要举措。党的十八届三中全会提出“有效的政府治理”概念，要求“进一步简政放权，深化行政审批制度改革”，“优化政府机构设置、职能配置、工作流程，完善决策权、执行权、监督权既相互制约又相互协调的行政运行机制”。在简政放权，强化监管的背景下，在推进有效投资政策落实和推动重大项目建设实施的新形势下，加强浙江省政府投资项目的监管有着特殊意义。本文重在对浙江省政府投资项目监管面临的问题进行深入剖析，提出加强浙江省政府投资项目监管的对策。

一、加强浙江省政府投资项目有效监管的背景

(一) 面临转变政府职能，创新政府管理的新课题

政府职能转变是深化行政体制改革的核心。十二届全国人民代表大会第一次会议批准的《国务院机构改革和职能转变方案》明确指出要转变政府职能，提出“三个放权”，即向市场、社会和地方放权，其核心是最大限度的减少和下放投资审批事项，除涉及国家安全、公共安全等重大项目外，按照“谁投资、谁决策、谁收益、谁承担风险”的原则，最大限度地缩小审批、核准、备案范围。国家发展改革委结合投资项目管理的实际提出“权力和责任同步下放、监管和调控同步强化”要求，放权和监管“两轮”驱动，释放投资动能，增强投资活力，规范投资行为，提高投资效益，促进经济社会平稳可持续发展。“一个下放、一个强化”也体现了政府履责观念、重点的重大转变。

(二) 面临扩大有效投资，推动经济发展的新任务

随着经济社会的发展，浙江省固定资产投资总量逐年增长，尤其是在实施扩大有效投资政策后，近三年，浙江省固定资产投资额保持了快速增长势头，2013年全省固定资产投资突破了两万亿，达到20194亿元。

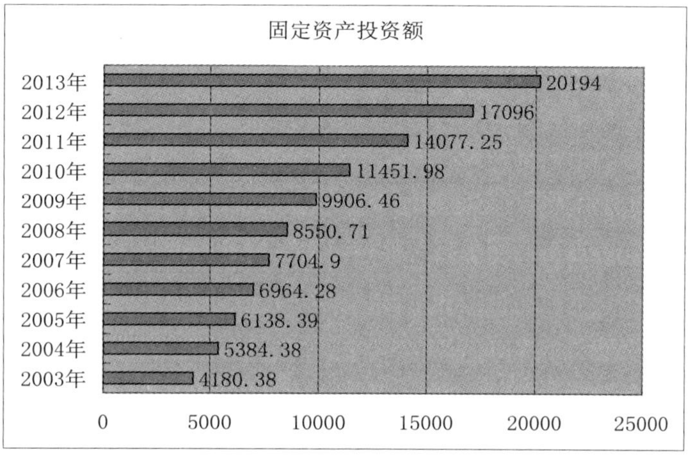

在全省固定资产投资不断增长的背景下，浙江省政府投资项目规模也在不断扩大。近几年省重点建设项目无论是在项目个数，还是项目投资规模和年度计划投资额都逐年增长。随着政府投资项目规模和数量的不断增长，政府投资项目的监管需求也在不断增长。

表1　2008—2013年浙江省重点建设项目统计表

年份	数量（个）	总投资（亿元）	年度计划投资额（亿元）
2013年	1121	16643	2365
2012年	1002	13403	2013
2011年	684	9396	1591
2010年	589	8050	1535
2009年	466	6282	1226
2008年	431	4979	868

此外，近年来浙江省争取的中央预算内投资项目数量、资金额也都在不断增长，其监管需求和监管力度也逐年增长。

扩大有效投资是扩大总量、优化结构、着力提高投资有效性的简称。投资作为当前“稳增长、促转型、惠民生”的关键，不仅需要保持一定的增长速度，更重要的是突出投资的有效性；而促进有效性就要加强政府投资项目的监管。

（三）面临建设领域问题多发，推进反腐治理的高要求

工程和投资建设领域一直是腐败现象较为集中多发的领域，随着工程建设领域突出问题专项治理和政府预防腐败体系的建立健全，相关问题得到一定的遏止，情况有所好转，

表2　2007—2013年浙江省中央投资项目统计表

年份	中央投资项目数	总投资（亿元）	中央资金（亿元）
2013年	1056	711.51	47.60
2012年	1700		73.00
2011年	1625	447.00	38.19
2010年	1130	580.33	28.33
2009年	949	479.05	34.69
2008年	455	213.10	24.92
2007年	313	182.65	14.85

但形势依然不容乐观，在工程建设领域和政府投资项目管理中，问题依然较为突出。据不完全统计，仅仅在中央预算内投资项目管理领域，近几年因中央投资项目管理问题，浙江省先后有近20名相关责任人员受到了处分；有一批中央投资项目中央补助资金被收回，项目被调整或撤消。从政府投资项目管理的制度、机制和环节着手，加强监管，减少寻租，防止腐败。

二、浙江省政府投资项目监管现状和主要问题

（一）浙江省政府投资项目监管工作的现状

随着我国投资体制改革的不断推进，浙江省政府投资项目的实施管理不断规范，对政府投资项目的监管也取得了较大的成效。按照国务院投资体制改革管住管好政府投资项目的总要求，浙江省政府投资项目和中央预算内投资项目的监管工作走在了全国前列。

1.政府投资项目管理制度建设不断强化。近年来，浙江省在原有规章制度基础上，先后修订出台了一系列涉及政府投资、项目管理相关的地方性法规和政府规章，涵盖重点建设项目管理、招标投标、代建制、政府投资项目预算管理、重大项目稽察等领域，进一步规范和完善了浙江省政府投资项目监管体系。

2.政府投资项目决策程序更加完善。规范的决策程序是提高政府投资项目决策的科学化、民主化的关键。近年来浙江省政府投资项目决策程序逐步规范，政府投资项目审批的立项、可研和初设等程序较为健全，政府投资项目的计划管理不断提高，计划的申报、对接、审议、下达和调整等机制更加明确，程序更加完善；政府投资项目部门联审、专家咨询等方式更加透明高效；同时还逐步建立了项目储备库制度，有利于政府投资项目的管理。

3.政府投资项目审批程序更加规范。随着政府职能转变，浙江省审批制度改革进展迅速。从1999年开始进行了四轮审批制度改革，按照“以人为本”，“应减必减、能放则放”的要求，以减少审批部门、审批事项、审批环节、审批时间的“四减少”为核心内容，以县乡村联动、前置条件联用、各类证照联办、施工图联审、竣工联合验收等审批方式创新为关键环节，分类推进行政审批制度改革，努力把浙江打造成审批事项最少、办事效率最高、投资环境最优的省份。

4.政府投资项目监管工作不断加强。一方面政府投资项目管理更加规范，程序制度更加到位，推行了非经营性项目的代建制，超概管理、重大变更、标后管理等环节成为管理的重点，如长兴县对投资项目发生重大变更，涉及50万以上的项目实行联审制度，对超概和标后管理等起到了一定的作用。另一方面政府投资项目监督更加有力。以政府监察、投资项目审计、重大项目稽察等为主的监督工作不断深入，中央预算内投资项目监管、工程领域突出问题治理和常规的项目监督检查形成监督的主要方式，对政府投资项目的资金使用、程序履行、四制管理、以及投资控制、进度控制、质量控制和安全控制制度的落实等实行监督和管控。

5.政府投资项目监管方式不断推新。近年来，浙江省政府投资项目监管信息化建设迈出了坚实的步伐。2012年省发改委开展了浙江省中央投资项目稽察监管体系建设，以稽察监管信息系统建设和运行为载体，实现项目的在线监测、评估、预警、反馈与现场监督检查的有效结合，扩大了监管工作的覆盖面，提升了监管工作的有效性。

(二) 浙江省政府投资项目监管工作面临的主要问题

1.政府投资项目监管制度完备性不足。现阶段，专门的政府投资项目监督法律尚未建立，相关的法规和制度的系统性、权威性和关联性尚有不足。以重大项目稽察工作为例，现有法律支撑明显不足，机构人员力量有限。浙江省当前稽察工作的主要依据是省政府办公厅转发的《浙江省重大建设项目稽察办法》，仅仅是政府规范性文件，导致项目稽察执法依据和力量配置不足，影响了稽察工作的权威性和影响力。

2.政府自身行为规范性不够。一是投资决策的公开化尚有不足。现阶段，政府投资项目信息公开程度相对不高，办事制度、审批权限、操作流程和审批结果等不同程度的有所公开，而补助标准、资金分配等公开相对不足。二是决策科学性不够。仓促上马，临时决策，工期倒推等现象依然存在，这些现象往往容易导致项目在基建程序的合规合法上，以及项目工期质量的管理上造成一些困难和问题。三是政府自身角色定位不明确。政府往往既充当执行者的角色，又履行监管者的职责，在投资驱动型的经济发展阶段，执行者的角色更为充分，力量投入也更多，而投资项目事中事后的监管明显不到位。

3.政府投资项目管理科学性不够。一是计划性不足。目前政府投资项目计划管理具有非约束性和非刚性的特点，导致对计划执行进展情况掌握不够全面，计划管理相对较为粗放，计划间存在交叉重叠现象，缺乏一个完整涵盖全省政府投资项目的计划。二是连续性不够。一方面审批、实施和监管部门之间信息互通路径不畅；另一方面审批、推进、监管环节的权力制约和功能闭合还有待加强。三是程序性过度。就政府投资项目而言，投资体制改革前后变化不多，除了项目审批程序外，前置审批、行业审核审查和中介咨询评估等程序众多，虽各有依据，但条块分割明显、时间先后明确，导致程序繁复冗长，拖沓费时。四是管控严肃性不强。按照投资体制改革的思路，政府投资项目要管住管好，尤其是重点环节的管控要加强。实际过程中，在招标投标、概算控制、竣工验收等重点环节还有进一步管住管好的空间，尤其是招投标领域的乱象依然较为突出；在竣工验收环节，“篱笆”扎的不紧也不够严，走过场、搞形式，把关不严，主要原因是综合验收缺乏法律依据和制约手段，而消防、环保、档案等专项验收均有明确的法律依据。

4.政府投资项目实施管理规范性不强。一是前期工作不够到位。部分项目对前期工作重要性认识不够，建设规划滞后，前期论证不深入，建设方案不完善，项目用地指标不落实，资金筹措不到位，政策处理推进缓慢；部分项目相关审批手续不健全，前期工作与后续实施关联度低。二是招投标制度落实不到位。标前管理存在该招标不招标，该公开招标不公开招标，串标、围标等现象；标后管理存在低价中标后，重大变更频繁，超概现象严重，影响项目建设工期和质量安全控制等。三是相关管理制度不落实。监理工作不深入，履职不充分，挂靠等现象依然存在；合同管理不规范，导致部分项目工程质量问题，投资超概算现象等时有发生。项目法人制落实不到位，BT、BOT、指挥部、代建、自建等形式多样，以代建为例，又分市场代建和事业代建，管理体制较乱，不同管理形式要求各异，管理水平参差不齐，利益机制导向不同。四是中介服务机构良莠共存，中介服务质量参差不齐。中介服务时效性较差，服务工作效率不够高，占用时间长；中介服务质量参差不齐，部分中介服务机构的质量意识和品牌意识不强，核心竞争力不突出。主要是由于现有建设市场尚不够规范，地域和行业保护依然存在，部分行业的中介机构市场化程度不高；现有建设管理体制也不够顺畅，各管一块，自管一行，导致信息流传递不够及时和顺畅，信用评价体系作用尚未能充分发挥，监督处罚力度明显不足。

5.政府投资项目监管有效性不足。一是监督管理体制不顺。浙江省政府投资项目监管主体众多，监管力量的落实和形成合力显得不够，部门之间职能交叉、缺乏配合，重复监管和监管缺位现象依然存在。既存在公路、铁路、电力等行业主管部门下属的监管机构，也存在建设、档案、环保、国土、质监、安全等专业职能监管机构，还有发展改革委（稽察办）、监察、财政和审计等政府行政综合监管机构。其中除审计和监察等部门外，其他监管机构多为内设机构，独立性不强；此外社会大众和舆论监督参与性相对较少。二是监管环节简单。现行的监管模式决定了监管主要还是以事后监管为主，关注的主要是实施过程中的具体问题和不足，较少从机制体制出发，总结共性问题、分析深层原因、研究解决方法，形成制度办法，从预防、预警角度入手，防止和减少重大问题的产生，容易出现查处问题，无法整改的局面，难以走出屡查屡犯的怪圈。三是监管手段传统。监管手段主要停留于传统的现场检查，信息化监管较为滞后。一方面是传统监管方式对于查处问题有其特殊作用，监管者视野还停留于查处问题的微观世界，不能将监管工作拓展作为管理的重要一环；另一方面目前还缺乏一套完整的建设项目的投资、进度、质量、投资控制、财务评价等方面的指标体系，从而给建设项目的信息化监管带来现实困难。

三、加强浙江省政府投资项目监管的对策建议

针对浙江省政府投资项目监管的实际情况和存在的问题，建议进一步加大对浙江省政府投资行为的监督和约束力度，探索建立全过程、全方位、多主体、多层次的统一协同监管体系，提高浙江省政府投资项目管理水平，充分发挥政府投资项目的效益。

1.推进政府投资项目监管制度建设。按照依法行政的要求对政府投资项目实施监管，立法工作必须进一步跟进。要尽快重新修订和规范《浙江省政府投资项目管理办法》等现有法规，在此基础上研究制订《浙江省政府投资条例》、《浙江省政府投资项目决策责任追究办法》和《浙江省政府投资项目后评价管理办法》等，对政府投资项目审批、实施、监督和问责等做出明确的规定，以法律法规的形式明确政府自身定位，尤其是明确投资主管部门、项目主管部门和监管部门的职责，重视和强化问责制度和责任追究机制，加大对违法行为的追责力度。在此基础上，大力推动《浙江省重大建设项目稽察办法》等规章性文件的编制工作。

2.规范政府自身行为。一是提高政府的管理意识。要克服地方利益至上和盲目追逐GDP的思想，减少地方保护主义，推进政府投资项目决策和管理的科学化，更好地落实政府投资项目的相关管理制度。二是推进投资决策的公开化。公开、透明、阳光是最有效的监管方式，要从项目信息公开着手，逐步将办事制度、审批权限、操作流程、审批结果、补助标准、资金分配等公开，从源头上杜绝不规范问题的出现。逐步公开审批流程和进程，增强社会监督、群众监督的参与度，真正使权力在阳光下运作，使投资决策更加阳光，投资管理更加透明。三是整合政府投资项目监管资源。逐步整合发改、审计、财政、建设、监察等各种政府投资项目的监管力量，建立部门间的协作和互动机制，相关部门要

实现监管成果共享，避免多头监管和重复监管现象的出现；要从业务衔接上贯穿政府投资项目的前期审批、建设管理、招标投标、资金预算、财务管理、财务决算、竣工验收、后评价等全过程；要进一步梳理和统一监管口径和标准，避免不同部门对同一规则的不同解读，逐步建立政府投资项目法律法规动态调整机制，定期整理和汇总相关政府投资项目监管法律法规和办法，通过政府门户网站等渠道公开发布，改变目前各类制度办法繁复，存在部门交叉、新旧交替的现象。

3.推进浙江省投资体制改革。面对新形势，要进一步推进浙江省投资体制改革，完善投资管理机制。一是减少简化审批程序。针对政府投资项目审批，要严格按照“三张清单一张网”的要求，特别是以“政府权力清单”为核心，优化职权配置、界定职权边界、公开职权运行来明确权力清单，并以此减少审批环节，简化审批程序，缩短审批时限，推进前期工作扎实有效开展。二是优化管理职能。在项目审批、项目申报、计划下达、项目推进、项目监管、概算调整、竣工验收、投资后评价等重点环节，需要重新科学配置、优化流程，在确保效率的前提下，分权制衡，理顺关系，逐步实现项目审批前期、项目实施管理和项目监督管理的三权分立，改变目前阶段职能权力过于集中，职责不明确不对称的矛盾和问题。三是要强化重点环节的监管。对重大变更和严重超概情况，可以采取联合审查审批等制度，加以控制和约束；对招标投标管理环节，要进一步加强招标机构管理、标前标后管理和惩戒措施等的研究，如市县招管办实现垂直管理，强化其独立性，规避地方保护，加强评标专家库的清理整顿，对不平衡报价等进一步研究防治。四是建立“宽进严出”的管理机制。要进一步强化项目综合管理的意识，扎好项目管理最后的口子，严把关口，形成政府投资项目“宽进严出”的管理机制和社会共识。顺应简政放权的趋势，减少中间环节的监管，以综合验收关口倒逼项目过程管理，降低监管成本，提高监管效率；同时强化责任追究机制的落实，加大惩处力度，逐步引入司法打击的力度。

4.合理调整建设市场的市场化改革路径。针对现有建设市场存在的问题，合理调整市场化改革进程，趋利避害。一是加快推进部分行业的市场化进程。要强化市场竞争机制，保障各种所有制和法人类型，不同规模的单位参与竞争，破除和消除一些部门、行业和区域的垄断保护、限制和市场壁垒，大力推进招标市场的健康良性发展，尤其是如交通、水利等部分行业，勘察设计、建设、监理等参建行为要进一步的市场化。二是规范中介服务机构管理。强化中介服务机构和中介服务工作质量的管理，一方面适应审批制度改革的需要，相关职能部门进一步明确咨询服务的时限标准，中介服务机构提升服务时效和服务质量，加强研究创新，增强企业的核心竞争力，建立和完善服务质量标准、规程和措施。在加强行业自律的基础上，加强政府的引导和管理，引入信用评价机制，制订中介服务机构信用等级评价制度，强化考核激励，加大对违规机构和行为的处罚力度，强化市场退出和禁入，大力整饬中介市场和行为，提高中介工作质量，保证工程和项目的质量和安全。逐步形成政府引导，行业协会加强自律管理，中介服务结构自我管理相结合的共治模式。三是规范代建行为。在鼓励和推进政府投资项目代建工作的前提下，合理调整代建市场化的取向和探索，克服市场化代建行为由于利益机制的导向带来的一些弊端以及在政府投资项目前期工作和政策处理等方面遇到的难点和障碍，逐步强化市县政府投资项目事业代建模式的构建，借鉴深圳、温州等地经验，组建工务局、公建局等事业机构，采取专业化、职能化和模块化的建设方式，加快政府投资项目的建设，规范投资项目管理，提高投资项目效益。四是建议设立政府投资项目资源要素差别化配给制度。浙江省应尽早研究和推进政府投资项目资源要素的差别化配给制度，考虑集中部分土地指标、环境容量、能源消耗总量等资源要素，优先配给部分社会急需、带动明显、效益突出的重大项目或平台类项目，提高要素集聚力度，推动重大政府投资项目的建设；同时也要充分发挥各级财政资金的引导和支持作用，政府投资逐步退出竞争性领域，加大对公益性、公共性“产品”生产的投资和投入力度。

5.*加强政府投资项目监管工作*。一是强化监管体系建设。目前政府投资项目监管的组织体系大都呈现倒金字塔结构，基层组织力量较为薄弱，且受体制限制更大，作用较为有限。要进一步完善监管组织体系的建设，从人力、物力等方面夯实基层机构的力量，理顺省市县监管机构的关系，逐步建立“下查一级”的工作机制，构建交叉、委托等多形式结合的工作方式，进一步强化监管的权威性和实效性。二是推行分类监管模式。对不同类型的项目开展分类监管的模式。对企业类财政补助资金项目突出监管重点，逐步从投资计划执行的全面监管转变为以结果为导向的重点监管，更多的关注项目的实施成果，以“成果论成败”；对政府投资项目采取以过程监管为主的全面监管，在对实施过程进行监督的同时，逐步向政府投资项目管理的两端延伸，加强在项目审批前的核查，提前介入，发挥预防作用，并逐步拓展和整合竣工验收前稽察、概算调整前稽察、后评价、财政绩效评价、预算执行审计等工作。三是推进监管信息化水平。逐步扩展信息化监管的视野，实时动态地掌握项目实施和管理情况；实现信息化监管与传统现场监管方式的有效结合，实现不同监管部门间的信息互通和资源交流，不断提高监管的效率和能力水平。以重大项目稽察监管为例，浙江省现有中央投资项目稽察监管信息系统开启了浙江省政府投资项目监管的新篇章，今后需要继续加强研究和开发。要深化指标体系研究，形成完整、科学的指标体系，完整反映项目的投资、进度、质量、投资控制、财务核算等方面内容；形成规范的建设项目信息报告制度，建立起完善的信息传递网络系统，及时收集、整理、分析各类数据，向宏观决策部门提供决策的信息依据；扩展和完善系统功能，增加项目实施成果量化考评功能；延伸系统覆盖范围，逐步推广至省级政府投资项目，进而覆盖浙江省所有政府投资项目。四是推进监管信息的公开公示。逐步使公开成为监督的重要方式和成果应用的主要渠道，进一步提高监督工作的权威性和严肃性，克服内部监督的局限性，增强公众和舆论的参与度，提高政府投资项目监管工作的效率和效果。

（浙江省发展和改革委员会稽查办供稿）

助推就业体系建设　加快就业能力提升

——浙江对口支援阿克苏地区就业援疆若干问题研究

在中央对新疆发展作出新的定位和部署、对援疆工作提出新的要求和任务的新形势下，大力开展对阿克苏地区的就业援疆工作，主要通过实施就业优先战略、产业发展、增加企业就业、加强政策支持和就业服务，促进受援地的劳动力特别是少数民族劳动力实现就业，对于助推受援地的经济发展和民生改善，增进各民族交往交流交融，实现社会稳定和长治久安的总目标，都显得十分必要而紧迫。

一、就业援疆的重要意义和核心内容

(一) 就业援疆的重要意义

1.就业援疆是贯彻落实中央新一轮援疆工作精神的重要体现

党的十八大以来，党中央始终高度重视新疆工作，把社会稳定和长治久安作为新疆工作的着眼点和着力点。就业一头连着改革发展的根本大业，一头连着各族群众的切身利益，促进就业就是促进社会和谐稳定，保障就业就是保障国家长治久安。习近平总书记在第二次中央新疆工作座谈会上提出，“要坚持就业第一，增强就业能力，引导各族群众有序进城就业、就地就近就业、返乡自主创业。”李克强总理也强调，“就业是新疆最大的民生问题，而民生牵着民心。要从稳疆安疆的战略高度出发，以增加就业为重点，加快改善民生，促进社会稳定。”第四次全国对口支援新疆工作会议明确提出，要以就业、教育、人才援疆为重点，进一步做好对口援疆工作。为此，浙江在推进对口援疆工作中，要充分认识到就业对新疆的重要性，从全面深化改革的全局出发，深入系统地开展就业援疆工作。这是贯彻落实中央新一轮援疆工作精神的重要体现，也是维护新疆社会和谐稳定的根本保障。

2.就业援疆是助推阿克苏地区跨越式发展的迫切需要

面对新的国际国内形势，党中央提出国家向西推进的国际区域合作重大战略，与欧

亚各国共同建设丝绸之路经济带。新疆地处古丝绸之路的核心地带，有望成为新的开放前沿，并作为新的经济增长极进行重点培育，经济社会发展将进入一个黄金机遇期。习近平总书记在新疆考察工作时就明确指出，“要抓住这个历史机遇，把自身的区域性对外开放战略融入国家丝绸之路经济带建设、向西开放的总体布局中去。”面对新任务、新定位，新疆自治区政府审时度势，作出“建设丝绸之路经济带核心区”的战略决策，并从新疆跨越式发展的全局出发，部署实施“大力发展纺织服装产业，促进百万人就业”重大举措，在北疆石河子、南疆的阿克苏和库尔勒地区，重点打造综合性的纺织服装产业基地。浙江是纺织大省，在品牌、市场、管理、技术等方面具有先发优势，与阿克苏的资源优势具有互补关系，通过产业转移为主要途径的产业援疆，新疆发展纺织产业前景十分广阔。这就迫切需要浙江大力开展就业援疆工作，支持阿克苏地区进行人力资源开发，帮助受援地将人口优势转化为劳动力优势，为纺织产业大发展提供人力资源支撑，从而形成产业援疆带动就业、就业援疆支撑产业发展的良性循环，推动受援地经济社会跨越式发展。

3.就业援疆是浙江对口支援阿克苏工作的重要内容

在对口支援阿克苏的过程中，浙江把促进受援地就业作为一项重要任务，通过资金、项目、产业、培训、劳务输出等援助方式，探索促进受援地就业的有效途径，并取得了初步成效。浙江援建的纺织工业城（开发区），建成区面积已达20平方公里，华孚12万锭色纺、联发10万锭棉纺等6家纺织企业已建成投产，巨鹰一期10万锭等9家纺织、织布和家纺企业正在建设，预计年内将形成100万锭纺织规模。还引进和重点扶持了一批农副产品精深加工企业，其中，以益海、天康等7家棉植物没精深加工企业，好想你、天益红等10家果品深加工企业，及泰昆、三旺等一批饲料加工企业为代表，形成了农副产品精深加工为特色的产业集群。这些劳动密集型产业的引进和布局，有效地带动和促进了当地劳动力的就业。据不完全统计，目前浙商投资已建成或部分建成的62个产业援疆项目，共吸纳了约1万名的劳动力就业。同时，浙江按照就业、产业、职业技术教育“三位一体”的工作方式，重点推进各县(市)劳动力就业中心、实训基地等项目建设，组织实施各类业务技能培训和基地实训工作，积极开展各项技能大赛、创业大赛和专场招聘活动，并通过干部、就业、教育、卫生、科技、文化等六大领域的人才培训，有效提高了受援地的干部素质和管理水平。在新的形势下，浙江将继续发挥浙江优势，体现浙江特色，着力加强受援地就业、教育、人才、基层等重点工作，助推阿克苏地区的就业体系建设，促进就业能力提升，不断拓宽受援地劳动力的就业渠道。

（二）就业援疆的核心内容

1.就业援疆的主要目的

从本质上讲，就业是从事各类劳动并获取合法报酬或收入的活动，其关键不在于就业或劳动的形式，而在于是否为获取收入而从事了某种劳动。为此，我们在分析就业问题时，首先要转变观念、统一认识，突破以往单一的、以是否在正式部门建立劳动关系作为就业与否的判断依据，而代之以是否实际参加有收人的社会劳动作为就业与否的判断依据，即劳动者无论干什么、以什么方式、在什么部门，只要是凭借自身能力、从事合法经济活动、获取报酬即为就业。

在市场经济条件下，就业既受市场机制的支配——劳动力市场的运行严格遵循供求、价格、竞争三大基本规律；又涉及政府的公共职责——提供就业公共服务、解决社会就业问题是政府的重要职责之一。所以，就业涉及就业体系和就业能力两个层面的内容。就业体系指的是由劳动力的供给、需求及其中介相互联系所构成的整体。从就业服务体系看，主要包含职业介绍、就业训练、失业保险和劳动就业服务企业等内容。而就业能力主要表现为劳动力初次获得就业、维持稳定就业以及再就业的可能性。就劳动力个体而言，主要从其受教育水平、培训状况、专业技能、工作及社会适应能力等多方面综合评价。

就业是新疆最大的民生工程、民心工程、根基工程，对地处南疆的阿克苏地区而言，就业更是各民族交往交流交融的重要纽带，为维护社会稳定和长治久安提供根本保障。浙江在阿克苏地区开展就业援疆，旨在通过产业、资金、项目等系列措施的合力作用，使受援地的就业体系不断完善、劳动力的就业能力不断提升，从而促进受援地就业问题的系统性解决，增加维护社会安全和谐的稳定因素，增强当地经济跨越式发展的内生动力。

2.就业援疆的基本特征

在阿克苏地区开展就业援疆工作，需要援建方和受援方的共同努力。对口援建工作的性质决定，浙江作为援建方，在解决受援地就业问题上始终处于支援、援助的地位，这也使浙江的就业援疆带有鲜明的嵌入式、助推式、提升式特征。

所谓嵌入式，就是在坚持受援方发挥基础性、主体性作用的前提下，援建方作为一种对接性的、补充性的重要力量，并根据中央就业援疆的导向性、政策性要求，综合运用资金、产业、项目等手段，嵌入式地介入受援地的就业领域，系统性地开展就业指导和帮扶工作，支持阿克苏地区解决社会就业问题，促使受援地加快完善就业体系、尽快提升就业能力。

所谓助推式，就是基丁浙阿双方的优势互补原则，浙江加快引进和扶持发展劳动密集型产业，创造大量就业岗位，并积极引导和鼓励以创业带动就业，主要通过扩大就业需求的方式，助推阿克苏地区就业问题的解决，为当地经济的跨越式发展注入不竭动力，同时促进当地群众生产生活方式转变，增进各民族交往交流交融。

所谓提升式，就是借鉴浙江就业服务均等化的经验做法，结合阿克苏的实际情况，通过宣传教育、学习交流、培训考察等多种途径，促进受援地劳动力的就业观念改变、职业技能提升，促进当地政府及中介机构的就业服务供给能力不断提升，促进当地劳资关系更加和谐稳定，从而推动受援地的就业体系和就业能力能够实现一种实质性的提升。

3.就业援疆的核心内容

在新形势下，浙江对口支援阿克苏就业援疆的核心内容，是助推受援地的就业体系不断完善、就业能力不断提升。

完善就业体系主要包括完善当地社会的就业需求体系、劳动力市场的就业供给体系和政府的就业服务体系。具体地讲，就业需求体系主要指的是大力发展工业企业、农业产业化、现代服务业（如旅游）所产生的就业需求，以及自主创业所带动的就业需求；就业供给体系主要指增加高校毕业生、两后生、零就业家庭和农牧业转移人口等群体的劳动力供给，为当地经济发展提供人力资源保障；就业服务体系主要包括岗位信息、职业介绍、技能培训、创业指导等方面的就业服务。

而提升就业能力则包括提升劳动者的就业参与能力、政府及中介机构的就业服务能力和企业的就业适配能力。具体而言，就业参与能力是指劳动力个体的受教育水平、培训状况、专业技能、工作及社会适应能力；就业服务能力是指政府及中介机构所能提供就业服务的种类、数量和质量水平；就业适配能力是指企业所提供或制订的就业岗位、规章制度及劳动保障与当地劳动力的匹配和融合程度。

浙江在阿克苏开展就业援疆工作，主要着力于通过发展产业创造就业需求，助推当地就业服务的体系完善和能力提升，突出人才教育和劳动力技能培训，引导创业带动就业等领域，硬件建设和软件投入相结合，努力破解受援地的社会就业问题，为阿克苏地区的社会稳定、跨越式发展提供根本保障。

二、阿克苏地区就业体系和就业能力状况分析

（一）就业体系状况分析

1.劳动力供给状况

2013年，阿克苏地区总人口（不含阿拉尔市）245.75万，其中劳动力人口155.72万，占总人口的63.36%， 16岁以下的接替青壮年的青少年及儿童占26.75%，处于人口红利期。在劳动力人口中，从性别结构看，男性劳动力占52.4%，女性劳动力占47.6%；从年龄结构看，16－45岁的青壮年劳动力占80%，46—60岁劳动力比重占20%；从城乡结构看，城镇劳动力占31.8%，农村劳动力占68.2%，劳动力供给主要是农村富余劳动力，占劳动力供给80%以上，据统计农村富余劳动力可转移18万人；从民族结构看，汉族劳动力占18.1%，

少数民族劳动力占81.9%，在农村，少数民族劳动力人的占比更大，达到93%以上。

2.就业公共服务体系状况

从劳动就业保障服务体系看，阿克苏已建成库车、拜城、阿瓦提、柯平等四个县级劳动就业社会保障服务中心，以及10个乡镇级劳动就业社会保障服务所，初步形成了县(市)、乡镇两级就业和社会保障服务体系。目前，阿克苏市、新和县的劳动就业社会保障服务中心正在建设中，沙雅、温宿、乌什等三县及67个乡镇的劳动就业社会保障服务机构尚未达标，村级劳动保障工作站建设迫在眉睫，机构、人员、编制、设备、经费等都有待进一步落实。从职业教育和培训服务体系看，阿克苏现有公办培训院校9所，分别是地区高级技工学校、阿克苏职业技术学院、地区中等职业技术学校（新建）和6所县级技工学校，另有68个民办职业培训机构，形成了“公办为主、民办为辅”的职业教育和培训服务体系。从公共就业信息服务体系看，阿克苏建立了公共就业服务网、劳动99网、职业培训信息网、职业技能鉴定网、大中专毕业生就业服务网、人才招聘网等信息网络，各类就业服务信息能够覆盖到县一级。总体来看，阿克苏的公共就业服务信息网络平台建设比较滞后，就业、劳动、培训等六网是各自为政，信息发布不能及时对接、共享，就业服务信息化水平不高，与市、县、镇、村全覆盖的要求还有较大差距。

3.用工单位状况

扩大就业特别是企业就业，能够促使受援地群众接受现代工业文明熏陶，增进各民族交往交流交融，有利于转变传统观念和生产生活方式，有利于维护社会稳定和实现长治久安。浙江就业援疆的一个重点，就是通过产业援疆创造大量就业岗位，吸引受援地劳动力就业。据测算，“十二五”期间，阿克苏地区产业用工总需求约为12万人。其中，棉纺织行业6万人，仅阿克苏纺织工业城建成600万锭棉纺规模的用工需求就达4.5万人；拜城八钢300万吨钢铁冶炼项目需要用工2万人；煤电化工和石油石化产业各0.5万人，其他行业3万人。“十三五”期间，仅纺织服装行业就需用工9.4万人。

(二) 就业能力状况分析

1.人力资源职业素养能力

阿克苏地区的劳动力文化程度普遍较低，绝大多数没有专业技能，劳动力的就业能力相对较低。从文化程度看，初中及以下学历的劳动力占84.2%，在农村这一比重则更大，达到95.9%，高中（中专）及学历的劳动力仅占4.1%；同时，少数民族劳动力的汉语水平普遍较低，调查中60%的农村劳动力明确表示，外出务工经商的最大困难是“不懂汉语”，汉语沟通能力弱已成为制约少数民族劳动力就业的前置条件。从技能水平看，有职业资格等级证书的劳动力1.23万人，仅占劳动力总数的0.8%，其中，取得技师和高级技师资格的劳动力仅有300多人，99%以上的劳动力未取得任何专业技术资格。从就业意愿看，调查中70%的是“在家务农”或“家庭经营”，也有46.7%表示愿意“打些零工”，而愿意外出务工或经商的仅占30%。大学生的就业观念同样保守，调查中57.1%的大学生选择工作考虑的主要因素是“工作舒适稳定”及“工作地点和环境”，考虑“个人发展机会”和“实现自我价值”的只占31.4%，有77.1% 的大学生期望到“政府机关”和“事业单位”，没有人选择到企业工作（含国企），认为民营企业“工作不稳定”的占57.1%。在企业调查中也发现，新疆本地与外地劳动力的就业意愿有较大差异，外地劳动力表示“回家乡”的占12.5%，表示“自己创业”的占54%；而新疆劳动力的两项占比分别是20%和16.7%，还有20%的人表示“没想过”，对未来没有任何打算。

2.政府和社会中介就业服务能力

从就业服务平台看，大多数基层就业服务机构没有固定办公场所，也没有就业和社会保障专职工作人员，一般是公益性岗位的协管员身兼数职，就业服务工作的稳定性、延续性比较差，特别是劳动关系协调和争议调解方面力量薄弱，不利于从源头上预防和化解劳动关系矛盾和纠纷。从职业教育水平看，阿克苏地区职业教育起步较晚，专业设置和当地产业需求吻合度不高，师资教材匮乏、教育手段单一、实训基地偏少等问题较为突出。全地区职业院校现有专职教师948人，按标准配备应为4008人，且现任老师多为文化课教师，双师型教师仅有35人，占专业教师的15.1%，职业教育专业教师数量不足，双师型教师尤为短缺，不能满足职业教育培训的需求。据统计，2014年纺织企业需要培训约4450人，阿克苏地区有三家职业培训机构可开展纺织技能人才培训，年培训人数仅820人；而目前建立的8个汉语培训站，年培训规模约3200人，远远不能满足汉语培训需求。民办职业培训机构受资金和师资水平制约，职业培训以初、中级为主，部分民办培训机构还存在实训场地、教学设施不达标、师资力量溃乏、流动性大等问题，严重影响职业培训的质量效果。从创新扶持能力看，除地区本级专门设立创业促就业机构、配备专职人员之外，各县（市）基本上就在就业培训科室或人力资源市场加挂创业服务中心牌子，创业孵化基地和创业园区建设滞后，创业风险投资基金缺口大，小额担保贷款门槛高，贴息不能及时兑现。创业服务机制不完善，创业项目库建设、创业服务水平、专家指导服务等方面亟需加强，创业促进就业的体制机制有待进一步完善。问卷调查也表明，当地劳动力认为政府的就业信息网络、就业服务设施、就业培训机会、就业服务项目、职业培训基地及创业扶持政策等，都需要进一步改进和提升。

3.用工单位人岗适配度、稳定度

在阿克苏地区，解决劳动力的就业是一个难题，企业也普遍面临着招工难、用工难的问题，流失率大、稳定性差，是雇用当地劳动力的一个共性问题，劳动生产率与外地劳动力也有较大差距。同时，通过企业员工调查发现，新疆本地与外地劳动力对企业的诉求也有较大差异，如有27.8%的本地劳动力希望企业能改进“作息时间”和“劳动纪律”，高出外地劳动力11个百分点；而对于“技能培训”和“职务晋升”的要求并不高，只有8%的本地劳动力希望企业能够提供机会，远远低于外地劳动力29.2%的比例；在“工资福利”和“生活伙食”方面，则与外地劳动力一样，表现出比较强烈的改进愿望；在“工作环境”和“休闲娱乐”方面，同样有诉求但不强烈。这表明，现代企业的劳动纪律、管理制度，对于新疆特别是少数民族劳动力仍然不适应，现代制度与传统观念、工业文明与民族习俗之间仍有待于进一步融合。

三、浙江就业援疆的主要方式和做法

(一) 就业援疆的主要方式

在推进就业援疆工作中，要根据浙江省援疆工作 “就业为重、教育为先、人才为基、基层为要”的总体部署，按照“援建一个项目，见效一个项目；引进一家企业，促进一片就业；援疆一批人才，带出一批人才”的要求，助推受授地的就业体系建设，加快提升就业能力，多渠道地开发就业岗位，多层次地创造创业条件，多方面地支持就业工作，帮助受援地有效解决就业问题。就业援疆的主要方式：

1.项目援建推动就业

就是通过加大资金投入，加强就业促进项目建设，拓展受援地就业空间，增强就业公共服务能力。一是援疆资金优先安排就业工程项目。支持受援地加快职业培训基地、电子商务基地等项目建设，加强基层劳动就业社会保障服务平台建设，建立城乡统一的劳动力市场。二是援建项目建设过程充分利用本地人力。在保证工程质量和进度的前提下，充分利用受援地力量进行工程建设，着力培育本地的建设队伍，增加劳动就业岗位。三是援疆项目建成运行增强本地就业能力。各类援疆项目主体工程建成后，要尽快完善相关设备设施配套，尤其要力促有关运管的机构、人员等软件建设，助推援疆项目早日投入运行，努力实现扩大就业、提升能力的实际成效。

2.产业援疆扩大就业

就是引进和扶持受援地的产业发展，增加产业就业岗位，带动和促进本地劳动力的就业。一是加强产业园区建设。充分利用自治区出台的十大优惠政策，加快推进纺织工业城建设，积极推动纺织产业价值链向纺纱、织布、服装等下游产业链延伸，助推阿克苏纺织业纵向一体化发展，着力打造南疆最大的纺织产业基地，努力成为扩大本地就业的主平台。二是加快农业产业化进程。按照发展“一县一品”特色农业的思路，引导受援地的农业规模化、专业化发展，扶持和培育农业合作社，推广“公司+基地+农户”模式，加强区域品牌建设，大力发展农产品精深加工业，增加农业产业的就业需求。三是依托大欣国际汽车城等经贸交流平台，积极引进各类市场经营主体，助推受援地的商贸、物流、会展等服务业发展，努力挖掘新的就业增长点。

3.劳动力转移促进就业

就是通过多种途径和方式，引导农村富余劳动力向城镇和二三产业转移，逐步实现稳定就业。一是引导劳动力向城镇转移。助推受援地的城镇建设，吸引农村富余劳动力到城镇务工经商。二是引导劳动力就近转移就业。探索开展农村新社区建设，积极发展家庭种植业、畜牧业，促进农村商贸、餐饮、运输等产业发展，引导劳动力就近就地转移就业，推动生产生活方式由传统农耕向现代文明转变。三是引导劳动力实现灵活就业。积极发展来料加工业、民俗手工业和特色农家乐等，拓宽农村富余劳动力的就业渠道，季节性、兼业性、灵活性地实现转移就业。

4.教育培训提升就业

就是通过学习、教育、培训等途径，增强受援地的就业服务能力，提升劳动力的技能素质。一是助推职业教育发展。在继续加强“双语”教育、加快普及高中段教育的同时，支持发展职业技术教育，通过战略合作、柔性引智等多种方式，重点助推职业教育的专业学科、教学管理及师资队伍建设，提升受援地的职业教育水平。二是强化职业技能培训。根据受援地产业发展的实际需要，有计划、有步骤地组织开展各类技能培训，注重培训实效，创新技能培训方式，突出操作性和应用性，提高劳动力的就业技能水平。三是加强专业人才培训。“请进来”与“走出去”相结合，重点加强教育、卫生、产业、经营、管理、创业等专业人才培训，提升受援地各领域的专业技术水平。四是开展就业服务培训。针对受授地就业服务能力不足问题，分类分步地组织开展岗位、专业等培训，加强业务指导，促进交流合作，提升受援地的就业服务水平。

5.创业创新带动就业

就是支持建设创业平台，不断完善创业扶持体系，鼓励开展自主创业，带动更多劳动力实现就业。一是支持建设创业园区。依托对口支援的各类产业平台，设立一批投资小、见效快的创业孵化基地和创意园，为创业人员提供优惠的创业场所和便利的创业指导。二是加快建设电子商务园区。发挥浙江发达的电子商务优势，支持受援地创建电子商务园区，打造南疆的特色农产品电商销售平台，助推受援地的特色产品实现规模化、品牌化发展。三是创新创业扶持方式。组建创业指导服务专家组，开展“门诊式”、“会诊式”、上门指导、创业讲座，为创业者提供项目推荐、技术咨询等创业服务。

6.转变观念引导就业

就是组织开展各类就业促进活动，促进受援地劳动力转变就业观念，不断增强市场、竞争意识，通过多种渠道和方式实现就业。一是开展系列就业主题活动。继续开展劳动技能大赛，建立赛事常态化机制，组织开展劳动致富主题活动，表彰和奖励一批就业促进工作突出的单位和个人，重奖创业致富家庭，营造创业就业、劳动致富的良好氛围，促进劳动力就业观念转变，创新招聘模式，吸引劳动力就业。二是建立大学生企业实习基地。选择若干企业与就业主管部门签订战略合作协议，建立大学生企业实习基地，有助于增进大学生对企业的了解，扩大就业渠道、提升就业能力。三是助推就业扶贫工作。通过落实优惠政策、引导观念转变、联系就业岗位等措施，重点帮助贫困户、零就业家庭、就业困难户实现就业，增加就业收入。

(二) 就业援疆的实施工程

1.职业教育质量提升工程

重点推进职业技术学院等基地建设，加强专业学科、课程设置、师资队伍、课程信息化等软件建设，根据受援地产业发展的实际需要，建设一批特色专业、精品专业，打造一批示范课、示范班、示范校，促进受援地职业教育质量提升。

2.“双语”教育提升工程

重点推进“双语”培训基地建设，加大“双语”师资培训力度，重点培养“双语”教师骨干，创新“双语”培训模式，帮助培训机构提升国语培训能力，支持援建学校“双语”教育，打造一批“双语”名师、名班、名校。

3.新成长劳动力实训工程

重点推进产业实训基地等建设，以在校职技生、两后生为重点，实施一批新成长劳动力实训工程。创新劳动力技能培训模式，采取工学交替、校企一体的模式，突出培训的实用性和操作性，提升新成长劳动力的职业技能水平。

4.专业人才培养工程

紧紧围绕受援地重点领域、重点产业和重点岗位的人才需求，实施一批专业人才培养工程，包括经济管理人才、教育人才、医务人才、科技人员和社会治理人才等，继续开展干部人才培养工程。

5.创业孵化基地建设工程

在中心城市、县城、中心镇，分类分步谋划建设一批创业孵化基地，支持实施“大学生创业引领计划”，引导返乡农民工及城镇失业人员自主创业。建设一站式创业服务大厅，加强创业培训和指导，支持和帮助创业者自主创业，带动更多的劳动力实现就业。

6.电子商务工程

重点推进电子商务产业园等项目建设，加快完善设施设备配套，并对农业龙头企业和农民专业合作社的负责人或者业务骨干、农口单位负责农产品市场销售的业务干部，开展网站设计、产品上线、质量和品牌管理、业务流程等专题培训，助推受援地的电子商务发展，带动物流、快递等相关产业发展，衍生更多的就业机会。

7.基层便民服务中心示范工程

谋划建设一批基层便民服务中心项目，集职业介绍、就业指导、信息服务、政策咨询、失业保险等就业服务功能，支持就业信息网络平台整合，提高就业服务信息化水平。

8.农村劳动力转移就业示范工程

推行公司+基地+农户的模式，重点发展一批蔬菜大棚、食用菌等设施农业，打造一批具有乡村情趣和民俗风情的农家乐示范工程，吸引一批农村劳动力就近就地转移就业。

9.来料加工就业示范工程

发挥浙江产业的特色优势，引进一批劳动密集型产业，依托当地基层社区，发展一批特色手工业、民族工艺品等来料加工业，引导农户利用农闲时间从事来料加工，增加家庭收入来源。

10.就业扶贫工程

采取资金支持、提供场地等方式，支持创办一批家政服务公司等实体，帮助其自主经营、自我发展，最大限度地吸纳零就业家庭和4050人员就业。支持受援地多渠道地开发公益岗位，帮助就业困难人员技能培训，力促各项就业再就业政策和资金的充分利用。

四、进一步推进就业援疆的对策建议

(一) 统一认识，系统谋划就业援疆工作

贯彻落实中央新一轮援疆工作精神，深刻认识就业对维护新疆社会稳定和长治久安的重要意义，将就业援疆作为对口援疆的重点任务之一，进行系统部署和着力推进。一是将助推受援地完善就业体系、提升就业能力，作为对口援疆工作的重中之重，纳入年度工作计划。二是在编制“十三五”援疆规划过程中，将就业援疆作为一项重要任务进行重点部署，并根据需要，编制就业援疆专项规划或实施方案。三是软硬并举，谋划一批就业援疆项目，以项目化的运作方式，助推受援地就业体系不断、就业能力快速提升。

(二) 加大投入，突出强调软件项目建设

助推受援地的职业教育发展，除了加大投入、加快推进硬件设施建设之外，更要结

合当地实际需要，创新支持和帮扶模式，加强对职技院校师资、学科、管理等软件建设，帮助受援地提升职业教育水平。一是帮助受援地调整完善职业教育发展规划，按照错位发展、突出特色的原则，支持开展职教重点学科、专业设计等工作。二是加大援疆职教师资的选派力度，参照援疆双语师资的援疆方式，集中一个点上，开展团队式培训，助推职技院校管理和师资队伍建设。三是加强浙阿两地职教相关单位的结对挂钩工作，以联合办学、校企联合培养等形式，加快本地专业技术队伍建设。

（三）产业支撑，重点拓展企业就业空间

稳定和扩大就业，重点要支持发展就业容量大的劳动密集型产业，把增加企业就业作为一项重要任务，促进当地劳动力就地就近就业。一是加快推进纺织工业城建设，完善设施配套，增强受援地产业发展的承载力、聚集力和吸纳力。二是落实自治区出台的纺织业十大优惠政策，加大招商引资力度，大力发展纺织、服装、农产品加工等劳动密集型产业。三是在阿享受援疆资金专项补贴的劳动密集型企业，浙江在受援地注册的各类企业，以及在新疆受援地援建工程项目的企业，新招用劳动力时，招用当地劳动力的比例不得低于50%，并尽量多招用少数民族劳动力。另外，自主创业小微企业吸纳本地劳动力就业，可获一次性创业岗位开发补贴；小微企业招用本地高校毕业生，可以享受社会保险补贴。

（四）示范引领，助推基层服务平台建设

针对受援地基层公共服务薄弱的实际，选择若干乡（镇、街道）、村（社区），开展基层公共服务平台建设试点，发挥示范引领作用，助推受援地公共服务向基层延伸，促进就业服务体系不断完善。一是科学谋划公共服务网点布局，支持启动一批基层公共服务平台建设，积极开展试点示范。二是借鉴浙江经验，将就业和失业登记、职业介绍、职业供求和职业培训信息发布、职业技能培训、就业援助，以及与群众生产生活息息相关的行政审批、社会事务、社会保障、卫生计生、社会治理等事项，统一纳入基层公共服务平台的服务范围。三是帮助建立基层平台的服务内容、流程和方法，督促人员和经费落实情况，支持开展工作人员培训和业务指导。

（五）创新模式，着力提升本地就业能力

发挥浙江率先改革、勇于创新的特色，结合受援地实际需要，创新援疆方式，切实提高对口援建阿克苏的实际成效。一是创新项目建设模式，除一些技术和进度要求高的项目，继续采用“交钥匙”模式之外，更多的援建项目可采用“交支票”模式，通过援建项目来培育本地的建设管理人才，拓展就业空间。二是创新人才培养模式，依托各培训实训基地，加大柔性引才力度，组织浙江专家学者赴阿开展讲座、指导活动，柔性引进技术专家、“双师型”教师，开展教学和技术指导工作，提高学习培训的实效。三是创新劳动力培训模式，鼓励企业招用本地劳动力，以提供职业培训补贴的形式，支持企业自行组织岗位技能培训，增强技能培训的针对性和实用性，提升企业新招员工的适应能力。四是创新企业管理模式，在加强工业生产方式宣传、促进生产生活方式转变的同时，引导企业创新管理模式，探索建立适应新生代和少数民族劳动力的工作排班、岗位设置和绩效激励待制度，提高企业就业与当地劳动力的适配度和融合度。

（浙江省发展和改革委员会对口支援处供稿）

2014年浙江省发改委大事记

1月6日，谢力群主任向省委财经领导小组会议汇报“411”及重点建设项目计划。

1月8日，舟山港综合保税区（一期）举行正式封关运行仪式。省委书记夏宝龙，副省长孙景淼出席仪式并共同启动运行标志。省发改委谢力群主任出席封关仪式。

1月14日，省信用办、省文明办在杭州联合召开“浙江省失信黑名单制度建设”新闻发布会。徐幸副主任发布《浙江省失信黑名单制度工作方案》及相关工作情况。

1月15日，按照省委部署，省发改委开展严肃整治“会所中的歪风”工作，157名副处以上干部签订《承诺书》，实现全覆盖。

1月20日，省十二届人大第二次会议高票通过《浙江省2013年国民经济和社会发展计划执行情况及2014年国民经济和社会发展计划草案的报告》。

1月23日，省发改委召开第1次主任办公会议，会议听取并原则通过关于省经济信息中心“五大平台”建设方案编制情况的汇报。

1月24日，省政府办公厅印发由省发改委牵头编制的《浙江省扩大有效投资“411”重大项目建设行动计划2014年实施计划的通知》（浙政办发[2014]12号）。明确2014年全省固定资产投资计划增长12%以上、力争15%，完成固定资产投资总额2.2万亿以上。

1月24日，浙江省2013年共安排援疆、援藏、援青12.04 亿元，实施帮扶项目162个；安排帮扶贵州资金及物资 9900 万元。2014 年，浙江省拟安排援疆、援藏、援青资金 16.43 亿元，项目 185 个。

1月27日，省发改委召开全委党的群众路线教育实践活动总结大会，谢力群主任作重要讲话。

1月30日，由省发改委牵头编制的《嘉善县域科学发展综合配套改革总体方案》获省政府批复。

2月8日，省发改委召开全委干部大会，谢力群主任作重要讲话。会议表彰了2013年度先进处室、先进集体和先进个人。

2月11日，省委省政府在杭州组织召开全省扩大有效投资暨重点项目推进大会。省委书记夏宝龙、省长李强出席会议并作重要讲话。

2月18日，省政府办公厅印发《关于在舟山群岛新区、嘉善县、海宁市、绍兴市柯桥区开展核准目录外企业投资项目不再审批改革试点的通知》（浙政办函〔2014〕12号），明确在以上地区对工业项目开展以负面清单制、企业依法承诺制、备案制和事后监管制为主要内容的改革试点。

2月18日，省发改委印发《关于开展市县温室气体清单编制工作的通知》(浙发改资环〔2014〕103号)，正式启动全省市县温室气体清单编制工作。

2月19日，省发改委、省财政厅、省农业厅、浙江保监局联合下发《关于做好2014年政策性农业保险工作的通知》（浙发改综体〔2014〕70号），增设露地蔬菜、葡萄、大棚西瓜新险种，水稻、林木综合保险增设高温干旱责任。

2月19日，省发改委印发《省发改委2013年度党建工作总结及2014年党建工作要点》。

2月27日，省发改委第2次主任办公会议审议通过并印发《浙江省发展和改革委员会效能监督办法》、《浙江省发展改革委（能源局）机关干部廉政档案管理办法》等17项制度，并在省直机关率先实施组织或参加评审等会议（活动）月报告制度。

3月4日，由省发改委（审改办）牵头承担，省编委办、省监察厅等部门参与的省政府领导2013年度重点课题——“浙江省行政审批制度改革现状及对策研究”完成。

3月7日，省发改委印发《浙江省发改委建立健全惩治和预防腐败体系2013—2017年实施细则》，该细则是今后5年指导全委党风廉政建设和反腐败斗争的重要依据。

3月7日，省发改委政务信息工作被省政府办公厅评为2013 年度政务信息先进单位一等奖。

3月10日，谢力群主任为全委处级干部轮训班作了《全面深化改革 增强发展动力》的辅导报告。

3月11日，省政府召开全省扩大有效投资、重点项目建设、产业集聚区推进、央企对接督查工作动员会。谢力群主任部署督查工作。

3月14日，省政府办公厅公布浙江省服务业重点企业名单（2014年）。本次确定的省服务业重点企业共130个，涵盖了商贸、物流、金融、旅游、信息、文化、商务、科技、房地产、社区等服务业重点行业的龙头企业。

3月17日至21日，省发改委李岩益、何中伟、周华富、焦旭祥、徐幸等副主任带队，分5个督查组赴11个设区市对扩大有效投资、重点建设、集聚区提升发展、央企对接工作进行专项督查。

3月21日，浙江海洋经济发展示范区工作领导小组印发《浙江海洋经济发展示范区建设2014年度工作任务书》，明确了各成员单位2014年度需要重点推进的254项工作任务。

3月24日，省发改委（省海经办）印发《2014年度浙江海洋经济发展重大建设项目实施计划》，年度计划共安排项目479项，总投资8680亿元，其中2014年度计划投资1247亿元。

3月27日，浙江省第十二届人民代表大会常务委员会第九次会议全体通过《浙江省电网设施建设保护和供用电秩序维护条例》，自2014年7月1日起施行。

3月28日，省能源局煤炭石油天然气处被评为全省2004—2013年度平安创建工作先进单位。

4月1日，省发改委印发《2014年浙江省服务业重大项目计划》（浙发改经贸〔2014〕213号），安排省服务业重大项目311个，总投资3738亿元，2014年计划投资601亿元。并首次建立省服务业重大项目网上监测系统，按季度监测分析服务业项目运行情况。

4月9日，陈智伟同志任发改委巡视员（浙政干〔2014〕17号），免去其省发改委副主任、省能源局局长职务。

4月9日，省政府印发《关于赋予舟山群岛新区部分省级行政审批（管理）权限的通知》（浙政发〔2014〕9号），公布下放舟山群岛新区执行的行政审批（管理）事项目录共计116项。

4月9日，省政府印发《关于嘉兴市开展行政审批层级一体化改革试点的批复》（浙政函〔2014〕40号），同意在嘉兴市开展行政审批层级一体化改革试点，同时将20项省级行政审批（管理）事项直接委托嘉兴市所辖县（市、区）实施。

4月10日，浙江舟山群岛新区工作领导小组印发《浙江舟山群岛新区建设2014年度工作任务书》，明确了各成员单位2014年度需要重点推进的90项工作任务。

4月25日，省政府第26次常务会议审议通过《关于推广海宁试点经验加快推进资源要素市场化配置改革的指导意见》，决定在全省全面推广海宁试点经验。

4月29日，国家发展改革委办公厅发文对包括浙江省发改委在内的8个节点（全国55个节点）（发改办厅〔2014〕938号）纵向网视频会议系统技术保障工作进行了表扬。

5月5日，省发改委印发《浙江省应对气候变化规划（2013—2020年）》。

5月6日，浙江省2010年省级温室气体清单报告顺利通过国家发展改革委气候司验收。

5月15日，省发改委会同省环保厅召开主体功能区建设试点示范工作座谈会。浙江省开化县、淳安县、浙南山地重点生态功能区（庆元县、景宁畲族自治县、文成县、泰顺县）被列入国家主体功能区建设试点。

5月19日，省发改委和省社科联联合开展“十三五”规划前期研究课题面向社会公开选聘工作。

5月20日，省政府召开全省“十三五”规划编制工作电视电话会议。谢力群主任对“十三五”规划编制工作进行具体部署。

5月21日，省发改委召开2014年第10次党组会议，决定在全委迅速部署开展以“强服务、促投资”为主题的专项服务活动。

5月23日，省政府印发实施由省发改委牵头起草的《浙江省人民政府关于促进健康服务业发展实施意见》。

5月26日，省发改委印发《2014年浙江省服务业工作要点》，明确2014年全省服务业工作的总体思路、主要目标和工作任务。

5月29日，由省发改委、省统计局会同省交通运输厅、商务厅、地方税务局、质量技术监督局、邮政管理局等部门，发布《2013年浙江省物流业监测报告》。

6月3日，省发改委印发《浙江省循环经济“991”行动计划重点项目2014年度实施计划》，共有296个项目列入2014年度循环经济“991”行动计划，总投资达1685.9亿元，其中2014年计划投资75.8亿元。

6月4日，省政府印发由省发改委牵头编制的《浙江省企业投资项目核准目录（2014年本）（浙政发[2015]24号）。

6月4日，省审改办印发《关于建立下放行政审批项目事中事后监管制度通知》（浙审改办〔2014〕3号），要求对国务院和省下放审批事项建立事中事后监管制度，确保放权事项平稳实施。

6月5日，吴胜丰同志任发改委副主任（兼）、省能源局局长，朱峰同志任发改委副主任、省政府驻京办副主任（兼）（浙政干〔2014〕27号）。

6月8日，第十六届中国浙江投资贸易洽谈会暨第三届中国海洋经济投资洽谈会在宁波举行，集中签约重大投资项目37个，其中海洋经济类项目20个，海洋经济项目总投资1140.2亿元。

6月10日 围绕“携手低碳节能，共建蓝天碧水”主题，省发改委在中国杭州低碳科技馆举办浙江省2014年“全国低碳日”主题宣传活动。

6月10日，省发改委发布全省首份低碳发展报告——《2013年浙江省低碳发展报告》。

6月13日 省发改委发布《2013年浙江省循环经济发展报告》。

6月18日，省发改委机关党委对委系统10个党支部和30名党员进行表彰，分别授予“省发改委先进基层党组织”和“省发改委优秀共产党员”光荣称号。

6月18日，省发改委2014年第11次党组会议听取了关于省发改委落实省委巡视组反馈意见整改方案有关情况的汇报，并原则同意《省发改委落实省委巡视组反馈意见整改方案（送审稿）》。

6月23日，省政府召开全省加快推进铁路建设工作电视电话会议，研究部署铁路建设“八八”计划。谢力群主任具体部署工作任务。

6月25日，省发改委、省国土资源厅印发《浙江省重大产业项目申报及奖励管理办法（修订）》（浙发改法规[2014]504号）。

6月25日，李强省长主持召开省经济体制改革工作领导小组会议。会议审议讨论《2014年浙江省经济体制改革任务书》。谢力群主任作了《上半年经济体制改革进展情况及下一步推进落实建议》汇报。

6月25日，省发改委主持召开国家法人单位信息资源库涉及浙江省建设项目前期工作协调会议，明确了各部门在项目建设过程中的职责分工和下一步工作方向。

6月30日，省铁路建设领导小组、省发改委联合下发了《关于印发浙江省铁路建设“八八计划”项目前期工作推进计划的通知》，明确了16个铁路建设项目进度任务。

6月30日，杭黄铁路正式开工建设。该项目建设将填补杭州市西部县市无铁路的空白，有效地促进沿线地区经济社会的发展。

7月3日，省发改委发布《2013年浙江改革形势分析报告》。

7月3日，溪洛渡左岸—浙江金华 ± 800 千伏特高压直流输电工程正式投运。该工程是目前世界上输送容量最大的直流输电工程。

7月4日，谢力群主任向省政府第29次常务会议汇报《关于2014年浙江省省级政府投资项目计划和预算编制情况》。会后，省发改委、省财政厅联合下达该计划。

7月4日，省能源局与中核集团共同组织召开中核集团核电设备国产化与浙江核电关联企业市场推介会，全省60多家核电关联企业参加。

7月7日 工业和信息化部、国家发展改革委联合下发了《关于印发国家低碳工业园区试点名单（第一批）的通知》（工信部联节[2014]287号），公布了55个纳入第一批国家低碳工业园区试点的园区，浙江省嘉兴秀洲工业园区、杭州经济技术开发区、温州经济技术开发区、宁波经济技术开发区成功入选，成为全国唯一一个有四家园区入选的省份。

7月10日，省发改委召开政风效能监督员座谈会，谢力群主任出席座谈会，并为政风效能监督员颁发聘书。

7月11日，省政府办公厅正式印发《三门湾区域统筹发展规划》（浙政办函[2014]71号）。

7月18日，谢力群主任向省政府第30次常务会议汇报上半年经济形势及下半年经济工作建议。

7月21日，省发改委通报2013年度全省各市、县（市、区）服务业发展目标考评结果，考评结果作为2013年度省对市县财政营业税返还奖励的依据。

7月21日，谢力群主任受省政府委托向省委常委会汇报上半年经济形势及下半年经济工作建议。

7月22日，黄勇副主任部署“公路港”成功经验推广工作并主持召开“公路港”标准制定启动会。会议明确了“公路港”标准制定的具体任务和时间节点。

7月22日 国家发改委、财政部、国土资源部、水利部、农业部、国家林业局联合印发了《关于开展生态文明先行示范区建设（第一批）的通知》（发改资环〔2014〕1667号），公布了57个纳入第一批国家生态文明先行示范区建设的地区。浙江省杭州市、湖州市和丽水市成功入选，成为全国唯一一个有三个城市入选的省份。

7月23日，陈海涛同志任省对口支援工作办公室专职副主任（浙发改干〔2014〕13号）。

7月25日，浙江省在新昌召开了全省重点企业研究院建设现场会。何中伟副主任作了省发改委牵头的纯电动汽车、诸暨现代环保装备、湖州现代物流装备3个产业技术创新综合试点工作汇报。

7月31日，浙江省第十二届人民代表大会常务委员会第十一次会议全体通过《浙江省石油天然气管道建设和保护条例》，自2014年10月1日起施行。

8月5日，省发改委系统“一年一训”工作分两期在杭州市委党校顺利完成，委系统近300名干部参训。

8月6日至7日，全省发展改革工作研究班在杭州举办。谢力群主任在会上作了《转职能 善谋划 重落实 强服务》的专题报告。

8月7日，省政府办公厅印发《关于进一步推进村级（社区）便民服务中心建设完善政务服务体系的通知》（浙政办发〔2014〕97号），明确省发改委（省审改办）具体承担村级（社区）便民服务中心的组织协调和指导推进职责。

8月10日至16日，省网宣办、省治水办和省海经办联合举办为期一周的“美丽浙江•美好生活”全国知名网络媒体采访活动。张善坤专职副主任参加启动仪式。

8月11日，国家发改委核准了浙江省城市轨道建设企业杭州市地铁集团有限责任公司发行企业债券的申请，该债券募集资金50亿元，成为浙江省第一只专项用于城市轨道建设的企业债券，也是浙江省迄今为止发行规模最大的企业债券。

8月18日至22日，受国家发改委委托，省发展规划研究院对《中国科学院“十二五”新一代信息技术与低成本智能制造技术综合研发保障条件建设项目可行性研究报告》进行评估。

8月13日，省发改委印发《2014年全省服务业发展目标各市、县（市、区）分解方案》（浙发改经贸〔2014〕692号），明确了各县（市、区）2014年服务业增加值增速、服务业投资增速等两项服务业发展目标。

8月14日，省纪委副书记王海超等一行5人来省发改委，听取谢力群主任关于落实党风廉政建设主体责任和纪检组长蒋秀东关于落实党风廉政建设监督责任的汇报。

8月15日，谢力群主任为省政协“崇学讲坛”作关于经济体制改革的专题报告。

8月20日，省重点建设项目“集中开工月”活动启动仪式在湖州市太湖治理太嘉河工程现场举行。活动共安排45个项目分区片集中开工建设，项目总投资达到764亿元。

8月21日，省发改委谢力群主任、何中伟副主任召集相关企业谋划以芳烃为主要产品的炼化一体化项目。李强省长、袁家军常务副省长分别作出重要批示，赞同由浙江省民营企业投资建设炼化一体化项目，要求对方案进行细化论证。

8月22日，省发改委印发《浙江省发展和改革委员会领导班子成员联系服务制度》（浙发改办〔2014〕730号），建立委领导联系服务产业集聚区、省重点建设项目和重大产业项目、重要改革试点、基层发改部门和离退休老干部等制度。

8月25日，省发改委2014年第9次主任办公会议原则通过修订后的《浙江省发展和改革委员会工作规则》、《浙江省发展和改革委员会主要职能运作程序》、《浙江省发展和改革委员会政务公开实施方案》等9项制度。至此，委制度修订工作阶段性结束，形成55项制度组成的新制度汇编。

9月3日，浙江省健康服务业促进会首届会员大会暨浙江省—静冈县健康服务业发展论坛在杭州召开。焦旭祥副主任出席论坛。

9月9日，袁家军常务副省长专题听取省能源局关于浙江省清洁能源示范省创建工作的汇报。吴胜丰局长作了专题汇报。

9月11日，袁家军常务副省长专题听取省发改委关于浙江省铁路建设情况的汇报。省发改委谢力群主任和焦旭祥、徐幸副主任出席会议，焦旭祥副主任作了专题汇报。

9月16日，省委巡视组第六组组长钟桂松一行来省发改委开展巡视反馈整改工作回访检查，谢力群主任汇报整改落实情况。

9月17日，国内首家新建超低排放电厂——浙能六横电厂2号机组圆满通过168小时连续满负荷试运行，正式移交生产。至此，浙能六横电厂一期工程全面建成投产发电。

9月18日，李强省长主持召开省政府第33次常务会议，研究浙江省各类开发区整合优化提升改革等工作。谢力群主任作了开发区整合优化提升专题汇报。

9月18日，省政府办公厅下发《关于在杭州市萧山区等24个县（市、区）推广开展资源要素市场化配置综合改革的复函》（浙政办函[2014]87号），同意将杭州市萧山区等24个县（市、区）列为省资源要素市场化配置综合改革首批扩面地区。

9月18日，省政府第33次常务会议审议并原则通过省发改委上报的《浙江省产业集聚区提升发展方案（送审稿）》及《温州浙南沿海先进装备产业集聚区发展规划（送审稿）》。

9月18日，省发改委经省政府批准同意印发《浙江嘉兴滨海港产城统筹发展试验区规划》（浙发改海经〔2014〕810号）。

9月22日，为做好大产业大项目大谋划工作，省发改委先后组织完成碳纤维材料产业发展、涉水产业发展和智能机器人发展等11项专题报告，并多次获得省领导的重要批示。

9月24日，作为全国中央投资项目稽察监管信息系统建设试点单位，浙江省自主研发的浙江省中央投资项目稽察监管信息系统顺利通过竣工验收，随后出台了《浙江省中央投资项目稽察监管信息系统运行管理办法》（浙发改稽察〔2014〕867号）。

9月25日至27日 第三届中国国际循环经济成果交易博览会在青岛举办。省发改委组织布展的浙江展区荣获组委会颁发的“优秀展示奖”和“优秀组织奖”。

9月26日，浙江农村生活污水处理系统及饮水工程建设2亿美元贷款项目顺利通过世界银行执行董事会批准，标志着该项目将进入全面实施阶段。

9月29日，省发改委2014年第10次主任办公会议审议通过嘉兴市、桐庐县、江山市为2014年省服务业改革创新试点区域，通过开展试点工作为全省服务业深化改革探索经验路径。

9月29日，浙江省在杭州召开行政审批制度改革新闻发布会，全面介绍浙江省认真贯彻中央决策部署，深入推进新一轮行政审批制度改革进展情况。黄勇副主任出席发布会。

9月29日，省政府组织召开全省“十三五”规划“三个重大”谋划工作视频会议。谢力群主任对浙江省开展“三个重大”谋划工作作了总体安排。

9月30日，省发改委主编的《2014浙江省服务业发展报告》（蓝皮书）正式出版发行，这是浙江省连续第8年出版服务业蓝皮书。

10月13日，翁建荣同志任省发改委副主任（浙政干〔2014〕44号）。

10月14日，省发改委、省财政厅、省统计局共同发布《关于2013年度省级服务业集聚示范区综合评价结果的通报》（浙发改经贸〔2014〕891号）。

10月15日，全省重点建设项目银项对接会在省人民大会堂召开，对接中提出529个省重点建设项目，银行贷款总需求5543亿元，已落实银行贷款2707亿元。会议现场签约项目16项，签约金额达846亿元。

10月24日，省政府办公厅印发《浙江省义乌市国际贸易综合改革试点三年（2014—2016年）实施计划》（浙政办函[2014]93号）。

10月27日，省发改委印发了《关于老干部工作处室分工的通知》，明确委领导和处室联系服务离退休干部的有关职责，形成长效机制。

10月27日至28日，由国家发改委气候司组织的2013年度单位国内生产总值二氧化碳排放降低目标责任华东地区现场考核会在杭州召开。浙江省考核初评结果为优秀。

10月30日，全省资源要素市场化配置改革试点推广现场会在海宁召开，袁家军常务副省长出席并作讲话。

11月1日，国家发展改革委发布《关于“十三五”市县经济社会发展规划改革创新的指导意见》（发改规划〔2014〕2477号）。在该指导意见的制定过程中，省发展规划研究院受国家发展改革委规划司的委托，开展相关前期研究，提供了技术支撑。

11月5日，国家发改委、环保部、科技部、工信部、财政部、商务部、统计局7部委联合发布公告（2014年第19号），浙江省顺利通过国家循环经济试点省的验收。

11月5日，袁家军常务副省长主持召开镇海炼化扩建项目专题会，会议提出由省发改委牵头排出工作路线图、时间表。

11月6日，省政府办公厅复函省发改委(浙政办函〔2014〕97号)，同意支持省海投集团发展的6个方面20条具体支持政策。

11月7日，省审改办印发《关于做好村级（社区）便民服务中心服务平台归并整合工作的通知》，将8个省级单位授牌项目在内的11项工作纳入村级便民服务中心统一管理。

11月8日，省发改委、省委宣传部、省人力社保厅在美国共同举办了以文化服务业为主题的“浙江省服务业高级人才培训班”，取得了圆满成功。本次培训班学员大多来自省内文化产业领军企业。

11月11日，省发改委印发《关于申报省级“十三五”专项规划的通知》(浙发改规划〔2014〕947号)，组织开展“十三五”专项规划申报工作。

11月13日，英国驻上海领事馆双边关系及华东地区合作领事陶爱莎一行拜访省发改委。

11月14日，省政府出台《关于实施省重点高校建设计划的意见》,提出到2020年，全省高等教育竞争力和综合实力列入全国省（区、市）前6位，基本建成高等教育强省。

11月19至21日，国务院李克强总理在浙调研期间，对规划建设舟山石化基地建设作出重要指示。

11月20日，省政府办公厅印发由省发改委起草的《关于推广柯桥试点经验加快建立企业投资项目高效审批服务机制指导意见的通知》（浙政办发〔2014〕130号），决定在全省推广柯桥企业投资项目高效审批经验。

11月20日，省政府办公厅印发由省发改委牵头编制的《浙江省产业集聚区提升发展方案》（浙政办发〔2014〕133号）。

11月21日，省发改委第18次党组会议审议通过《中共浙江省发展和改革委员会党组关于落实党风廉政建设主体责任和监督责任的实施办法》和《浙江省发改委2014年党风廉政建设责任制考核细则》，由8名委领导带队，组成8个检查组，对全委各处室、委属各单位进行量化检查考核。

11月26日至27日，全国离退休干部先进集体和先进个人表彰大会在北京隆重召开。省发改委退休干部朱家良光荣当选为全国离退休干部先进个人。

11月27日，省发改委印发《浙江省杭州都市经济圈转型升级综合改革试点三年（2014—2016年）实施计划》。

11月27至28日，应国家发改委要求，周华富副主任带队赴北京就浙江省中央投资项目稽察监管信息系统建设运行和推广前期工作作专题汇报。

12月1日，省发改委印发《关于浙江省推进国家重大工程建设实施方案的通知》（浙发改投资[2014]1000号）。

12月1日，省发改委举办委系统支部书记（扩大）培训班。委系统各支部书记、支委和部分处长共计100余人参会。

12月2日，浙江省创建国家清洁能源示范省工作座谈会在杭州召开。国家发改委副主任、能源局局长吴新雄，省长李强出席会议并作重要讲话。谢力群主任作了专题汇报。

12月3日，省发改委印发《全省经济运行监测工作提升方案》（浙发改综合〔2014〕1004号）。

12月3日至9日 周华富副主任作为中国代表团成员，赴秘鲁利马参加联合国气候变化框架公约第20次缔约方会议暨京都议定书第10次缔约方会议，并作了主题发言。

12月4日，省审改办印发《关于推进企业投资项目行政审批“三联动”改革的指导意见》（浙审改办〔2014〕9号），要求在全省范围内建立企业投资项目联合测量制度，健全建设工程项目竣工联合验收制度，完善证照联合办理制度。

12月4日，省发展规划研究院与省咨询委举行进一步深化合作签约仪式。省咨询委夏阿国秘书长和规划院傅金龙副院长代表双方签订了合作协议书。

12月7日，谢力群主任向省委财经领导小组会议汇报明年经济指标安排。

12月10日，杭长客运专线正式开通运营。杭长客运专线是我国“四纵四横”铁路客运网主骨架之一，也是沪昆高速铁路客运专线的重要组成部分。

12月11日，省发改委同意建设浙江大学、浙江工商大学、水利部杭州机械设计研究所等单位的先进结构设计与建造等11个浙江省工程实验室（工程研究中心）。

12月15日，浙江省首个产业创业投资基金——华盖医药健康产业创业投资（温州）合伙企业（有限合伙）获得国家发改委和财政部正式批复。

12月16日，《浙江省都市圈城际铁路规划》正式获得国家发改委批复，规划近期建设

11条城际铁路计452公里。

12月16日，省发改委召开系统务虚会。谢力群主任作了《适应新常态 开创发改工作新局面》报告。

12月17日，新西兰驻沪总领事戴迈雄一行拜访省发改委。双方就机场建设、城市水系统建设和管理、医疗信息业等领域的合作进行了交流。

12月17日，袁家军常务副省长主持召开舟山江海联运服务中心建设推进工作专题会议。会议明确成立舟山江海联运服务中心工作推进组，工作推进组办公室设在省发改委，谢力群兼任主任，何中伟、焦旭祥、张善坤、王德宝任副主任。

12月17日，焦旭祥副主任主持召开长江经济带规划纲要基础研究工作部署会。会议初步明确了浙江省开展长江经济带规划纲要基础研究的工作机制、框架内容和任务分工。

12月18日，由省发改委、省经信委和省卫生计生委联合主办的浙江省健康服务业项目推介会在浙江宾馆隆重开幕。本次推介会共推出健康服务业项目213项，总投资达2090亿元。30个健康服务业重大项目进行了集中签约，总投资额达512亿元。

12月18日，省政府成立省现代服务业发展工作领导小组，领导小组办公室设在省发改委，谢力群主任任副组长，李岩益副主任兼任办公室主任。

12月19日，经省政府同意，决定成立世行贷款浙江农村污水处理系统及饮水工程建设项目领导小组办公室（办公室设在省发改委），李岩益副主任任办公室主任。

12月23日，衢宁铁路浙江段开工建设动员会在松阳县举行。

12月23日，省政府办公厅印发由省发改委起草的《关于切实做好鼓励社会资本参与建设运营示范项目工作的通知》（浙政办发[2014]12号），推出70个面向民营资本招商推介的示范项目,总投资超3600亿元.

12月25日，按照袁家军常务副省长专题会议要求，何中伟副主任召集省经信委等14个省级相关部门，成立舟山石化基地省级部门工作组，并召开了第一次工作会议。

12月26日，谢力群主任向省政府第39次常务会议汇报浙江省健康产业、节能环保产业的发展规划制订及推进情况。

12月27日，省发改委完成了《浙江省高技术产业发展“十二五”规划》、《浙江省“十二五”自主创新能力建设规划》实施情况分析评估。编制发布《2010—2013年浙江省信息经济发展评价报告》。

12月28日，2014年全年累计申报国家发改委高技术产业和战略性新兴产业专项12项、单项项目50个，争取国家批复的高技术产业发展项目26项。

12月29日 2014年全年省发改委与委培训中心联合举办了《企业债券预审工作》、《社会发展工作》、《温室气体清单编制工作》等52期培训班，参训人员共计8202人。

12月29日，国家发改委、国土资源部下发《关于开展深化工业用地市场化配置改革试点工作的通知》（发改经体[2014]2957号），浙江嘉兴市列入全国首批四个试点地区之一。

12月29日，省发改委作为2015年人大预算审议重点部门，参加省人大财经委在杭召开的预算审查会议。焦旭祥副主任参加会议并对省发改委预算作了说明。

12月29日，省发改委向国家发改委推荐报送的宁波市、嘉兴市、义乌市、苍南县龙港镇，被列入国家新型城镇化综合试点地区。

12月30日，根据《浙江省大气污染防治行动计划（2013—2017年）》的要求，省能源局全面组织开展高污染燃料“五炉”淘汰改造工作。截至2014年底，全省共淘汰燃煤锅炉3353台。

12月30日，省政府在义乌市召开义乌国际贸易综合改革试点工作推进会。会议全面总结回顾义乌试点第一个三年实施计划经验成果，研究部署第二个三年实施计划。翁建荣副主任作了汇报。

12月30日，全省发展改革工作会议在杭州召开。谢力群主任作重要讲话。会议确定2015年发展改革工作的主要目标任务是：主动对接国家战略，抢抓经济发展机遇；扩大有效投资，优化投资结构；推动产业转型升级，培育新的消费热点；深化经济体制改革，增加市场活力；推进国家清洁能源示范省建设，治理生态环境；提升基本公共服务均等化，推进新型城市化。

12月31日，省政府办公厅印发由省发改委牵头编制的《千岛湖及新安江上游流域水资源与生态环境保护综合规划浙江省实施方案》（浙政办函〔2014〕112号）。

12月31日，经省政府同意，省发改委、省财政厅、省统计局印发《浙江省扩大有效投资考核评分标准（修订）》（浙发改投资[2014]760号）。

（浙江省发展和改革委员会办公室供稿）